全国高职高专教育土木建筑类专业新理念教材

建筑工程计量与计价

（第二版）

主　编　金威利　冯占红

U0347675

同濟大學出版社
TONGJI UNIVERSITY PRESS
·上海·

内 容 提 要

本书以某二层框架结构写字楼为背景，阐述了一般建筑工程的计量与计价方法。全书共8个单元，分别为建设工程造价基础知识、建设工程定额与工程量清单计价规范、建筑工程计量、施工图预算编制、工程量清单文件编制、工程量清单计价文件编制、建设工程竣工结算与决算，以及建设工程造价电算化。

本书围绕建设工程造价员的工作内容，按工程建设的工作进程编排教学内容。全书在编写过程中，采用了最新的国家标准和规范(如2013版《建设工程工程量清单计价规范》)，以操作训练为主旨，在项目与任务进行过程中贯穿知识点，对计量过程对比定额与清单两种计价方法进行讲解，深入浅出，图文结合，同时还优选了大量的计算实例，针对性和实用性强，方便师生的教与学。

本书为高职高专建筑工程技术专业及工程造价管理专业教材，也可供土建类其他专业选择使用，同时可作为成人教育以及相关职业岗位培训教材，也可作为有关的工程技术人员的参考书或自学用书。

图书在版编目(CIP)数据

建筑工程计量与计价 / 金威利，冯占红主编. --2版. --上海：同济大学出版社，2019(2023重印)
ISBN 978-7-5608-8841-5

Ⅰ. ①建… Ⅱ. ①金… ②冯… Ⅲ. ①建筑工程一计量一高等职业教育一教材②建筑造价一高等职业教育一教材 Ⅳ. ①TU723.32

中国版本图书馆CIP数据核字(2019)第256781号

全国高职高专教育土木建筑类专业新理念教材

建筑工程计量与计价(第二版)

主编 金威利 冯占红

责任编辑 马继兰 责任校对 徐春莲 封面设计 陈益平

出版发行 同济大学出版社 www.tongjipress.com.cn
(地址：上海市四平路1239号 邮编：200092 电话：021－65985622)
经 销 全国各地新华书店
印 刷 启东市人民印刷有限公司
开 本 787mm×1092mm 1/16
印 张 20.5
字 数 512000
版 次 2019年第2版
印 次 2023年第4次印刷
书 号 ISBN 978-7-5608-8841-5

定 价 62.00元

第二版前言

为贯彻落实教育部《关于进一步加强高等职业教育教学工作的若干意见》和《教育部关于以就业为导向深化高等职业教育改革的若干意见》的精神，同济大学出版社依托同济大学土木专业的优势，打造一套符合高职高专培养方案和形式新颖的教材。

本书在编写时紧紧围绕高职高专建筑工程技术及工程造价管理专业的人才培养目标，依据国家颁发最新规范、标准进行编写。涉及2013年《建设工程工程量清单计价规范》(GB 50500－2013)、2013年《建筑工程建筑面积计算规范》(GB/T 50353－2013)、2013年原建设部、财政部颁发的《建筑安装工程费用项目组成》(建标〔2013〕44号)、2015年《全国统一建筑工程基础定额》(GJD-101－2015)、《全国统一建筑工程预算工程量计算规则》(GJDGZ-101－2015)，以及部分近年来最新出版的建筑装饰工程计量与计价方面的教辅资料，同时，在编写过程中融合了编者多年从事教学和实践的经验。

全书共分8个单元，编写过程突出表现“以工作过程为导向”的教学体系形式，单元内划分若干个项目，以任务完成项目，贯穿知识点的学习与掌握。第1单元主要先认识定额与计价规范；第2单元以工作过程(土石方、砌筑、混凝土等)为对象分别采用定额计量与清单计量对比法进行计量，并引入了大量案例与实训项目；第3单元就定额法编制施工图预算讲解了其编制方法且进行了实训项目的编制；第4单元介绍建筑工程清单的编制方法且进行实训项目的编制；第5单元就招投标中采用清单计价法编制招标控制价进行了详细的介绍。

本书特色如下：

第一，深化推进三教改革、产教融合、校企合作。教材组织遵循双元育人的人才培养模式编制，编写团队中特聘请来自万方建设工程项目管理咨询有限公司一线工程造价资深专家连国柱担任任务教学项目总监，充分体现项目教学的真实性和可操作性，做到理论联系实际。

第二，坚持职教特色，突出质量为先，知识传授与技术技能培养并重。为了适应高等职业技术教育的特点，充分培养学生的动手能力，本书用一栋完整的施工图贯穿于整个教材的编写过程。

第三，新标准、新规范、新方法(计量方法采用图示法)；本教材依据最新国家规范《建设工程清单计价规范》(GB 50500—2013)、《房屋建筑与装饰工程工程量计算规范》(GB 50854—2013)、《山西省计价依据》(2018)编写。

第四，案例教学，突出项目综合实训。知识点的学习贯穿于实训任务完成中，知识以够用和实用为主。采用的主要规范或标准均附在教材中，便于与当地定额进行对比学习，增强了学习的广泛性与地域性。

第五,可比性强。教材编写过程中着重对比两种计价模式下的工程量计算规则的相同点与不同点:采用图示法分析工程量的计量方法;采用表格法对比分析两种计量方法的不同处;采用案例法对比进行列项与计量。同时教材附有两种计量规则,便于第一手资料的查阅与学习。

第六,体现归纳与梳理性,读书从识图开始。能用图或框图“说话”的尽量不用文字,图文结合,一目了然,便于学生理解。

本书由山西建筑职业技术学院金威利、冯占红任主编,黑龙江建筑职业技术学院曾爱民任副主编。具体分工为:单元 1、单元 2 由黑龙江建筑职业技术学院曾爱民编写,单元 3 由山西建筑职业技术学院冯占红、金威利编写(其中项目 3.12 装饰装修工程计量由山西旅游职业技术学院李文洁、山西建筑职业技术学院李阳华、山西职业技术学院韩春媛共同编写,项目 3.13 和单元习题由山西建筑职业技术学院孔德明编写),单元 4 由山西建筑职业技术学院金威利编写,单元 5 由太原城市职业技术学院王博编写,单元 6 由山西财贸职业技术学院徐佳编写,单元 7 由山西职业技术学院刘莉编写,单元 8 由山西林业职业技术学院杨伟红编写。万方造价咨询管理有限公司总经理连国柱为本书企业顾问。

本书主要作为高职高专建筑工程技术及工程造价管理专业的教材,也可作为本科院校、函授及自学辅导用书或供相关专业人员学习参考之用。

本教材在编写过程中,应用了部分标准规范,参考了部分同学科的教材教辅等文献资料(见书后的“参考文献”),在此谨向文献的作者表示深深的谢意。

由于编者水平有限,书中有不妥之处在所难免,恳请使用本教材的教师和广大读者批评指正。

编　者

2019 年 6 月

第一版前言

本书紧紧围绕高职高专建筑工程技术及工程造价管理专业的人才培养目标，依据国家颁发的最新规范、标准进行编写。涉及2008年《建设工程工程量清单计价规范》(GB 50500－2008)、2005年《建筑工程建筑面积计算规范》(GB/T 50353－2005)、2003年原建设部、财政部颁发的《建筑安装工程费用项目组成》(建标[2003]206号)、1995年《全国统一建筑工程基础定额》(GJD-101－95)、《全国统一建筑工程预算工程量计算规则》(GJDGZ-101－95)，在编写过程中融合了编者多年从事教学和实践的经验。

全书共分8个单元，重点突出表现“以工作过程为导向”的教学体系形式，以“项目为导向”贯穿知识点的学习与掌握。本书力求以下特色：

第一，体现创新。新标准、新规范、新方法(计量方法采用图示法)；

第二，案例教学，突出项目综合实训。为了适应高等职业技术教育的特点，充分培养学生的动手能力，本书采用某二层框架结构办公楼施工图贯穿于整个教材的编写过程。

第三，可比性强。教材编写过程中着重对比两种计价模式下建筑工程的工程量计算规则的相同点与不同点，采用图示法分析工程量的计量方法；采用表格法对比分析两种计量方法的不同处；采用案例法对比进行列项与计量。同时教材后附有两种计价模式下的工程量计算规则，便于第一手资料的查阅与学习。

第四，体现归纳与梳理性，读书从读图开始。能用图或框图“说话”的尽量不用文字，图文并茂，一目了然。

第五，突出实用性与可参考性。知识点贯穿于实训学习任务当中，以掌握和实用为主。采用的主要规范或标准附在教材后以便查阅，且便于与当地定额、规定进行对比学习，增强了学习的广泛性与地域性。

本课程地区性、政策性很强。因此必须结合当时、当地实际进行教学，并督促检查学生的操作应用练习。教学中，结合本地区常用计量和计价软件使学生切实掌握工程量计算的方法及计价的编制。

本书主要作为高职高专建筑工程技术及工程造价管理专业的教材，也可作为本科院校、函授及自学辅导用书或供相关专业人员学习参考之用。

本书由山西建筑职业技术学院冯占红主编，黑龙江建筑职业技术学院曾爱民、四川城市职业学院胡勇明担任副主编。具体分工为：单元1、单元2由曾爱民编写，单元3由冯占红编写(其中山西建筑职业技术学院李阳华参与了单元3项目12中楼地面工程、墙柱面工程内容的编写)，单元4由山西建筑职业技术学院金威利编写,单元5、单元6由太原城市职业技术学院李小梅编写,单元7、单元8由四川城市职业学院胡勇明编写,同济大学土木工程学院徐蓉担任主审。

由于编者水平有限,书中不妥之处在所难免,恳请使用本教材的教师和广大读者批评指正。

编　者

2009年8月

目 录

单元 1

建设工程造价基础知识

单元概述:本单元主要介绍建设工程造价的基本概念及相关的基础知识,基本建设内容,各阶段工程造价文件、造价的特点和作用,造价的相关制度和管理层次。

学习目标:

1. 掌握建设工程造价的主要内容、特点、作用与分类。
2. 掌握建设工程造价各阶段造价文件的含义。
3. 了解基本建设工程造价的定义及建设工程造价的背景。
4. 了解建设工程造价管理的含义、组织与内容。
5. 了解各类造价、咨询人员的报考条件和执业资格。

学习重点:

1. 建设项目工程造价的含义、特点及作用。
2. 建设工程各个阶段的造价文件。
3. 建设工程造价管理的含义与内容。

教学建议:通过本单元的学习,了解建设工程造价的相关概念及有关制度,明确工程造价的作用,结合地方标志性或有影响力的建筑,启发学生如何学好本门课程,为建设工程计量和计价的学习做好铺垫。

关键词:基本建设(capital construction);工程造价(construction cost);造价文件(cost documents);造价管理(cost management)

项目 1.1　建设工程造价相关概念

1.1.1　建设工程造价制度的背景

自新中国成立至 20 世纪 70 年代末,我国固定资产投资是由国家统一计划安排,由国家统一财政拨款,这种方式对于国家集中非常有限的物力、财力、人力进行国家经济建设,迅速提升工业、农业等产业和完善国民经济体系起了不可轻视的积极作用。

到了 20 世纪 80 年代,我国进入改革开放的新时期,中央在基本建设(capital construction)和建筑业等领域采取重大的改革措施,投资有偿使用、投资包干责任制、投资主体多元化、工程招标投标制等多种管理方式。计划经济时期的建设计价管理形式就不能适应经济建设的新形式。通过 40 年建设工程具体实践和反复总结思考,并对国外的建设工程造价管理(cost management)制度和方法进行学习和借鉴(如英国皇家测量师),业内人士都一致认为工程造价(construction cost)是一项专门的学问,需要大量的专门的机构和人员,建设工程造价应走专业化、社会化的道路。20 世纪 90 年代初到 21 世纪初,国家先后出台关于工程造价方面的文件,提倡并规范建设工程计价工作,特别是 1995 年,出台了全国性的基础计量与计价规定性文件,逐步规范建设工程算量与计价的行为。从而使建设工程造价在全国范围内全面推行。

我国加入 WTO 后,随着改革开放的不断深入,造价工程师被纳入国家统一规划的“专业技术执业资格”中,以此充分肯定工程造价的作用。

1.1.2　建设工程造价的相关概念

1. 建设项目的含义

建设项目是指在总体设计和总概算控制下建设的,以形成固定资产为目的的所有工程项目的总和。

在我国，凡属于一个总体设计中分期分批进行建设的主体工程、附属配套工程、综合利用工程以及供水供电工程全体，作为一个建设项目。例如：工业建设中的某个汽车制造厂，要使它具有完整的生产条件，就需要建造若干个生产车间，还要建造变电站、锅炉房、室外管网、道路、围墙以及各种辅助性的生产设施和生活设施等，上述这些工程的总和就是一个建设项目。又如：民用建筑中的某所学校，要使它能独立地发挥使用效益，就需要修建若干教学楼、办公楼及其他相应的教学设施和生活设施，同样，这些工程的总和就形成了这所学校，就是一个完整的建设项目。

2. 建设项目的内容

建设项目的内容主要如下：

(1) 建筑工程：永久性和临时性建筑物的土建、采暖、给排水、通风、电器照明等工程；铁路、公路、码头、各种设备基础、工业炉砌筑、支架、栈桥、矿井工作平台、筒仓等构筑物工程；电力和通信线路的敷设、工业管道等工程；各种水利工程及建筑物的平整、清理和绿化工程等。

(2) 安装工程：各种需要安装的机械和设备、电器设备的装配、装置工程和附属设施、管线的装设、敷设工程(包括绝缘、油漆、保温工作等)以及测定安装工程质量、对设备进行的各种试车、修配和整理等工作。

(3) 设备、工器具及生产家具的购置：车间、实验室、医院、学校、车站等所应配备的各种设备、工具、器具、生产家具及实验仪器的购置。

(4) 其他工程建设工作：除上述以外的各种工程建设工作，如勘察设计、征用土地、拆迁安置、生产职工培训、科学研究、施工队伍调迁及大型临时设备等。

3. 建设项目的分类

为了加强建设项目管理，正确反映建设项目内容和规模，建设项目可按不同标准分类。

1) 按建设性质划分

按建设性质划分，可分为基本建设项目和更新改造项目。

(1) 基本建设项目是指投资建设以扩大生产能力或使用效益为目的的新建、扩建工程及有关工作。主要包括：

① 新建项目。指以技术、经济和社会发展为目的，从无到有进行建设的项目。现有企业、事业和行政单位一般不应有新建项目，但如新增固定资产价值超过原有全部固定资产价值三倍，可算新建项目。

② 扩建项目。指企业为扩大生产能力或新增效益在原有场地内或其他地点增建的生产车间、独立的生产线或分厂项目，以及事业和行政单位在原有业务系统上扩充规模而进行的新增固定资产投资项目。

③ 迁建项目。是指企业、事业单位为改变生产布局或出于环境保护等其他特殊要求，搬迁到另一地点的建设项目。

④ 恢复项目。是指原有企业、事业和行政单位，因在自然灾害或战争中使原有固定资产遭受全部或部分报废，需要进行投资重建来恢复生产能力和业务工作条件、生活福利设施等的建设项目。这类项目，不论是按原有规模重建还是在恢复过程中同时进行扩建，都属于恢复项目。但对尚未建成投产交付使用即遭破坏的项目，若仍按原设计重建的，原建设性质不变；如按新设计重建，则根据新设计内容来确定其性质。

(2) 更新改造项目是指建设资金用于对企、事业单位原有设施进行技术改造或固定资产更新的项目,或者为提高综合生产能力增加的辅助性生产、生活福利等工程项目和有关工作。更新改造工程包括挖潜工程、节能工程、安全工程、环境工程等,如:设备更新改造,工艺改革,产品更新换代,厂房生产性建筑物和公用工程的翻新、改造,原燃材料的综合利用和废水、废气、废渣的综合治理等,主要目的就是实现以内涵为主的扩大再生产。

2) 按投资作用划分

建设项目按其投资在国民经济各部门的作用,可分为生产性建设项目和非生产性建设项目。

(1) 生产性建设项目是指直接用于物质资料生产或直接为物质资料生产服务的建设项目。主要包括:

① 工业建设项目,包括工业、国防和能源建设项目。

② 农业建设项目,包括农、林、渔、牧、水利建设项目。

③ 基础设施建设项目,包括交通、邮电、通信建设项目,地质普查、勘探建设项目等。

④ 商业建设项目,包括商业、饮食、营销、仓储、综合技术服务事业的建设项目。

(2) 非生产性建设项目,包括用于满足人民物质和文化、福利需要的建设项目和非物质生产部门的建设项目。主要包括:

① 办公用房,包括国家各级党政机关、社会团体、企业管理机关的办公用房。

② 居住建筑,包括住宅、公寓、别墅等。

③ 公共建筑,包括科学、教育、文化艺术、广播电视、卫生、体育、社会福利事业、公用事业、咨询服务、宗教、金融、保险等建设项目。

④ 其他建设项目不属于上述各类的非生产性建设项目。

3) 按项目规模划分

按项目规模划分,基本建设项目可划分为大型、中型和小型三类;更新改造项目分为限额以上项目和限额以下项目两类三级。

4) 按项目的经济效益、社会效益和市场需求划分

(1) 竞争性项目,主要是指投资效益比较高,竞争性比较强的建设项目。其投资主体一般为企业,由企业自主决策、自担投资风险。

(2) 基础性项目,主要是指具有自然垄断性、建设周期长、投资额大而收益低的基础设施和需要政府重点扶持的一部分基础工业项目,以及直接增强国力的符合经济规模的支柱产业项目。政府应集中财力、物力通过经济实体推进投资,同时,还应广泛吸收企业参与投资、外商直接投资。

(3) 公益性项目,包括科技、文教、卫生、体育和环保等设施,公安局、检察院、法院等机关以及政府机关、社会团体办公设施,国防建设等。公益性项目的投资主要由政府用财政资金安排。

5) 按项目的投资来源划分

(1) 政府投资项目是指为了适应和推动国民经济或区域经济的发展,满足社会物质、文化生活需要,以及出于政治、国防等因素,由政府通过财政投资、发行国债或地方财政债券、利用外国政府赠款以及财政担保的国内外金融组织的贷款等方式独资或合资兴建的建设项目。政府投资的建设项目按其营利性不同,可分为经营性政府投资项目和非经营性政府投资项目。

① 经营性政府投资项目。是指具有营利性质的政府投资项目,如政府投资的水力、电力、铁路等,基本都属于经营性项目。经营性政府投资的项目应实行项目法人责任制,由项目法人对项目策

划、资金筹措、建设实施、生产经营、债务偿还和资产保值增值，实行全过程负责，使项目的建设与建成后的运营实现一条龙管理。

② 非经营性政府投资项目。一般是指非营利性的、主要追求社会效益最大化的公益性项目。学校、医院以及各行政、司法机关的办公楼等项目都属于非经营性政府投资项目。非经营性政府投资项目应推行“代建制”，即通过招标等方式，选择专业化的项目管理单位负责建设实施，严格控制项目投资、质量和工期，工程竣工验收后再移交给使用单位，从而使项目的“投资、建设、监管、使用”实现四分离。

(2) 非政府投资项目是指企业、集体单位、外商和私人投资兴建的建设项目，这类项目一般均实行项目法人责任制。

4. 建设项目的分解

根据构成项目的各工程要素之间的从属关系，对建设项目进行分解。可划分为单项工程、单位工程、分部工程、分项工程。其中，分项工程是建设项目总体的最基本的工程构造要素。如图 1-1 所示。

图 1-1　建设项目划分示意图

一个建设项目，可以有几个单项工程，也可以只有一个单项工程。

1) 单项工程(子单项工程)

单项工程是指在一个建设项目中具有独立的设计文件和相应的概(预)算，建成后可以单独发挥生产能力或使用效益的工程。

单项工程是建设项目的组成部分，如在工业建设项目中，独立的生产车间、独立的生产系列或能独立发挥效益的办公楼等房屋建筑。具体内容包括：房屋建筑(含土建、水、暖、电等)，生产线，设备安装，工器具、仪器的购置以及列入预算内的各项费用；民用建筑项目的单项工程，是指建设项目中的各个独立工程，如学校等事业单位中的教学楼、办公楼等。

2) 单位工程(子单位工程)

单位工程是指具有独立的设计文件，可以独立组织施工，建成后不能独立发挥生产能力或使用效益的工程。

根据我国概(预)算制度规定：单位工程是单项工程的组成部分，如作为一个单项工程的生产车间的土建工程为一个单位工程，车间中的电气照明、给水排水、设备安装等又分别自成一个单位工程。

建筑工程可分为以下单位工程：一般土建工程，电气照明工程，水、卫工程，工业管道工程，构筑物工程，炉窑砌筑工程……

安装工程可分为以下单位工程：电气设备及其安装工程(包括传动电气设备，变电、配电、整流电气设备，吊车电气设备，弱电设备，起重控制设备的购置及其安装工程)、机械设备及其安装工程(包括各种工艺设备、动力设备、实验设备、起重运输设备的购置及其安装工程)。

单位工程按工程的结构形式、工程部位等进一步划分为若干分部工程。

3) 分部工程(子分部工程)

分部工程是指由不同工种的操作者利用不同的工具和材料完成的部分工程，是根据工程部位、施工方式、材料和设备种类来划分的建筑中间产品,是单位工程的组成部分。如土建工程可划分为土石方工程、桩基础工程、脚手架工程、砖石工程、钢筋混凝土工程、木结构及门窗工程、楼地面工程、装饰工程、屋面工程等。

4) 分项工程(子分项工程)

分项工程一般是按使用的施工方法、所使用材料及结构构件规格的不同等要素划分的,用较为简单的施工过程就能完成,以适当的计量单位就可以计算工程量及单价的最基本构成项目,如砖石分部工程中的砖基础、单面清水砖墙、混水砖墙等。

5. 建设项目分解的目的

分项工程是单位工程组成部分中最基本的构成要素,每个分项工程都可以用一定的计量单位计算,并能计算出完成相应计量单位分项工程所需消耗的人工、材料、机械台班的数量及直接工程费,从而确定工程总造价。

图 1-2 是××大学新建工程建设项目划分示意图。该建设项目分解成宿舍楼等若干个单项工程,单项工程又分解成土建工程等若干个单位工程,单位工程又分解成土方工程等分部分项工程。

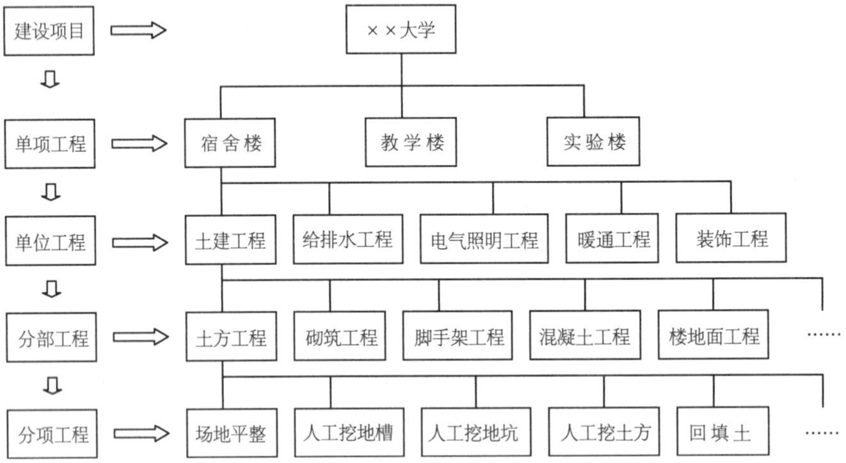

图 1-2 ××大学新建工程建设项目划分示意图

项目 1.2 建设工程造价文件

1.2.1 建设工程造价的含义

建设工程造价是指建设工程产品的建造价格,有两层含义:

第一层含义:从投资者或业主的角度,建设工程造价是指有计划地进行建设项目工程的固定资产再生产建设,形成包括相应的固定资产、无形资产和铺底流动资金的一次投资费用的总和,如业主预期开支(估算或概算)和最终的投资额的实际开支(决算)。

第二层含义:从承包商或供应商的角度,建设工程造价是指工程价格,建设项目预期或实际在土地、技术、劳务、设备、招投标市场等交易活动中所形成的工程总价或承包价。

工程造价根据基本建设的范围包括固定资产的新建、扩建、改建、恢复工程及与之连带工程的造价,还包括整体和局部固定资产的恢复、迁移、补充、维修、装饰装修等内容的造价。

1.2.2　工程造价的特点

根据建设项目的特征，工程造价具有以下特点：

(1) 大额性。任何一项建设工程，不仅工程实物庞大，其造价也不是小数，少则几万、几十万元至上百万元，多则千万甚至数亿元，工程造价的大额性关系到诸多方面的利益，同时也对社会的经济增长产生重大的影响。

(2) 动态性。工程建设从投资意向决策到竣工验收交付使用，要经历一个较长的建造周期，在建造期间诸如工程变更、材料价格、人工工资、机械设备、费率、利率都可能发生变化，这种变化会直接影响到工程价格(工程造价)，建造周期越长，资金的时间价值越明显，工程造价要随之而变化。到了竣工决算后才能确定最终的工程造价。

(3) 单件性。各种建筑有各自的功能和用途，任何一项工程的地质条件、基础类型、结构、造型、平面布局、设备配备、内外装修等各不相同，工程内容和实物个别差异就决定了工程造价单件性的特点。

(4) 层次性。建设项目含有多个单项工程(子单项工程)，一个单项工程又由多个单位工程组成，与此相适应的工程造价就有建设工程总造价、单项工程造价和单位工程造价三个层次。

(5) 阶段性。建设周期长、规模大、造价额大，不能一次确定工程的可靠价格，需要在基本建设程序的各个阶段进行计价，以确保工程造价的确定和控制的科学性。分阶段计价是一个逐步深入细化、逐步靠近最终造价的过程，有时又称为多次计价。

1.2.3　基本建设各阶段的造价文件

按基本建设不同阶段，基本建设造价可分为投资估算、设计概算、施工图预算、投标最高限价(招标控制价)、投标价、合同价、竣工结算和竣工决算价。建设项目不同阶段对应的造价文件如图 1-3 所示。

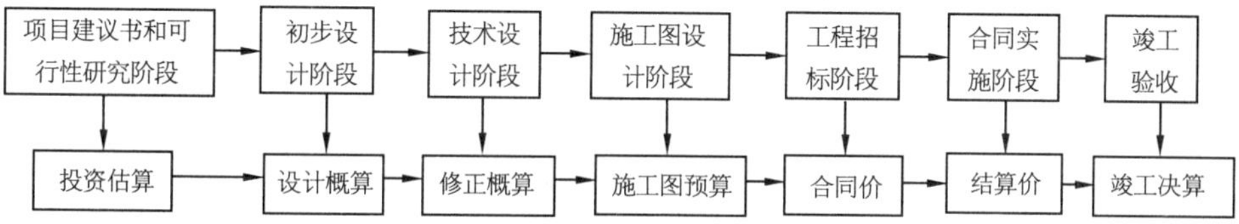

图 1-3　建设项目各阶段造价文件示意图

1. 投资估算

投资估算是建设项目在可行性研究、立项阶段由可行性研究单位或建设单位(业主)或受其委托具有相应资质的工程造价咨询人(取得工程造价咨询资质等级证书，接受委托从事建设工程造价活动的企业)编制，用以确定建设项目的投资控制额的基本建设预算文件。

建设项目投资估算对工程总造价起控制作用，即建设项目的投资估算是项目决策的重要依据之一，可行性研究报告一经批准，其投资估算应作为工程造价的最高限额，不得任意突破。此外，一般以投资估算为编制设计文件的重要依据。

投资估算一般比较粗略，仅作为投资估算控制用，其方法是根据建设规模结合估算指标进行计算，一般根据平方米指标、立方米指标或产量指标等进行估算。

2. 设计概算

设计概算是在初步设计、扩大初步设计阶段，设计单位根据初步设计图纸、概算定额或概算指标、各项费用定额等资料编制的。

设计概算是国家确定和控制建设项目总投资、编制基本建设计划的依据。每个建设项目只有在初步设计和概算文件被批准之后,才能列入基本建设计划,才能开始进行施工图设计。经批准的设计总概算是确定建设项目总造价、编制固定资产投资计划、签订建设项目承包总合同和贷款总合同的依据,也是控制基本建设拨款和施工图预算以及考核设计经济合理性的依据。

3. 施工图预算

施工图预算是指在施工图设计完成之后工程开工之前,根据施工图纸、预算定额、费用定额及相关资料编制的,用以确定工程预算造价及工料消耗量的基本建设造价文件。

施工图预算最早在设计阶段由设计单位编制,现阶段主要是由施工单位编制。

4. 投标最高限价(招标控制价)、投标价、合同价

(1) 投标最高限价(招标控制价)是在工程招标发包过程中,由招标人根据国家或省级、行政建设主管部门颁发的有关计价定额(消耗量定额)、计价方法等有关规定与资料,按设计施工图纸计算的工程造价,其作用是招标人用于对招标工程发包的最高限价,有的地方亦称拦标价、预算控制价。

投标最高限价(招标控制价)应由具有编制能力的招标人或受其委托具有相应资质的工程造价咨询人编制。

(2) 投标价是投标人按照招标文件的要求,根据工程特点,并结合自身的施工技术、装备和管理水平,依据企业定额或参照国家、省级行业建设主管部门颁发的计价定额(消耗量定额)等有关计价规定自主确定的工程造价。它是投标人希望达成工程承包交易的期望价格,不能高于招标人设定的招标控制价。

投标价应由投标人或受其委托具有相应资质的工程造价咨询人编制。

(3) 合同价是在工程发、承包交易完成后,由发、承包双方以合同形式确定的工程承包价格。采用招标发包的工程,其合同价应为投标人的中标价,即投标人的投标标价。

5. 竣工结算价

竣工结算价是在承包人完成合同约定的全部工程承包内容,发包人依法组织竣工验收,并验收合格后,由发、承包双方根据国家有关法律、法规和规范的规定,按照合同约定的工程造价确定条款,即合同价、合同价款调整内容以及索赔和现场签证等事项确定的最终工程造价。

竣工结算价由承包人或受其委托具有相应资质的工程造价咨询人编制,由发包人或受其委托具有相应资质的工程造价咨询人核对。

6. 竣工决算

竣工决算是指建设项目竣工验收后,建设单位或受其委托具有相应资质的工程造价咨询人根据竣工结算以及相关技术经济文件编制的,用以确定整个建设项目从筹建到竣工投产全过程实际总投资的经济文件。

1.2.4 建设工程造价的作用

工程造价涉及国家经济建设各个部门和行业以及社会再生产的各个环节,直接关系到人民群众的居住和生活条件,所以工程造价的影响程度和作用很大。工程造价主要作用如下:

(1) 是项目可行性研究的组成部分,是项目投资决策的重要依据;

(2) 是项目立项并获取立项批文的重要经济文件;

(3) 是编制投资计划和控制投资的工具;

(4) 是筹集资金和编制筹资计划的重要依据;

(5) 是金融机构进行建设工程资金流动的依据；

(6) 是调整产业结构和利益分配的杠杆；

(7) 是建设工程签订承包合同、拨付工程款、办理竣工结算等的依据；

(8) 是评价投资经济效果的重要指标。

项目1.3 建设工程造价制度

1.3.1 建设工程造价人员

根据《造价工程师职业资格制度规定》和《造价工程师执业资格考试实施办法》(建人〔2018〕67号)等文件的规定，我国目前对建设工程造价人员分为“一级造价工程师”和“二级造价工程师”两种。

1. 报考条件：

凡遵守中华人民共和国宪法、法律、法规，具有良好的业务素质和道德品行，具备下列条件之一者，可以申请参加一级造价工程师职业资格考试：

(1) 具有工程造价专业大学专科(或高等职业教育)学历，从事工程造价业务工作满5年；具有土木建筑、水利、装备制造、交通运输、电子信息、财经商贸大类大学专科(或高等职业教育)学历，从事工程造价业务工作满6年。

(2) 具有通过工程教育专业评估(认证)的工程管理、工程造价专业大学本科学历或学位，从事工程造价业务工作满4年；具有工学、管理学、经济学门类大学本科学历或学位，从事工程造价业务工作满5年。

(3) 具有工学、管理学、经济学门类硕士学位或者第二学士学位，从事工程造价业务工作满3年。

(4) 具有工学、管理学、经济学门类博士学位，从事工程造价业务工作满1年。

(5) 具有其他专业相应学历或者学位的人员，从事工程造价业务工作年限相应增加1年。

2. 二级造价工程师职业资格报考条件

凡遵守中华人民共和国宪法、法律、法规，具有良好的业务素质和道德品行，具备下列条件之一者，可以申请参加二级造价工程师职业资格考试：

(1) 具有工程造价专业大学专科(或高等职业教育)学历，从事工程造价业务工作满2年；具有土木建筑、水利、装备制造、交通运输、电子信息、财经商贸大类大学专科(或高等职业教育)学历，从事工程造价业务工作满3年。

(2) 具有工程管理、工程造价专业大学本科及以上学历或学位，从事工程造价业务工作满1年；具有工学、管理学、经济学门类大学本科及以上学历或学位，从事工程造价业务工作满2年。

(3) 具有其他专业相应学历或学位的人员，从事工程造价业务工作年限相应增加1年。

3. 注册规定

国家对造价工程师职业资格实行执业注册管理制度。取得造价工程师职业资格证书且从事工程造价相关工作的人员，经注册方可以造价工程师名义执业。

住房和城乡建设部、交通运输部、水利部按照职责分工，制定相应注册造价工程师管理办法并监督执行。住房和城乡建设部、交通运输部、水利部分别负责一级造价工程师注册及相关工作。各省、自治区、直辖市住房城乡建设、交通运输、水利行政主管部门按专业类别分别负责二级造价工程师注册及相关工作。

经批准注册的申请人,由住房和城乡建设部、交通运输部、水利部核发《中华人民共和国一级造价工程师注册证》(或电子证书);或由各省、自治区、直辖市住房和城乡建设、交通运输、水利行政主管部门核发《中华人民共和国二级造价工程师注册证》(或电子证书)。

造价工程师执业时应持注册证书和执业印章。注册证书、执业印章样式以及注册证书编号规则由住房和城乡建设部会同交通运输部、水利部统一制定。执业印章由注册造价工程师按照统一规定自行制作。

住房和城乡建设部、交通运输部、水利部按照职责分工建立造价工程师注册管理信息平台,保持通用数据标准统一。住房和城乡建设部负责归集全国造价工程师注册信息,促进造价工程师注册、执业和信用互惠互通共享。

住房和城乡建设部、交通运输部、水利部负责建立完善造价工程师的注册和退出机制,对以不正当手段取得注册证书等违法违规行为,依照注册管理的有关规定撤销其注册证书。

1.3.2 工程造价咨询人

专门从事工程造价咨询服务的中介机构,依法取得工程造价咨询资质等级证书,在其资质等级许可的范围内,接受委托从事建设工程造价咨询活动的企业。建设行政主管部门按照《工程造价咨询企业管理办法》(建设部 149 号令)对工程造价咨询服务的中介机构进行管理。目前我国造价咨询企业资质等级分甲级和乙级。

1. 申请甲级资质条件

(1) 已取得乙级工程造价咨询企业资质证书满 3 年;

(2) 技术负责人已取得造价工程师注册资格,并具有工程或者经济系列高级专业技术职称,且从事工程造价专业工作 15 年以上;

(3) 专职从事工程造价专业工作的人员(简称专职专业人员)不少于 20 人,其中:工程或者工程经济系列中级以上专业技术职称的人员不少于 16 人,取得造价工程师注册证书的人员不少于 10 人,其他人员具有从事工程造价专业工作的经历;

(4) 企业注册资本不得少于人民币 100 万元;

(5) 近 3 年企业工程造价咨询营业收入累计不低于人民币 500 万元;

(6) 具有固定办公场所,人均办公面积不少于 $10m^2$;

(7) 技术档案管理制度、质量控制制度和财务管理制度齐全;

(8) 员工的社会养老保险手续齐全;

(9) 专职专业人员符合国家规定的职业年龄,人事档案关系由国家认可的人事代理机构管理;

(10) 企业的出资人中造价工程师人数不低于 60%,出资额不低于注册资本总额的 60%。

2. 申请乙级资质的条件

(1) 技术负责人已取得造价工程师注册资格,并具有工程或者经济系列高级专业技术职称,且从事工程造价专业工作 10 年以上;

(2) 专职从事工程造价专业工作的人员(简称专职专业人员)不少于 12 人,其中:工程或者经济系列中级以上专业技术职称的人员不少于 8 人,取得造价工程师注册证书的人员不少于 6 人,其他人员具有从事工程造价专业工作的经历;

(3) 企业注册资本不得少于人民币 50 万元;

(4) 在暂定期内企业工程造价咨询营业收入累计不低于人民币 50 万元;

(5) 具有固定办公场所，人均办公面积不得少于 $10m^2$；

(6) 技术档案管理制度、质量控制制度、财务管理制度齐全；

(7) 员工的社会养老保险手续齐全；

(8) 专职专业人员符合国家规定的职业年龄，人事档案关系由国家认可的人事代理机构管理；

(9) 企业的出资人中造价工程师人数不低于 60%，出资额不低于注册资本总额的 60%。

3. 工程造价咨询企业的资质等级

新设立的工程造价咨询企业的资质等级按照最低等级核定，并设 1 年的暂定期。

项目 1.4　建设工程造价管理

1.4.1　建设工程造价管理的含义

建设工程造价管理是对建设工程价格的管理，即对建设工程的计价依据和计价行为的管理，既包括有关的定额等信息的发布、更新、解释，又包括有关造价人员及咨询机构的造价不规范行为的检查、处罚等，还包括计价人对自己的计价成果的管理。

1.4.2　建设工程造价管理的基本内容

工程造价管理的基本内容就是有效地控制及合理确定工程造价，是在基本建设的各阶段合理确定投资估算、项目概算、施工图预算(控制价)、承包合同价格、竣工结算及决算价格。具体的管理程序如图 1-4 所示。

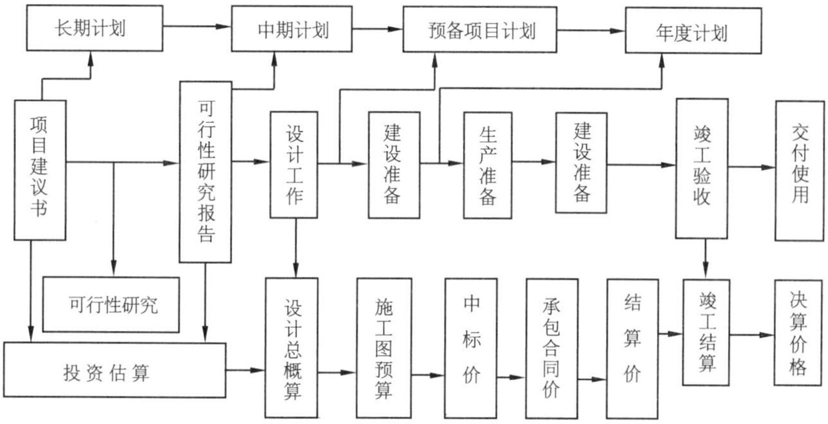

图 1-4　建设程序与各阶段工程造价管理示意图

1.4.3　建设工程造价管理的组织

建设工程造价管理组织是指为实现工程造价的科学性及合理性而进行的管理活动组织，以及与建设工程造价管理相关的管理活动群体。目前，我国建设工程造价管理体系有三大系统：政府行政管理系统、造价协会管理系统以及企事业单位管理系统。

1. 政府行政管理系统

我国政府对工程造价管理有一个组织严密的系统，设立多层管理机构。

(1) 中华人民共和国住房和城乡建设部负责全国的建设工程造价的管理，其具体的事宜归口到标准定额司。

(2) 各省、自治区、直辖市的建设厅(局、委)负责本省的造价管理,具体事宜归口到各省、自治区、直辖市建设工程造价管理总站,业务受城乡建设部标准定额司指导。

(3) 地市州的建设行政部门负责本市的造价管理,具体归口到地市州的建设工程造价管理站,业务受省级造价部门指导。

(4) 县级建设部门负责本县的造价管理,具体归口本县的建设工程造价管理站,业务受上级造价管理部门的指导。

2. 建设工程造价协会

中国建设工程造价管理协会及各省、自治区、直辖市建设工程造价协会和地市州的建设工程造价协会由从事建设工程造价管理及工程造价服务的单位组成,经建设部部门同意,民政部门核准登记注册的非营利性的民间社会组织,是属于行业组织,对造价行为进行自律性的管理。

3. 企、事业单位

各个与建设工程造价有关的单位对工程造价的管理,包括建设单位、设计单位、施工承包单位的工程造价管理部门以及工程造价中介服务机构。

单元习题

1. 建设项目的含义是什么? 包括哪些内容?
2. 建设项目是如何分类的?
3. 建设项目如何分解、分解的目的是什么?
4. 建设项目各阶段的造价文件是什么?
5. 建筑工程计价的含义是什么?
6. 一、二级造价工程师的报考条件分别是什么?
7. 建设工程造价咨询企业的含义是什么?
8. 工程造价咨询企业的等级及申报条件是什么?
9. 建设工程造价管理的含义是什么?
10. 建设工程造价管理的内容是什么?
11. 建设工程造价管理的组织是什么?
12. 建设工程造价的特点是什么?
13. 建设工程造价的作用是什么?

单元 2

建设工程定额与工程量清单计价规范

项目 2.1　建筑工程计价概述
项目 2.2　建设工程定额的概念、分类及特点
项目 2.3　基础定额
项目 2.4　预算定额
项目 2.5　《建设工程工程量清单计价规范》和
　　　　　《房屋建筑与装饰工程工程量计算规范》
项目 2.6　房屋建筑与装饰工程工程量计算规范
单元习题

单元概述:本单元介绍了建筑工程计价的含义与方法以及定额计价与建设工程工程量清单计价的区别与联系,介绍了建设工程定额的分类、特点、形式、内容、定额间的相互关系,重点介绍了劳动定额、材料定额、施工机械台班定额的概念及相关知识。

学习目标:

1. 掌握建筑工程计价的含义与方法。
2. 掌握建设工程定额的概念、分类及特点。
3. 了解消耗量定额的编制、确定与应用。
4. 掌握劳动定额与时间定额、机械定额台班产量及块体材料消耗量的确定。
5. 了解企业定额的作用及其与消耗量定额的关系。
6. 熟悉《建设工程工程量清单计价规范》(GB 50500—2013)的组成内容。
7. 熟悉《房屋建筑与装饰工程工程量计算规范》(GB 50854—2013)中的计算规则与《全国统一建筑工程基础定额》中的计算规则的区别与联系。

学习重点:

1. 建筑工程计价的含义与方法。
2. 明确定额的分类与特点,预算定额的概念。
3. 预算定额的编制步骤及方法。
4. 工料分析的步骤与方法。
5. 明确时间定额、产量定额在实际工程中如何应用。
6. 劳动定额的表达形式及制定方法。
7. 材料消耗定额的组成及制定方法。
8. 机械台班消耗指标的制定方法。

教学建议:建议采用实物法,教师收集国家及当地正在使用的定额、规范样本展示,在充分认识定额的基础上,讲解定额的内容组成、含义、运用及相互关系。

关键词:预算定额(detailed estimate norm);时间定额(time quota);清单计价(list valuation);措施项目(measures to project)

项目 2.1 建筑工程计价概述

2.1.1 建筑工程计价的含义

建筑工程计价即计算建筑工程产品的价格。建筑工程产品的价格由成本、利润及税金组成,但建筑工程产品又有其自身的特点,如固定性、施工的流动性、产品的单件性、施工周期长、涉及部门广、价值高及交易在先、生产在后等特点。每个建筑产品都需要按业主的特定需要单独设计和独立施工才能完成,即使使用同一套图纸,也会因建设时间、地点、地质构造等的不同,人工、材料和机械的价格不同,以及各地规费计取标准的不同等诸多因素影响,从而使得建筑产品价格不同。所以建筑产品价格必须单独定价。当然在市场经济的条件下,施工企业的管理人员、工人的素质不同,管理水平不同,竞争获取利润的目的不同,也会影响到建筑产品价格高低,建筑产品的价格最终由市场竞争形成。

2.1.2 建筑工程计价的方法

我国工程计价正在经历从定额计价体系到工程量清单计价(list valuation)体系的改革,目前处于两种计价体系“双轨并行”的状态。下面分别介绍这两种计价体系的计价方法。

1. 定额计价方法

我国在很长一段时间内采用单一的定额计价方法形成工程价格，即按预算定额(detailed estimate norm)(消耗量定额)规定的分部分项子目，逐项计算工程量，套用预算定额单价(或单位估价表)确定人材机费，然后按规定的取费标准确定措施费、企业管理费、利润和税金，汇总后即为工程造价或投标最高限价(招标控制价)，而投标最高限价(招标控制价)则作为评标定标的主要依据。

具体编制方法见单元 4 施工图预算的编制。定额计价法的计价程序如图 2-1 所示。

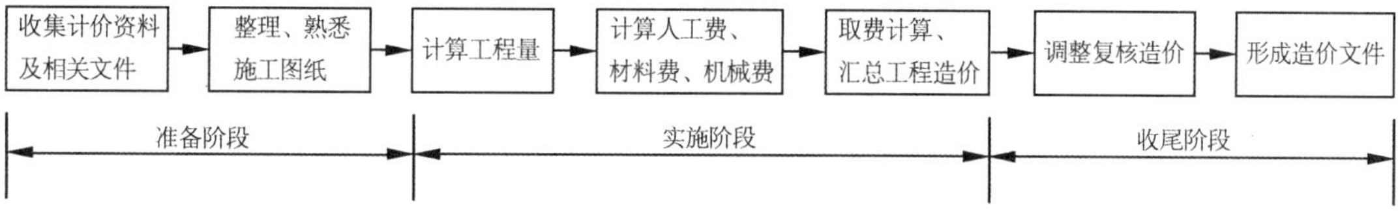

图 2-1　定额计价程序示意图

实施阶段的具体计价程序可以按图 2-2 进一步明确。

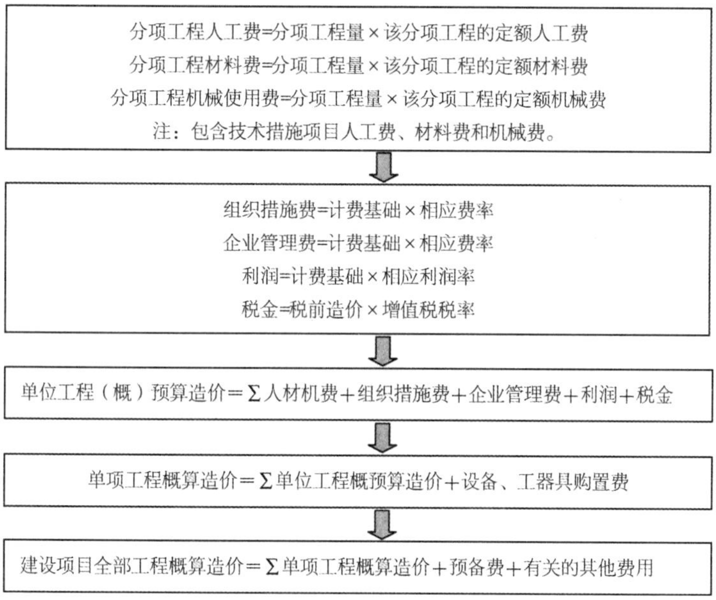

图 2-2　实施阶段定额计价的基本方法与程序

2. 工程量清单计价方法

工程量清单计价简称为清单计价，是在统一的工程量清单项目设置的基础上，根据工程的施工图纸和工程量清单计算规则，计算出各个清单项目的工程量，再根据各种渠道所获得的工程造价信息和市场价格计算得到工程造价。具体编制方法见单元 5、单元 6。工程量清单计价方法计价程序如图 2-3 所示。

投标报价阶段的具体计价程序，可用图 2-4 进一步明示。

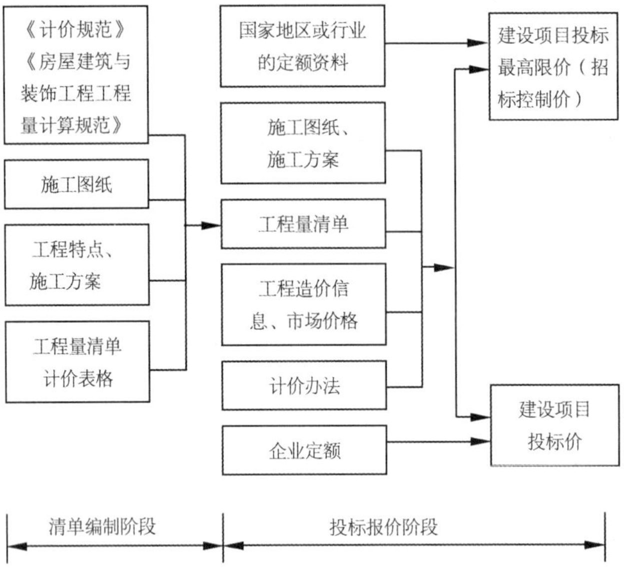

图 2-3　工程量清单计价程序示意图

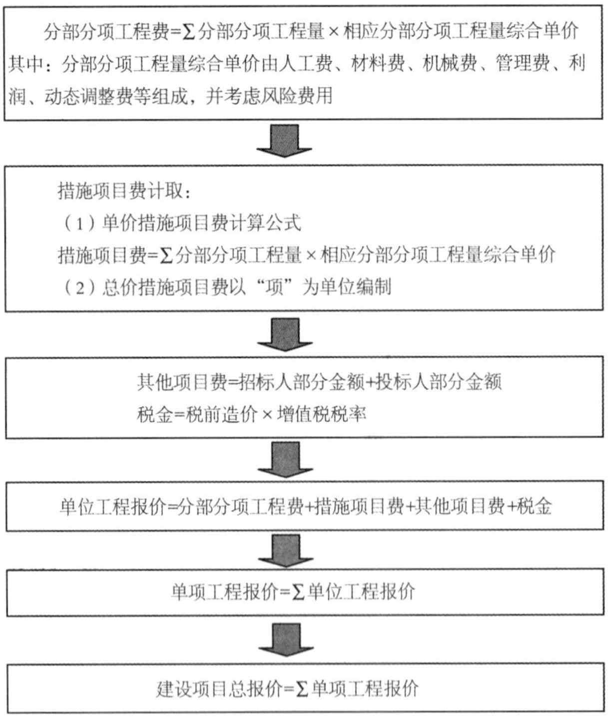
分部分项工程费=Σ分部分项工程量×相应分部分项工程量综合单价
其中：分部分项工程量综合单价由人工费、材料费、机械费、管理费、利润、动态调整费等组成，并考虑风险费用
措施项目费计取：
（1）单价措施项目费计算公式
措施项目费=Σ分部分项工程量×相应分部分项工程量综合单价
（2）总价措施项目费以“项”为单位编制
其他项目费=招标人部分金额+投标人部分金额
税金=税前造价×增值税税率
单位工程报价=分部分项工程费+措施项目费+其他项目费+税金
单项工程报价=Σ单位工程报价
建设项目总报价=Σ单项工程报价

图 2-4　投标报价阶段清单计价的基本方法与程序

项目 2.2　建设工程定额的概念、分类及特点

2.2.1　建设工程定额的概念

从广义上讲，定额是一种规定的额度，是人们根据各种不同的需要，对某一事物规定的数量标准。例如，分配领域的工资标准，生产和流通领域的原材料消耗定额、成品和半成品储备定额、流动资金定额等。在现代社会经济生活中，定额几乎无处不在。

建设工程定额是指在建设工程中单位产品上人工、材料、机械、资金消耗的规定额度。它具有生产消耗定额的性质，这种规定的量的额度所反映的是，在一定的社会生产力发展水平的条件下，完成工程建设中的某项产品与各种生产消费之间特定的数量关系。例如，浇筑 $10m^3$ 混凝土垫层，需用 $10.10m^3$ 强度等级为 C15 的混凝土。在这里，$10m^3$ 产品（混凝土垫层）和材料（混凝土）之间的关系是客观的，也是特定的。定额中关于生产 $10m^3$ 混凝土垫层，消耗 $10.10m^3$ 混凝土，则是一种数量关系的规定，在这个特定的关系中，混凝土垫层和 C15 混凝土都是不可代替的。

2.2.2　建设工程定额的分类

定额的种类很多，各部门有不同的定额，根据建筑产品的单件性的经济技术特点，根据使用对象和组织生产的具体目的差异，建设工程定额有如下的分类：

1. 按生产要素的不同分类

(1) 劳动定额，又称人工定额。是指在合理的劳动组织条件下，某工种的劳动者，完成单位的合格产品（工程实体或劳务）所消耗的活劳动的数量标准。

劳动定额一般的表现形式是时间定额，但同时也表现为产量定额。

(2) 材料消耗定额，简称材料定额。是指在合理施工条件和节约使用材料的原则下，生产单位合格产品所必须消耗的一定品种、规格材料的数量标准。

材料，是工程建设中使用的原材料、成品、半成品、构配件、燃料以及水、电等动力资源的总称。材料作为劳动对象是构成工程的实体物资，需要量大，种类多。重视和加强材料定额管理，制定合理的材料消耗定额，是组织材料正常供应，保证生产顺利进行，以及合理利用资源，减少积压、浪费的必要前提。

(3) 机械台班定额，简称机械定额。是指为完成一定计量单位合格产品所规定的施工机械台班消耗的数量标准。机械消耗定额的主要表现形式是机械时间定额，但同时也表现为产量定额。

随着我国生产技术的不断发展，建筑业的机械化程度不断提高，机械在较大范围内代替工人的手工操作，机械消耗在建设项目全部生产消耗中份额的不断增大，机械消耗定额成为定额体系中更加重要的定额。

劳动定额、材料消耗定额和机械台班消耗定额的制定，应从有利于提高企业的施工水平出发，以能反映平均先进的消耗量水平为原则。这三种定额是制定各种实用性定额的基础，因此，也称为基础定额。

2. 按定额的编制程序和用途不同分类

(1) 施工定额。施工定额是以同一性质的施工过程或以工序为测定对象，确定建筑安装工人在正常的施工条件下，为完成一定计量单位的某一施工过程或工序所需人工、材料和机械台班的数量标准。它属于企业生产定额的性质，是施工企业组织生产和加强管理在企业内部使用的一种定额。是编制班组作业计划、签发工程任务单和限额领料卡，以及结算计件工资或超额、节约奖励的依据。

施工定额是施工企业内部经济核算的依据,也是编制预算定额的基础。

(2) 预算定额。预算定额是指由建设行政主管部门根据合理的施工组织设计,按照正常施工条件下制定的,生产一个规定计量单位工程合格产品所需人工、材料、机械台班的社会平均消耗量。

预算定额是计算单位工程人工、材料、机械台班需要量、确定单位工程造价的一种定额,属于计价性定额。

在工程委托承包的情况下,它是确定工程造价的主要依据。

在定额计价招标投标的工程中,它是编制标底和投标报价的依据。

在工程量清单计价招标投标的工程中,它是编制招标控制价的依据,也是投标报价的参考。

从编制程序看,施工定额是预算定额的编制基础,而预算定额则是概算定额和概算指标、估算指标的编制基础。

预算定额在计价定额中是基础性定额。

(3) 概算定额。概算定额是在预算定额基础上确定的、完成合格的单位扩大分项工程或单位扩大结构构件所需消耗的人工、材料和机械台班的数量标准。它是设计单位在初步设计阶段编制设计概算时使用的一种参考定额,主要作用是为项目投资控制提供依据,属于计价性定额。

(4) 概算指标。概算指标是概算定额的扩大与合并,是以整个建筑物和构筑物为对象,以更为扩大的计量单位编制的。它规定了完成一定计量单位的建(构)筑物所需的劳动力、主要材料和机械台班数量以及相应费用的指标,是一种计价性定额,是初步设计阶段控制项目投资的有效工具,它所提供的数据是计划工作的依据和参考。

(5) 投资估算指标。通常是根据历史的预、结算资料和价格变动等资料,依据预算定额、概算定额,以单项工程或完整的工程项目为计算对象,反映一定计量单位的建(构)筑物或工程项目所需费用的指标。投资估算指标是在项目建议书和可行性研究报告阶段编制投资估算时使用的一种定额。

(6) 工期定额。它是规定各类工程建设和施工期限的定额。包括建设工期定额和施工工期定额两个层次。

建设工期是指建设项目或独立的单项工程从开工建设起,到全部建成投产或交付使用止所需要的时间总量。一般以月或天表示。施工工期一般是指单项工程或单位工程从正式开工至完成承包工程的全部设计内容并达到国家验收标准的全部有效天数。施工工期是建设工期的一部分。

建设项目缩短工期,提前投产或交付使用,不仅能节约投资,也能更快地发挥效益,创造出更多的物质财富和精神财富。对于施工企业,工期是履行承包合同、安排施工计划、减少成本开支、提高经营成果等方面必须考虑的指标。

3. 按照主编单位和管理权限分类

(1) 全国统一定额是由国家建设行政主管部门综合全国工程建设、工程技术和施工组织管理的情况编制,并在全国范围内执行的定额,如全国统一安装工程预算定额。

(2) 行业统一定额是考虑到各行业部门专业工程技术特点,以及施工生产和管理水平编制的。一般只是在本行业和相同专业性质的范围内使用的专业定额,如矿井建设工程定额、铁路建设工程定额等。

(3) 地区统一定额由各省、自治区、直辖市建设行政主管部门结合本地区特点,在全国统一定额水平的基础上,对定额项目做出适当调整、补充而成的一种定额,在本地区范围内执行。

(4) 企业定额是指由施工企业考虑本企业具体情况,参照国家、部门或地区定额的水平制定的定额。企业定额只在企业内部使用，是企业素质的一个标志。企业定额水平一般应高于国家现行定额，才能满足生产技术发展、企业管理和市场竞争的需要。

(5) 补充定额是指随着设计、施工技术的发展，现行定额不能满足需要的情况下，为了补充缺项所编制的定额，它包括为长久使用正式补充的定额和为一次性使用补充的定额。补充定额一般由施工企业提出测定资料，与建设单位或设计单位协商议定，地方建设行政主管部门批准，只能在指定的范围内使用，并且作为以后修订定额的基础。

4. 按专业的不同分类

按专业的不同，可以分为建筑工程定额（土建定额）、安装工程定额（如电气、给排水、仪表、通信、暖通、工艺管道、热力与制冷等工程）、公路工程定额、铁路工程定额、水利工程定额、港口工程定额、市政工程定额、矿山工程定额等。

5. 按定额费用性质分类

按定额费用性质，可分为建筑工程预算定额、安装工程预算定额、建筑安装工程计价定额、工程量清单计价定额、工具、器具定额、工程建设其他费用定额。

2.2.3　建设工程定额的特点

(1) 科学性。表现在制定定额时用科学的态度和方法，力求定额水平合理，使其符合客观实际。

(2) 权威性。定额一旦发布，其执行区域都是以发布的定额为计价依据，反映了统一的意志和要求，也是反映科学性的定额信誉和信赖。

(3) 法令性（统一性）。定额由权威部门发布后，就具有类似于法规一样的性质，执行定额是不得随意变更和调整，需调整时必须经过必要的程序。

(4) 系统性。各类定额组合在一起时就形成有机的整体，结构复杂、层次鲜明、目的明确。

(5) 针对性。什么专业套用什么定额，什么用途套用什么定额，非常有针对性。

(6) 相对稳定性。制定颁布的定额不能随时变化，一般保持 5～10 年的稳定。

项目 2.3　基础定额

基础定额，指建设工程中，按照生产要素规定的，在正常施工条件和合理的劳动组织、合理使用材料及机械等条件下，完成单位合格产品所必须消耗的人工、材料、机械台班的数量标准。它由劳动定额、材料消耗定额、机械台班定额组成。基础定额是编制建设工程其他定额的基础。

学习和研究基础定额，对适应市场经济的发展，引导企业编制出自己的企业定额，自主投标报价，具有重要的现实意义。

2.3.1　劳动定额

1. 劳动定额的概念

劳动消耗定额简称劳动定额或人工定额，是在一定生产技术组织条件下，完成单位合格产品所必须的劳动消耗量的标准。这个标准是国家和企业对工人在单位时间内完成的产品数量、质量的综合要求，是建筑安装工人劳动生产率的一个先进合理指标。

2. 劳动定额的表现形式

劳动定额有时间定额（time quota）和产量定额两种。

1) 时间定额

时间定额是指在一定的生产技术和生产组织条件下，某工种、某技术等级的工人小组或个人，完成单位合格产品所必须消耗的工作时间。

时间定额以“工日”为计量单位,每一个工日工作时间按8h计算,如工日/m^3、工日/m^2、工日/m、工日/t等。时间定额的计算公式为

$$单位产品的时间定额(工日)=\frac{1}{每工产量}$$

以小组计算时,计算公式则为

$$单位产品的时间定额(工日)=\frac{小组成员工日数总和}{小组每班产量}$$

2) 产量定额

产量定额是指在一定的生产技术和生产组织条件下,某工种、某技术等级的工人小组或个人,在单位时间(工日)内完成合格产品的数量,也称为每工产量。

产量定额的计量单位,以单位时间的产品计量单位表示,如m^3/工日、m^2/工日、m/工日、t/工日等,产量定额计算公式为

$$产量定额=\frac{1}{单位产品的时间定额(工日)}$$

以小组计算时,计算公式则为

$$小组台班产量=\frac{小组成员工日数总和}{单位产品的时间定额(工日)}$$

3. 时间定额和产量定额的关系

时间定额和产量定额互为倒数,即时间定额×产量定额=1

表2-1为国家劳动部和建设部发布的《建设工程劳动定额》(建筑工程)(LD/T72.1～11—2008)砖墙劳动定额项目表。1995年1月1日实施的《全国建筑安装工程统一劳动定额》改革了劳动定额的形式结构安排,把传统的复式定额的表现形式,全部改成单式表现形式,用时间定额表示。

例如,由表中可查出,砌1$m^3$1砖厚混水外墙,综合时间定额(塔吊)是1.09工日,记作1.09工日/m^3,综合产量定额是1/1.09=0.917m^3,记作0.917m^3/工日。砌砖这一工作过程的时间定额是0.549工日,产量定额是1.82m^3。

(1) 综合时间定额:综合时间定额为各工作过程的时间定额之和。

1砖厚混水外墙的综合时间定额=砌砖的时间定额+运输的时间定额+调制砂浆的时间定额

例如,由劳动定额表2-1中查出:砌1$m^3$1砖厚混水外墙,砌砖的时间定额为0.549工日;运输的时间定额为0.44工日(塔吊);调制砂浆的时间定额为0.101工日;1砖厚混水外墙的综合时间定额(塔吊)=0.549+0.44+0.101=1.09工日。

(2) 综合产量定额:综合产量定额是综合时间定额的倒数。

4. 劳动定额的应用

1) 时间定额的应用

确定完成某分部分项工程所需的施工天数,编制施工组织设计,施工企业给工人下达生产任务,如果工程量已知,施工人数已知,计算劳动量、确定施工天数时通常使用时间定额。

【例2-1】 某工程砌筑2砖厚混水外墙,工程量150m^3,每天有22名工人在现场施工,试计算完成该项工程的施工天数(塔吊运输)。

【解】 表2-1中查出,砌筑2砖厚混水外墙的综合时间定额为1.01工日/m^3。

该工程所需的劳动量=1.01×150=151.5(工日)

完成该工程的施工天数=151.5÷22=6.89≈7(天)

2) 产量定额的应用

施工企业给工人下达生产任务,采用计件方法,考核工人劳动生产率时一般使用产量定额。

【例 2-2】 某办公楼内墙抹灰工程,计划施工 25 天完成,抹灰班安排 13 名工人施工,产量定额为 9.52 m^2/工日,计算抹灰班应完成的抹灰面积。

【解】 总工日数=25×13=325(工日),应完成的抹灰面积=9.52×325=3 094(m^2)

表 2-1　**《建设工程劳动定额》示例**

砖　　墙

工作内容:砖墙面艺术形式(腰线、门窗套子、虎头砖、通立边等)、墙垛、平碹及安装平碹模板,梁板头砌砖,梁板下塞砖,楼梯间砌砖,留楼梯踏步斜槽,留孔洞,砌各种凹进处,山墙、女儿墙泛水槽,安放木砖、铁件及体积≤0.024m^3的预制混凝土门窗过梁、隔板、垫块以及调整立好后的门窗框等。

单位:m^3

定额编号	AD0025	AD0026	AD0027	AD0028	AD0029	序号
项目	混水外墙					
	1/2 砖	3/4 砖	1 砖	3/2 砖	≥2 砖	
综合	1.500	1.440	1.090	1.040	1.010	一
砌砖	0.980	0.951	0.549	0.491	0.458	二
运输	0.434	0.437	0.440	0.440	0.440	三
调制砂浆	0.085	0.089	0.101	0.106	0.107	四

5. 劳动定额的编制方法

1) 劳动定额制定方法

劳动定额制定的基本方法通常有经验估算法、统计分析法、比较类推法和技术测定法四种。

(1) 经验估算法:一般是定额专业测定人员、工程技术人员和从事施工生产、施工管理丰富经验的工人代表,参照施工图纸、施工验收规范等有关技术资料,通过座谈讨论、分析研究和计算而制定定额的方法。这种方法的优点是定额制定较为简单,易于掌握,工作量小,时间短,不需要具备更多的技术条件;缺点是受工人的主观因素影响大,技术数据不足,准确性较差。这种方法只适用于批量小,不易计算工作量的生产过程。

(2) 统计分析法:是根据一定时期内生产同类建筑产品各工序的实际工时消耗统计资料,结合当前生产技术组织条件的变化因素,进行分析研究、整理和修正,从而制定定额的方法。其优点是方法简便,比经验估算法有较多的统计资料为依据;缺点是原有统计资料不可避免包含着一些偶然因素,以致影响定额的准确性。这种方法适用于生产条件正常、产品稳定、批量大、统计工作制度健全的生产过程定额的制定。

(3) 比较类推法:也称典型定额法,是以同类型产品定额项目的水平或技术测定的实际消耗工时为依据,经过分析比较,类推出同一组定额中相邻项目的定额水平方法。这种方法的优点是简便、工作量少,只要典型定额选择恰当,切合实际,具有代表性,类推出的定额水平一般比较合理;缺点是如果典型选择不当,整个系列定额都会有偏差。这种方法适用于定额测定较困难,同类型项目产品品种多,批量少的施工过程。

(4) 技术测定法:是在正常的施工条件下,对施工过程各工序工作时间的各个组成要素,进行工作日写实、测定观察,分别测定每一工序的工作时间消耗,然后通过测定的资料进行分析计算来制定定额的方法,是一种典型的调查研究方法。其优点是通过测定可以获得制定定额工作时间消耗的全部资料,有充分的依据,较高的准确性和科学性;缺点是定额制定过程比较复杂,工作量较大、技术要求高,同时还需要工人的积极配合。这种方法适用于新的定额项目和典型定额项目的制定。

上述 4 种方法可以结合具体情况具体分析,灵活运用,在实际工作中常常是几种方法并用。

2) 工人工作时间的分析

工作时间是指工作班的延续时间。国家现行制度规定为 8 小时工作日。

研究施工过程中的工作时间及其特点,并对工作时间的消耗进行科学分类,是制定劳动定额的基本内容之一。

工人在工作班内从事施工过程中的时间消耗有些是必须的,有些则是损失掉的。按其消耗的性质可分为必须消耗的时间(定额时间)和损失时间(非定额时间)两类,如图 2-5 所示。

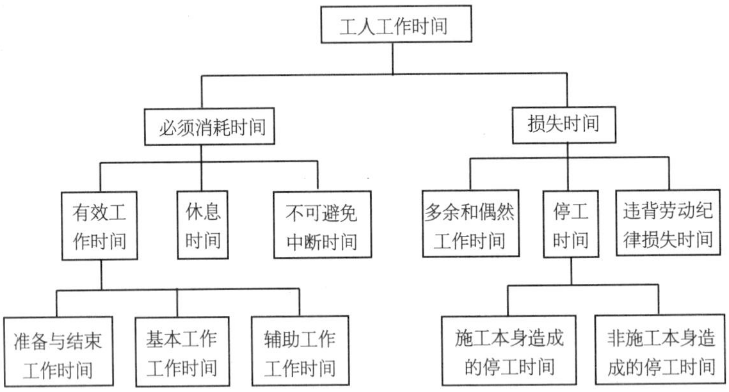

图 2-5　工人工作时间构成示意图

(1) 必须消耗的时间(定额时间)

必须消耗的时间是指工人在正常的施工条件下,完成某一建筑产品(或工作任务)所必须消耗的工作时间,由有效工作时间、休息时间和不可避免的中断时间三部分组成。

① 有效工作时间。从生产效果来看,是与产品生产直接有关的时间消耗,包括基本工作时间、辅助工作时间、准备与结束时间。

基本工作时间是指工人直接完成一定产品的施工工艺过程所必须消耗的时间。通过基本工作,使劳动对象直接发生变化:可以改变材料外形,如钢筋弯曲加工;可以改变材料的结构与性质,如混凝土制品可以使预制构件安装组合成型;可以改变产品的外部及表面的性质,如粉刷、油漆等。基本工作时间的长短与工作量的大小成正比。

辅助工作时间是指与施工过程的技术操作没有直接关系的工序,为了保证基本工作的顺利进行而做的辅助性工作所消耗的时间。辅助性工作不直接导致产品的形态、性质、结构或位置发生变化。例如,现浇混凝土移动振捣棒、转移工作地点等均属于辅助性工作。

准备与结束时间是指执行任务前或任务完成后所消耗的时间，一般分班内准备与结束时间和任务内准备与结束时间两种。班内准备与结束时间包括如工人每天从工地仓库取工具、设备、工作地点布置、机器开动前的观察和试车的时间，交接班时间等。任务内的准备与结束时间包括接受施工任务书、研究施工图纸、接受技术交底、验收交工等工作所消耗的时间。

班内准备与结束时间的长短与所提供的工作量大小无关，但和工作复杂程度有关。

② 休息时间。指工人在施工过程中为保持体力所必须的短暂休息和为满足生理需要的时间消耗，如施工过程中喝水、上厕所、短暂休息等。这种时间是为了保证工人集中精力地进行工作，应作为必须消耗的时间。休息时间的长短和劳动条件、劳动强度、工作性质等有关，在劳动条件恶劣、劳动强度大等情况下，休息时间要长一些，反之可短一些。

③ 不可避免的中断时间。指由于施工过程中施工工艺特点引起的工作中断所消耗的时间。例如，汽车司机在等待汽车装、卸货时消耗的时间，安装工人等待起重机吊预置构件的时间等。与施工过程工艺特点有关的中断时间应作为必须消耗的时间，但应尽量缩短此项时间消耗。与施工工艺特点无关的工作中断时间是由于施工组织不合理引起的，属于损失时间，不能作为必须消耗的时间。

(2) 损失时间(非定额时间)

损失时间是指与产品生产无关，而与施工组织和技术上的缺点以及与工人在施工过程的个人过失或某些偶然因素有关的时间消耗，包括多余和偶然工作的时间、停工时间、违反劳动纪律的时间三部分。

① 多余、偶然工作时间。指在正常施工条件下不应发生的或是意外因素所造成的时间消耗。如产品质量不合格的返工等。

② 停工时间。指工作班内停止工作而造成的工时损失。它可以分为施工本身造成的和非施工本身造成的两种停工时间。

施工本身原因的停工，指由于施工组织不当造成的停工，如停工待料等。

非施工本身原因的停工，指由于外部原因造成的停工，如气候突变、停水、停电等。

③ 违反劳动纪律的时间。指工人迟到、早退、擅自离开工作岗位、工作时间闲谈等影响工作的时间。也包括个别人违反劳动纪律而影响其他工人无法工作的工时损失。

3) 劳动定额消耗时间的确定

劳动定额消耗时间的计算式为

$$N=N_{基}+N_{辅}+N_{准}+N_{休}+N_{不可避免}$$

推导可得：

$$N=\frac{N_{基}}{1-N_{辅}\%-N_{准}\%-N_{休}\%-N_{不可避免}\%}$$

式中 N——单位产品的时间定额；

$N_{基}$——完成单位产品的基本工作时间；

$N_{辅}\%$——辅助工作时间占全部定额工作时间的百分比；

$N_{准}\%$——准备与结束时间占全部定额工作时间的百分比；

$N_{休}\%$——休息时间占全部定额工作时间的百分比；

$N_{不可避免}\%$——不可避免的工作时间占全部定额工作时间的百分比。

【例 2-3】 根据下列现场测定资料，计算每 $100m^2$ 混合砂浆抹砖墙面的人工时间定额和产量定额。

基本工作时间：1520 工分/$50m^2$。

辅助工作时间：占全部工作时间的 4%。

准备与结束工作时间：占全部工作时间的 3%。

不可避免中断时间：占全部工作时间 2%。

休息时间：占全部工作时间 8%。

【解】 抹 $100m^2$ 砖墙面的基本工作时间＝1 520×2＝3 040 工分/$100m^2$

＝6.33 工日/$100m^2$

抹 $100m^2$ 砖墙面的时间定额＝6.33/(1－4%－3%－2%－8%)

＝7.63 工日/$100m^2$

产量定额＝1/时间定额＝13.11m^2/工日

2.3.2 材料消耗定额

1. 材料消耗定额的概念

材料消耗定额是指在合理使用材料的条件下，生产单位质量合格的建筑产品，必须消耗一定规格的材料(包括半成品、燃料、配件、水、电等)的数量标准。

材料是构成工程的实体物质，需用量很大，种类繁多。在我国建筑工程成本中，材料费平均占70%左右。材料消耗量多少、消耗是否合理，不仅关系到资源的有效利用，而且对建筑工程的造价确定和成本控制有着决定性影响。

材料消耗定额是编制材料需要量计划、运输计划、供应计划、计算仓库面积、签发限额领料单和经济核算的根据。制定合理的材料消耗定额，是组织材料的正常供应，保证生产顺利进行，以及合理利用资源，减少积压、浪费的必要前提。

2. 材料消耗定额的组成

材料消耗量由材料的净用量和损耗量两部分组成。

材料的净用量是指直接用于建筑工程的材料数量；材料损耗量是指不可避免的施工废料和材料施工操作损耗，如场内运输及场内堆放在允许范围内不可避免的损耗、加工制作中的合理损耗及施工操作中的合理损耗等。

$$材料消耗量＝材料净用量＋材料损耗量$$

材料损耗量常用损耗率计算，损耗率通过观测和统计而确定，不同材料损耗率不同，通常由国家有关部门确定，根据公式：

$$材料损耗率=\frac{材料损耗量}{材料消耗量}\times 100\%$$

$$材料损耗率\approx\frac{材料损耗量}{材料净用量}\times 100\%$$

则有

$$材料损耗量=材料消耗量\times材料损耗率\approx材料净用量\times材料损耗率$$

$$材料消耗量=\frac{材料净用量}{1-损耗率}$$

或

$$材料消耗量\approx材料净用量\times(1+损耗率)$$

3. 材料消耗定额的制定

材料消耗定额的制定即为确定单位产品的材料净用量和损耗量。材料消耗定额的制定可以分为直接性消耗材料消耗定额的制定和周转性材料消耗定额的制定。

1) 直接性消耗材料消耗定额的制定

直接构成工程实体的材料称为直接性消耗材料,如砖、水泥、砂子等。直接性消耗材料消耗定额的制定方法有观测法、试验法、统计法和理论计算法。

(1) 观测法又称现场测定法,它是在施工现场按一定程序对完成合格产品的材料耗用量进行测定,通过分析、整理,确定单位产品的材料消耗定额。

利用现场测定法主要是确定材料损耗定额,也可以提供编制材料净用量定额的数据。其优点是通过现场观察、测定,取得单位产品材料消耗的情况,为编制材料定额提供技术根据。

采用观测法,首先要选择典型的工程项目。所选工程的施工技术、组织及产品质量均要符合技术规范的要求;材料的品种、型号、质量也应符合设计要求;产品检验合格,操作工人能合理使用材料和保证产品质量。

在观测前要做好充分的准备工作,如选用标准的运输工具和衡量工具,采取减少材料损耗措施等。观测中要区分不可避免的材料损耗和可避免的材料损耗,可避免的材料损耗不应包括在定额损耗量内。必须经过科学的分析研究以后,确定确切的材料消耗标准,列入定额。

(2) 试验法又称试验室试验法,它是在试验室中进行试验和测定,确定材料消耗定额的方法,一般用于测定混凝土、沥青、砂浆、油漆等材料消耗。例如,求得不同强度等级混凝土的配合比,用以计算每立方米混凝土中各种材料耗用量。利用试验法,主要是编制材料净用量定额,它不能获得在施工现场实际条件下,由于各种客观因素对材料耗用量影响的实际数据。

(3) 统计法是指通过统计现场各分部分项工程的进料数量、用料数量、剩余数量及完成产品数量,并对大量统计资料进行分析计算,获得材料消耗的数据。这种方法由于不能分清材料消耗的性质,因而不能作为确定材料净用量定额和材料损耗定额的精确依据。

采用统计法必须要保证统计和测算的耗用材料与其相应产品一致。在施工现场中的某些材料,往往难以区分用在各个不同部位上的准确数量。因此,要有意识地加以区分,注意统计资料的准确性和有效性。此法简单易行,不需组织专人观测和试验,但准确程度受统计资料的限制和实际使用材料的影响,存在较大的片面性。

(4) 理论计算法又称计算法。它是根据施工图纸,运用一定的数学公式计算材料的耗用量。这种方法适用于制定块状、面状、条状和体积配合比砂浆等材料的预算定额,如砖块、地砖、砌筑砂浆等。理论计算法只能计算出单位产品的材料净用量,材料的损耗量还要在现场通过实测取得。

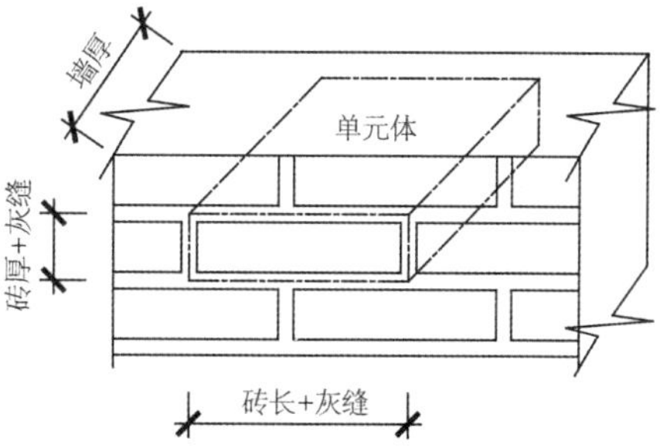

图 2-6　砖砌体消耗量计算示意图

① 砌体材料用量计算方法(图 2-6)

每 $1m^3$ 标准砖墙中,砖、砂浆的理论净用量计算公式为

$$\text{每 }1m^3\text{ 砌体标准砖的净用量(块)}=\frac{1}{\text{墙厚}\times(\text{砖长}+\text{灰缝})\times(\text{砖厚}+\text{灰缝})}\times\text{墙厚的砖数}\times 2$$

式中,标准砖尺寸长×宽×厚=0.24m×0.115m×0.053m,V=0.001 462 8m^3/块;

0.5 砖墙厚 0.115m,1 砖墙厚 0.24m,1.5 砖墙厚 0.365m;

灰缝厚 0.01m;标准砖总的消耗量为

$$标准砖总的消耗量=\frac{净用量}{1-损耗率}$$

1m^3砌体砂浆净用量=1m^3砌体-砖体积=1m^3砌体-砖块净数量×0.001 462 8m^3/块

$$砂浆总的消耗量=\frac{净用量}{1-损耗率}$$

【例 2-4】 计算 1$m^3$1 砖厚标准砖墙砖和砂浆的净用量、总消耗量,砖损耗率 1.5%,砂浆损耗率 1.2%。

【解】 (1) 标准砖的净用量

$$\begin{aligned}每1m^3砖墙标准砖的净用量(块)&=\frac{1}{0.24\times(0.24+0.01)\times(0.053+0.01)}\times1\times2\\&=\frac{1}{0.24\times0.25\times0.63}\times2=529.1(块)\end{aligned}$$

(2) 标准砖总的消耗量

$$每1m^3砖墙标准砖总的消耗量(块)=\frac{529.1}{1-1.5\%}=537.16(块)$$

(3) 砂浆净用量

每 1m^3砖墙砂浆净用量=1-529.1×0.001 462 8 =0.226(m^3)

(4) 砂浆总消耗量

$$1m^3砌体砂浆总消耗量=\frac{0.226}{1-1.2\%}=0.229\ (m^3)$$

② 块料面层材料用量计算

$$每100m^2块料面层净用量(块)=\frac{100}{(块料长+灰缝)\times(块料宽+灰缝)}$$

$$每100m^2块料总消耗量(块)=\frac{净用量}{1-损耗量}$$

每 100m^2地面结合层砂浆净用量=100m^2×结合层厚度

$$每100m^2地面结合层砂浆总消耗量=\frac{净用量}{1-损耗量}$$

每 100m^2块料面层灰缝砂浆净用量=(100-块料长×块料宽×块料净用量)×灰缝深

$$每100m^2块料面层灰缝砂浆总消耗量=\frac{净用量}{1-损耗率}$$

【例 2-5】 某工程花岗石板地面,花岗石规格为 500mm×500mm×15mm,水泥砂浆结合层 5mm 厚,灰缝 1mm 宽,花岗石损耗率 2%,砂浆损耗率 1.5%,计算每 100 m^2地面的花岗石和砂浆的总消耗量。

【解】 (1) 花岗石总消耗量

$$\begin{aligned}每100m^2地面花岗石净消耗量&=\frac{100}{(0.5+0.001)\times(0.5+0.001)}\\&=\frac{100}{0.501\times0.501}=398.4(块)\end{aligned}$$

$$每 100m^2 花岗石地面总消耗量=\frac{398.4}{1-2\%}=406.5(块)$$

(2) 砂浆总消耗量

每 $100m^2$ 花岗石地面结合层砂浆净用量 $=100\times0.005=0.5(m^3)$

每 $100m^2$ 花岗石地面面层灰缝砂浆净用量 $=(100-0.5\times0.5\times398.4)\times0.015$

$=0.4\times0.015=0.006(m^3)$

$$砂浆总消耗量=\frac{0.5+0.006}{1-1.5\%}=0.514(m^3)$$

2) 周转性材料消耗定额的制定

周转性材料是指在施工过程中不是一次性消耗的材料，而是可多次周转使用，经过修理、补充逐渐被消耗的材料，如模板、脚手架、挡土板等。周转性材料消耗的定额消耗量是指周转材料每使用一次摊销的数量，其计算必须考虑一次使用量、周转次数、周转使用量、回收价值和摊销量之间的关系。

(1) 现浇构件周转性材料(木模板)用量计算

① 一次使用量是指周转性材料一次投入量。周转性材料的一次使用量根据施工图计算，其用量与各分部分项工程部位、施工工艺和施工方法有关。其计算公式为

一次使用量＝混凝土构件模板接触面积×每平方米接触面积模板用量×(1＋损耗率%)

② 周转次数是指周转性材料在补损条件下可以重复使用的次数。

③ 周转使用量是指周转性材料在周转使用和补损的条件下，每周转一次的平均需用量。周转性材料在周转过程中，其投入使用总量和周转使用量分别为

$$投入使用总量=一次使用量+一次使用量\times(周转次数-1)\times损耗率$$

$$周转使用量=\frac{投入使用总量}{周转次数}=\frac{一次使用量+一次使用量\times(周转次数-1)\times损耗率}{周转次数}$$

$$=一次使用量\times\left[\frac{1+(周转次数-1)\times损耗率}{周转次数}\right]$$

式中，$损耗率=\frac{平均每次损耗量}{一次使用量}$。

若设周转使用系数 $k_1=\frac{1+(周转次数-1)\times损耗率}{周转次数}$，则有

$$周转使用量=一次使用量\times k_1$$

④ 回收量是指周转性材料每周转一次后，可以平均回收的数量，其计算公式为

$$回收量=\frac{周转使用最终回收量}{周转次数}=\frac{一次使用量-(一次使用量\times补损率)}{周转次数}$$

$$=一次使用量\times\frac{(1-损耗率)}{周转次数}$$

⑤ 摊销量是指完成一定计量单位建筑产品，一次所需摊销的周转性材料的数量，其计算式为

摊销量＝周转使用量－回收量×回收折价率

$$=一次使用量\times k_1-一次使用量\times\frac{1-损耗率}{周转次数}\times回收折价率$$

$$=一次使用量\times\left[k_1-\frac{(1-损耗率)\times回收折价率}{周转次数}\right]$$

若设摊销量系数 $k_2=k_1\dfrac{(1-损耗率)\times回收折价率}{周转次数}$,则有

$$摊销量=一次使用量\times k_2$$

(2) 预制构件模板及其他定型模板计算

预制混凝土构件的模板虽属周转使用材料,但其摊销量的计算方法与现浇混凝土模板计算方法不同,按照多次使用平均摊销的方法计算,即不需计算每次周转的损耗,只需根据一次使用量及周转次数,就可算出摊销量。计算公式如下:

$$预制构件模板摊销量=\frac{一次使用量}{周转次数}$$

其他定型模板,如组合式钢模板、复合木模板也按上式计算摊销量。

2.3.3 机械台班消耗定额

1. 机械台班消耗定额的概念

机械台班消耗定额简称机械定额,是指施工机械在正常施工条件下,为生产单位合格产品所需消耗某种机械的工作时间,或在单位时间内机械应该完成的产品数量。一台施工机械工作 8 小时工作班为一个台班。

2. 机械台班消耗定额的表现形式

按其表现形式不同,机械定额可以分为机械时间定额和机械台班产量定额两种,它们之间的关系是互为倒数。

(1) 机械时间定额是指在合理的劳动组织与合理使用机械条件下,生产某一单位合格产品所必须消耗的机械作业时间。计量单位用"台班"表示,其计算公式为

$$机械时间定额(台班)=\frac{1}{机械台班的产量}$$

(2) 机械台班产量定额是指在合理的劳动组织与合理使用机械条件下,某种机械设备在单位时间内完成合格产品的数量,也称为台班产量。计量单位用产品的计量单位表示,其计算公式为

$$机械台班产量定额=\frac{1}{机械时间定额}$$

按照每个机械台班内配合机械工作的工人班组总工日数及完成的合格产品数量可以确定人工配合机械工作的定额。

① 单位产品的时间定额是指完成单位合格产品所必须消耗的工作时间,其计算公式为

$$单位产品的时间定额(工日)=\frac{班组成员工日数总和}{一个机械台班产量}$$

② 产量定额是指一个机械台班中折合到每个工日生产单位合格产品的数量,其计算式为

$$产量定额=\frac{一个机械台班产量}{班组成员工日数总和(工日)}$$

【例 2-6】 某工程安装大型屋面板,采用履带式起重机,吊装 1.25t 大型屋面板,吊装高度 14m,配合起重机的班组成员人数 7 人,规定机械时间定额为 0.01 台班,计算机械台班产量定额,吊装每块屋面板的时间定额和产量定额(人工配合)。

【解】 机械台班产量定额 $=\dfrac{1}{0.01}=100$(块)

吊装每块屋面板的时间定额 $=\dfrac{7}{100}=0.07$(工日)

$$吊装每块屋面板的产量定额=\frac{100}{7}=14.29(块)$$

机械台班定额在定额表中通常用复式法表示，分子表示时间定额，分母表示台班产量，即

$$\frac{时间定额}{台班定量}\quad 或\quad \frac{时间定额}{台班产量}\bigg|台班工日\quad 或\quad \frac{时间定额}{台班产量}\bigg|台班车次$$

式中，$台班车次=\frac{作业时间}{一次循环时间}$；台班工日表示机械的定额定编人数。

3. 机械台班消耗定额的制定

1) 拟定正常的施工条件

拟定正常的施工条件主要包括拟定工作地点的合理组织和拟定合理的劳动组合。

工作地点的合理组织，是对施工地点机械和材料的放置位置、工人从事操作的场所，作出科学合理的平面布置和空间安排。使工人能最合理地使用机械设备和材料，充分利用自己的工作时间，使机械和操作机械的工人不做过多的转移，机械开关装置尽可能集中，在可能范围内移动方便，又不阻碍机械运转和工人操作等。

拟定合理的劳动组合，是指根据施工机械的性能及设计能力，工人的专业分工和劳动功效，合理确定操纵机械的工人和直接参加机械化施工过程的工人人数，确定维护机械的工人人数及配合机械施工的工人人数以保持机械的正常生产率和工人的劳动效率。

2) 确定机械纯工作 1h 的正常生产率

确定机械正常生产率时，要先确定出机械纯工作 1h 的机械生产率。机械纯工作时间是指机械必须消耗的净工作时间，包括有效工作时间、不可避免的中断时间和不可避免的空转。施工机械可分为循环动作机械和连续动作机械两大类。确定机械纯工作 1h 的正常生产率，对于不同类别的机械要采取不同的方法。

(1) 循环动作机械纯工作 1h 生产率：循环动作机械如单斗挖土机、起重机等，每一循环动作的正常延续时间包括不可避免的空转和中断时间，计算公式为

$$机械纯工作 1h 循环次数=\frac{3\,600}{一次循环的正常延续时间}$$

$$机械纯工作 1h 正常生产率=机械纯工作 1h 正常循环次数\times一次循环生产的产品数量$$

(2) 连续动作机械纯工作 1h 生产率：对于施工作业中的连续动作机械，如皮带运输机等，确定机械纯工作 1h 正常生产率计算公式为

$$连续动作机械纯工作 1h 生产率=\frac{工作时间内生产的产品数量}{工作时间}$$

工作时间内完成的产品数量和工作时间的消耗要通过多次现场观测或实验以及机械说明书来确定。对于同一机械进行作业属于不同的工作过程，如挖掘机所挖土壤的类别不同、碎石机所破碎的石块硬度和粒径不同，均需分别确定其纯工作 1h 的生产率。

3) 确定施工机械的利用系数

施工机械的正常利用系数，是指机械在工作班内对工作时间的利用率。确定机械正常利用系数要计算工作班正常状况下准备与结束工作，机械启动、维护等工作所必须消耗的时间，以及机械有效工作开始与结束的时间，从而进一步计算出机械在工作班内纯工作时间和机械正常利用系数。

$$机械正常利用系数=\frac{机械在一个班内纯工作时间}{一个工作班延续时间}$$

4) 计算机械台班产量定额

机械台班产量定额＝机械 1h 纯工作正常生产率×工作班纯工作时间

或

机械台班产量定额＝机械 1h 纯工作正常生产率×工作班延续时间×机械正常利用系数

【例 2-7】 使用设计容量为 0.4 m^3 的循环式混凝土搅拌机搅拌混凝土，每次搅拌时间 3 分钟，其中：上料 0.5 分钟，搅拌 2 分钟，出料 0.5 分钟，搅拌产量 0.25 m^3，工作时间利用系数 k_B 为 0.87，求混凝土搅拌机的台班产量是多少？

【解】 搅拌机纯工作 1h 循环次数＝60 分钟/3(分钟/次)＝20 次；

搅拌机纯工作 1h 生产率＝20×0.25＝5(m^3)；

搅拌机的台班产量定额 N_2(m^3/台班)：

$$N_2 = N_1 \times 8 \times k_B = 5 \times 8 \times 0.87 = 34.8(m^3/\text{台班})$$

项目 2.4 预算定额

2.4.1 预算定额的基本概念

1. 概念

预算定额是指在合理的施工组织设计、正常施工条件下，消耗在质量合格的单位工程基本构造要素上的人工、材料和机械台班的数量标准，这个“数量标准”是按社会必要劳动时间确定的，是计算工程造价的基础。单位工程基本构造要素是指建设工程项目划分中最基本的单元，即分项工程和结构构件。

2. 预算定额的特点

预算定额作为工程建设管理和工程造价计价的重要依据，具有如下特点：

(1) 科学性。预算定额的编制是自觉遵循客观规律的要求，通过对施工生产过程进行长期的观察、测定、综合、分析研究，广泛搜集资料，在认真总结生产经验的基础上，实事求是地运用科学的方法制定出来的。定额的项目内容经过实践证明是成熟的、有效的。定额的编制技术方法上吸取了现代科学管理的成就，具有一套严密的、科学的确定定额水平的行之有效的手段和方法。因此，定额中各种消耗量指标能正确反应当前社会生产力发展水平。

(2) 群众性。表现在定额的制定和执行都具有广泛的群众基础。定额的水平高低主要取决于建筑安装工人的劳动生产力水平，另外定额的编制采取工人群众、技术人员和定额专职人员三结合的方式，使得定额能从实际水平出发，并保持一定的先进性。定额的制定和执行都离不开群众，也只有得到群众的大力协助，制定的定额才能先进合理，并能为群众所接受。

(3) 指导性。随着我国建设市场的成熟和规范，预算定额原具备的法令性特点逐渐弱化，转而成为对整个建设市场和具体建设产品交易的指导作用。预算定额的指导性的客观基础是定额的科学性。只有科学的定额才能正确指导客观的交易行为。预算定额的指导性体现在两个方面：一方面，预算定额作为地区的指导性依据，可以规范建设市场的交易行为；另一方面，在具体的建设产品定价过程中也可以起到相应的参考性作用。

(4) 稳定性和实效性。预算定额是一定时期技术发展和管理水平的反应，因而在一段时间内表现出稳定的状态，稳定的时间有长有短，一般稳定在 5～10 年。保持定额的稳定性是维护预算定额的指导性所必需的，更是有效贯彻定额所必要的。如果定额处于经常变动之中，那么必然造成执行中的困难和混乱，很容易导致定额指导性的丧失，也会给定额的编制工作带来极大的困难。但是定额的稳定性是相对的，当生产力向前发展时，定额就会与生产力不相适应，它原有的作用就会逐步减弱以致消失，需要重新编制或修订。

3. 预算定额的作用

(1) 预算定额是编制施工图预算、确定建筑安装工程造价的基础。施工图设计一经确定，工程预算造价就取决于预算定额水平和人工、材料及机械台班的价格。预算定额起着控制劳动消耗、材料消耗和机械台班使用的作用，进而起着控制建筑产品价格的作用。

(2) 预算定额是编制施工组织设计的依据。施工组织设计的重要任务之一，是确定施工中所需人力、物力的供求量，并作出最佳安排。施工单位在缺乏本企业的施工定额的情况下，根据预算定额消耗量，亦能比较精确地计算出施工中各项资源的需要量，为有计划地组织材料采购、劳动力和施工机械的调配，提供了可靠的计算依据。

(3) 预算定额是工程结算的依据。工程结算是建设单位和施工单位按照工程进度对已完成的分部分项工程实现货币支付的行为。按进度支付工程款，需要根据预算定额将已完分项工程的造价算出。单位工程验收后，再按竣工工程量、预算定额和施工合同规定进行结算，以保证建设单位建设资金的合理使用和施工单位的经济收入。

(4) 预算定额是施工单位进行经济活动分析的依据。预算定额规定的物化劳动和劳动消耗指标，是施工单位在生产经营中允许消耗的最高标准。施工单位必须以预算定额作为评价企业工作的重要标准，作为努力实现的目标。施工单位可根据预算定额对施工中的劳动、材料、机械的消耗情况进行具体的分析，以便找出并克服低功效、高消耗的薄弱环节，提高竞争能力。只有在施工中尽量降低劳动消耗，采用新技术提高劳动生产率，才能取得较好的经济效果。

(5) 预算定额是编制概算定额的基础。概算定额是在预算定额基础上综合扩大编制的。利用预算定额作为编制依据，不但可以节省编制工作的大量人力、物力和时间，收到事半功倍的效果，还可以使概算定额在水平上与预算定额保持一致，以免造成执行中的不一致。

(6) 预算定额是合理编制招标控制价、投标报价的基础。在深化改革中，预算定额的指令性作用将日益削弱，而施工单位按照工程个别成本报价的指导性作用仍然存在，因此预算定额作为编制标底的依据和施工企业报价的基础性作用仍然存在，这是由预算定额科学性和指导性决定的。

2.4.2　预算定额的编制原则

为保证预算定额的质量，充分发挥预算定额的作用，使之在实际使用中简便、合理、有效，在编制中应遵循以下原则：

(1) 社会平均水平原则。预算定额是确定和控制建筑安装工程造价的主要依据。因此它必须遵照价值规律的客观要求，按生产过程中所消耗的社会必要劳动时间确定定额水平，即按照“在现有的社会正常的生产条件下，在社会平均的劳动熟练程度和劳动强度下制造某种使用价值所需要的劳动时间”来确定定额水平。所以预算定额的平均水平，是在正常的施工条件下，合理的施工组织和工艺条件、平均劳动熟练程度和劳动强度下，完成单位分项工程或结构构件所需要的劳动时间。预算定额的水平以大多数施工单位的施工定额水平为基础。但是，预算量定额绝不是简单地套用施工定额的水平。首先，在比施工定额的工作内容综合扩大的预算定额中，也包含了更多的可变因素，需要保留合理的幅度差。其次，预算定额应当是平均水平，而施工定额是平均先进水平，二者相比，预算定额水平相对要低一些，但是应限制在一定范围之内。

(2) 简明适用的原则。预算定额项目是在施工定额的基础上进一步综合,通常将建筑物分解为分部、分项工程。简明适用是指在编制预算定额时,对于那些主要的、常用的、价值量大的项目,分项工程划分宜细;次要的、不常用的、价值量相对较小的项目则可以粗一些。定额项目的多少,与定额的步距有关。步距大,定额的子目就会减少,精确度就会降低;步距小,定额子目则会增加,精确度也会提高。所以,确定步距时,对主要工种、主要项目、常用项目,定额步距要小一些;对于次要工种、次要项目、不常用项目,定额步距可以适当大一些。预算定额要项目齐全。要注意补充那些因采用新技术、新结构、新材料而出现的新的定额项目。如果项目不全、缺项多,就会使计价工作缺少充足的、可靠的依据。对定额的活口也要设置适当。所谓活口,即在定额中规定当符合一定条件时,允许该定额另行调整。在编制中要尽量不留活口,对实际情况变化较大,影响定额水平幅度大的项目,必需留的,也应该从实际出发尽量少留;即使留有活口,也要注意尽量规定换算方法,避免采取按实计算。简明适用还要求合理确定预算定额的计算单位,简化工程量的计算,尽可能地避免同一种材料用不同的计量单位。尽量减少定额附注和换算系数。

(3) 坚持统一性和差别性相结合原则。统一性是从培养全国统一市场规范计价行为出发,计价定额的制定规划和组织实施由国务院建设行政主管部门归口,并负责全国统一定额的制定或修订,颁发有关工程造价管理的规章制度办法等。这样就有利于通过定额和工程造价的管理实现建筑安装工程价格的宏观调控。通过编制全国统一定额,使建筑安装工程具有一个统一的计价依据,也使考核设计和施工的经济效果具有一个统一尺度。差别性是在统一性的基础上,各部门和省、自治区、直辖市主管部门可以在自己的管辖范围内,根据本部门和地区的具体情况,制定部门和地区性定额、补充性制度和管理办法,以适应我国幅员辽阔,地区、部门间发展不平衡和差异大的实际情况。

2.4.3 预算定额的编制

1. 预算定额的组成

预算定额主要由目录、总说明、分部说明、工程量计算规则、定额项目表以及附录组成(图2-7)。

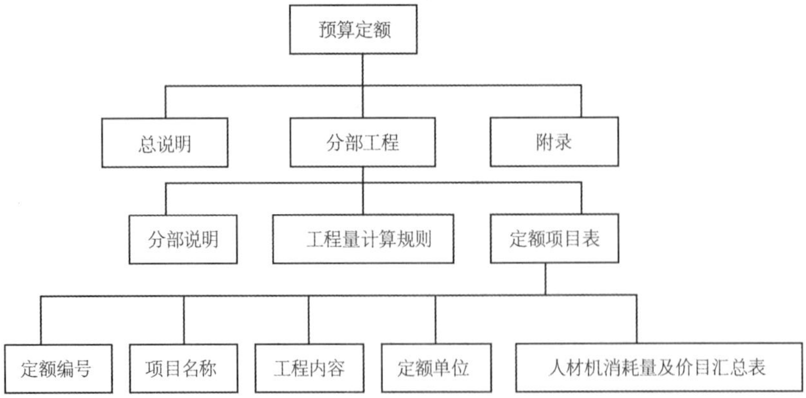

图 2-7 预算定额组成示意图

(1) 总说明。一般包括定额的编制原则、编制依据、指导思想、适用范围及定额的作用。同时说明编制定额时已经考虑和没有考虑的因素、使用方法和有关规定等。对名词符号做出解释。因此使用定额前应仔细阅读总说明的内容。

(2) 分部工程。由分部工程说明、工程量计算规则和定额项目表三部分组成。

分部工程说明主要说明使用本分部工程定额时应注意的有关问题。对编制中有关问题的解释、执行中的一些规定、特殊情况的处理等做出说明。它是定额手册的重要组成部分，是执行定额的基准，必须全面掌握。

工程量计算规则是本分部工程的计算规则，规定了本分部工程的项目必须按此规则计算。

定额项目表是预算定额的主要构成部分，一般由工作内容、定额单位、项目表和附注组成(表 2-2)。工作内容列在定额项目表的表头左上方，列出表中分项工程定额项目包括的主要工序；定额单位列在表头右上方，一般为扩大计量单位，如 $10m^3$，$100m^2$，$100\ m^3$ 等。定额项目表横向由若干个项目和子项目组成(按施工顺序排列)，竖向由“三个量”即人工、材料、机械台班消耗量组成。

表 2-2　　某省砌筑工程预算定额项目表

一、砌砖、砌块

1. 砖基础、砖墙

工作内容：(1)砖基础：调、运、铺砂浆，运砖，清理基坑槽，砌砖；(2)砖墙：调、运、铺砂浆，运砖，砌砖。

单位：$10m^3$

定额编号				A4-1	A4-2	A4-3	A4-4	A4-5	A4-6
项　　目				砖基础	内墙		外墙		
					115mm厚以内	365mm厚以内	115mm厚以内	365mm厚以内	490mm厚以内
预算价格/元				3774.92	4456.41	4100.66	4595.89	4240.34	4142.55
其中	人工费/元			1341.25	1973.75	1630.00	2105.00	1742.50	1642.50
	材料费/元			2371.53	2431.18	2410.30	2439.41	2435.70	2434.36
	机械费/元			62.14	51.48	60.36	51.48	62.14	65.69
名称		单位	单价/元	数量					
人工	综合工日	工日	125.00	10.73	15.79	13.04	16.84	13.94	13.14
材料	烧结煤矸石普通砖 240mm×115mm×53mm	块	0.36	5185.50	5590.62	5321.31	5590.50	5334.64	5279.41
	混合砂浆 M5	m^3	205.46	2.42	2.00	2.37	2.04	2.47	2.56
	工程用水	m^3	4.96	1.52	1.54	1.55	1.55	1.56	1.57
机械	灰浆搅拌机 200L	台班	177.53	0.35	0.29	0.34	0.29	0.35	0.37

(3) 附录。附录列在预算定额的最后，包括每 $10m^3$ 混凝土模板含量参考表、混凝土及砂浆配合比表和材料、成品、半成品损耗率表等，用于定额的换算，材料消耗量的计算等。

2. 预算定额的编制步骤

预算定额的编制步骤如图 2-8 所示。

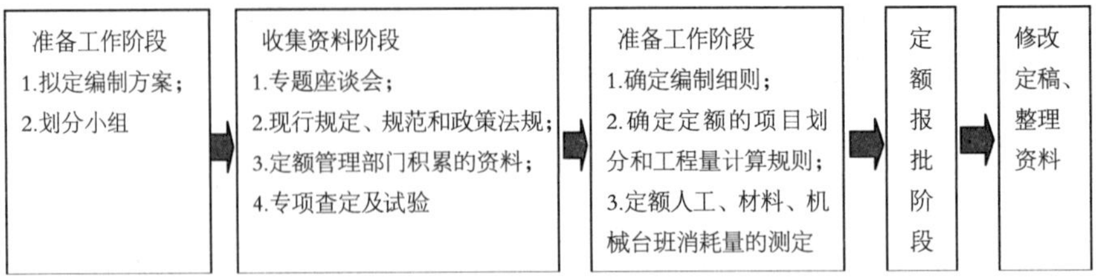

图 2-8　预算定额的编制步骤示意图

3. 定额人工、材料、机械消耗量指标的确定

1) 人工工日消耗量指标的确定

预算定额中的人工消耗指标,是指完成该分项工程必须消耗的各种用工量,包括基本用工和其他用工。

(1) 基本用工是指完成单位合格产品所必须消耗的技术工种用工。

① 完成定额计量单位的主要用工按综合取定的工程量和相应劳动定额进行计算。例如工程实际中的砖基础,有 1 砖厚、1 砖半厚、2 砖厚等,用工各不相同,预算定额由于不区分厚度,需要按统计的比例,加权平均得出用工。

② 按劳动定额规定应增加计算的用工量。例如砖基础埋深超过 1.5m,超过部分要增加用工,预算定额中应按一定比例增加。

③ 由于预算定额是以劳动定额子目综合扩大的,包括的工作内容较多,施工的效果视具体部位而不同,需要另外增加用工,列入基本用工内。

(2) 其他用工包括超运距用工、辅助用工和人工幅度差。

① 超运距用工指预算定额项目中考虑的现场材料及半成品堆放地点到操作地点的水平运输距离超过劳动定额规定的运输距离时所需增加的工日数。

② 辅助用工指技术工种劳动定额内不包括而在预算定额中又必须考虑的用工,如筛砂子、淋石灰膏等的用工。

③ 人工幅度差是指在劳动定额中没包括而在正常施工中又不可避免的一些零星用工因素。这些因素不能单独列项计算,一般是综合定出一个人工幅度差系数,即增加一定比例的用工量,纳入预算定额。国家现行规定人工幅度差系数为 10%。

人工幅度差包括的因素有:工序搭接和工种交叉配合的停歇时间;机械的临时维护、小修、移动而发生的不可避免的损失时间;工程质量检查与隐蔽工程验收而影响工人操作时间;工种交叉作业,难免造成已完工程局部损坏而增加修理用工时间;施工中不可避免的少数零星用工所需要的时间。

预算定额的人工工日有两种确定方法:一种是以劳动定额为基础确定;一种是以现场观察测定的资料为基础计算。

预算定额常用的定额子目的用工数量一般都是根据工程内容范围综合取定的工程数量,在劳动定额相应子目的人工工日基础上,经过综合,加上人工幅度差计算出来的。以劳动定额为基础的确定方法的计算公式为

$$\text{基本用工数量} = \sum(\text{综合取定的工程量} \times \text{时间定额})$$

$$\text{超运距用工数量} = \sum(\text{超运距材料数量} \times \text{时间定额})$$

其中，超运距 ＝预算定额规定的运距—劳动定额规定的运距。

辅助用工数量＝ $\sum$（加工材料的数量×时间定额）

人工幅度差（工日）＝（基本用工＋超运距用工＋辅助用工）×人工幅度差系数

合计工日数（工日）＝基本用工＋超运距用工＋辅助用工＋人工幅度差用工

或合计用工数（工日）＝（基本用工＋超运距用工＋辅助用工）×（1＋人工幅度差系数）

2）材料消耗指标的确定

预算定额是在劳动定额、材料消耗定额、机械台班定额的基础上综合而成的。预算定额中的材料消耗量也要综合计算。砖墙体中门窗洞口、过梁、圈梁、板头等所占的体积在实际计算时扣除。定额中材料消耗量指标制定时考虑了梁头、梁垫等所占的体积，梁头、梁垫等在墙体中所占体积的比例是经过若干个典型工程施工图纸测算出来的。

例如，砌筑 10m^{3}1 砖内墙标准砖和砂浆的用量计算过程如下：

（1）计算 10m^{3}1 砖内墙的标准砖净用量。

（2）根据若干个典型工程的施工图测算每 10m^{3}1 砖内墙中梁头、梁垫等所占的体积。

（3）扣除 10m^{3}1 砖内墙体积中梁头、梁垫等所占体积。

（4）计算 10m^{3}1 砖内墙砌筑砂浆净用量。

（5）扣除 10m^{3}1 砖内墙体积中梁头、梁垫等所占体积后砂浆净用量。

（6）计算 10m^{3}1 砖内墙标准砖和砂浆的总消耗量。

3）机械台班消耗指标的确定

预算定额中配合工人班组施工的施工机械，按工人小组的产量计算台班产量，计算公式为

$$分项工程定额机械台班使用量=\frac{分项工程定额计量单位值}{小组总产量}$$

2.4.4 预算定额编制的综合案例

【例 2-8】 计算 10m^{3}1 砖厚内墙人工、材料、机械台班消耗量，编制出定额项目表。

确定项目几个要素：

（1）项目（子目）名称：砖砌内墙、1 砖厚。

（2）工程内容：调制砂浆、运砖、运砂浆，砌砖。砌砖包括窗台虎头砖、腰线、门窗套；安放木砖、铁件、钢筋等。

（3）计量单位：10m^3。

（4）施工方法：砌筑采用手工操作；砂浆用砂浆搅拌机搅拌；水平运输采用双轮手推车等。

材料现场内运输：根据施工组织设计确定砂子为 80m、石灰膏为 150m、砖为 170m、砂浆为 180m。

（5）有关含量：经过若干个典型工程施工图纸测算，在内墙中单、双面清水墙各占 20%，即各占 2m^3；混水内墙占 60%，即 6m^3；梁头、梁垫占墙体体积百分比为 0.52%。

（6）考虑如下加工因素：每 1m^3 砖墙中，含有附墙烟囱孔 0.34m，弧形及圆形碹 0.006m，预留抗震柱孔 0.3m。

【解】 1. 确定过程

1）人工消耗指标的确定

根据上述测算的有关数据，计算预算定额砌砖工程材料超运距，计算过程见表 2-3；计算人工工日消耗指标见表 2-4。

表 2-3　　预算定额砌砖工程材料超运距计算

单位:m

材料名称	预算定额运距	劳动定额运距	超运距
砂子	80	50	30
石灰膏	150	100	50
灰砂砖	170	50	120
砂浆	180	50	130

表 2-4　　预算定额砌砖项目人工工日计算表

子目名称:1 砖内墙　　单位:$10m^3$

用工	施工名称	工程量	单位	劳动定额编号	工种	时间定额	工日数
	1	2	3	4	5	6	7=2×6
基本用工	单面清水墙	2.0	m^3	AD0014	砖工	1.23	2.460
	双面清水墙	2.0	m^3	AD0009	砖工	1.27	2.540
	混水内墙	6.0	m^3	AD0022	砖工	1.02	6.120
	小计						11.120
	弧形及圆形碹	0.06	m	3.7.4 表 3	砖工	0.03	0.002
	附墙烟囱孔	3.4	m	3.7.4 表 3	砖工	0.05	0.170
	预留抗震柱孔	3	m	3.7.4 表 3	砖工	0.05	0.150
	小计						0.322
	合计						11.442
超运距用工	砂子超运 30m	2.43	m^3	AA0141	普工	0.027	0.066
	石灰膏超运 50m	0.19	m^3	AA0139	普工	0.035	0.007
	标准砖超运 120m	10.00	m^3	AA0133	普工	0.138	1.380
	砂浆超运 130m	10.00	m^3	AA0148	普工	0.126	1.260
	合计						2.713
辅助用工	筛砂子	2.43	m^3	AA0252	普工	0.182	0.442
	淋石灰膏	0.19	m^3	AA0250	普工	0.544	0.103
	合计						0.545
共计	人工幅度差=(11.442+2.713+0.545)×10%=1.470 工日						
	定额用工=11.442+2.713+0.545+1.470=16.17 工日						

注:$10m^3$ 1 砖内墙的砂子定额用量为 $2.43m^3$,石灰膏用量为 $0.19m^3$。

2）材料消耗指标的确定

（1）$10m^3$ 1 砖内墙标准砖净用量：

$$\frac{1}{0.24\times(0.24+0.01)\times(0.053+0.01)}\times2\times10=529.1\times10m^3=5291\text{ 块}$$

（2）扣除 $10m^3$ 砌体中梁头、梁垫所占体积：经测算，梁头、梁垫占墙体体积百分比为 0.52%，扣除砌体中梁头、梁垫体积后的标准砖净用量：

$$5291\times(1-0.52\%)=5\,291\times0.994\,8=5\,264\text{ 块}$$

（3）$10m^3$ 1 砖内墙砌筑砂浆净用量：

$$(1-529.1\times0.24\times0.115\times0.053)\times10\ m^3=2.26m^3$$

扣除梁头、梁垫体积后的砂浆净用量：

$$2.26\times(1-0.52\%)=2.26\times0.994\,8=2.248m^3$$

（4）材料总的消耗量：查损耗率表，普通黏土砖墙损耗率 2%，砖墙体砌筑砂浆损耗率为 1%，则：

$$\text{标准砖总消耗量}=5264\times(1+2\%)=5369\text{ 块}$$

$$\text{砌筑砂浆总消耗量}=2.248\times(1+1\%)=2.271m^3$$

按上述方法计算后，经与实际比较，多数砖用量有余，砂浆用量不足，并考虑到内墙扣板头，外墙不扣板头的因素，为使定额符合实际，还需调整预算定额耗用量，将内墙砌体 1 m^3 减少 4 块砖，外墙砌体 $1m^3$ 减少 6 块砖，增加相应体积的砂浆用量。则 $10m^3$ 1 砖内墙砖、砂浆定额消耗量：

$$\text{标准砖的定额消耗量}=5\,369-4\times10=5\,329\text{ 块}$$

$$\text{砂浆定额消耗量}=2.271+4\times10\times0.001\,462\,8=2.33m^3$$

3）机械台班消耗指标的确定

预算定额项目中配合工人班组施工的施工机械台班按小组产量计算。

按劳动定额规定，砌砖工程的小组人数为 22 人。根据典型工程测算，1 砖内墙取定的比重是：单、双面清水墙各占 20%，混水墙占 60%。查劳动定额：1 砖内墙单面清水为 $0.862m^3$/工日，双面清水为 0.833 m^3/工日，混水内墙 $1.03m^3$/工日，则：

$$\text{小组总产量}=22\times(20\%\times0.862+20\%\times0.833+60\%\times1.03)=21.05m^3$$

$$\text{200L 砂浆搅拌机时间定额}=\frac{10}{21.04}=0.475\text{ 台班}$$

【编制结果】形成预算定额项目表

根据计算的人工、材料、机械台班消耗指标编制 1 砖内墙的预算定额项目表，见表 2-5。

表 2-5　　预 算 定 额 项 目 表

工程内容:略　　单位:$10m^3$

定额项目编号			×××	×××	×××
项目		单位	内墙		
			1 砖	3/4 砖	1/2 砖
人工	综合工日	工日	15.01	…	…
材料	普通黏土砖	块	5 329	…	…
	砂浆	m^3	2.33	…	…
机械	砂浆搅拌机 200L	台班	0.475	…	…

2.4.5　预算定额的应用——工料用量分析

1. 工料分析的概念与作用

工料分析是确定完成单位工程所需的各种人工和各种规格、类型的材料数量的基础资料。

工料分析具有以下作用:

(1) 是施工企业编制单位工程劳动力、材料计划的依据。

(2) 是施工队向工人班组下达施工任务、限额领料和考核人工、材料消耗状况及班组经济核算的依据。

(3) 是施工图预算和施工预算进行对比分析的依据。

(4) 施工企业制定降低成本措施计划和财务部门进行成本分析的依据。

(5) 是预算和结算进行材料价差计算的依据。

(6) 当建设单位供应材料时,是甲乙双方进行材料核销或结算的依据。

2. 工料分析的方法

工料分析从分项工程开始进行,将各个分项工程人工、相同材料汇总得到单位工程工料数量,具体步骤如下:

(1) 按照工程预算表的排列顺序,将各分项工程的定额编号、项目名称、定额单位、工程量等抄写到工料分析表中的相应栏目内。

(2) 套预算定额工料消耗指标。从预算定额中查出有关分项工程所需各种人工、材料的定额单位用量,记录到工料分析表中的相应栏内。

(3) 计算分项工程的人工、材料消耗量,将其填入到工料机分析表的相应栏目内。

分项工程人工(机械)消耗量 =分项工程量×定额人工(机械)用量

分项工程材料消耗量 =分项工程量×定额材料用量

(4) 编制分部工程工料分析表。当每个分项工程的人工和材料消耗量算出后,然后以分部工程为对象进行汇总,编制出分部工程工料分析表,如表 2-6 所示。

(5) 编制单位工程工料分析汇总表。当编完各分部工程工料分析表后,将其按人工和材料分别汇总,得到单位工程人工、材料汇总表,如表 2-7 和表 2-8 所示。

3. 工料分析应注意的问题

(1) 配合比材料数量分析。在砌筑工程、混凝土及钢筋混凝土工程和装饰抹灰工程等分部工程中,砌筑砂浆、混凝土、抹灰砂浆等材料,某些省、市定额中只能查到砂浆、混凝土等半成品材料的定额消耗量,为计算出各种配合比的单项材料用量,还要对其进行二次分析。

【例 2-9】 试结合 2018 年某省计价依据，分析 100m^3 砖基础(A4-1)的工料用量。

已知：由预算定额 A4-1 查出每 10m^3 砖基础人工消耗量 10.73 工日(综合工日)，标准烧结煤矸石普通砖 5185.50 块，M5 混合砂浆 2.42m^3，工程用水 1.52m^3，灰浆搅拌机 200L0.35 台班。

根据 2018《山西省计价依据》混凝土砂浆配合比施工机械、仪器仪表台班费用定额第一篇第十节砌筑砂浆 P10003 混合砂浆 M5，知：

单位：m^3

P10003	混合砂浆 M5
矿渣硅酸盐水泥 32.5 级	0.212t
中粗砂	1.14m^3
生石灰粉	0.189t
工程用水	0.43m^3

第二篇第六节混凝土砂浆机械 990610010 灰浆搅拌机 200L：每台班消耗人工 1.244 工日，用电 8.61kW·h。

【解】 工程数量＝100 m^3÷10m^3＝10。

(1) 人工综合工日：10.73×10＝107.3(工日)。

(2) 标准烧结煤矸石普通砖材料：5185.50×10＝51855(块)。

矿渣硅酸盐水泥 32.5 级：0.212t/m^3×2.42m^3＝0.513t，0.513×10＝5.13t。

中粗砂：1.14m^3/m^3×2.42m^3＝2.759m^3，2.759×10＝27.59m^3。

生石灰粉：0.189t/m^3×2.42m^3＝0.457t，0.457×10＝4.57t。

工程用水：0.43m^3/m^3×2.42m^3＝1.041m^3，1.041×10＝10.41m^3。

(3) 机械：灰浆搅拌机 200L

机械人工：1.244 工日/台班×0.35 台班＝0.435 工日，0.435 工日×10＝4.35 工日。

用电：8.61kW·h/台班×0.35 台班＝3.014kW·h，3.014×10＝30.14kW·h。

(2) 各种构件和制品数量分析。对于工厂制作而由现场安装的各种构件和制品，如钢筋混凝土构件、门窗和金属结构构件等，其工料分析应按制作、安装分别计算。门窗五金工料分析也要单独列表计算，见表 2-6 至表 2-8。

(3) 凡是预算定额进行换算的项目，工料分析时对定额中相应工料消耗的数量也要进行换算。

表 2-6　　人工、材料分析表

定额编号	项目名称	单位	工程量	人工(工日)		主要材料							
						水泥(kg)		碎石(20mm)		中砂(m^3)			
				定额	实际	定额	实际	定额	实际	定额	实际	定额	实际

表 2-7　　单位工程人工分析汇总表

序　号	人工名称	单　位	数　量	备　注

表 2-8　　单位工程材料分析汇总表

序　号	材料名称	规　格	单　位	数　量	备　注

2.4.6　企业定额

企业定额的概念

企业定额专指施工企业定额，是施工企业根据本企业的施工技术和管理水平而编制确定的，完成单位合格产品必须消耗的人工、材料、机械的数量标准以及企业在工程的实施过程中所耗费的其他生产经营要素的数量标准。企业定额是在一定时期内，对企业管理水平、生产技术水平和劳动生产率水平的综合反映。

企业定额满足了工程量清单的要求。工程量清单计价模式由招标方列出所有工程量清单，由投标人根据本企业情况自主确定报价。依据企业定额对工程量清单实施报价，能够比较准确体现施工企业的实际管理水平和施工水平。各施工企业以企业定额为基础做出报价，能真实地反映出企业成本的差异，能在施工企业之间形成实力的竞争。

企业要想超过其他企业的定额水平，就要主动学习其他施工企业的先进技术。进行管理创新或技术创新，以先进的企业定额指导企业生产，最终达到企业综合生产能力与企业定额水平共同提高的目的。

2.4.7　企业定额与预算定额的关系

企业定额是企业根据自身条件编制的，仅用于企业内部的定额，按企业的内部平均先进水平编制，是企业内部管理和对外投标报价的重要依据。

预算定额可以在企业定额的基础上编制而成，预算定额既适用于定额计价也适用于投标报价的建设工程，企业定额适用于企业投标报价。

它们之间的不同点是：项目划分粗细程度不同，企业定额项目的步距要小一些；预算定额的某些项目是综合了企业定额的若干项目而成的；定额水平不同，预算定额是平均水平，而企业定额则是平均先进水平。定额水平不同主要表现在两个方面：预算定额比企业定额增加了10%左右的人工幅度差；预算定额的材料损耗率比企业定额的取值要大。

企业定额与预算定额的关系见表 2-9。

表 2-9　　企业定额与预算定额的关系

比较内容	定额名称	
	企业定额	预算定额
编制单位	施工企业	各省、市、自治区主管部门
编制内容	确定分项工程的人工、材料和机械台班消耗量标准	
定额水平	企业平均先进	社会平均
使用范围	企业内部	社会范围
定额作用	对内：施工管理 对外：投标报价	确定工程造价，建设单位编制招标控制价；施工单位编标报价的依据

项目 2.5　《建设工程工程量清单计价规范》和《房屋建筑与装饰工程工程量计算规范》

2.5.1　《建设工程工程量清单计价规范》和《房屋建筑与装饰工程工程量计算规范》概述

随着我国建设市场合同制、招标投标制逐步推行，以及国际惯例接轨等要求，改革工程造价计价方法，全面推行工程量清单计价政策，2003 年 2 月 17 日，建设部以第 119 号公告批准发布了国家标准，《建设工程工程量清单计价规范》(GB 50500—2003)(以下简称《计价规范》)，于 2003 年 7 月 1 日起实施。是我国工程造价管理政策的一项重大措施，在工程建设领域受到了广泛的关注与积极的响应。但在执行中，也有一些不足之处。为了完善工程量清单计价工作，原建设部标准定额司组织有关单位和专家对“03 计价规范”的正文部分进行了修订。

2008 年 7 月 9 日，住房和城乡建设部以第 63 号公告，发布了《建设工程工程量清单计价规范》(GB 50500—2008)，从 2008 年 12 月 1 日起实施。“08 计价规范”的出台，对巩固工程量清单计价改革的成果，进一步规范工程量清单计价行为具有十分重要的意义。

2012 年 12 月 25 日，住房和城乡建设部以第 1567 号公告，发布了《建设工程工程量清单计价规范》(GB 50500—2013)和《房屋建筑与装饰工程工程量计算规范》(GB 50854—2013)，从 2013 年 7 月 1 日起实施。

《建设工程工程量清单计价规范》(GB 50500—2013)和《房屋建筑与装饰工程工程量计算规范》(GB 50854—2013)适用于建设工程发承包及实施阶段的计价活动，使每个计价环节有“规”可依、有“章”可循，并按施工顺序承前启后，相互贯通，是推行工程量清单计价改革的重要基础。

1. 实行工程量清单计价的意义

(1) 实行工程量清单计价，是我国工程造价管理深化改革与发展的需要。

实行工程量清单计价，将改变以工程预算定额为计价依据的计价模式，适应工程招标投标和由市场竞争形成工程造价的需要。

(2) 实行工程量清单计价，是整顿和规范建设市场秩序，适应社会主义市场经济发展的需要。

工程造价是工程建设的核心内容，也是建设市场运行的核心内容。实行工程量清单计价，是由市场竞争形成工程造价。工程量清单计价反映工程的个别成本，有利于企业自主报价和公平竞争，实现政府定价到市场定价的转变；有利于规范业主在招标中的行为，有效纠正招标单位在招标中盲目压价的行为，避免工程招标中弄虚作假、暗箱操作等不规范行为，促进其提高管理水平，从而真正体现公开、公平、公正的原则,反映市场经济规律;有利于从源头上遏止工程招投标中滋生的腐败,整顿建设市场的秩序,促进建设市场的有序竞争。

市场经济的主要特点是竞争,建设工程领域的竞争主要体现在价格和质量上,工程量清单计价的本质是价格市场企业健康发展,都具有重要的作用。

(3) 实行工程量清单计价,是适应我国工程造价管理政府职能转变的需求。

按照政府对工程造价的管理,将推行政府宏观调控、企业自主报价、市场形成价格、社会全面监督的工程造价管理体制。实行工程量清单计价,有利于我国工程造价管理政府职能的转变,真正履行"经济调节、市场监管、社会管理和公共服务"的职能要求。

(4) 实行工程量清单计价,是我国建筑业发展适应国际惯例与国际接轨,融入世界大市场的需要。在我国实行工程量清单计价,有利于进一步对外开放交流,有利于提高国内建设各方主体参与国际竞争的能力,有利于提高我国工程建设的管理水平。

2.《计价规范》编制与修订的指导思想与主要原则

1) 指导思想

按照政府宏观调控、企业自主报价、市场竞争形成价格的要求,创造公平、公正、公开竞争的市场环境,以建立全国统一、开放、健康、有序的建设市场,既要与国际惯例接轨,又考虑我国的实际情况。

2) 主要原则

(1) 政府宏观调控、企业自主报价、市场竞争形成价格的原则。

(2) 与现行消耗量定额或预算定额既有机联系又有所区别的原则。

(3) 既考虑我国工程造价管理的实际,又尽可能与国际惯例接轨的原则。

2.5.2 《计价规范》的组成

《计价规范》的组成见图 2-9。

《计价规范》包括正文和附录两大部分,二者具有同等效力。

1. 正文部分

《建设工程工程量清单计价规范》(GB 50500—2013)(以下简称《计价规范》),共 16 章。包括总则、术语、一般规定、工程量清单编制、招标控制价、投标报价、合同价款约定、工程计量、合同价款调整、合同价款期中支付、竣工结算与支付、合同解除的价款结算与支付、合同价款争议的解决、工程造价鉴定、工程计价资料与档案、工程计价表格,分别就《计价规范》的编制原则和依据、适用范围,工程量清单编制、招标控制价、投标价的编制原则、合同价款调整方法和工程量清单计价格式作了明确规定。

(1) 总则:共 7 条。规定了《计价规范》制定的目的、依据、适用范围、工程量清单计价活动应遵循的基本原则。

(2) 术语:共 52 条。对本规范特有的术语给予定义,尽可能避免和减少在实施过程中的争议。

(3) 一般规定:包括计价方式、发包人提供材料和工程设备、承包人提供材料和工程设备、计价风险四部分内容,是针对《计价规范》的一些共性问题进行的规定。

(4) 工程量清单编制:工程量清单编制包括一般规定、分部分项工程项目、措施项目、其他项目、税金项目共 5 项内容。

(5) 招标控制价:招标控制价包括一般规定、编制与复核、投诉与处理三部分。

(6) 投标报价:包括一般规定、编制与复核两部分。

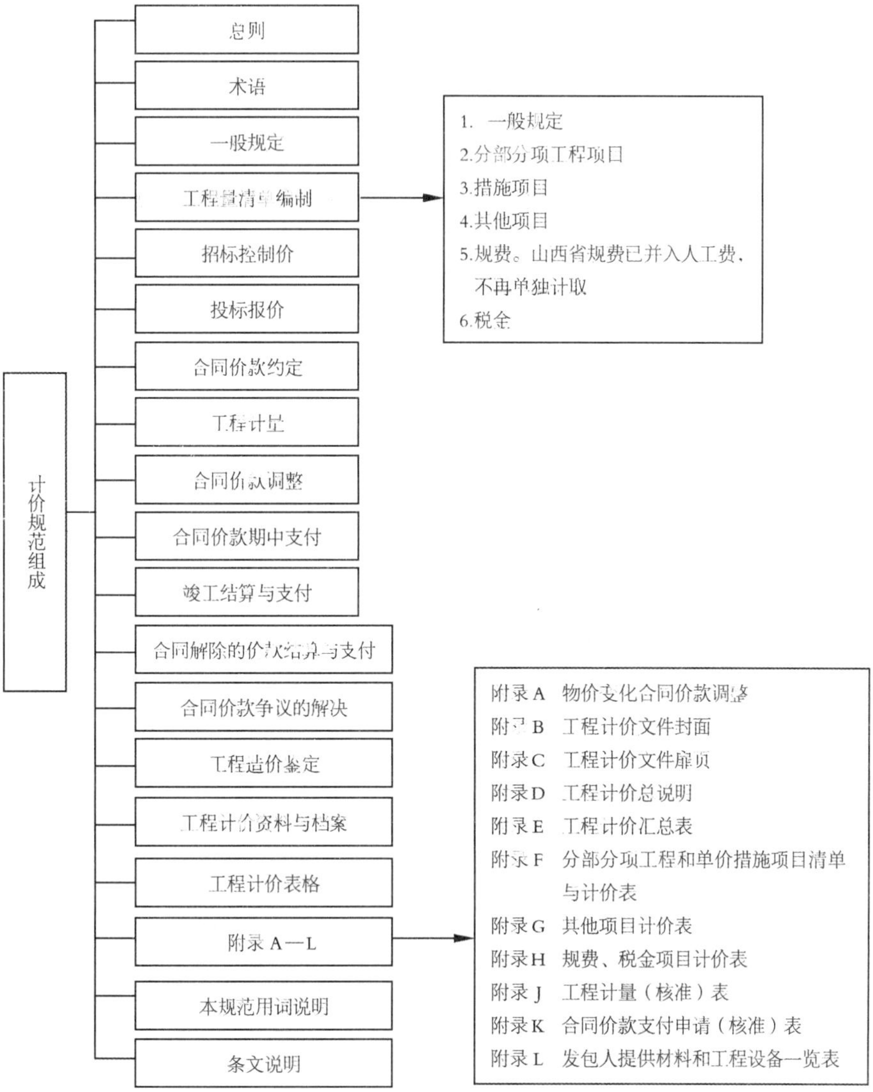

图 2-9 计价规范组成

(7) 合同价款约定:包括一般规定和约定内容两部分。

(8) 工程计量:包括一般规定、单价合同的计量和总价合同的计量 3 部分。工程计量是指在工程施工过程中,发、承包双方根据工程进度和实际完成情况计算已完工程量,作为支付工程进度款的依据。

(9) 合同价款调整:包括一般规定、法律法规变化、工程变更、项目特征不符、工程量清单缺项、工程量偏差、计日工、物价变化、暂估价、不可抗力、提前竣工、误期赔偿、索赔、现场签证和暂列金额共 15 项内容。

(10) 合同价款中期支付:包括预付款、安全文明施工费和进度款 3 项内容。

(11) 竣工结算与支付:包括一般规定、编制与复核、竣工结算、结算款支付、质量保证金、最终结清 6 部分内容。

(12) 其他内容·包括合同解除的价款结算与支付、合同价款争议的解决、工程造价鉴定、工程计价资料与档案、工程计价表格共 5 方面内容。

2. 附录部分

(1) 附录 A 为物价变化合同价款调整方法,包括价格指数调整价格差额和造价信息调整价格差额。

(2) 附录 B 为工程计价文件封面,包括招标工程量清单封面、招标控制价封面、投标总价封面、竣工结算书封面和工程造价鉴定意见书封面。

(3) 附录 C 为工程计价文件扉页,包括招标工程量清单扉页、招标控制价扉页、投标总价扉页、竣工结算总价扉页和工程造价鉴定意见书扉页。

(4) 附录 D 为工程计价总说明。

(5) 附录 E 为工程计价汇总表,包括建设项目招标控制价/投标报价汇总表、单项工程招标控制价/投标报价汇总表、单位工程招标控制价/投标报价汇总表、建设项目竣工结算汇总表、单项工程竣工结算汇总表和单位工程竣工结算汇总表。

(6) 附录 F 为分部分项工程和措施项目计价表,包括分部分项工程和单价措施项目清单与计价表、综合单价分析表、综合单价调整表和总价措施项目清单与计价表。

(7) 附录 G 为其他项目计价表,包括其他项目清单与计价汇总表、暂列金额明细表、材料(工程设备)暂估单价及调整表、专业工程暂估价及结算价表、计日工表、总承包服务费计价表、索赔与现场签证计价汇总表、费用索赔申请(核准)表和现场签证表。

(8) 附录 H 为规费、税金项目计价表。

(9) 附录 J 为工程计量申请(核准)表。

(10) 附录 K 为合同价款支付申请(核准)表,包括预付款支付申请(核准)表、总价项目进度款支付分解表、进度款支付申请(核准)表、竣工结算支付申请(核准)表和最终结清支付申请(核准)表。

(11) 附录 L 为主要材料、工程设备一览表,包括发包人提供材料和工程设备一览表、承包人提供主要材料和工程设备一览表(适用于造价信息差额调整法)和承包人提供主要材料和工程设备一览表(适用于价格指数差额调整法)。

项目 2.6 房屋建筑与装饰工程工程量计算规范

2.6.1 《房屋建筑与装饰工程工程量计算规范》概述

《房屋建筑与装饰工程工程量计算规范》是在《建设工程工程量清单计价规范》(GB 50500—2013)附录 A、附录 B 基础上制定的。内容包括:正文、附录、条文说明三部分,其中正文包括:总则、术语、工程计量、工程量清单编制,共计 29 项条款;附录部分包括附录 A 土石方工程,附录 B 地基处理与边坡支护工程,附录 C 桩基工程,附录 D 砌筑工程,附录 E 混凝土及钢筋混凝土工程,附录 F 金属结构工程,附录 G 木结构工程,附录 H 门窗工程,附录 J 屋面及防水工程,附录 K 保温、隔热、防腐工程,附录 L 楼地面装饰工程,附录 M 墙、柱面装饰与隔断、幕墙工程,附录 N 天棚工程,附录 P 油漆、涂料、裱糊工程,附录 Q 其他装饰工程,附录 R 拆除工程,附录 S 措施项目等 17 个附录,共计 557 个项目,其中附录 R 为拆除工程,附录 S 措施项目为新编。

附录 B 地基处理与边坡支护工程和附录 C 桩基工程原为桩与地基基础工程；附录 D 砌筑工程中砌筑构筑物移入《构筑物工程工程量计算规范》(单本计算规范)；附录 E 混凝土及钢筋混凝土工程中的构筑物项目取消，亦移入《构筑物工程工程量计算规范》；厂库房大门、特种门移入门窗工程；扶手、栏杆、栏板安装移入其他装饰工程中；打孔(开洞)移入拆除工程。

2.6.2 《房屋建筑与装饰工程工程量计算规范》与预算定额项目工程量计算规则的区别与联系

下面以 2013《房屋建筑与装饰工程工程量计算规范》(GB 50854—2013)与 2018《山西省计价依据》预算定额为例，说明它们的区别与联系。

1. 区别

2018《山西省计价依据》预算定额计算规则针对的是独立的分项工程项目，而《房屋建筑与装饰工程工程量计算规范》针对的一般是一个完整的施工过程，通常包含一个或多个定额项目。以平整场地为例，计算规范包括定额项目平整场地和土方运输两项。

2. 联系

2018《山西省计价依据》预算定额和《房屋建筑与装饰工程工程量计算规范》(GB 50854—2013)计量项目一样，计算规则和计算规范的规定基本一致。

单元习题

1. 用理论计算法计算 $1m^3$ 1.5 砖厚标准砖墙砖和砂浆的总消耗量。灰缝宽 10mm，砖的损耗率是 2%，砂浆损耗率 1%。

2. 某工程砌筑一砖混水内墙，工程量 $400m^3$，每天有 22 名工人施工，时间定额是 1.02 工日/m^3，计算完成该项工程的施工天数。

3. 某工程人工挖地槽，槽深 1.2m，上口宽 1.7m(二类土)，施工现场限制只能一侧抛土，工程量为 $200m^3$，如果有 18 人施工，计算完工天数。时间定额为 0.227 工日/m^3，劳动定额规定，挖土一面抛土其时间定额乘系数 1.15。

4. 某工程现浇钢筋混凝土矩形柱，工程量为 $150m^3$，每天有 25 名工人施工，产量定额为 $0.93m^3$/工日，计算完工施工天数。

5. 某工程现浇钢筋混凝土异型梁，每 $100m^2$ 混凝土异型梁木模板接触面积需要模板木材 $3.689m^3$，木支撑 $7.603m^3$，施工损耗率为 5%，木模板周转 5 次，补损率为 15%，木支撑周转次数为 15 次，补损率为 10%，回收折价率均为 50%，计算模板摊销量。

6. 某工程现浇钢筋混凝土板，工程量 160 m^3，预拌 C20 混凝土(塌落度 190mm±30mm，中粗砂)浇筑。计算人工及水泥、石子、砂子的总用量。

单元 3

建筑工程计量

单元概述：工程计量主要是根据定额计算规则与清单工程量计算规则(计价规范计算规则)两种方法来确定，本单元工程计量通过对比两种计价法中项目的划分及计算规则的异同，引入相应案例教学及一个典型的框架结构办公楼工程，从建筑工程的建筑面积、土石方工程等方面进行全面讲解。

学习目标：通过计算某二层框架结构办公楼工程土石方工程、砌筑工程、混凝土工程、屋面工程、装饰工程等项目列项与计量，掌握建筑工程工程量列项与计算规则。熟练掌握不同情况下建筑面积的计算方法；对某二层框架结构办公楼混凝土工程模板、脚手架、垂直运输工程项目列项与计量，掌握措施项目列项与计量方法。

学习重点：

1. 熟练掌握工程量计算对应的定额工程量计算与清单工程量计算规则。
2. 工程量计算的四种方法及适用范围。
3. 不同情况下建筑面积的计算方法，关键是不同建筑中高度、层高、净高的确定。
4. 对比定额与清单规范中项目划分与内容的组成。
5. 找出土石方工程中定额与清单项目计量方法的不同点。
6. 桩与地基基础的组成与项目划分；桩基础、地基与边坡处理工程计量方法。
7. 熟悉基础与主体砌筑工程量的计算方法与思路；区分两种计量方法的不同点。
8. 掌握混凝土工程的计量方法，区分混凝土工程定额与清单计量方法的不同点。
9. 特种门、木结构的适用范围及项目划分，对比定额与清单项目计量方法的不同点。
10. 熟悉钢构件的计量方法，对比定额与清单规范中项目划分与内容的组成。
11. 屋面及防水工程中定额与清单项目计量方法的不同点；防腐、隔热、保温工程适用范围，项目划分；结合实例识读工程图并进行项目列项与计量。
12. 理解构件的运输、安装项目包括在那些清单项目中，区别定额项目中相同构件在不同定额章节中的相互关系与计量关系。
13. 装饰工程内容组成与项目划分，掌握一般装饰项目计量方法。
14. 措施项目内容组成与划分，混凝土模板、脚手架、垂直运输项目的计量方法。

教学建议：本单元教学主要采用项目教学法、案例教学法、综合项目实训法。为了学生更好地理解项目在不同施工阶段的施工过程、工艺要求、施工方法等，建议教师引入图片或视频文件进行多媒体演示或可提前安排学生进行资料收集展示，进行互动教学。

关键词：工程量(engineering quantity)；建筑面积(area of structure)；土石方工程(cubic meter of earth and stone project)；打桩(pile driving)；砌筑工程(masonry project)；现浇混凝土(cast in situ concrete)；预制混凝土(precast concrete)；木结构(timber structural)金属结构(structural metallic)；屋面及防水工程(waterproof roofing project)；防腐蚀工程(corrosion preventive project)；保温及隔热工程(insulation and thermal insulation project)；安装工程(installation project)；装饰装修工程(decorative project)

项目 3.1 工程计量相关知识

3.1.1 工程量计算的依据

1. 工程量的含义

工程量(engineering quantity)是指以物理计量单位或自然计量单位所表示的建筑工程各个分部

分项工程或结构构件的实物数量,如图 3-1 所示。

工程量是确定建筑安装工程费用、编制施工计划、编制材料供应计划,进行工程统计和经济核算的重要依据。

2. 工程量计算的依据

工程量计算的依据主要有:施工图纸及设计说明、相关图集、施工方案、设计变更、工程签证、图纸答疑、会审记录等;工程施工合同、招标文件的商务条款;工程量计算规则。

工程量计算规则分为清单工程量计算规则和定额工程量计算规则,它详细规定了各分部分项工程的工程量计算方法。编制工程量清单时要使用清单工程量计算规则(《建设工程工程量清单计价规范》附录)、投标报价组价算量及按定额计价时要使用到定额工程量计算规则。

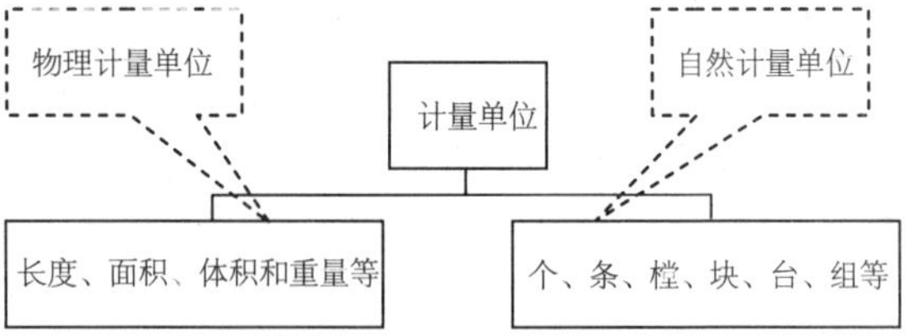

图 3-1 工程计量单位示意图

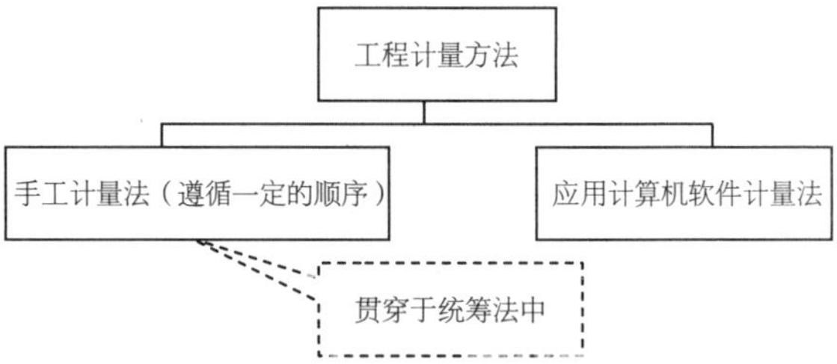

图 3-2 工程计量法示意图

3.1.2 工程量计算的方法

工程计量一般分手工计量与应用计算机软件计量两种方法,如图 3-2 所示。

1. 工程量计算顺序

为了避免漏算或重算,提高计算的准确程度,一般情况下,工程量的计算应按照一定的顺序逐步进行,如图 3-3 所示。

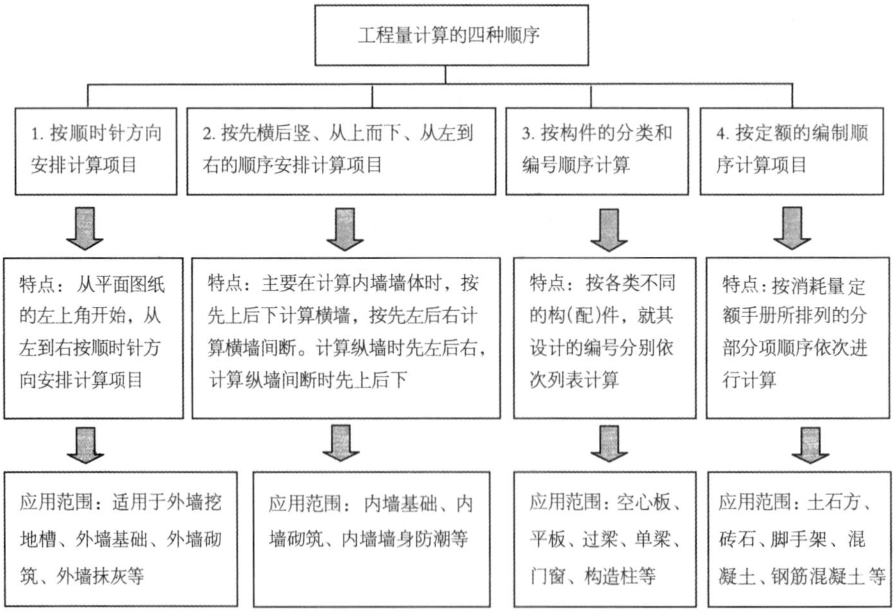

图 3-3 工程量的计算顺序及适用范围示意图

2. 统筹法计算工程量

实践表明,每个分部分项工程量计算虽有着各自的特点,但都离不开计算"线""面"之类的基数,运用统筹法计算工程量,就是分析工程量计算中各分部分项工程量计算之间的固有规律和相互之间的依赖关系——基数,按先主后次、统筹安排计算程序、简化繁琐的计算过程形成的一种计算方法。

1) 统筹法计算工程量的基本要点

统筹法计算工程量的基本要点如图 3-4 所示。

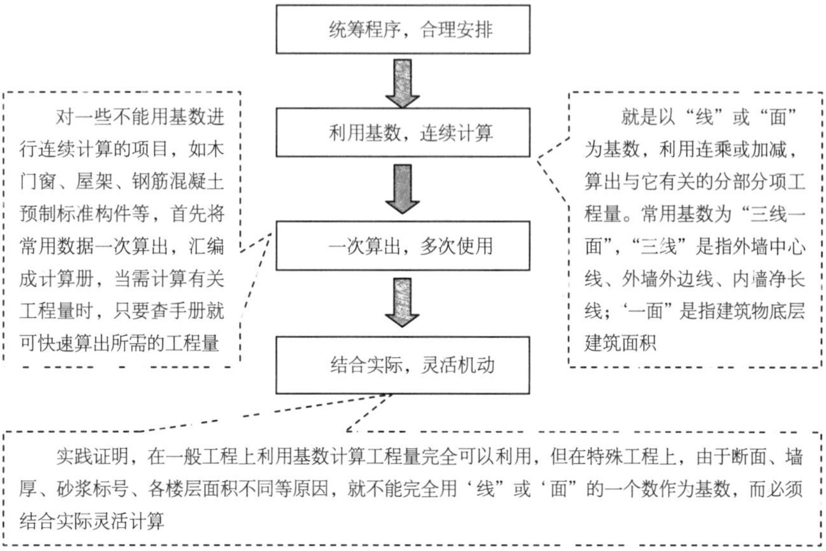

图 3-4　统筹法计算工程量要点示意图

2) 基数计算

【例 3-1】 某建筑物基础平面图、剖面图如图 3-5 所示,试计算基数。

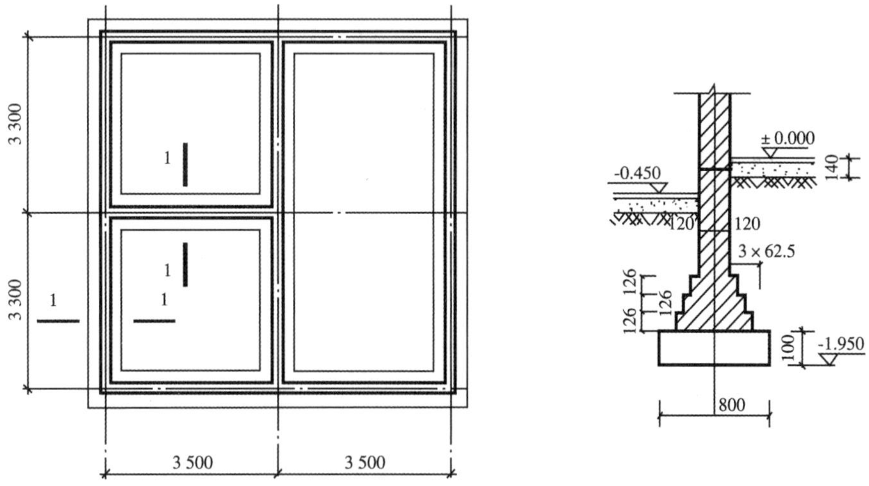

(a) 基础平面图　　(b) 基础1—1剖面图

图 3-5　基数运用实例图

【解】 工程量计算过程见表3-1。

表3-1　　工程量计算表

项目	单位	工程量计算式	工程量
基数	m^2	墙体所围建筑面积 $S_底$=(3.5×2+0.12×2)×(3.3×2+0.12×2)=7.24×6.84=49.52	49.52
	m	外墙外边线长 $L_外$=(7.24+6.84)×2=28.16	28.16
	m	外墙中心线长 $L_中$=28.16−4×0.24=27.2	27.2
	m	内墙净长线 $L_内$=(6.6−0.12×2)+(3.5−0.12×2)=6.36+3.26=9.62	9.62
	m	内墙基垫层间的净长线=(6.6−0.8)+(3.5−0.8)=5.8+2.7=8.5	8.5

注:基数计算应结合后期工程量计算,因此基数确定因人而异,有所不同。

【例3-2】 某屋面工程及挑檐剖面如图3-6所示,外墙外边线长宽分别为11.6m与6.5m。试利用基数计算出伸出墙外挑檐板的底面积及反挑檐的体积、反挑檐内外侧面面积。

【解】 计算过程见表3-2。

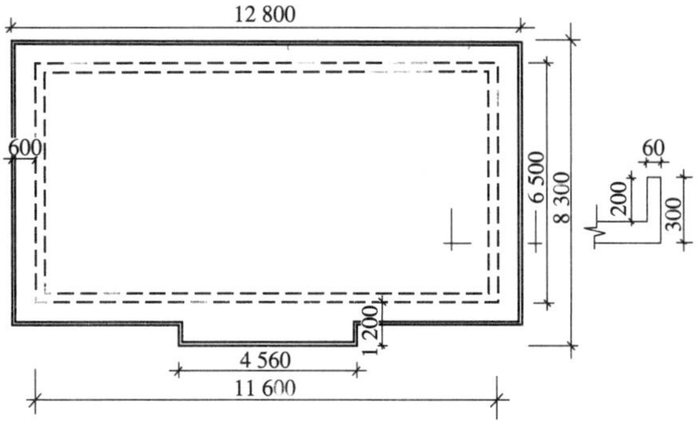

图3-6 某工程屋面及挑檐剖面图

表3-2　　工程量计算表

项目	单位	工程量计算式	工程量
相关基数	m^2	墙体所围建筑面积 $S_底$=11.6×6.5=75.4	
	m	外墙外边线长 $L_外$=(11.6+6.5)×2=36.2	
	m	挑檐外边线长=(12.8+8.3)×2=42.2	
	m	反挑檐中心线长=42.2−4×0.06=41.96	
	m	反挑檐内侧线长=42.2−8×0.06=41.72	
项目计算	m^2	(1) 挑檐板底面积=12.8×8.3−75.4−(12.8−4.56)×0.6=25.896	25.896
	m^3	(2) 反挑檐体积=41.96×0.06×0.2=0.503	0.503
	m^2	(3) 反挑檐内侧面面积=41.72×0.2=8.344	8.344
	m^2	(4) 反挑檐外侧面面积=42.2×0.3=12.66	12.66

3. 应用计算机软件计算工程量

建筑工程利用计算机软件计量分图形算量与钢筋算量软件两部分，目前也有很多软件公司开发了图形算量与钢筋算量二合一软件(图 3-7)。

图形算量软件与钢筋算量软件均是以工程量计算规则为依据，结合现行设计规范、施工验收规范和施工工艺而进行设计的。造价人员通过画图或 CAD 图导入，确定构件实体的位置，并输入与计算量有关的构件属性，软件通过默认计算规则，自动计算得到构件实体的工程量，并自动进行汇总统计，得到工程量。

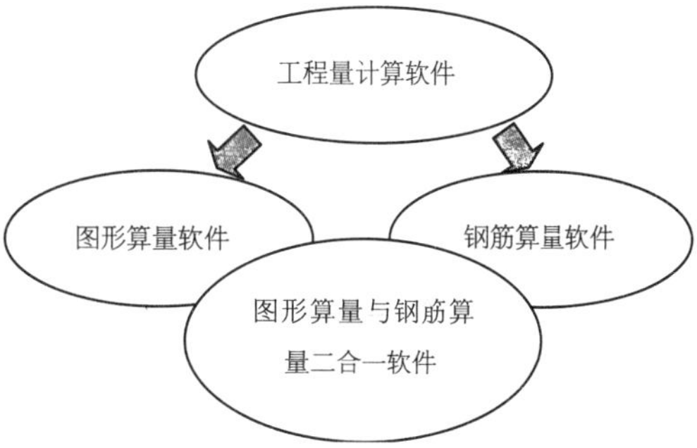

图 3-7　应用计算机软件进行计量示意图

项目 3.2　建筑面积计量

3.2.1　建筑面积概述

1. 建筑面积的概念

建筑面积是建筑物(包括墙体)所形成的楼地面面积。建筑面积也包括附属于建筑物的室外阳台、雨篷、檐廊、室外走廊、室外楼梯等的面积。

2. 建筑面积的组成

建筑面积由结构面积和有效面积组成，有效面积又分为使用面积和辅助面积，如图 3-8 所示。

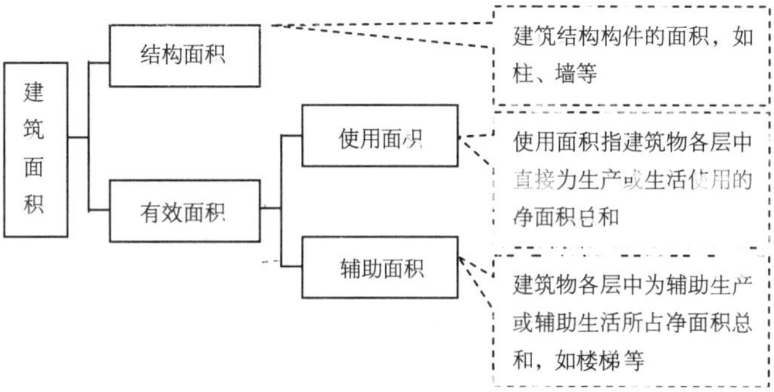

图 3-8　建筑面积组成示意图

3. 建筑面积计算的意义

建筑面积是反映建筑平面建设规模的数量指标，正确计算建筑面积具有多方面的意义。

(1) 建筑面积是衡量基本建设规模的重要指标之一。如基本建设计划、统计工作中的开工面积、竣工面积等，均指建筑面积。

(2) 在编制初步设计概算时，建筑面积是选择概算指标的依据之一。

(3) 在编制施工图预算时，某些分项工程的工程量可以直接引用或参照建筑面积的数值，垂直运输定额、建筑超高定额等都与建筑面积有关。

(4) 建筑面积是计算建筑物单方造价、单方用工量、单方用钢量等技术经济指标的基础，其中单方是每平方米的意思。

(5) 建筑面积是以设计方案的经济性、合理性进行评价分析的重要数据。如土地利用系数等于建筑面积与建筑占地面积的比值,住宅平面系数等于居住面积与建筑面积的比值,若这些指标未达到要求标准时,就应修改设计。

总之,正确计算建筑面积不仅便于准确编制概预算书,而且对于在基本建设工作中控制项目投资,贯彻有关方针、政策等方面,都有不可忽视的作用。

3.2.2 计算建筑面积

1. 建筑面积计算方法

建筑面积的计算方法如图 3-9 所示。

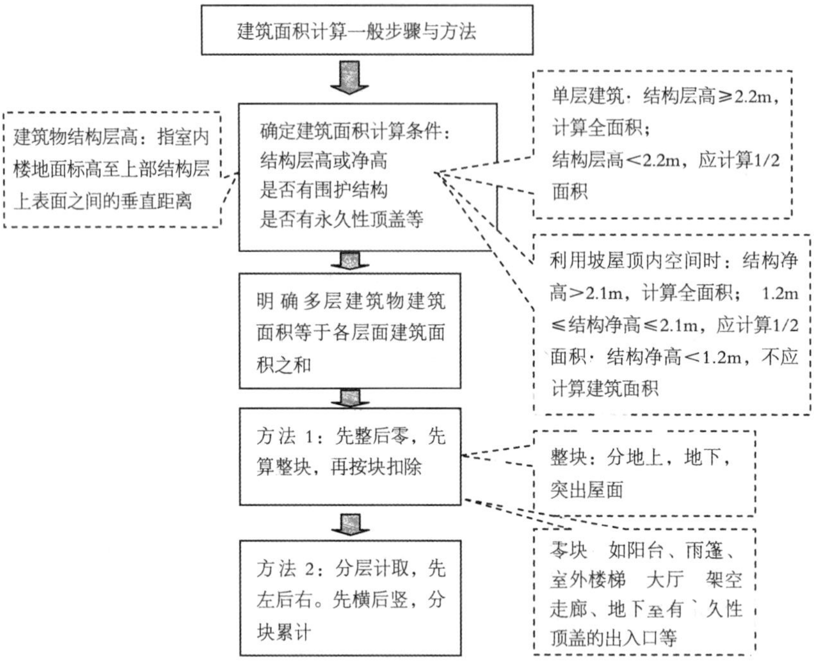

图 3-9 建筑面积计算方法示意图

2. 建筑面积计量

1) 建筑物(地上)建筑面积计算

建筑物的建筑面积应按自然层外墙结构外围水平面积之和计算。结构层高在 2.20m 及以上的,应计算全面积;结构层高在 2.20m 以下的,应计算 1/2 面积。

建筑物内设有局部楼层时,对于局部楼层的二层及以上楼层,有围护结构的应按其围护结构外围水平面积计算,无围护结构的应按其结构底板水平面积计算。结构层高在 2.20m 及以上者应计算全面积;结构层高不足 2.20m 者应计算 1/2 面积。

形成建筑空间的坡屋顶,结构净高在 2.10m 及以上的部位应计算全面积;结构净高在 1.20m 至 2.10m 以下的部位应计算 1/2 面积;结构净高不足 1.20m 的部位不应计算面积。

【例 3-3】 计算如图 3-10 所示室内设有分隔间或局部楼层的单层平屋顶建筑物的建筑面积,其中墙体厚 240mm。

【解】 $S=(20+0.24)\times(10+0.24)+(5+0.24)\times(10+0.24)=260.92\text{m}^2$。

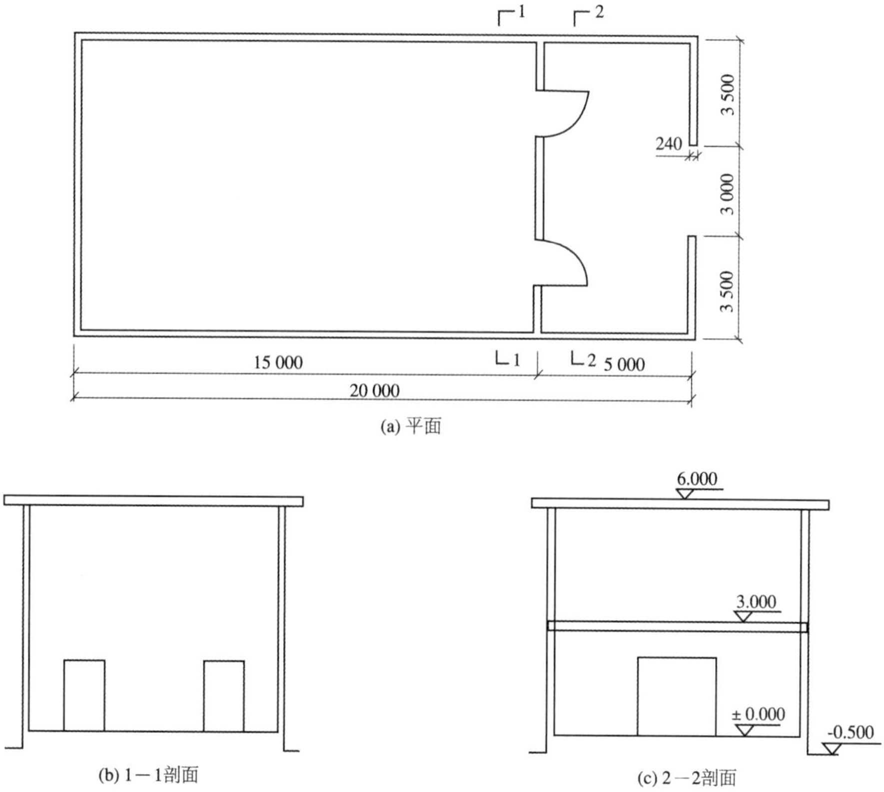

图 3-10　单层建筑物内含局部楼层的建筑物示意图

【例 3-4】 计算如图 3-11 所示坡屋顶空间加以利用的建筑面积。

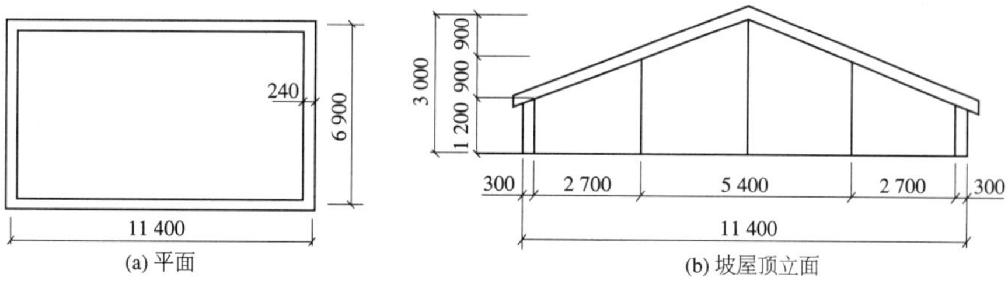

图 3-11　某建筑物坡屋顶空间加以利用的示意图

【解】 $S=5.4\times(6.9+0.24)+2.7\times(6.9+0.24)\times2\times0.5=57.83\text{m}^2$。

2) 其他部位建筑面积计算

(1) 地下室、半地下室及出入口。

地下室、半地下室应按其结构外围水平面积计算。结构层高在 2.20m 及以上者应计算全面积；结构层高不足 2.20m 者应计算 1/2 面积。如图 3-12 所示。

出入口外墙外侧坡道有顶盖的部位，应按其外墙结构外围水平面积的 1/2 计算面积。出入口坡道分有顶盖出入口坡道和无顶盖出入口坡道，出入口坡道顶盖的挑出长度，为顶盖结构外边线至外

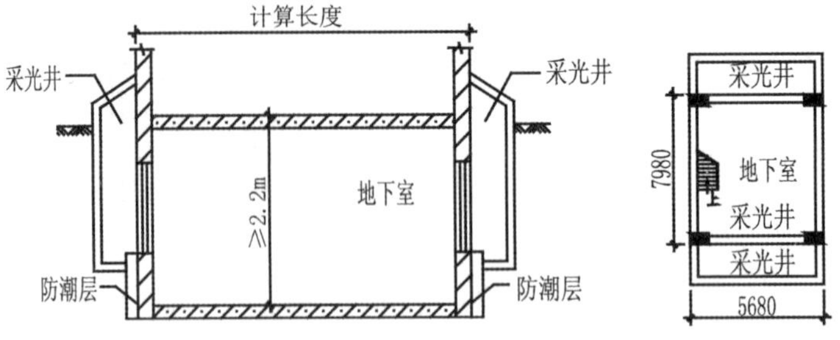

(a) 剖面图　　(b) 平面图

图 3-12　地下室建筑面积计算示意图

墙结构外边线的长度;顶盖以设计图纸为准,对后增加及建设单位自行增加的顶盖等,不计算建筑面积。顶盖不分材料种类(如钢筋混凝土顶盖、彩钢板顶盖、阳光板顶盖等)。如图 3-13 所示。

(2) 架空层建筑面积计算。建筑物架空层及坡地建筑物吊脚架空层。应按其顶板水平投影计算建筑面积。结构层高在 2.20m 及以上的部位应计算全面积;结构层高不足 2.20m 的部位应计算 1/2 面积。如图 3-14 所示。

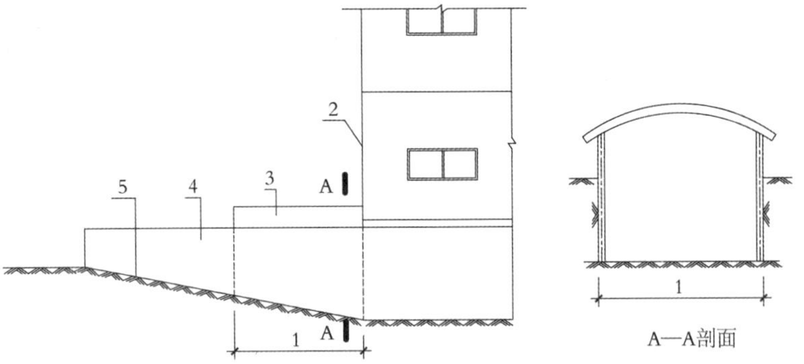

1—计算 1/2 投影面积部分;2—主体建筑;3—出入口顶盖;4—封闭出入口侧墙;5—出入口坡道

图 3-13　地下室出入口

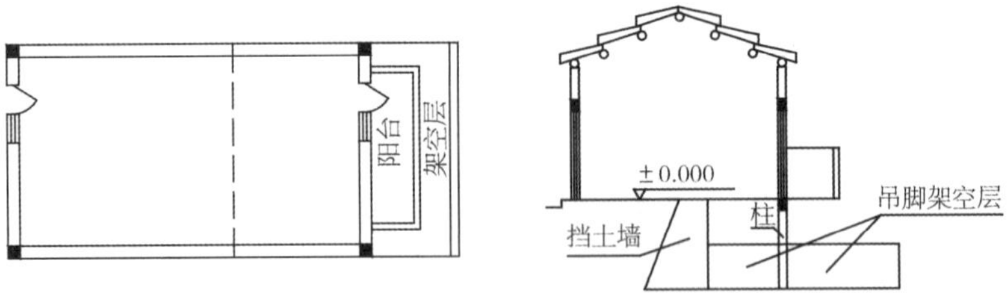

(a) 平面图　　(b) 剖面图

图 3-14　吊脚架空层

【例 3-5】 计算如图 3-15 所示坡地建筑吊脚架空层的建筑面积。

【解】 $S=[(11.997+1.689\times0.5)\times5.24]$**【一层】**$+[(14.668+1.645\times0.5)\times5.24]$**【二层】**

$=148.46\text{m}^2$

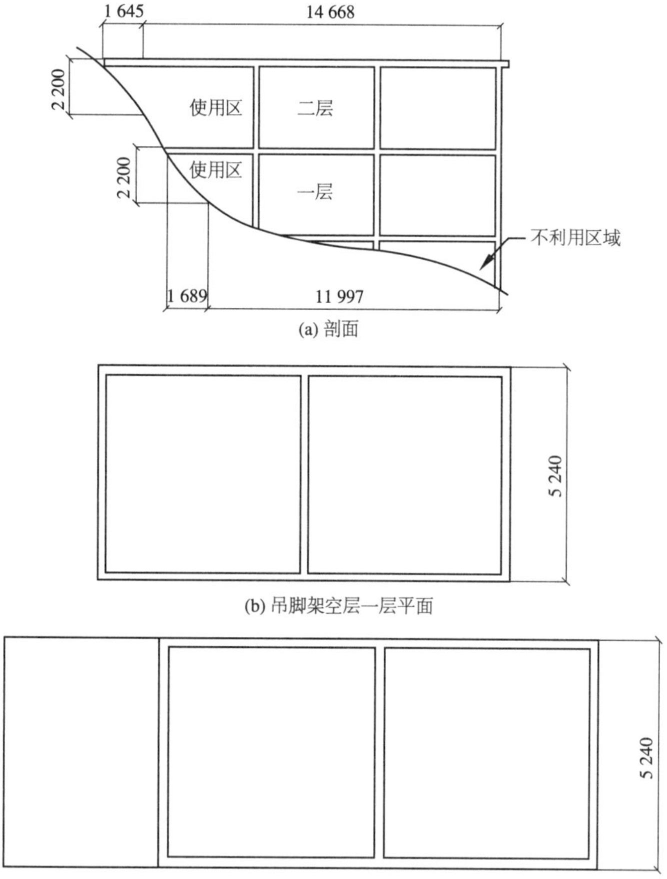

(a) 剖面

(b) 吊脚架空层一层平面

(c) 吊脚架空层二层平面

图 3-15　坡地建筑吊脚架空层建筑示意图

(3) 场馆看台下的空间及场馆看台建筑面积计算。

场馆看台下的建筑空间,结构净高在 2.10m 及以上的部位应计算全面积;结构净高在 1.20m 及以上至 2.10m 以下的部位应计算 1/2 面积;结构净高不足 1.20m 的部位不应计算面积。场馆看台下的建筑空间因其上部结构多为斜板,所以采用净高的尺寸划定建筑面积的计算范围和对应规则。室内单独设置的有围护设施的悬挑看台,因其看台上部设有顶盖且可供人使用,所以按看台板的结构底板水平投影计算建筑面积。“有顶盖无围护结构的场馆看台”中所称的“场馆”为专业术语,指各种“场”类建筑,如:体育场、足球场、网球场、带看台的风雨操场等。如图 3-16、图 3-17 所示。

室内单独设置的有围护设施的悬挑看台,应按看台结构底板水平投影面积计算建筑面积。有顶盖无围护结构的场馆看台应按其顶盖水平投影面积的 1/2 计算面积。

【例 3-6】 计算如图 3-18 所示某体育馆看台上下(看台下的空间设计加以利用)的建筑面积。

【解】 $S=8.5\times8$【看台上】$+8\times(5.3+1.6\times0.5)$【看台下】$=116.8\text{m}^2$

【例 3-7】 计算如图 3-19 所示有永久性顶盖体育场看台上下(空间设计加以利用)建筑面积,其中看台长 8m。

【解】 $S=8.5\times8\times0.5$【看台上】$+8\times(5.3+1.6\times0.5)$【看台下】$=82.8\text{m}^2$

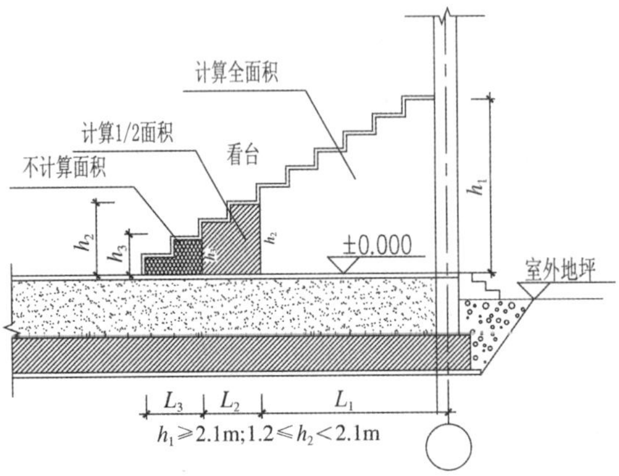

图 3-16　场馆看台下的建筑空间

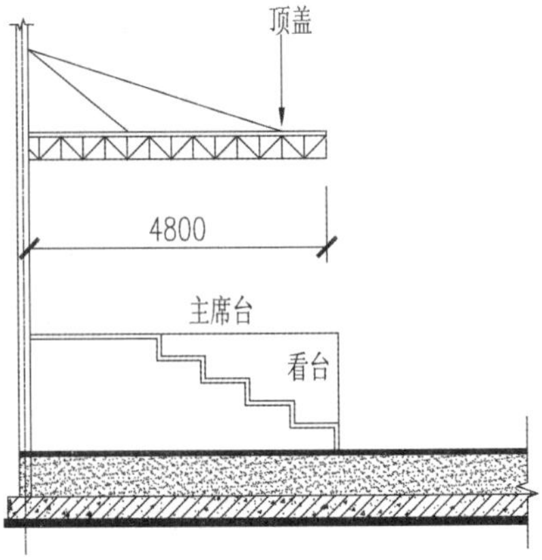

图 3-17　场馆看台剖面示意图

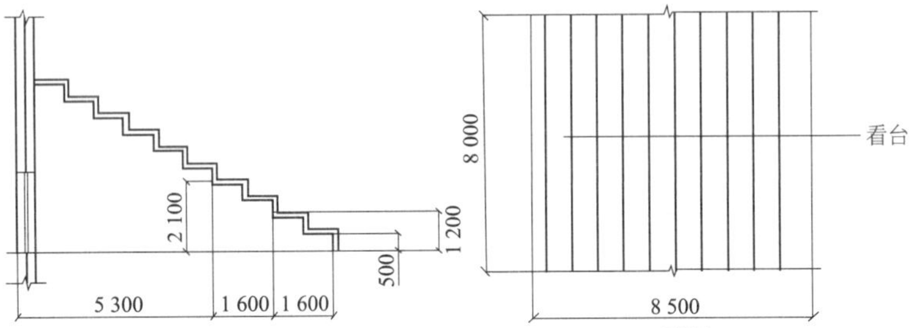

(a) 剖面　　(b) 平面

图 3-18　利用的建筑物场馆看台下的建筑面积示意图

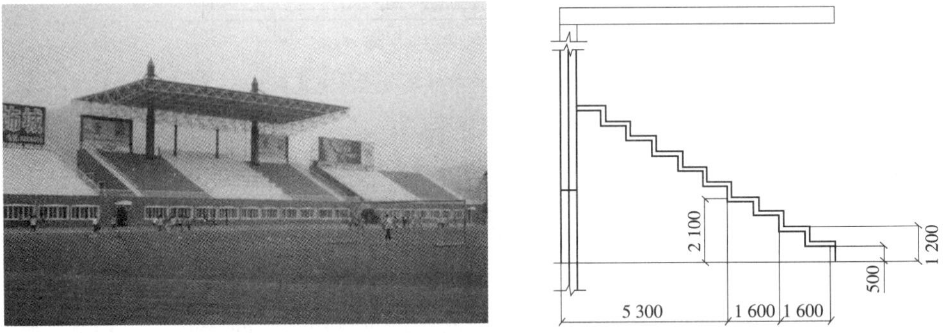

(a)　　(b)

图 3-19　有永久性顶盖看台上下(看台下空间设计加以利用)示意图

(4) 围护结构不垂直于水平面的楼层建筑面积计算。

围护结构不垂直于水平面的楼层(图 3-20),应按其底板面的外墙外围水平面积计算。结构净高在 2.10m 及以上的部位,应计算全面积;结构净高在 1.20m 及以上至 2.10m 以下的部位,应计算 1/2 面积;结构净高在 1.20m 以下的部位,不应计算建筑面积。

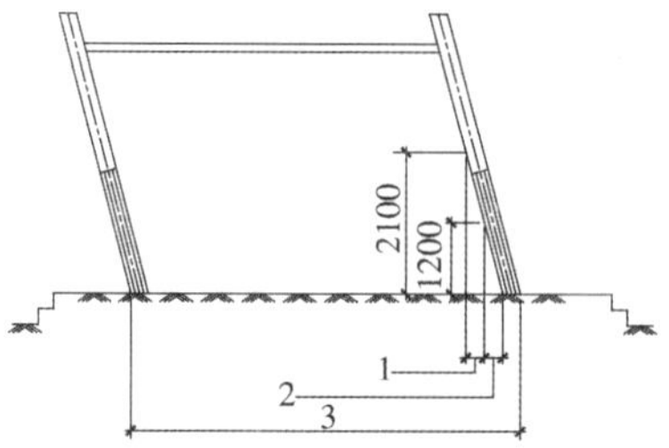

1—计算1/2建筑面积的部位；2—不计算建筑面积的部位；
3—底板面的外墙外围尺寸。

图3-20　围护结构不垂直于水平面示意图

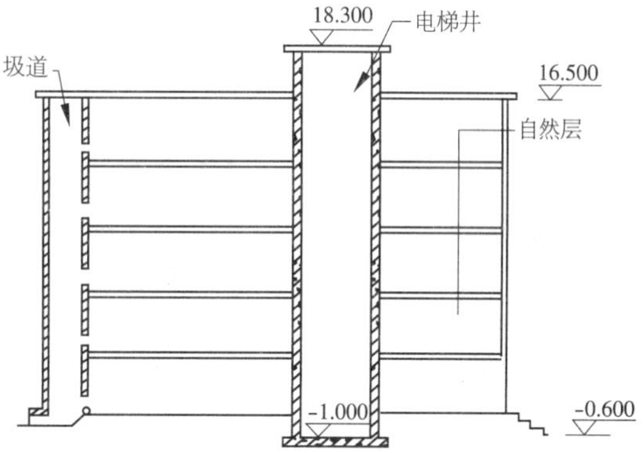

图3-21　室内电梯井、垃圾道剖面示意图

(5) 室内楼梯、电梯井、提物井、管道井、通风排气竖井、烟道的建筑面积计算。

建筑物的室内楼梯、电梯井、提物井、管道井、通风排气竖井、烟道，应并入建筑物的自然层计算建筑面积。室内电梯井和垃圾道如图3-21所示。

有顶盖的采光井应按一层计算面积，结构净高在2.10m及以上的，应计算全面积；结构净高在2.10m以下的，应计算1/2面积。建筑物的楼梯间层数按建筑物的层数计算。有顶盖的采光井包括建筑物中的采光井和地下室采光井。地下室采光井如图3-22所示。

(6) 穿过建筑物的通道建筑面积计算。

穿过建筑物的通道不计算建筑面积。

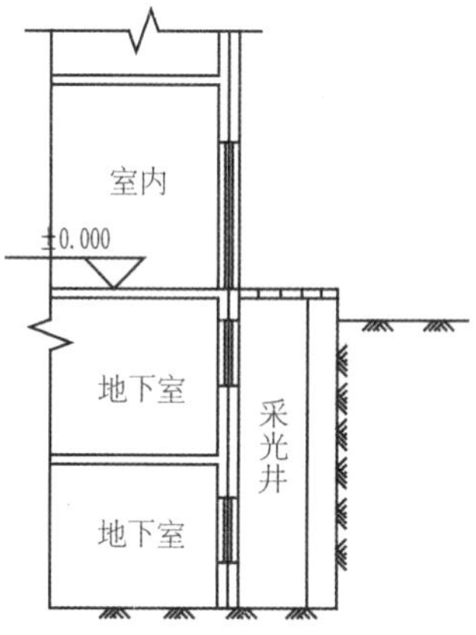

图3-22　地下室采光井

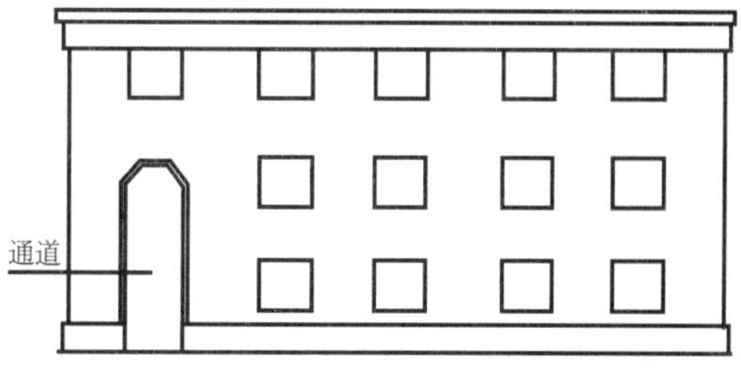

图3-23　建筑物通道示意图

【例3-8】 求如图3-23所示三层写字楼的建筑面积。已知外墙结构外围水平面积为800m²，通道所占水平投影面积为70m²。

【解】 $S=800\times3-70\times2=2\,260\text{m}^2$

(7) 门厅、大厅、走廊建筑面积计算。

建筑物的门厅、大厅应按一层计算建筑面积。门厅、大厅内设有走廊时，应按走廊结构底板水平投影面积计算建筑面积。结构层高在2.20m及以上者应计算全面积；结构层高不足2.20m者应计算1/2面积。如图3-24所示。

图 3-24　回廊示意图

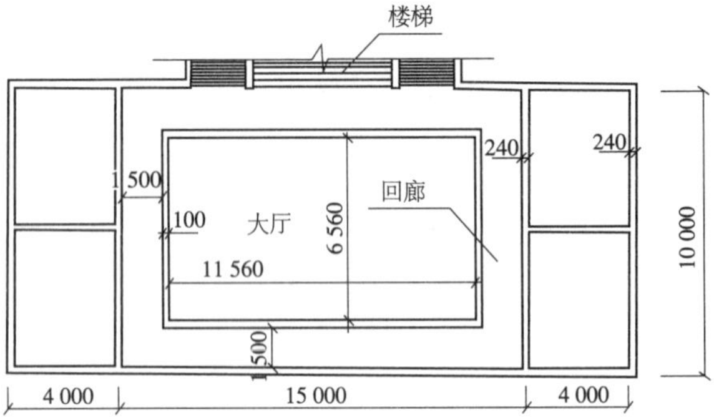

图 3-25　带回廊的二层平面示意图

【例 3-9】 计算如图 3-25 所示大厅带回廊的(回廊层高大于 2.2m)的二层建筑的建筑面积(不考虑楼梯间)。

【解】 $S=(15+4\times2+0.24)\times(10+0.24)\times2-11.56\times6.56=400.12\text{m}^2$

(8) 与建筑主体结构相连的阳台,门廊、雨篷,室外楼梯,室外檐廊、走廊,落地橱窗,门斗,外墙外保温层、架空走廊、凸(飘)窗等建筑面积计算。

① 阳台建筑面积计算。

在主体结构内的阳台,应按其结构外围水平面积计算全面积;在主体结构外的阳台,应按其结构底板水平投影面积计算 1/2 面积。

建筑物的阳台,不论其形式如何,均以建筑物主体结构外边线为界分别计算建筑面积。

② 门廊、雨篷的建筑面积计算。

门廊应按其顶板水平投影面积的 1/2 计算建筑面积;有柱雨篷应按其结构板水平投影面积的 1/2 计算建筑面积;无柱雨篷的结构外边线至外墙结构外边线的宽度在 2.10m 及以上的,应按雨篷结构板的水平投影面积的 1/2 计算建筑面积。

有柱雨篷,没有出挑宽度的限制,也不受跨越层数的限制,均计算建筑面积;无柱雨篷,其结构板不能跨层,并受出挑宽度的限制,设计出挑宽度大于或等于 2.10m 时才计算建筑面积。

出挑宽度,系指雨篷结构外边线至外墙结构外边线的宽度,弧形或异形时,取最大宽度。

【例 3-10】 求如图 3-26 所示雨篷的建筑面积。

【解】 $S=2.5\times1.5\times0.5=1.88\text{m}^2$

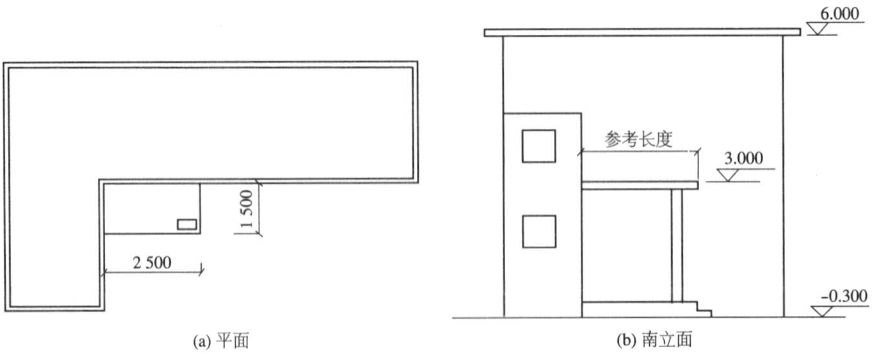

图 3-26　雨篷建筑示意图

③ 室外楼梯建筑面积计算。

室外楼梯应并入所依附建筑物自然层，并应按其水平投影面积的 1/2 计算建筑面积。

室外楼梯作为连接该建筑物层与层之间交通不可缺少的基本部件，无论从其功能还是工程计价的要求来说，均需计算建筑面积。层数为室外楼梯所依附的楼层数，即梯段部分投影到建筑物范围的层数。利用室外楼梯下部的建筑空间不得重复计算建筑面积；利用地势砌筑的为室外踏步，不计算建筑面积。

【例 3-11】 如图 3-27 所示，某三层建筑物，室外楼梯依附在建筑物的一层和二层，求室外楼梯的建筑面积。

【解】 $S=(4-0.12)\times6.8\times0.5\times2=26.38\text{m}^2$

④ 室外走廊(挑廊)、檐廊建筑面积计算。

有围护设施的室外走廊(挑廊)，应按其结构底板水平投影面积计算 1/2 面积；有围护设施(或柱)的檐廊，应按其围护设施(或柱)外围水平面积计算 1/2 面积，如图 3-28 所示。

⑤ 落地橱窗建筑面积计算。

附属在建筑物外墙的落地橱窗，应按其围护结构外围水平面积计算。结构层高在 2.20m 及以上的，应计算全面积；结构层高在 2.20m 以下的，应计算 1/2 面积。

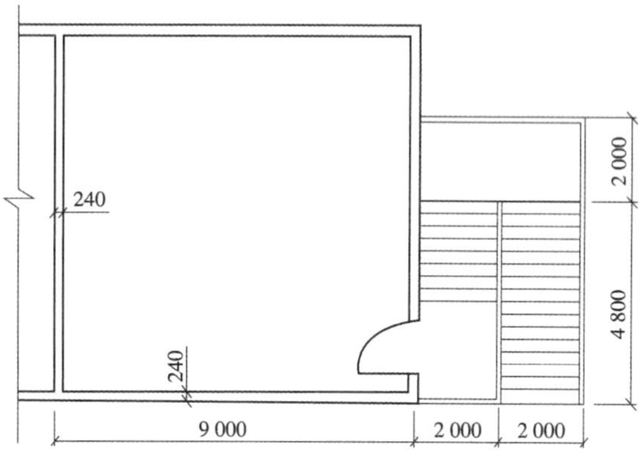

图 3-27　室外楼梯建筑示意图

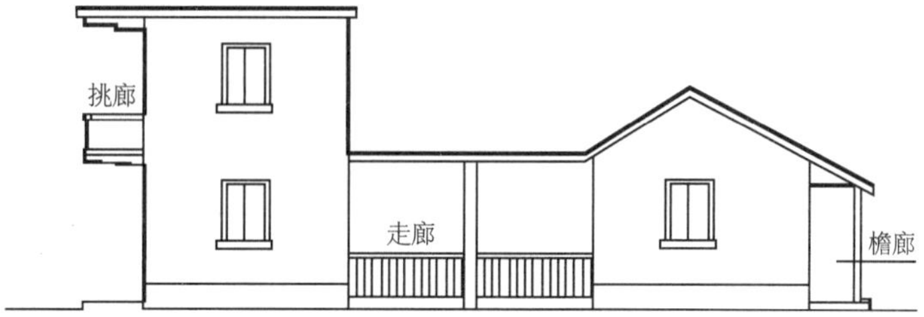

图 3-28　挑廊、走廊、檐廊示意图

⑥ 门斗建筑面积计算。

门斗应按其围护结构外围水平面积计算建筑面积。结构层高在 2.20m 及以上的，应计算全面积；结构层高在 2.20m 以下的，应计算 1/2 面积。如图 3-29 所示。

⑦ 外墙外保温层建筑面积计算。

建筑物的外墙外保温层，应按其保温材料的水平截面积计算，并计入自然层建筑面积。

为贯彻国家节能要求，鼓励建筑外墙采取保温措施，将保温材料的厚度计入建筑面积。建筑物外墙外侧有保温隔热层的，保温隔热层以保温材料的净厚度乘以外墙结构外边线长度按建筑物的自然层计算建筑面积，其外墙外边线长度不扣除门窗和建筑物外已计算建筑面积构件(如阳台、室外走廊、门斗、落地橱窗等部件)所占长度。当建筑物外已计算建筑面积的构件(如阳台、室外走廊、门斗、

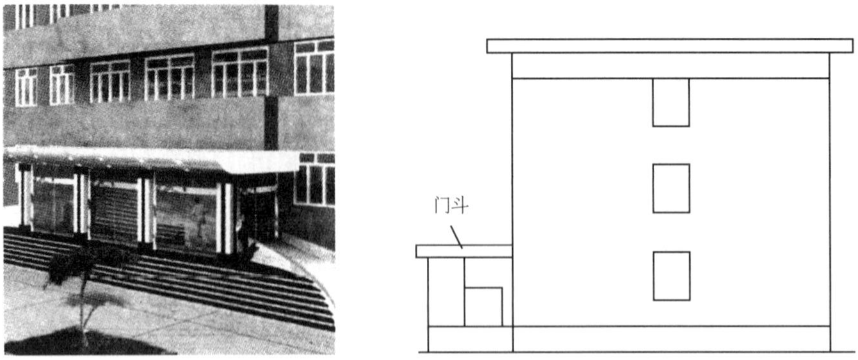

(a) (b)

图 3-29 门斗示意图

落地橱窗等部件)有保温隔热层时,其保温隔热层也不再计算建筑面积。外墙是斜面者按楼面楼板处的外墙外边线长度乘以保温材料的净厚度计算。外墙外保温以沿高度方向满铺为准,某层外墙外保温铺设高度未达到全部高度时(不包括阳台、室外走廊、门斗、落地橱窗、雨篷、飘窗等),不计算建筑面积。保温隔热层的建筑面积是以保温隔热材料的厚度来计算的,不包含抹灰层、防潮层、保护层(墙)的厚度。建筑外墙外保温如图 3-30 所示。

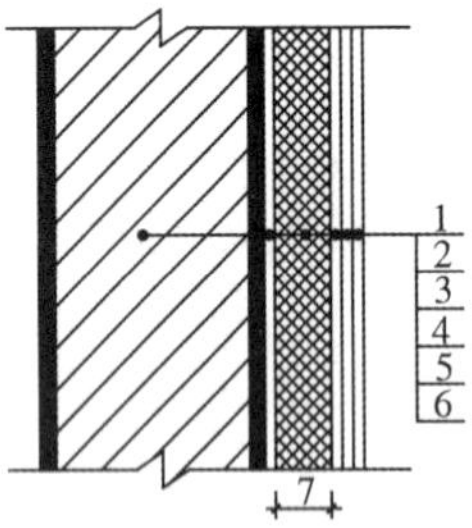

1—墙体;2—黏结胶浆;3—保温材料;4—标准网;
5—加强网;6—抹面胶浆;7—计算建筑面积部位

图 3-30 建筑外墙外保温层

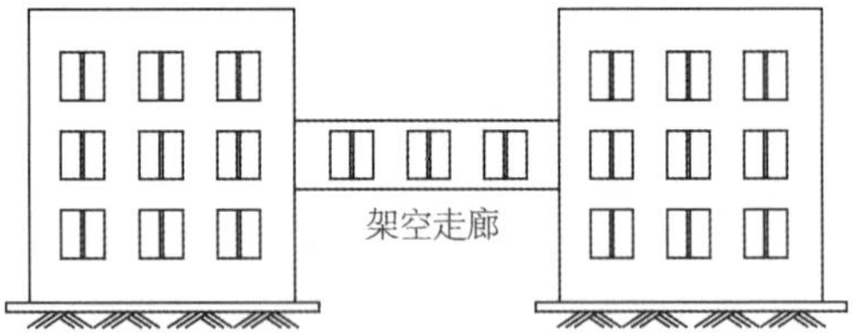

图 3-31 有围护结构的架空走廊

⑧ 架空走廊建筑面积计算。

建筑物间的架空走廊,有顶盖和围护结构的,应按其围护结构外围水平面积计算全面积。无围护结构、有围护设施的,应按其结构底板水平投影面积计算 1/2 面积。如图 3-31 所示为有围护结构的架空走廊,无围护结构的架空走廊如图 3-32 所示。

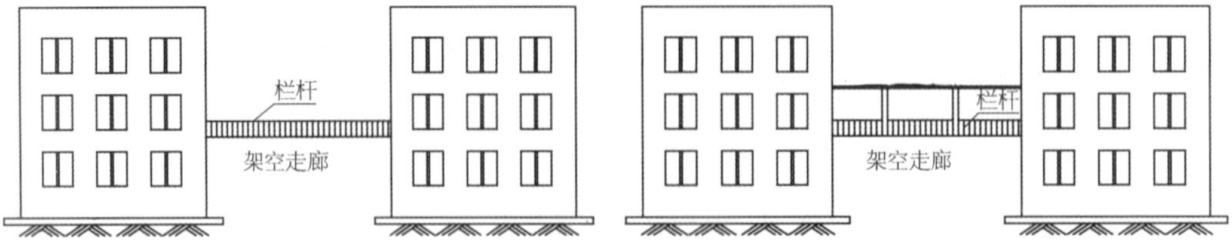

图 3-32 无围护结构的架空走廊

⑨ 凸(飘)窗建筑面积计算。

窗台与室内楼地面高差在 0.45m 以下且结构净高在 2.10m 及以上的凸(飘)窗,应按其围护结构外围水平面积计算 1/2 面积。

(9) 突出建筑物屋顶的楼梯间、水箱间、电梯机房等建筑面积计算。

设在建筑物顶部的、有围护结构的楼梯间、水箱间、电梯机房等,结构层高在 2.20m 及以上的应计算全面积;结构层高在 2.20m 以下的,应计算 1/2 面积。如图 3-33 所示。

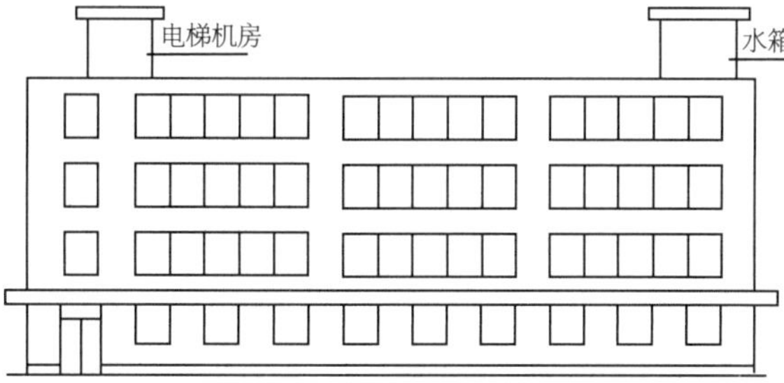

图 3-33 突出建筑物屋顶的电梯机房等示意图

(10) 有围护结构的舞台灯光控制室,应按其围护结构外围水平面积计算。结构层高在 2.20m 及以上的,应计算全面积;结构层高在 2.20m 以下的,应计算 1/2 面积。

(11) 以幕墙作为围护结构的建筑物,应按幕墙外边线计算建筑面积。

幕墙以其在建筑物中所起的作用和功能来区分。直接作为外墙起围护作用的幕墙,按其外边线计算建筑面积;设置在建筑物墙体外起装饰作用的幕墙,不计算建筑面积。

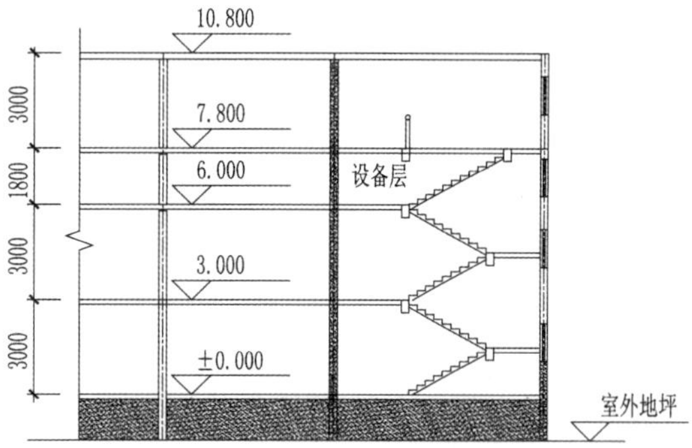

图 3-34 建筑物内的设备层

(12) 对于建筑物内的设备层、管道层、避难层等有结构层的楼层,结构层高在 2.20m 及以上的,应计算全面积;结构层高在 2.20m 以下的,应计算 1/2 面积。建筑物设备层如图 3-34 所示。

3) 其他

(1) 车棚、货棚、站台、加油站、收费站等建筑面积计算。

有顶盖无围护结构的车棚、货棚、站台、加油站、收费站等,应按其顶盖水平投影面积的 1/2 计算建筑面积,站台如图 3-35 所示。

(2) 建筑物内的变形缝建筑面积计算。

与室内相通的变形缝,应按其自然层合并在建筑物建筑面积内计算。对于高低联跨的建筑物,当高低跨内部连通时,其变形缝应计算在低跨面积内。与室内相通的变形缝,是指暴露在建筑物内,在建筑物内可以看得见的变形缝。

(3) 立体书库(图 3-36)、立体仓库、立体车库,有围护结构的,应按其围护结构外围水平面积计算建筑面积;无围护结构、有围护设施的,应按其结构底板水平投影面积计算建筑面积。无结构层的应按一层计算,有结构层的应按其结构层面积分别计算。结构层高在 2.20m 及以上者应计算全面积;层高不足 2.20m 者应计算 1/2 面积。

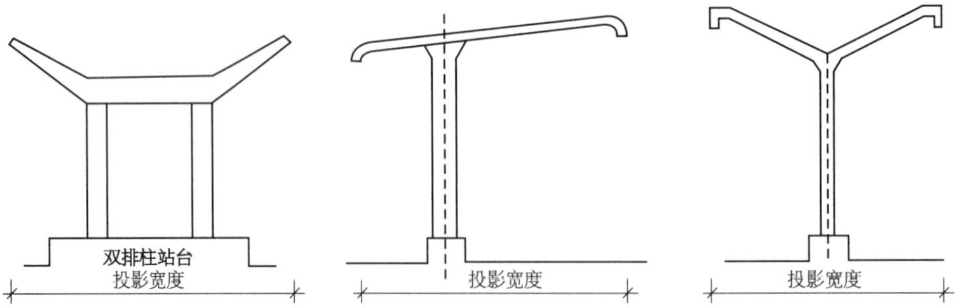

图 3-35　站台示意图

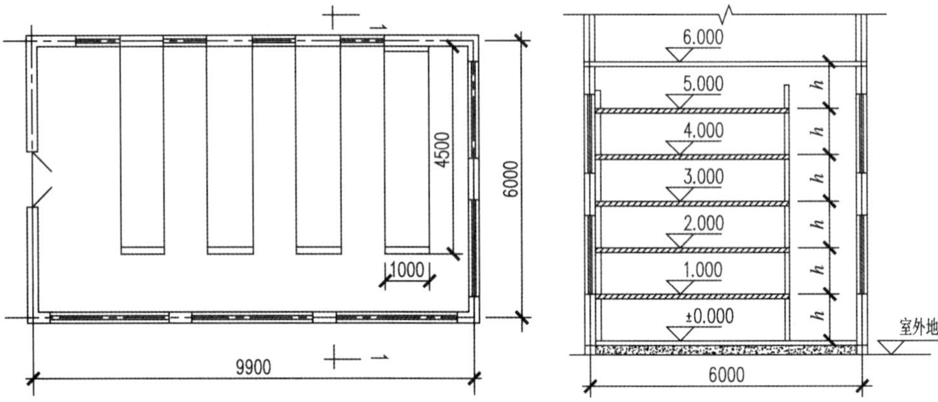

(a) 平面图　　(b) 剖面图

图 3-36　立体书库

3.2.3　不计算建筑面积的规定

(1) 与建筑物内不相连通的建筑部件。

(2) 骑楼、过街楼底层的开放公共空间和建筑物通道(图 3-37)。

(3) 舞台及后台悬挂幕布和布景的天桥、挑台等。

(4) 露台、露天游泳池、花架、屋顶的水箱及装饰性结构构件。

露台是指设置在屋面、首层地面或雨篷上供人室外活动的有围护设施的平台。露台应满足四个条件:一是位置,设置在屋面、地面或雨篷顶;二是可出入;三是有围护设施;四是无盖。这四个条件

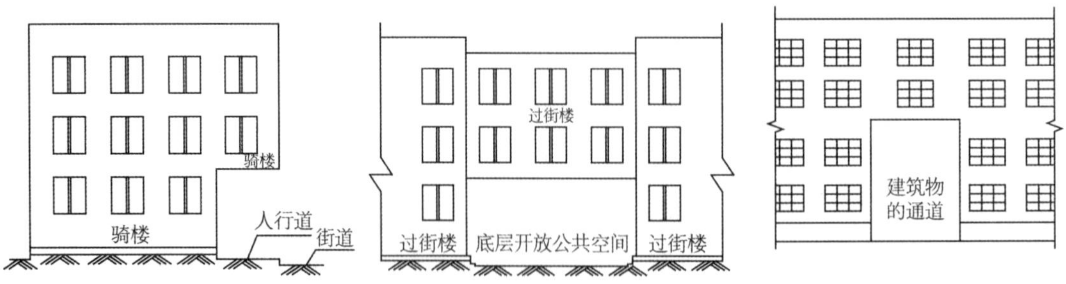

(a) 骑楼　　(b) 过街楼　　(c) 建筑物的通道

图 3-37　骑楼、过街楼和建筑物的通道示意图

须同时满足。如果设置在首层并有围护设施的平台,且其上层为同体量阳台,则该平台应视为阳台,按阳台的规则计算建筑面积。

(5) 建筑物内的操作平台、上料平台、安装箱和罐体的平台。

(6) 勒脚、附墙柱、垛、台阶、墙面抹灰、装饰面、镶贴块料面层、装饰性幕墙,主体结构外的空调室外机搁板(箱)、构件、配件,挑出宽度在 2.10m 以下的无柱雨篷和顶盖高度达到或超过两个楼层的无柱雨篷。

(7) 窗台与室内地面高差在 0.45m 以下且结构净高在 2.10m 以下的凸(飘)窗,窗台与室内地面高差在 0.45m 及以上的凸(飘)窗。

(8) 室外爬梯、室外专用消防钢楼梯。

(9) 无围护结构的观光电梯。

(10) 建筑物以外的地下人防通道,独立的烟囱、烟道、地沟、油(水)罐、气柜、水塔、贮油(水)池、贮仓、栈桥等构筑物。

3.2.4 实训练习:某二层框架结构办公楼建筑面积的计算

1. 计算某二层框架结构办公楼工程建筑面积

已知某二层框架结构工程办公楼,层高 3.6m,平面图如图 3-38 所示。

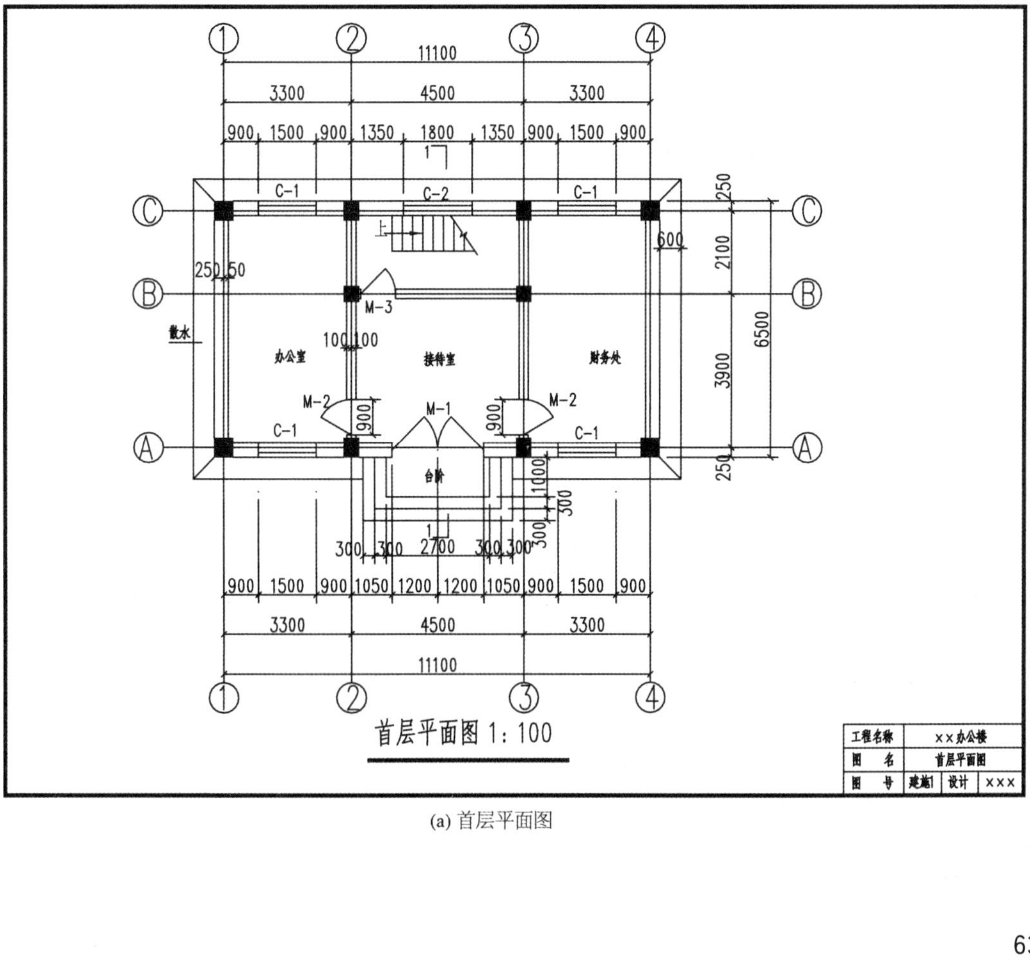

(a) 首层平面图

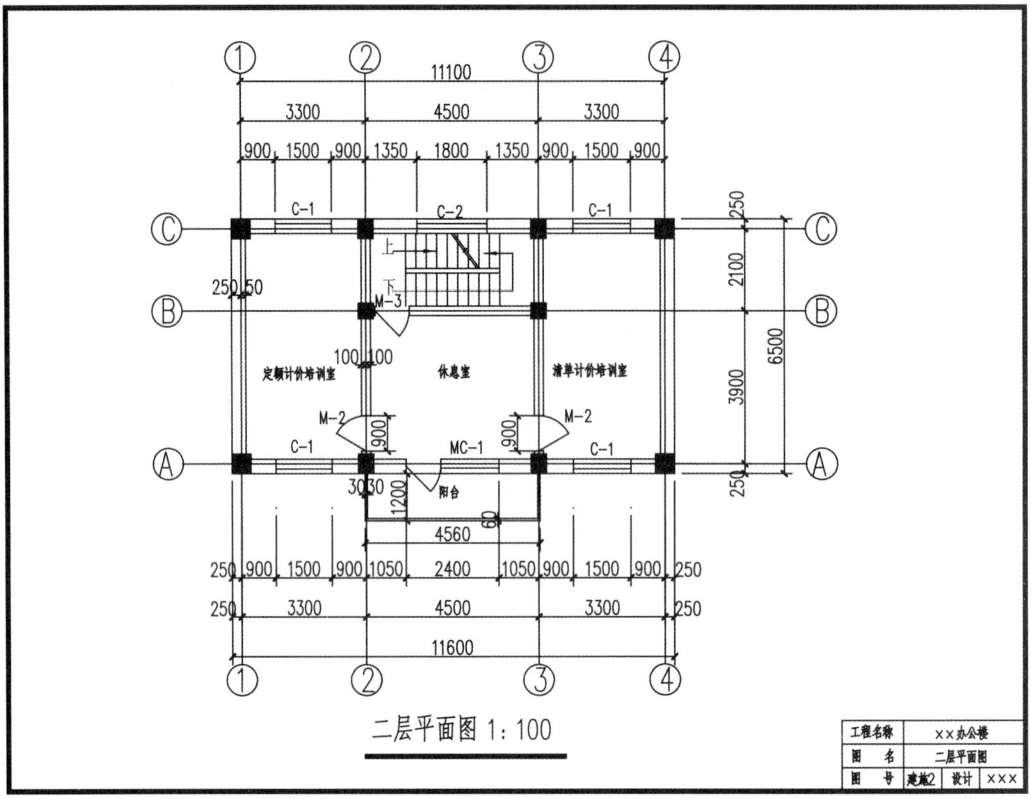

(b) 二层平面图

图 3-38　平面图示意

【分析】 办公楼建筑面积等于外墙结构外围所围面积(底层与二层建筑面积)加上阳台水平投影面积的一半,如表 3-3 所示。

表 3-3　　　　　　　　　　　　工程量计算表

项目名称	单位	计　算　式	工程量
相关基数	m^2	底层建筑面积＝11.6×6.5＝75.4 阳台水平投影面积＝4.56×1.2＝5.472	—
建筑面积	m^2	75.4×2＋5.472×0.5＝153.536	153.54

项目 3.3　土石方工程计量

3.3.1　土石方工程的施工顺序

土石方工程(cubic meter of earth and stone project)是建筑物或构筑物进行施工的开始。在建筑施工中,其施工顺序一般如图 3-39 所示。

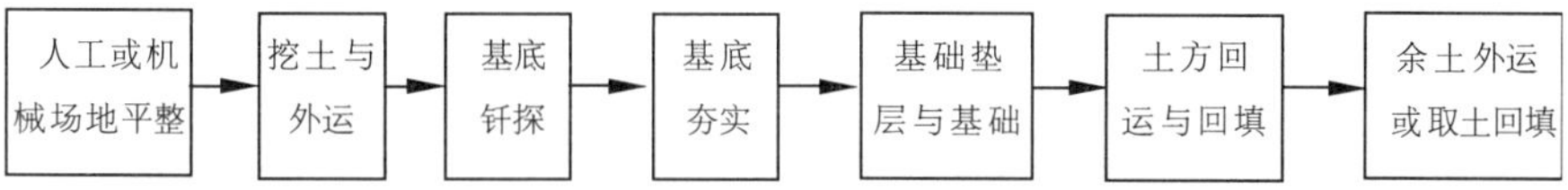

图 3-39 施工顺序示意图

3.3.2 项目划分

1. 定额项目与清单项目划分

土石方工程定额项目与清单项目划分一般主要包含的项目名称如图 3-40 所示。

- 项目划分
  - 定额项目
    - 人工土方：人工挖土方、沟槽、基坑、挖冻土，人工装车、人工运土方、人力车运土方，人工挖淤泥、人工运淤泥、人力车运淤泥
    - 机械土方：推土机推运土方、装载机装运土方、挖掘机挖土方、挖掘机挖装土方、小型挖掘机挖土方、小型挖掘机挖装土方、装载机装车、挖掘机装车、机动翻斗车运土方、自卸汽车运土方
    - 人工石方：人工清理爆破基底、人工修整爆破边坡、人工清石渣、人工装车石渣、人工运石渣、人力车运石渣
    - 机械石方：液压锤破碎、风镐破碎石方，推土机推运石渣、挖掘机挖石渣、挖掘机挖装石渣，装载机装车、挖掘机装车石渣，机动翻斗车运石渣、自卸汽车运石渣
    - 回填及其他：人工平整场地、机械平整场地、基底钎探、原土打夯、机械原土碾压、回填土
  - 清单项目
    - 土方工程：平整场地、挖一般土方、挖沟槽土方、挖基坑土方、冻土开挖、挖淤泥、流沙、管沟土方
    - 石方工程：挖一般石方、挖沟槽石方、挖基坑石方、挖管沟石方
    - 回　填：回填方、余方弃置

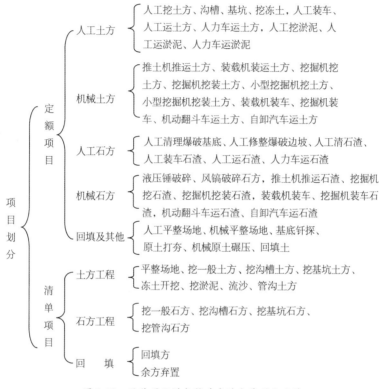

图 3-40 两种项目划分所对应的主要项目名称

2. 两种项目划分异同点

(1) 计量单位基本一致。清单项目的计量单位与全国统一建筑工程基础定额相应定额子项的计量单位基本一致，只是定额中单位扩大了倍数。有少数清单项目计量单位进行了调整以求更能切合实际。

(2) 项目划分粗细程度不同。定额项目一般以施工过程结合施工方法与材料的不同进行划分，项目划分较细；而在清单项目划分中主要是以项目实体确定，如挖基础土方中就包括了基础底打夯、钎探、土方运输等项目，项目综合性强。

3.3.3 计算工程量的有关资料

计算土石方工程量前，应确定以下内容资料：

(1) 土壤类别。不同的土壤类别计量时分别确定。土壤类别划分详见各地建筑工程预算定额土石方工程中的有关规定。

(2) 明确地下水位标高及施工组织设计采取的排(降)水方法。

(3) 掌握土方、沟槽、基坑挖(填)起止高度,采用的施工方法及运输距离。如采用人工开挖还是机械开挖,开挖机械的选择;基坑支护方式是放坡、支挡土板还是其他形式等相关内容。

(4) 岩石开凿、爆破方法,石渣清运方法及运输等。

(5) 基础开挖工作面(working face)的大小。

(6) 其他有关规定。

3.3.4 土石方工程计量

1. 清单项目与定额项目计量比较

以下以《房屋建筑与装饰工程工程量计算规范》(GB 50854—2013)(以下简称《计算规范》)附录为主线,将分部分项工程和单价措施项目清单中计量项目计算规则与相应山西省定额计算规则不同点做对比分析(表3-4),两种规则所包含的工程内容增减变化等不做对比。

表 3-4　　土石方工程工程量计算规则对比

项目名称	清单工程量计算规则	定额工程量计算规则
平整场地	按设计图示尺寸以建筑物首层建筑面积计算	建筑物首层建筑面积或构筑物底面积以“m^2”计算。建筑物地下室结构外边线突出首层结构外边线时,其突出部分的建筑面积合并计算。围墙按基础底面积以“m^2”计算。室外管道沟不计算平整场地
挖土方	按设计图示尺寸以体积计算	考虑计算工作面及放坡增加部分的工程量
挖基础土方	按设计图示尺寸以基础垫层底面积乘以挖土深度计算 山西省考虑工作面和放坡系数的影响	考虑计算工作面及放坡增加部分的工程量
管沟土方	按设计图示尺寸以管道中心线长度计算	计算方式按体积计算
预裂爆破	按设计图示尺寸以钻孔总长度计算	计算方式按体积计算
石方开挖	按设计图示尺寸以体积计算	考虑计算工作面及允许超挖量增加部分工程量
土(石)方回填	按设计图示尺寸以体积计算	考虑计算工作面、放坡及允许超挖量增加部分工程量

2. 土石方工程常用项目计量

1) 平整场地

平整场地是指建筑场地挖、填土方厚度在±30cm以内及找平。挖填土方厚度超过±300mm时,全部厚度按一般土方相应规定另行计算,并应计算平整场地。

【例 3-12】 试计算如图 3-41 所示的平整场地工程量(尺寸标注为外墙外边线长)。

【解】 平整场地计算分析:对于定额项目计算,以建筑物首层建筑面积或构筑物底面积以“m^2”计算。建筑物地下室结构外边边线突出首层结构外边线时,其突出部分的建筑面积合并计算。围墙

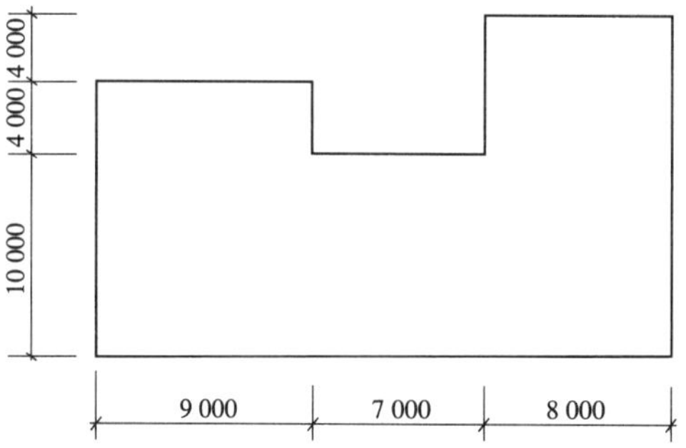

图 3-41 平整场地计算示意图

按基础底面积以“m^2”计算。室外管道沟不计算平整场地。清单项目计算是以建筑物首层面积计算。

计算过程如表 3-5 所示。

表 3-5 工程量计算表

项目	单位	工程量计算式	结果
相关基数	m^2	建筑物首层建筑面积＝(10.0＋4.0)×9.0＋10.0×7.0＋18.0×8.0＝340	340
定额项目	m^2	平整场地＝340	340
清单项目	m^2	平整场地＝340	340

2) 基础土方开挖

(1) 沟槽挖土工程量

底宽(设计图示垫层或基础的底宽。下同)≤7m,且底长＞3 倍底宽为沟槽。

① 定额项目沟槽挖土项目计量是按图示尺寸挖方考虑放坡或支挡土板以体积计算。

对于放坡式的沟槽工程量,沟槽土方工程量等于开挖断面面积乘以沟槽长度以体积计算,丁字交接处的重叠工程量不应扣除,如图 3-42、图 3-43 所示。其计算公式如下:

$$V=(a+2c+KH)HL$$

式中 a——基础垫层宽度(m);

c——工作面(m);

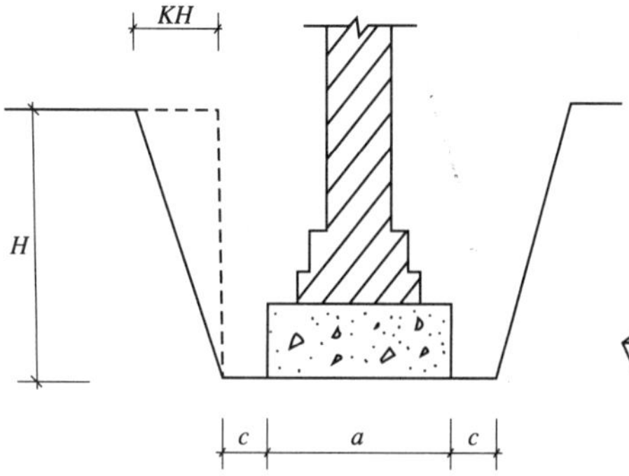

图 3-42 放坡沟槽断面示意图

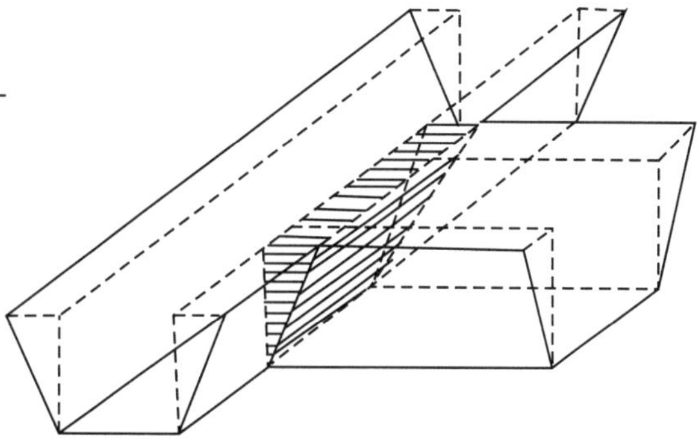

图 3-43 两槽相交重复计算部分示意图

K——放坡系数;

H——挖土深度(m);

L——槽底长度(m)。

对于不放坡式的沟槽工程量如图 3-44、图 3-45 所示,其计算公式如下:

$$V=(a+2c)HL$$

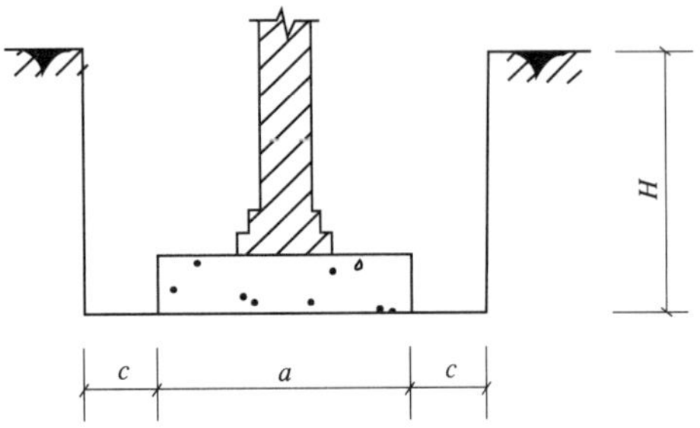

图 3-44　不放坡留工作面沟槽断面

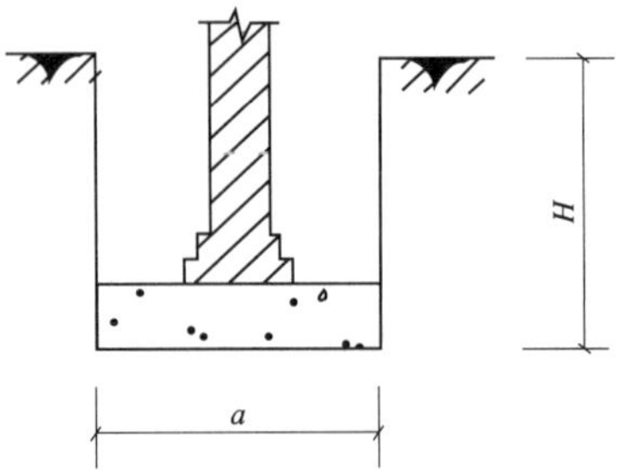

图 3-45　不放坡不留工作面的沟槽断面

② 清单项目沟槽挖土项目计量:土方工程量等于按设计图示尺寸以基础垫层底面积乘以挖土深度计算,其计算公式如下:

$$V=aH(L_{中}+L_{内垫})$$

式中　$L_{中}$——外墙基础垫层中心线长;

$L_{内垫}$——内墙基础垫层之间的净长线长。

(2) 基坑或大开挖土方工程量。

基坑:凡图示底长≤3 倍底宽,且底面积≤150m² 为基坑如图 3-46 所示。

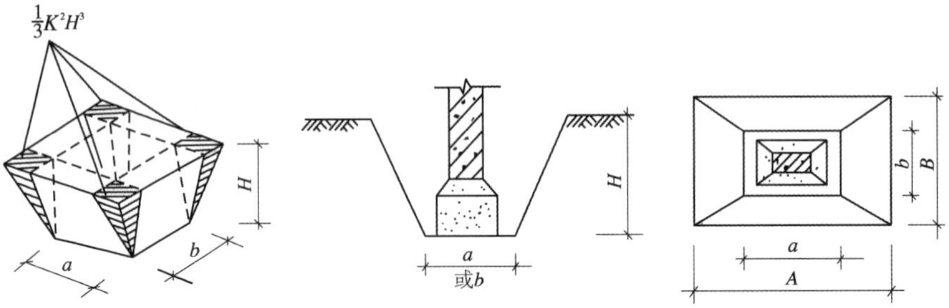

图 3-46　方形放坡基坑示意图

① 定额项目基坑挖土项目计量:

对于不放坡的基坑开挖,土方工程量按下式计算:

$$V=基坑底面积\times基坑深$$

对于四面放坡的基坑,土方工程量按下式计算:

$$V=\frac{1}{6}H[AB+ab+(a+A)(b+B)]$$

或

$$V=(a+KH)(b+KH)H+\frac{1}{3}\times K^2H^3$$

式中　a,b——基坑底长、宽(含工作面 c)(m);

A,B——基坑上口长、宽(m);

K——放坡系数;

H——基坑深度(m)。

注意:(1) 挖土起点应以设计室外地坪标高为准。

(2) 若采用机械开挖时,还应配有人工开挖。如有的地区定额规定:挖方总量在 10000m^3 以内时,机械开挖占开挖土方量的 90%,人工开挖占 10%。人工开挖部分执行人工挖土方定额最浅子目,人工乘以系数 1.5。

(3) 机械开挖土方量还应考虑因机械坡道而增加的土方量。

(4) 若存在桩间土方开挖时,不扣除桩体所占体积。

(5) 石方开挖及爆破工程量计算时,还应注意允许超挖量。

② 清单项目基坑挖土项目计量:同定额计量方法。

$$V=(a-2c)(b-2c)H$$

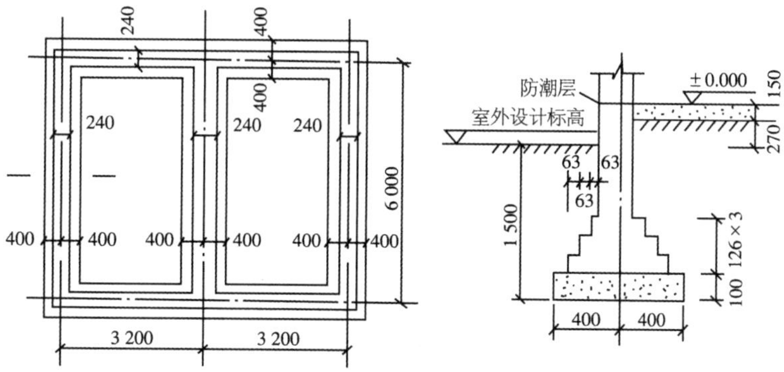

(a) 基础平面图　　(b) 剖面图

图 3-47　某建筑物基础图

【例 3-13】 某建筑物基础的平面图、剖面图如图 3-47 所示。已知室外设计地坪以下各工程量:垫层体积2.4m^3,砖基础体积 16.24m^3。试求该建筑物定额与清单项目的平整场地、基础挖土方。已知放坡系数 $K=0.33$,工作面宽度 $c=300$mm。

【解】 计算过程如表 3-6 所示。

表 3-6　**基础土方工程量计算表**

项目	单位	工程量计算式	结果
相关基数	m^2	墙体所围面积=(3.2×2+0.12×2)×(6+0.12×2)=6.64×6.24=41.43	41.43
	m	外墙中心线长=(6.4+6)×2=24.8	24.8
	m	内墙基槽底间的净长线=5.2-2×0.3=4.6	4.6
定额项目	m^2	平整场地=41.43	41.43
	m^3	沟槽土方 $V_{沟槽}$=(24.8+4.6)×(0.8+2×0.3+0.33×1.5)×1.5=83.50	83.50
清单项目	m^2	平整场地=41.43	41.43
	m^2	沟槽土方 $V_{沟槽}$=(24.8+4.6)×(0.8+2×0.3+0.33×1.5)×1.5=83.50	83.50

3) 基底钎探与原土夯实(碾压)

基底钎探是指土方开挖至基础埋深底标高设计要求时,用洛阳铲和钢钎以梅花形布点间距为1m,深1.5m所进行的地下坑穴的探查、地下土质变化情况的观察等。

原土夯实(碾压)是指在开挖后的土层上进行夯击(碾压)的施工过程。

基底钎探按基础垫层(含地基处理垫层)底面积以"m^2"计算。

原土夯实(碾压)按槽坑底面积以"m^2"计算。清单项目计量中不单独计量,包括在挖土方项目中。

4) 回填土

回填土是指沟槽、基坑边就地取土回填(5m以内取土、碎土、铺平回填),应区分夯填、松填,按下列规定,以体积计算:

(1) 回填方按实际回填体积以"m^3"计算。此处,为回填空间的体积,土体不是天然密实状态。

(基础)回填土计量如图3-48所示。

V=基础挖土方量－设计室外地坪以下埋设物的体积

室内回填是指回填设计室内地坪以下的室内土方,其计算公式如下:

V=主墙间的室内净面积×回填土厚度

(2) 土方运输工程量与置土方案有关。一般分两种情况:其一,土方堆放于槽、坑边1m以外,回填时直接就地取土回填;其二,场地有限,挖出的土方全部外运,回填时再取土回填。

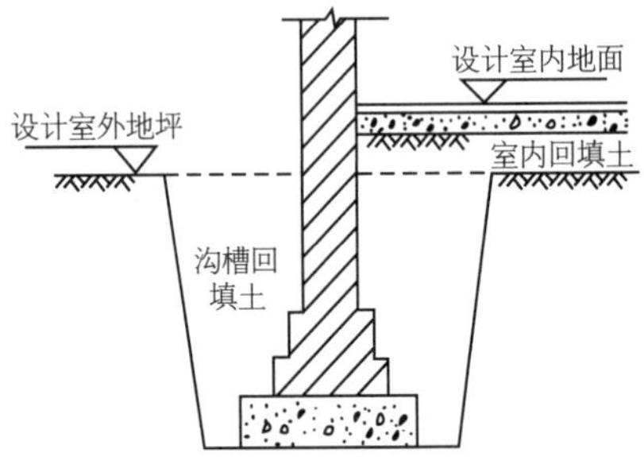

图3-48　沟槽与室内回填土示意图

运土包括余土外运和取土回运。

① 土方堆放于槽、坑边,回填时直接就地取土回填。

余土工程量,在无特殊情况时,可按下式计算:

余土外运体积=挖土总体积－回填所需总体积

一般情况下,计算结果为正值,即挖土总体积大于回填土回填所需总体积,则是余土外运体积;如果为负值,则为取土体积。算式中的土方均为天然密实体积。

② 场地有限,挖出的土方全部外运,回填时再取土回填。

土方运输的工程量分运出和运入两部分。

运出工程量和土方开挖工程量相等;运入工程量等于回填土回填所需总体积。

注:回填土方总体积应包括沟槽、基坑回填,室内回填,灰土垫层等回填中的土方体积。若考虑回填土是夯填时,应换算成天然密实体积。如沟槽、基坑回填所需天然密实体积土方量为回填土工程量乘以系数1.15(或按设计规定压实系数换算);室内回填土所需天然密实体积土方量为室内回填土(素土)工程量乘以系数1.179(详见定额A4-82),若为3:7灰土所需天然密实体积土方量为其工程量乘以1.01×1.15(详见定额A4-83和P14002),即1.16。

注意:1. 正确理解室内回填与基础回填的区别,当有地下室时,室内需回填土时如何确定。

2. 土方回填的同时也伴随着土方的运输。

【例 3-14】 接例 3-13，试按素土回填，求基础回填土与室内回填土相关工程量。

【解】 计算过程如表 3-7 所示。

表 3-7　　**工程量计算表**

项目	单位	工程量计算式	工程量
相关基数	m^3	室内净面积＝(3.2－0.12×2)×(6－0.12×2)×2＝34.10	34.10
定额项目	m^3	基础回填土方工程量＝83.50－2.4－16.24＝64.86	64.86
		基础回填土方运输工程量＝64.86×1.15＝74.59	74.59
	m^3	室内回填土方工程量＝34.10×0.27＝9.21	9.21
		室内回填土方运输工程量＝9.21×1.15＝10.59	10.59
清单项目	m^3	(1)基础回填土方＝83.50－2.4－16.24＝64.86	64.86
	m^3	(2)室内回填土方＝34.10×0.27＝9.21	9.21

3.3.5　实训练习：某二层框架结构办公楼土石方工程项目列项与计量

某二层框架结构小楼，有梁式筏板基础，基础平面图与剖面图如图 3-49 所示，外墙基础梁 600mm×600mm，内墙基础梁 500mm×600mm，基础板厚 400mm，外墙砖基础厚 370mm，砌块墙厚 300mm；内墙砖基础厚 240mm，砌块墙厚 200mm。室内标高±0.000m，设计室外(自然)标高－0.45m。室内地面铺全瓷地砖做法如下：素土夯实，150mm 三七灰土垫层，50mmC15 混凝土，素水泥浆一道，20mm 厚 1:3 水泥砂浆砂浆找平，20mm 厚 1:3 干硬性水泥砂浆结合层，铺 800mm×

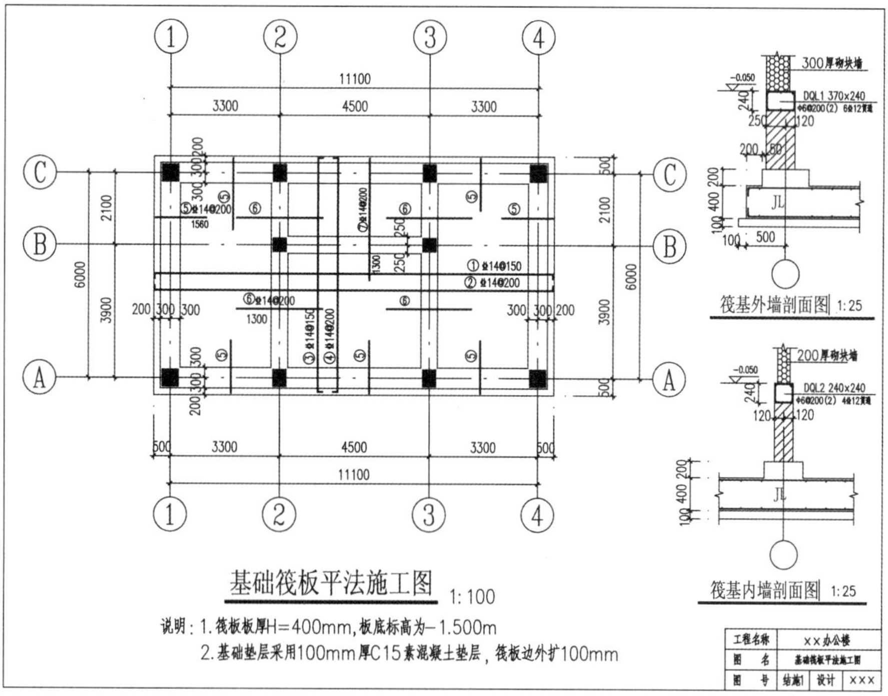

图 3-49　某建筑物基础平面图、剖面图

800mm×10mm 瓷砖,白水泥擦缝。

【施工说明】

(1) 地质报告显示土壤类别:三类土。

(2) 基础土方开挖采用挖掘机(斗容量 $1m^3$)挖装土,自卸汽车运土,工作面自垫层边留取 c=300mm。

(3) 由于场地有限,挖出土方需外运至 2km 处的弃土点。

(4) 采用机械平整场地。土方开挖后需进行基底钎探与原土夯实(两遍计)。

(5) 回填土方从距离施工现场 1km 处采购,土方单价 30 元/m^3(不含土方运输费),采用装载机装土自卸汽车运土方。

(6) 基础以外采用素土分层夯填至设计室外地坪;室内土方先不回填,在装修室内地面时再回填。

【分析】

(1) 土石方工程项目列项如表 3-8 所示。

表 3-8　　土石方工程项目列项

序号	定额项目项目名称	计量单位	清单项目项目名称	计量单位
1	平整场地	$100m^2$	平整场地	m^2
2	基底钎探	$100m^2$	挖基础土方	m^3
3	原土夯实	$100m^2$		
4	挖掘机挖装土	$1000m^3$		
5	人工挖土方	$100m^3$		
6	自卸汽车运土方,运距 2km	$1000m^3$		
7	基础回填土	$100m^3$	基础回填(素土) 室内回填(素土) 室内回填(灰土)	m^3
8	室内回填土(素土)	$10m^3$		
9	室内回填土(灰土)	$10m^3$		
10	购土方	m^3		
11	装载机装车	$1000m^3$		
12	自卸汽车运土方	$1000m^3$		

(2) 项目工程量计算如表 3-9、表 3-10 所示。

表 3-9　　**(土石方)工程量定额项目计算表**

内容	单位	计算式	工程量
相关基数	m	外墙外边线长=(11.6+6.5)×2=36.2	36.20
	m	外墙柱间净长=36.2−0.5×8−0.4×4=30.6	30.60
	m	内墙柱间净长=2(6.5−0.5×2−0.4)+4.5−0.4=14.3	14.30
	m^2	底层建筑面积=11.6×6.5=75.4	75.40
	m^2	坑底面积=(11.1+0.6×2+0.3×2)(6+0.6×2+0.3×2)=12.9×7.8=100.62	100.62
	m^2	基础垫层底面积=12.3×7.2=88.56	88.56
	m^2	筏板底面积=12.1×7.0=84.70	84.70
定额项目	$100m^2$	(1)平整场地=75.40	75.40
	$100m^2$	(2)基底钎探=88.56	88.56
	$100m^2$	(3)原土夯实=100.62	100.62
	$1000m^3$	(4)挖掘机挖装土方: 开挖深度 H=(−0.45)−(−1.6)=1.15m<三类土的放坡起点深度 1.4m,则不放坡。工作面 c=300mm。机械上下行驶坡道土方按挖方量的 3%计算。 单位工程量 $V_{总}=S_{坑底}\times H\times(1+3\%)=119.18m^3$,小于 $2000m^3$,机械乘以系数 1.1。 挖掘机挖装土工程量 $V_1=V_{总}\times 90\%=107.27$	107.27
	$100m^3$	(5)人工挖土方=$V_{总}\times 10\%=11.92$	11.92
	$1000m^3$	(6)自卸汽车运土方=$V_{总}=119.18$	119.18
	$100m^3$	(7)基础回填土: 基础垫层体积=88.56×0.1=8.86m^3 基础板体积=12.1×7.0×0.4=33.88m^3 外墙基础梁凸出部分外边线所围体积=11.7×6.6×0.2=15.44 m^3 基础梁顶至室外地坪外墙外边线所围空间体积=11.6×6.5×0.45=33.93 m^3 $V_{基础回填土}$=119.18−8.86−33.88−15.44−33.93=27.07	27.07
	$10m^3$	(8)室内回填土(素土): 外墙基础梁长度=2(11.1+6)=34.20m, 内墙基础梁长度=2(6−0.3×2)+4.5−0.25×2=14.80m, 基础梁凸出部分体积=0.6×0.2×34.2+0.5×0.2×14.8=5.58m^3 外墙砖基础长度=36.2−0.5×8−0.4×4=30.60m, 内墙砖基础长度=2(6.5−0.5×2−0.4)+4.5−0.4=14.30m, 砖基础墙基截面面积=30.6×0.37+14.3×0.24=14.75m^2 首层柱截面面积合计=0.5×0.5×4+0.4×0.5×4+0.4×0.4×2=2.12m^2 室内回填土(素土)工程量=15.44−5.58+(75.4−14.75−2.12)×0.65=47.90	47.90
	$10m^3$	(9)室内回填土(灰土): V=(75.4−14.75−2.12)×0.15=8.78 m^3	8.78
	m^3	(10)购土方:$V_{购土方}=V_{基础回填土}\times 1.15+V_{室内回填土(素土)}\times 1.179+V_{室内回填土(灰土)}\times 1.16$ =31.13+56.47+10.18=97.78	97.78
	m^3	(11)装载机装车:$V=V_{购土方}=97.78$	97.78
	m^3	(12)自卸汽车运土方:$V=V_{购土方}=97.78$	97.78

表 3-10　　土石方工程量清单项目计算表

内容	单位	计算式	工程量
相关基数	m	外墙外边线长＝(11.6＋6.5)×2＝36.20	36.20
		外墙柱间净长＝36.2－0.5×8－0.4×4＝30.60	30.60
		内墙柱间净长＝2(6.5－0.5×2－0.4)＋4.5－0.4＝14.30	14.30
	m^2	底层建筑面积＝11.6×6.5＝75.40	75.40
		坑底面积＝(11.1＋0.6×2＋0.3×2)(6＋0.6×2＋0.3×2)＝12.9×7.8＝100.62	100.62
		基础垫层底面积＝12.3×7.2＝88.56	88.56
		筏板底面积＝12.1×7.0＝84.70	84.70
清单项目	m^2	平整场地＝75.40	75.40
	m^3	挖基础土方＝119.18	119.18
	m^3	基础回填土＝27.07	27.07
	m^3	室内回填土(素土)＝47.90	47.90
	m^3	室内回填土(灰土)＝8.78	8.78

注:忽略台阶下土方量的影响;未考虑换填垫层和基础防水施工采取的技术措施对土方工程量的影响。

项目 3.4　桩与地基基础工程计量

3.4.1　项目划分

打桩(pile driving)与地基基础工程内容一般包括打桩工程(混凝土桩与其他桩)、地基与边坡处理工程。具体项目划分如图 3-50 所示。

3.4.2　打桩工程计量

1. 打桩工程计量前应确定的资料与内容

(1) 确定土质级别:依工程地质资料中的土层构造,土壤的物理、化学性质及每米纯沉桩时间鉴别土质级别。

(2) 确定计算参数:依照设计图纸、施工现场条件,确定施工方法、工艺流程、选用机型、土及泥浆外运所需运距等。

2. 桩的分类与相关内容

1) 桩的分类

根据荷载传递的方式不同,桩分为端承桩和摩擦桩;按照施工方法的不同,桩可分为预制桩和灌注桩。桩的分类如图 3-51 所示。

2) 打桩用主要设备

不同打桩类型所对应的主要打桩设备如图 3-52 所示。

3) 送桩、接桩、空桩与凿桩头

(1) 送桩是指将送桩器放在桩顶上,用锤击将桩顶送入土内设计桩顶标高的施工过程(图 3-53)。

(2) 接桩是混凝土预制长桩,受运输条件和打桩机架高度限制,一般分数节制作,分节打入,在现场接桩。接桩方法主要有焊接法与浆锚法,如图 3-54、图 3-55 所示。

- 定额与清单项目划分
  - 桩
    - 混凝土桩
      - 预制钢筋混凝土桩
      - 接桩
      - 混凝土灌注桩
    - 其他桩
      - 砂石灌注桩
      - 灰土挤密桩
      - 旋喷桩
      - 喷粉桩等
  - 地基与边坡处理
    - 地下连续墙
    - 振冲灌注碎石
    - 地基强夯
      - (分)夯击能的强夯
      - 重锤夯实
    - 基坑支护
      - 锚杆支护
      - 土钉支护
      - 高压定喷防渗墙
      - 喷射混凝土等

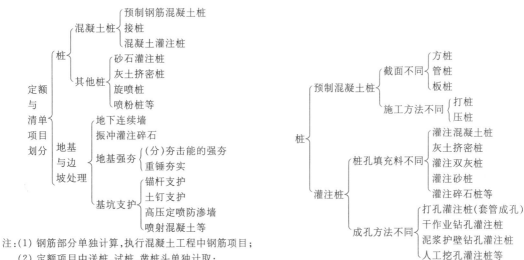

注:(1) 钢筋部分单独计算,执行混凝土工程中钢筋项目;
(2) 定额项目中送桩、试桩、凿桩头单独计取;
(3) 清单项目是包括在相应打桩项目中。

图 3-50　打桩与地基基础工程定额项目与清单项目划分

- 桩
  - 预制混凝土桩
    - 截面不同
      - 方桩
      - 管桩
      - 板桩
    - 施工方法不同
      - 打桩
      - 压桩
  - 灌注桩
    - 桩孔填充料不同
      - 灌注混凝土桩
      - 灰土挤密桩
      - 灌注双灰桩
      - 灌注砂桩
      - 灌注碎石桩等
    - 成孔方法不同
      - 打孔灌注桩(套管成孔)
      - 干作业钻孔灌注桩
      - 泥浆护壁钻孔灌注桩
      - 人工挖孔灌注桩等

图 3-51　桩按施工方法分类示意图

- 桩机
  - 预制桩
    - 打桩——打桩机(分锤击打桩法与振动沉桩法)
    - 压桩——静力或液压压桩机
  - 灌注桩
    - 打孔灌注桩——轨道式柴油打桩机、振动沉拔桩机
    - 干作业法钻孔混凝土灌注桩——螺旋钻机和高压混凝土输送泵
    - 泥浆护壁成孔混凝土灌注桩——冲击钻孔机、潜水钻孔机、冲抓锥成孔机等
    - 人工挖孔灌注桩——采用人工进行成孔

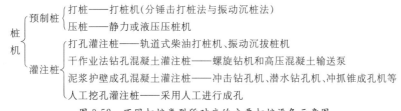

图 3-52　不同打桩类型所对应的主要打桩设备示意图

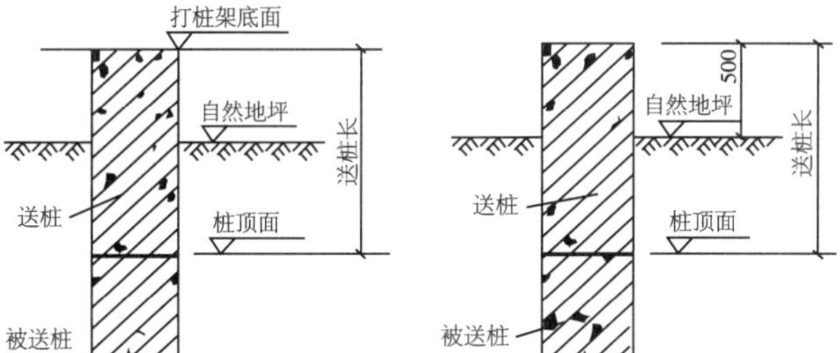

图 3-53　送桩示意图

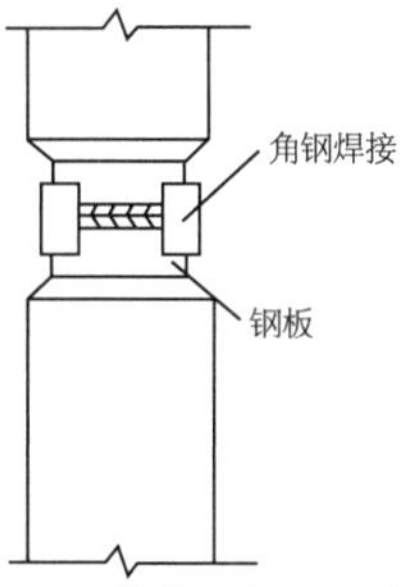

图 3-54　焊接法接桩示意图

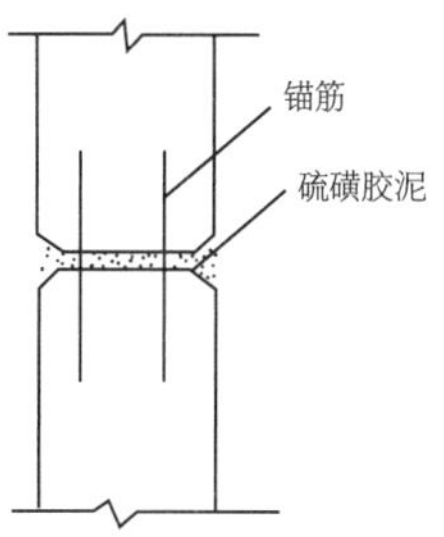

图 3-55　硫磺胶泥接桩示意图

(3) 空桩是指没有灌注填充材料的桩孔部分。

(4) 凿桩头一般设计都会将桩的钢筋伸入到桩承台(或基础)中,并与桩承台(或基础)的钢筋焊在一起,这就需要将露出槽底的桩头混凝土凿碎,这个过程称凿桩头。截桩是当打桩结束后,桩顶标高高于设计要求许多,需要采用各种手段将混凝土桩在适当的部位截断,这个截断的全过程称为截桩。凿桩头与截桩的区别在于露出槽底的桩的长和短,长者为截桩,短者为凿桩,长短一般由各地具体确定。凿桩与截桩如图 3-56、图 3-57 所示。

图 3-56 截桩

图 3-57 凿好的与未凿好的桩头示意图

3. 桩基础工程列项方法

(1) 定额项目列项时,主要根据施工顺序列项,同时考虑其他因素影响。预制钢筋混凝土桩定额项目一般包括制桩、运桩、打桩、试桩、接桩、送桩、凿桩头等项目,现浇灌注桩一般包括钢筋笼制作、灌注桩、空桩、泥浆运输等子目。

(2) 清单项目列项时,除接桩外,均按桩的类型分别进行列项,成孔、送桩、材料运输等包括项目内容中,凿桩项目包括在基础土方开挖项目中。

4. 桩的计量

桩的定额项目计量与清单项目计量方法分别如图 3-58、图 3-59 所示,二者之间的比较如表 3-11 所示。

预制桩计量
- 打预制桩=桩长(包括桩尖)×桩截面面积-管桩空心体积
- 接桩
  - 电焊接桩=接头个数
  - 硫磺胶泥接桩=接桩断面积
- 送桩=送桩长度×桩截面面积
  - 送桩长=打桩架底至顶面高度或自桩顶面至自然地坪面另加 0.5m

(a) 预制桩计量方法示意图

灌注桩计量
- 打孔灌注桩(m^3)=[桩长(包括活瓣桩尖长)+设计超灌长]×桩截面面积
  =[桩长(不包括预制混凝土桩尖长)+设计超灌长]×桩截面面积
- 钻孔灌注桩(m^2)=[桩长(包括桩尖)+设计超灌长]×桩截面面积
- 泥浆运输=钻孔体积
- 空桩=空桩长×设计桩截面面积
- 钢筋笼制作=按钢筋混凝土工程中钢筋方法计量
- 凿(截)桩头=凿(截)除桩长×设计桩截面面积

(b) 灌注桩计量方法示意图

图 3-58 定额项目桩计量方法示意图

桩计量
- 打预制桩＝桩长(包括桩尖)或“桩根数”
- 接桩＝接头个数(板桩接桩接头长度计算)
- 混凝土灌注桩＝桩长(包括桩尖)或“桩根数”
- 其他桩＝桩长(包括桩尖)

图 3-59 清单项目桩计量方法示意图

表 3-11 **打桩工程量计算规则对比**

项目名称		清单工程量计算规则	对应(全国统一)定额工程量计算规则不同点
打桩	预制钢筋混凝土桩	按设计图示尺寸以桩长(包括桩尖)或以根数计算	定额方式按桩体积计算
	灌注桩	按设计图示尺寸以桩长(包括桩尖)或以根数计算	定额方式按桩体积计算,还可以计算超灌部分工程量
接桩		按设计图示规定以接头数量计算	电焊接桩按设计接头以个计算,硫磺胶泥接桩按桩断面以平方米计算

【例 3-15】 如图 3-60 所示,已知共有 20 根预制桩,二级土质。求用打桩机打桩的工程量。

【解】 定额项目打桩工程量$=0.45\times0.45\times(15+0.8)\times20=63.99m^3$

清单项目打桩工程量$=(15+0.8)\times20=316m$ 或 20 根

【例 3-16】 某工程打预制钢筋混凝土离心管桩 30 根,桩全长 12.50m(含预制桩尖长),外径 30cm,其截面面积如图 3-61 所示,求打桩工程量。

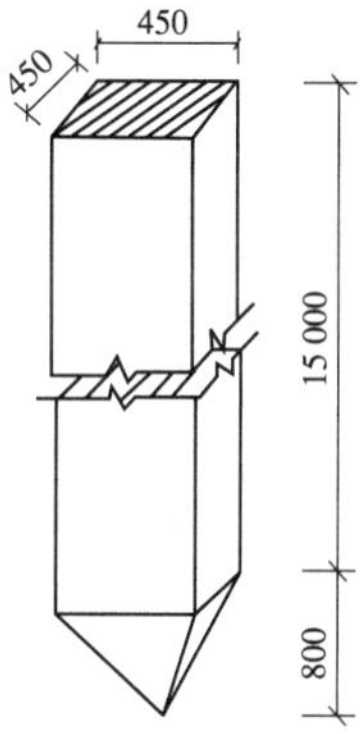

图 3-60 预制桩示意图

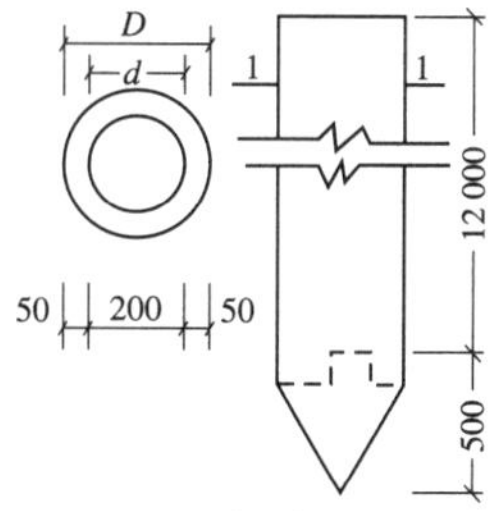

图 3-61 预制钢筋混凝土离心管桩示意图

【解】 定额项目离心管桩 $V_1=\frac{0.30^2-0.20^2}{4}\times3.1416\times12\times30$

$=0.0125\times3.1416\times12\times30=14.14m^3$

清单项目离心管桩$=12\times30=360m$ 或 30 根

注:预制桩尖执行混凝土工程的相应项目。

【例 3-17】 如图 3-62 所示柴油打桩机打混凝土预制桩,求送桩工程量。

【解】 定额项目送桩工程量$=0.4\times0.4\times(0.8+0.5)\times4=0.832m^3$

注:清单项目送桩不单独计取包括在桩工程项目中。

【例 3-18】 某工程采用柴油打桩机打孔灌注混凝土桩 20 根,桩设计长度 10m,直径 400mm,混凝土强度等级 C20,一级土质,钢筋笼制作 0.23t,计算灌注桩工程量。

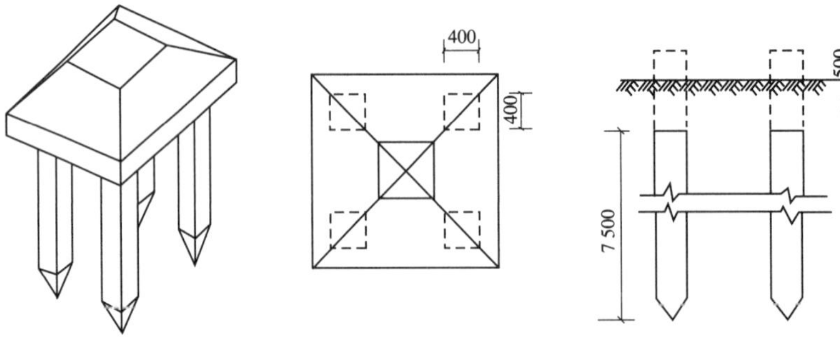

图 3-62　混凝土预制桩示意图

【解】　定额项目灌注桩工程量$=(10+0.25)\times\left(\frac{0.4}{2}\right)^2\times3.14\times20=25.8m^3$

清单项目灌注桩工程量=10×20=200m 或 20 根

注:超灌长度结合当地定额确定。钢筋笼单独计取执行混凝土工程中钢筋项目。

3.4.3　地基与边坡处理计量

1. 地下连续墙

地下连续墙是在地面上采用挖槽机械,沿着开挖工程的周边轴线,依靠泥浆护壁,开挖出狭长的深槽,槽内吊放入钢筋笼后,用导管法灌注水下混凝土以置换泥浆,注成一个单元槽段。如此逐段进行,在地下筑成一道连续的钢筋混凝土墙壁,如图 3-63 所示。地下连续墙按设计图示墙中心线长度乘以厚度乘以槽深以立方米计算。

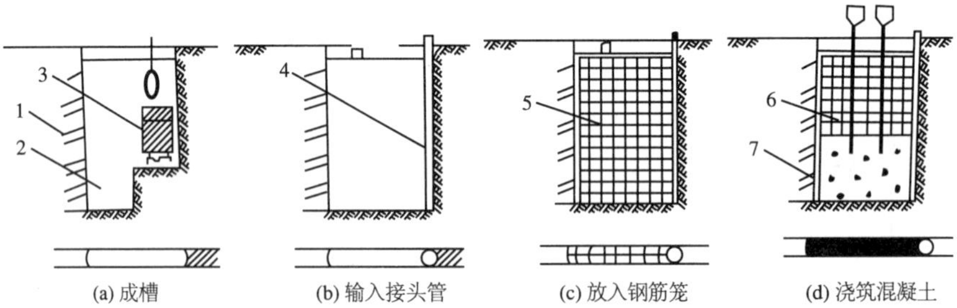

1—已完成的单元槽段;2—泥浆;3—成槽机;4—接头管;5—钢筋笼;6—导管;7—浇筑的混凝土

图 3-63　地下连续墙施工过程示意图

2. 强夯工程

强夯法施工又称动力固结法或动力压实法施工。是用起重机械将大吨位(8～30t)夯锤起吊至 6～30m 高度处自由下落(图 3-64),对土进行强力夯击,反复多次,从而达到提高地基土的承载力并降低其压缩性的目的。当需要时,可在夯坑内回填块石、碎石等粗颗粒材料,用夯锤夯击形成连续的强夯置换墩,故又称强夯置换。强夯按设计图示尺寸以面积计算,包括夯点面积和夯点间面积。

3. 基坑支护

基坑支护包括锚杆支护、护坡砂浆土钉支护、高压定喷防渗墙支护和喷射混凝土支护(图 3-65),工程量计算规则如下:

(1) 地下连续墙按设计图示墙中心线长度乘以厚度,再乘以槽深,以立方米计算。

(2) 地基强夯按设计图示尺寸以面积计算。

图 3-64　强夯法施工

图 3-65　土钉墙喷混凝土

(3) 锚杆支护按设计图示尺寸以支护面积计算。

(4) 土钉支护按设计图示尺寸以支护面积计算。

(5) 喷射混凝土(定额项目单设此项,清单项目归支护项目)按设计图示尺寸以喷射混凝土面积计算。

3.4.4　实训练习:某预制桩的相关项目工程量计算

已知某预制钢筋混凝土桩,根据上部荷载计算,每根柱下有 1 个桩承台 4 根方桩,桩长 18m(2 根长 9m 的方桩用浆锚法接桩),现有现浇承台 12 个,基础示意图如图 3-66 所示。

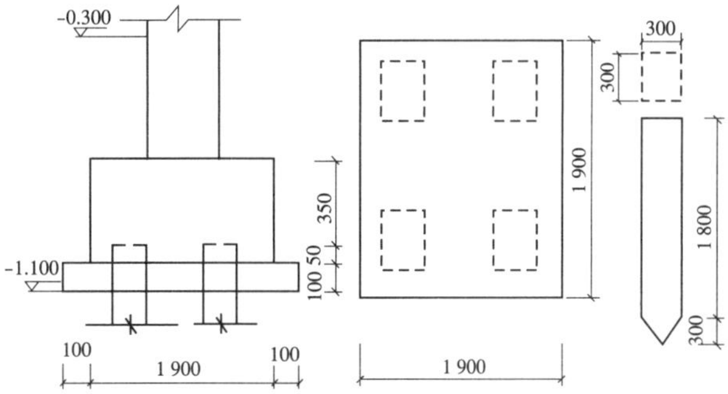

图 3-66　桩承台与桩示意图

【分析】 (1) 预制桩项目列项见表 3-12。

表 3-12　预制桩项目列项

序号	定额项目名称	计量单位	清单项目名称	计量单位
1	预制桩的制作	m^3	预制桩(包括制作、运输、打桩、送桩)	m/根
2	预制桩的运输	m^3		
3	打预制桩	m^3		
4	送桩	m^3		
5	接桩	m^2	接桩	个/m
6	凿桩头	m^3		

注:① 清单规范中凿桩头项目包括在基础土方开挖项目中,此处不在单独列项。

② 定额项目中预制桩的制作、运输等在混凝土章节及构件运输章节中反映。

③ 此处没有考虑桩承台及柱项目。

④ 结合施工过程注意考虑试桩,此处没有考虑。

(2) 定额或清单项目计量见表 3-13。

表 3-13　　　　工程量计算表

项目名称	单位	计　算　式	工程量
基数	m^3	预制桩图示量 (18.0+0.3)×0.3×0.3×4×12 =79.056	
定额项目	m^3	(1) 桩制作=预制桩图示量×(1+损耗率)=79.056×1.02=80.637	80.64
	m^3	(2) 桩运输=预制桩图示量×(1+损耗率)=79.056×1.019=80.558	80.56
	m^3	(3) 打桩=79.056	79.06
	m^3	(4) 送桩=(1.1−0.3−0.15+0.5)×0.3×0.3×4×12=4.968	4.97
	m^2	(5) 接桩=0.3×0.3×4×12=4.32	4.32
	m^3	(6) 凿桩头=0.3×0.3×0.15×4×12=0.648	0.65
清单项目	m	(1) 预制桩=(18+0.3)×4×12=878.4	878.40
	个	(2)接桩=4×12=48	48

注:损耗率见当地定额中混凝土工程内容的规定;混凝土工程量一般保留小数两位。

项目 3.5　砌筑工程计量

3.5.1　项目划分

砌筑工程(masonry project)定额项目与清单项目划分一般主要包含的项目名称如图 3-67 所示。

定额与清单项目划分
- 砖(石)基础
- 砖(石)砌体
  - 实心砖墙
  - 空斗墙
  - 空花墙
  - 填充墙
  - 实心砖柱
  - 零星砌体(砖石台阶、台阶挡墙、梯带、蹲台、池槽、池槽腿、花台、花池、楼梯栏板、阳台栏板、屋面隔热板下的砖墩等)
- 砖构筑物
  - 砖烟囱
  - 砖水塔
  - 烟道
  - 检查井
  - 砖水池
  - 化粪池等
- 砌块砌体
  - 空心砖墙
  - 砌块墙
  - 空心砖柱
  - 砌块柱等
- 砖散水、砖地坪
  - 砖散水
  - 砖地坪
  - 砖地沟
  - 砖明沟等

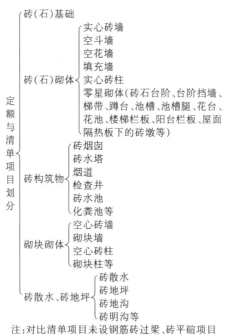

注:对比清单项目未设钢筋砖过梁、砖平碹项目

图 3-67　定额项目与清单项目划分示意图

3.5.2　认识砌筑工程中相关联构件

砌筑工程中相关联构件如图 3-68 所示。

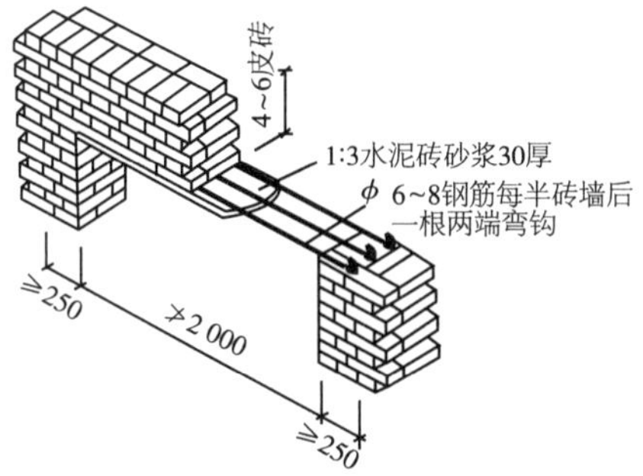

(a) 钢筋砖过梁示意图

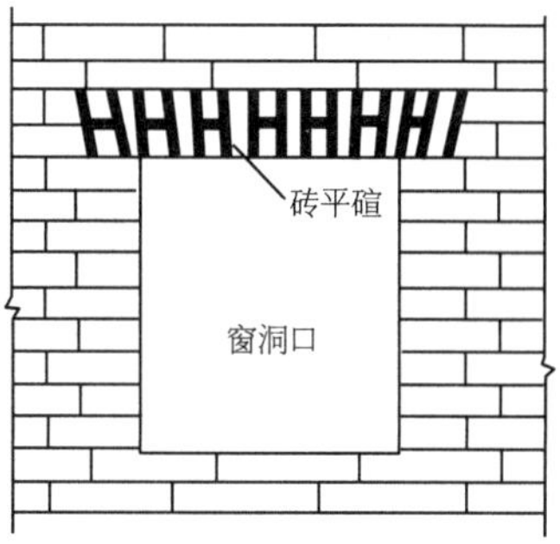

(b) 砖平碹示意图

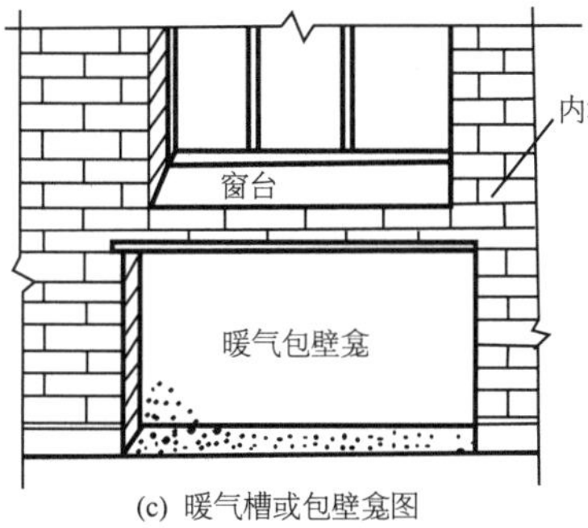

(c) 暖气槽或包壁龛图

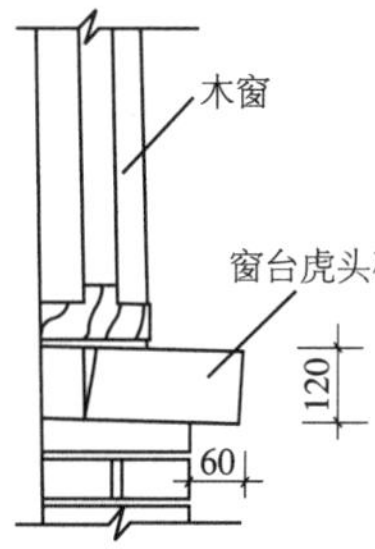

(d) 突出墙外的窗台虎头砖示意图

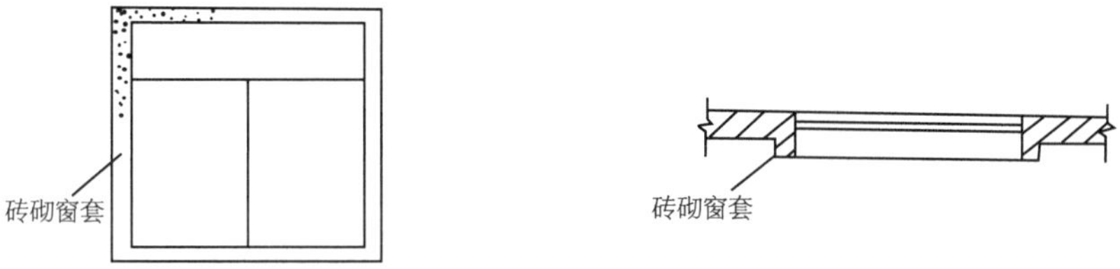

砖砌窗套立面示意图　　砖砌窗套剖面示意图

(e) 砖砌窗套立面与剖面图示

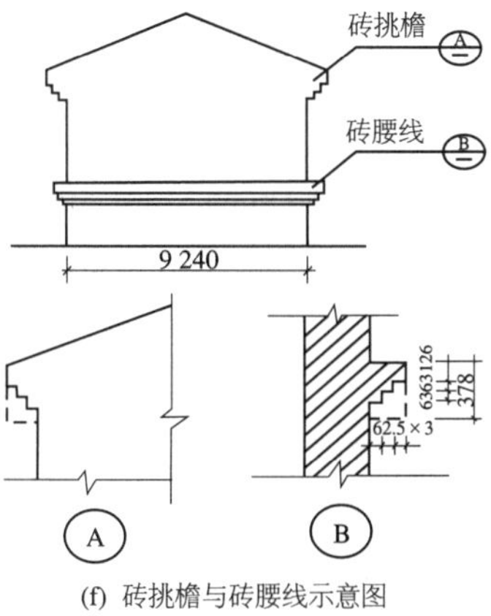

(f) 砖挑檐与砖腰线示意图

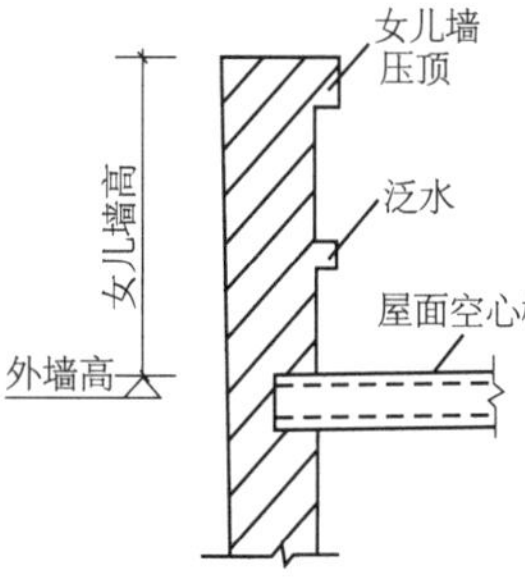

(g) 女儿墙与泛水示意图

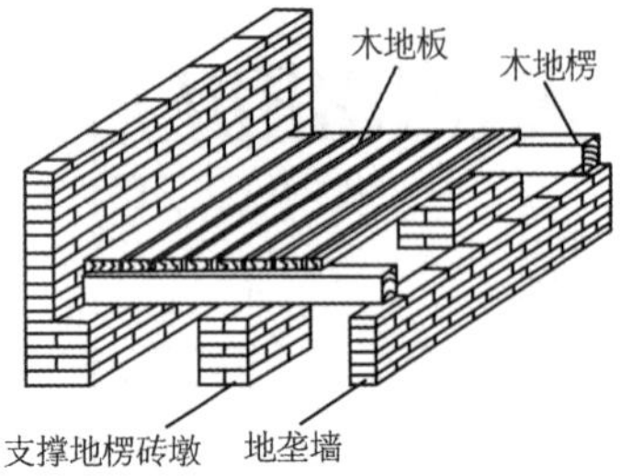

(h) 支撑木地楞的砖砌地垄墙与砖墩示意图

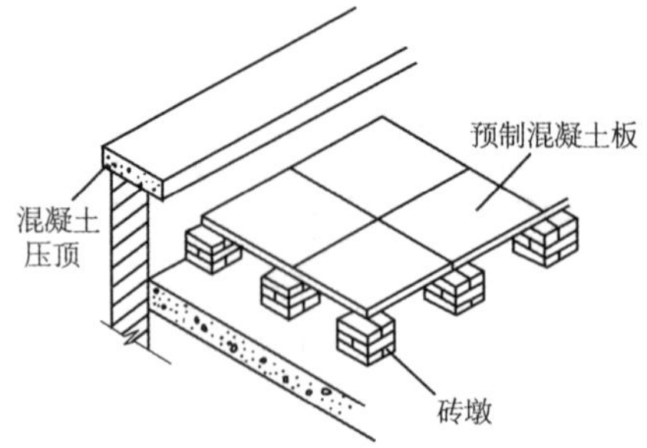

(i) 屋面架空隔热板下的示意图

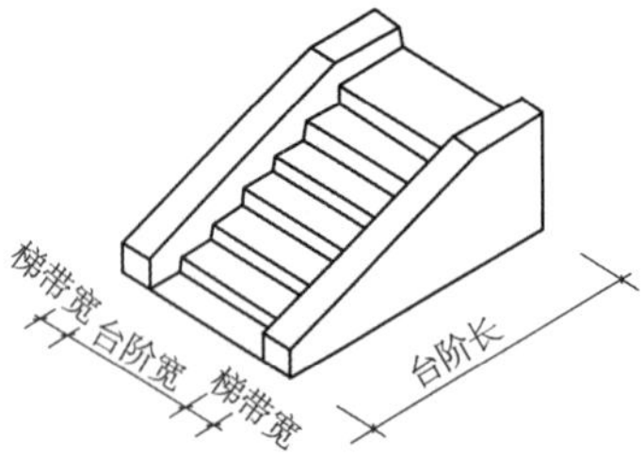

(j) 带梯带的砖砌台阶示意图

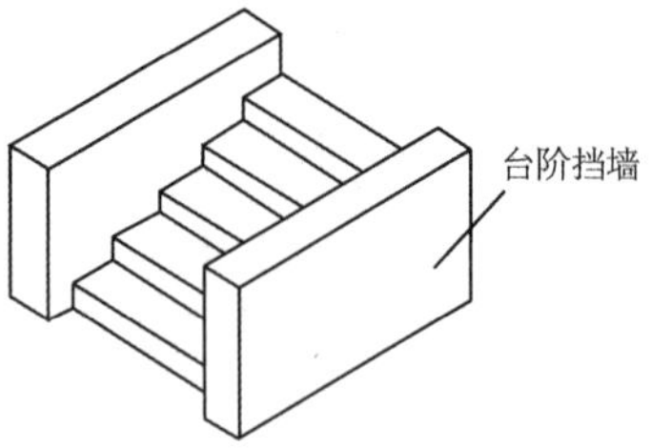

(b) 带挡墙的砖砌台阶示意图

图 3-68　砌筑工程中相关联构件

3.5.3　砌筑工程计量

砌筑工程基础与墙身项目计量

1) 砖基础

基础与墙身的划分如图 3-69 所示。

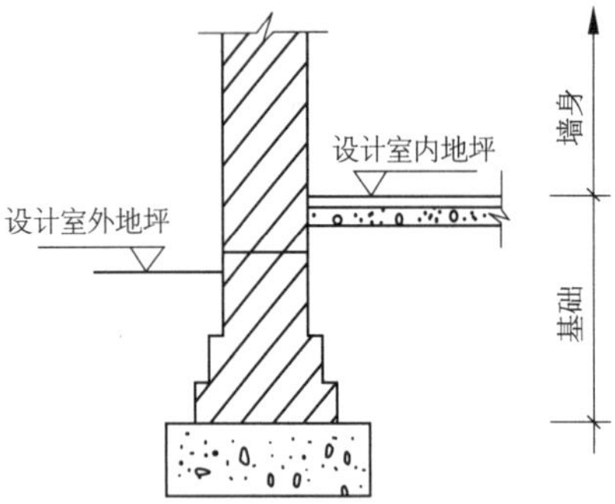

(a) 同种材料且无地下室时以室内地坪为界划分

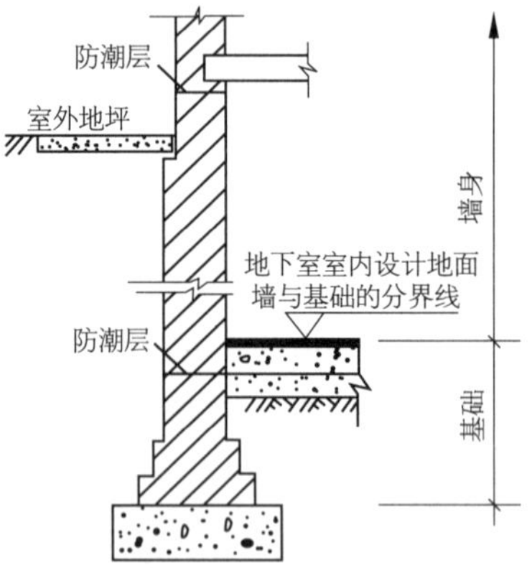

(b) 同种材料有地下室时以地下室室内地坪为界划分

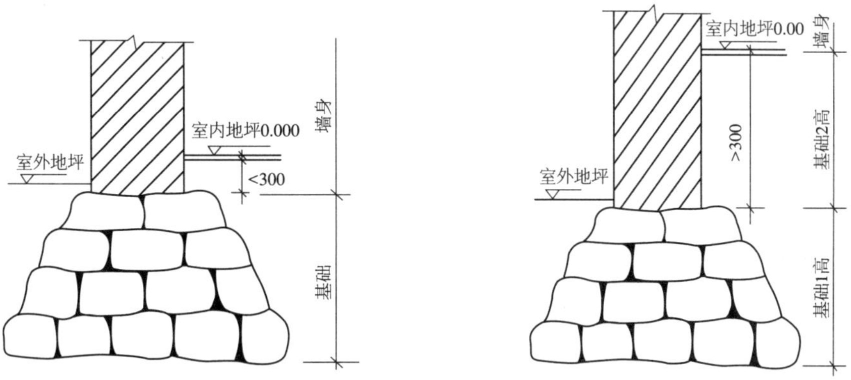

(c) 两种材料时以材料为分界线　　(d) 两种材料时仍以室内地坪为分界线

图 3-69　基础与墙身的划分示意图

砖基础工程量计算方法如图 3-70 所示,基本计算如下:

V =基础断面积×基础长度

=(墙厚×砖基高+大放脚增加面积)×外墙基础中心线长或内墙基础净长

式中,内墙基础净长如图 3-71 所示,图中内外墙 T 字形交接处大放脚重叠不扣除;大放脚增加面积计算如图 3-72 所示,图中断面面积=0.126×0.0625×大放脚层数×(大放脚层数+1)。

基础
- 基本规定:以体积计
  - 长:外墙中心线,内墙净长线
  - 横截面积:按设计图示尺寸
- 扣除情况:地圈梁、构造柱、单孔面积>0.3m² 孔洞
- 不扣除情况
  - 嵌入的钢筋铁件、防潮层
  - 单孔面积≤0.3m² 孔洞
- 不增加情况:沿墙暖气沟挑檐
- 增加情况:附墙垛宽出部分

图 3-70　砖(石)基础工程量计算方法示意图

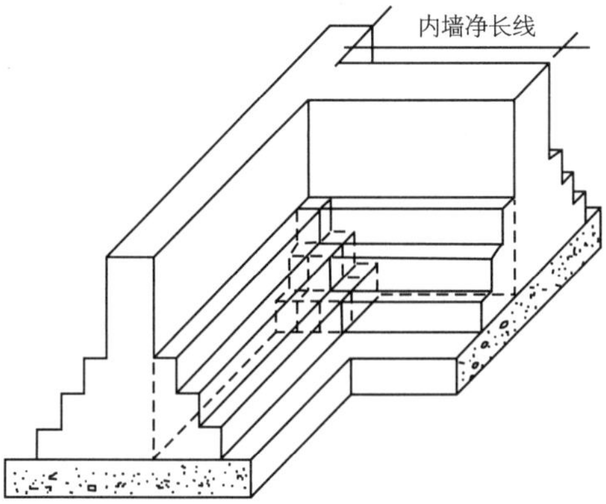

图 3-71　内墙基础净长

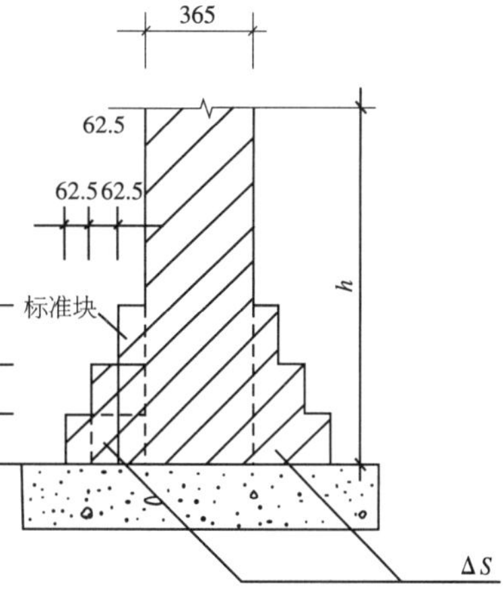

图 3-72　大放脚增加的断面面积计算示意图

【例 3-19】 某建筑物基础平面图、剖面图如图 3-73 所示。试计算砖基础工程量。

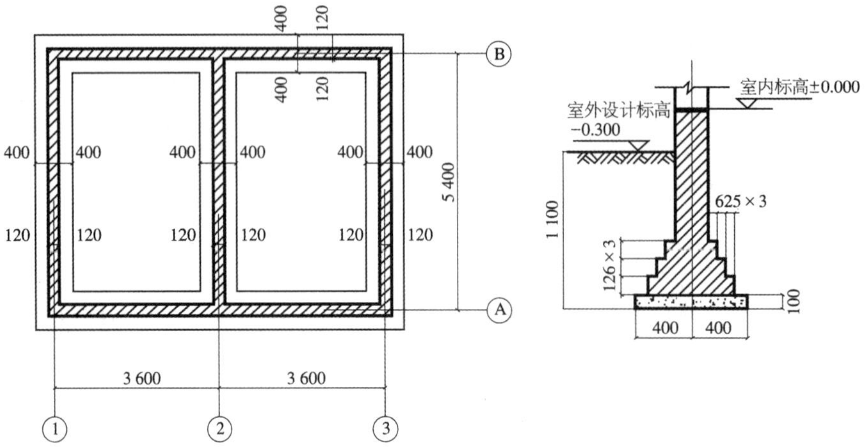

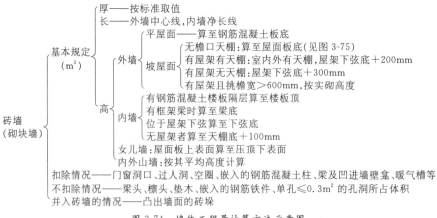

(a) 基础平面图　　(b) 1—1剖面图

图 3-73　某工程基础平面及剖面图

【解】 计算过程见表 3-14。

表 3-14　　工程量计算表

项目名称	单位	计　算　式	工程量
相关基数	m	外墙中心线长:$L_{中}$ =(3.6×2+5.4)×2=25.2 内墙净长:$L_{内}$ =5.4−0.12×2=5.16 砖基高: 1.1−0.1+0.3=1.3	
清单或定额项目砖基础	m^3	砖基础=($L_{中}$ +$L_{内}$)×砖基础断面面积 =(25.2+5.16)×(0.24× 1.3+0.126×0.0625×3×4)=12.34	12.34

2) 墙体

墙体工程量计算方法如图 3-74 所示,其基本计算式如下:

- 砖墙(砌块墙)
  - 基本规定(m^3)
    - 厚——按标准取值
    - 长——外墙中心线,内墙净长线
    - 高
      - 外墙
        - 平屋面——算至钢筋混凝土板底
        - 坡屋面
          - 无檐口天棚:算至屋面板底(见图 3-75)
          - 有屋架有天棚:室内外有天棚,屋架下弦底+200mm
          - 有屋架无天棚:屋架下弦底+300mm
          - 有屋架且挑檐宽>600mm,按实砌高度
      - 内墙
        - 有钢筋混凝土楼板隔层算至楼板顶
        - 有框架梁时算至梁底
        - 位于屋架下弦算至下弦底
        - 无屋架者算至天棚底+100mm
      - 女儿墙:屋面板上表面算至压顶下表面
      - 内外山墙:按其平均高度计算
  - 扣除情况——门窗洞口、过人洞、空圈、嵌入的钢筋混凝土柱、梁及凹进墙壁龛、暖气槽等
  - 不扣除情况——梁头、檩头、垫木、嵌入的钢筋铁件、单孔≤0.3m^2 的孔洞所占体积
  - 并入砖墙的情况——凸出墙面的砖垛

图 3-74　墙体工程量计算方法示意图

墙体的基本计算公式如下：

V=(墙体长度×墙体高度－门窗洞口所占面积)×墙体厚度－嵌入墙身的柱、梁等所占体积＋依附于所在墙体上的垛等体积

式中，墙体高度的确定如图 3-75 所示。

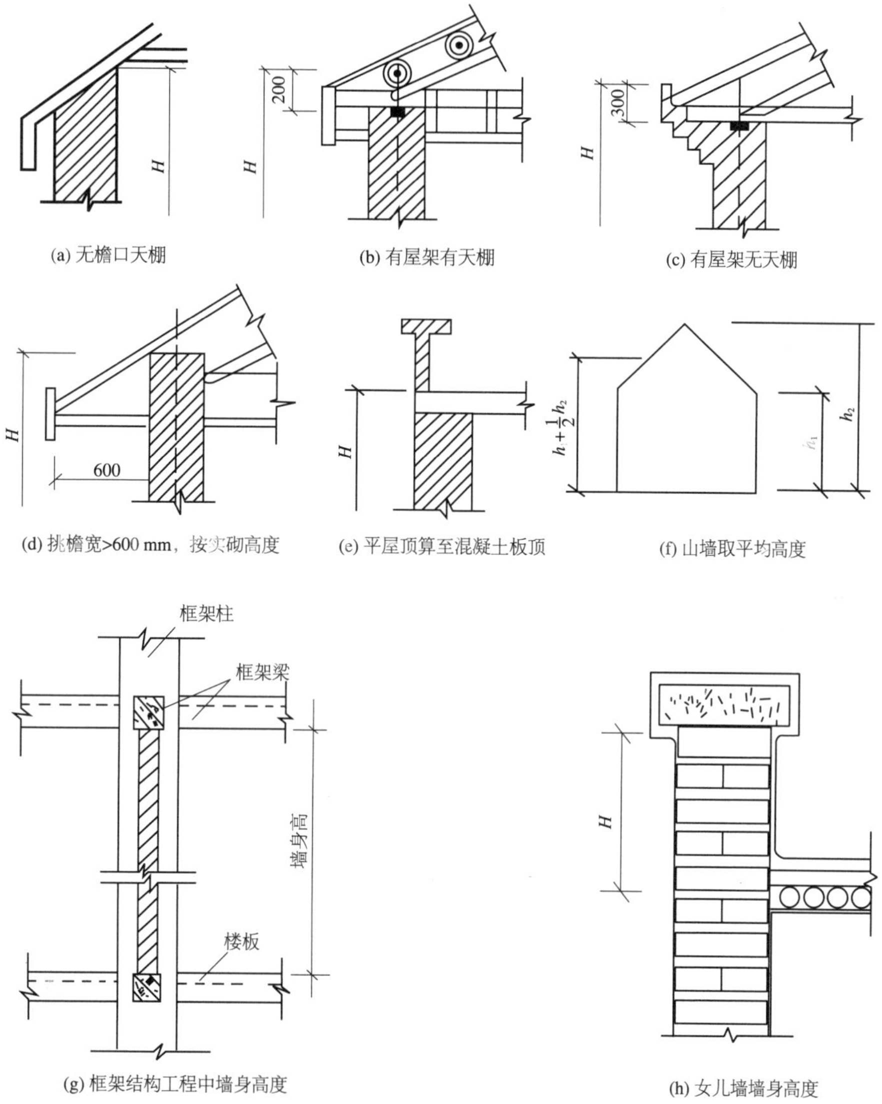

图 3-75　墙身高度确定示意图

3）清单项目与定额项目计量比较(表 3-15)。

表 3-15　　砌筑工程工程量计算规则对比

项目名称	清单工程量计算规则	对应(全国统一)定额工程量计算规则不同点
实(空)心砖墙、砌块墙	(1) 按设计图示尺寸以体积计算。扣除门窗洞口、过人洞、空圈、嵌入墙内的钢筋混凝土柱、梁、圈梁、挑梁、过梁及凹进墙内的壁龛、管槽、暖气槽、消火栓箱所占体积。不扣除梁头、板头、檩头、垫木、木楞头、沿椽木、木砖、门窗走头、砖墙内加固钢筋、木筋、铁件、钢管及单个面积 $0.3m^2$ 以内的孔洞所占体积。凸出墙面的腰线、挑檐、压顶、窗台线、虎头砖、门窗套的体积亦不增加。凸出墙面的砖垛并入墙体体积内计算。 (2) 框架外表面镶贴砖部分应单独按零星项目列项	(1) 定额规则计算墙体时扣除的砖平碹、平砌砖过梁、清单规则中没有涉及; (2) 突出墙面的腰线,定额规则是三皮砖以内的不增加,清单规则没有界限几皮砖; (3) 内墙高度计算:清单规则是"有钢筋混凝土楼板隔层者算至楼板顶",定额规则是"有钢筋混凝土楼板隔层者算至楼板底"; (4) 定额规则框架外表镶贴砖部分并入框架间砌体工程量内计算。清单规则是按零星项目确定
钢筋砖过梁	无此项规定	以体积计算
零星砌体	砖砌小便槽、地垄墙按长度计算、台阶以平方米计算	按设计图示以体积计算
砖地沟、明沟	按设计图示以中心线长度计算	按设计图示尺寸以体积计算
检查井、化粪池等	按设计图示数量计算	按设计图示尺寸以体积计算

3.5.4　实训练习:某二层框架结构办公楼砌筑工程项目列项与计量

已知某二层框架结构办公楼,室内地坪以下为 M5 水泥砂浆砌砖砌体,室内地坪以上为 M5 混合砂浆砌块墙。工程图见图 3-76—图 3-80,门窗及预制过梁见表 3-16。

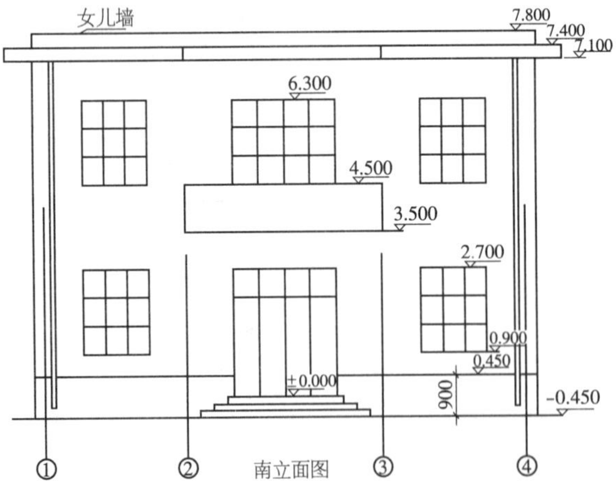

提示:注意门窗顶标高(2.7m与3.6m)与结构图中框架梁底标高之间的关系,以便分析过梁位置。

图 3-76　立面图

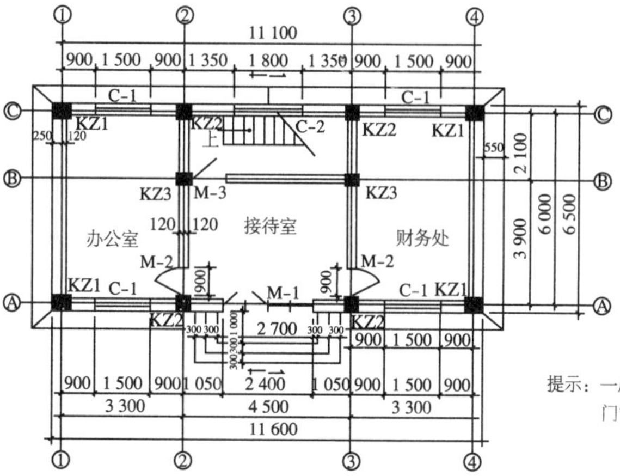

(a) 一层平面图

提示：一层墙体厚度及与轴线关系；
门窗位置。

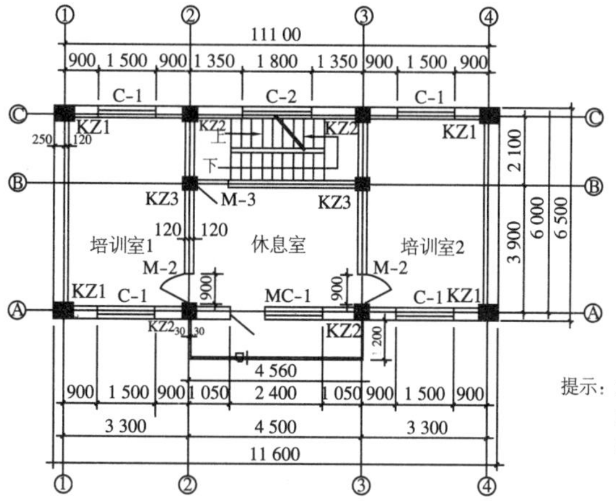

(b) 二层平面图

提示：二层墙体厚度及与轴线关系；
门窗位置；初步确定阳台栏板
不是砖砌体。

图 3-77　平面图

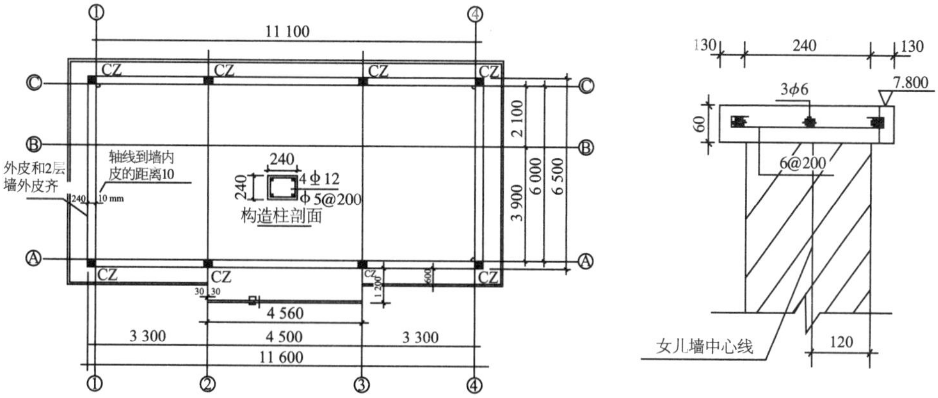

提示:女儿墙的厚度、高度；构造柱与其关系。

图 3-78　屋顶平面女儿墙示意图

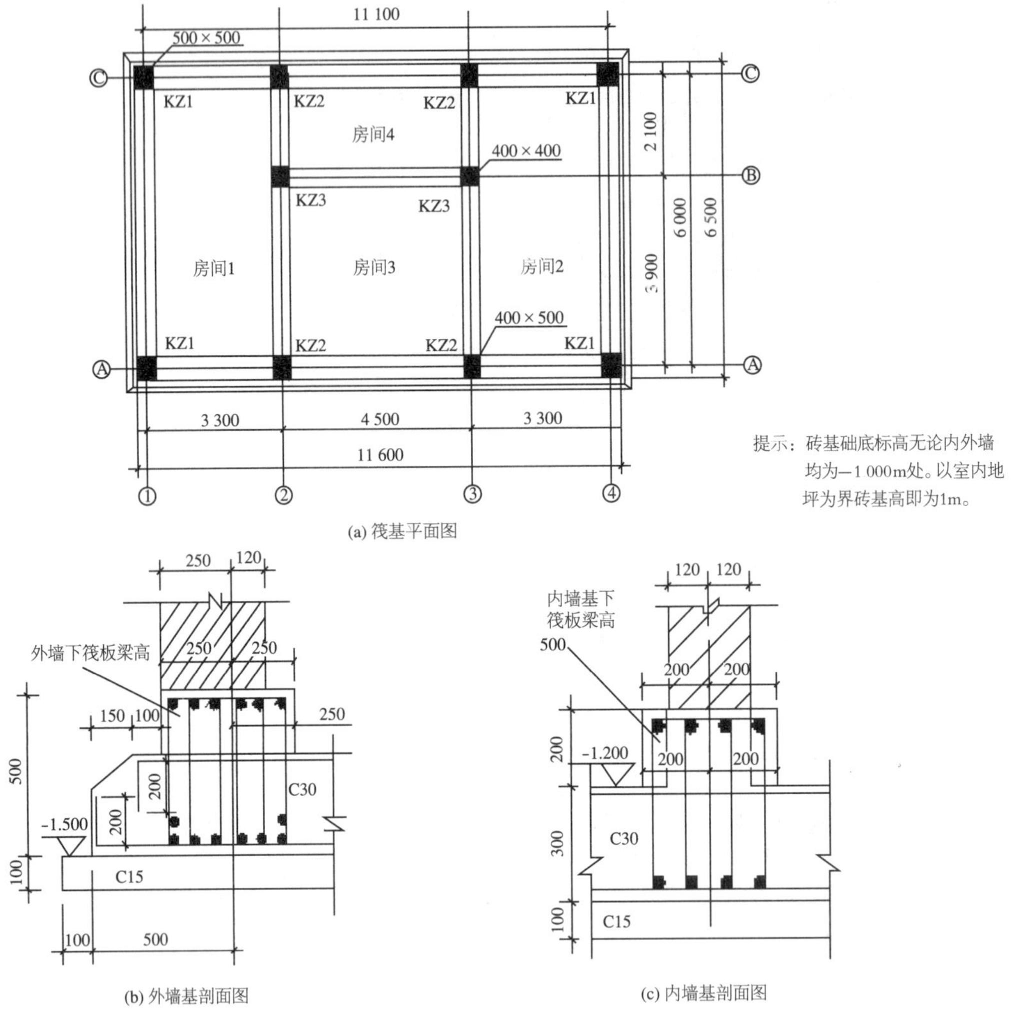

(a) 筏基平面图

(b) 外墙基剖面图

(c) 内墙基剖面图

图 3-79　筏基平面图与内外墙基剖面图

表 3-16　　门窗及预制过梁统计表

名称		宽度/mm	高度/mm	数　量			预制混凝土过梁/mm		
				一层	二层	总数	高度	宽度	长度
M-1		2 400	2 700	1		1	240	同墙厚	洞口宽度+500
M-2		900	2 400	2	2	4	120		
M-3		900	2 100	1	1	2	120		
C-1		1 500	1 800	4	4	8	180		
C-2		1 800	1 800	1	1	2	180		
MC-1	窗	1 500	1 800		1	1	240		
	门	900	2 700						

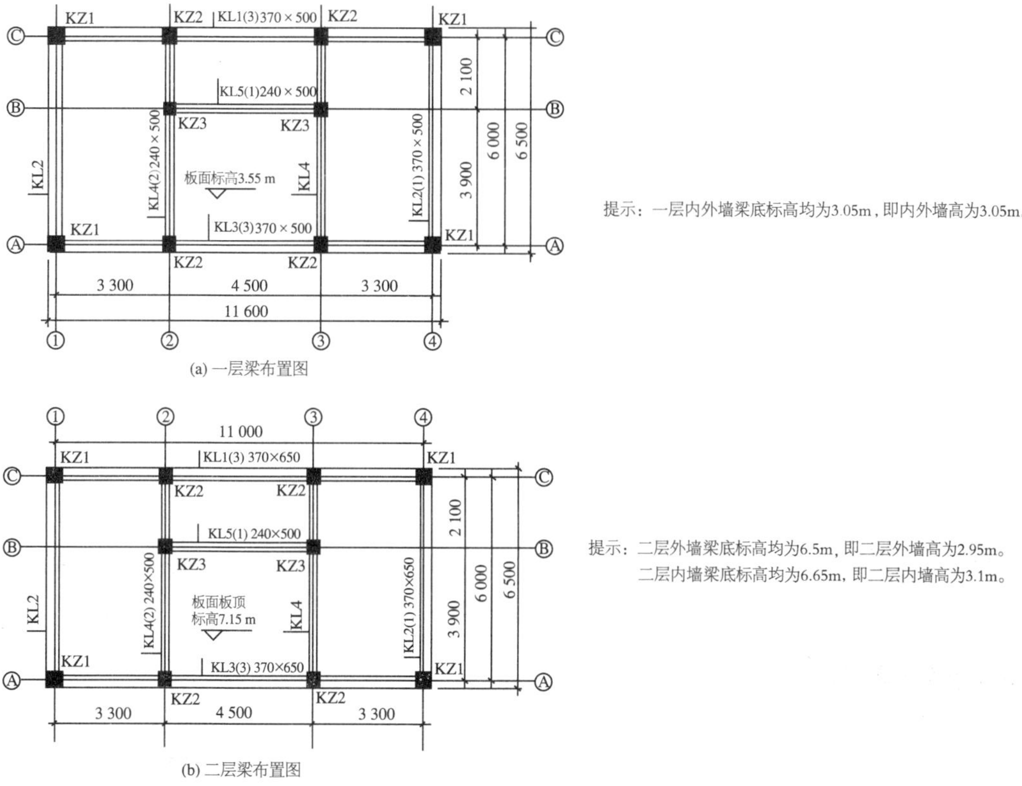

图 3-80　梁布置图

【分析】

(1) 砌筑工程项目列项见表 3-17。

表 3-17　　砌筑工程项目列项

序号	定额项目项目名称	计量单位	清单项目项目名称	计量单位
1	M5 水泥砂浆砌砖基础	m^3	M5 水泥砂浆砌砖基础	m^3
2	M5 混合砂浆砌 240 砖内墙	m^3	M5 混合砂浆砌 240 砖内墙	m^3
3	M5 混合砂浆砌 370 砖外墙	m^3	M5 混合砂浆砌 370 砖外墙	m^3
4	M5 混合砂浆砌 240 女儿墙	m^3	M5 混合砂浆砌 240 女儿墙	m^3

注：此案例中定额与清单项目基本一致，计算方法也一致。

(2) 嵌入墙体中门窗洞口面积及构件体积计算见表 3-18 和表 3-19。

表 3-18　　门窗洞口面积计算表

名　称	洞口尺寸 (宽×高)	单樘面积/m^2	总樘数	合计面积/m^2	洞口所在部位/(m^2·樘$^{-1}$)			
					一层		二层	
					外墙	内墙	外墙	内墙
					370	240	370	240
M-1	2400×2700	6.48	1	6.48	6.48/1			
M-2	900×2400	2.16	4	8.64		4.32/2		4.32/2
M-3	900×2100	1.89	2	3.78		1.89/1		1.89/1
C-1	1500×1800	2.7	8	21.6	10.8/4		10.8/4	
C-2	1800×1800	3.24	2	6.48	3.24/1		3.24/1	
MC-1	1500×1800+900×2700	5.13	1	5.13			5.13/1	
合　　计					20.52	6.21	19.17	6.21

表 3-19　　墙体中埋件(嵌入墙体中构件)体积计算表

名称	计算式:宽×高×长×根数/m^3	工程量/m^3	构件所在部位/m^3			
			一、二层		…	
			370 外墙	240 内墙	240 外墙	240 内墙
GL24	M-1:0.37×0.24×2.9×1=0.258 MC-1:0.37×0.24×2.9×1=0.258	0.516	0.516			
GL18	C-1: 0.37×0.18×2×8=1.066 C-2: 0.37×0.18×2.3×2=0.306	1.372	1.372			
GL12	M-2: 0.24×0.12×1.4×4=0.161 M-3: 0.24×0.12×1.4×2=0.081	0.242		0.242		
过梁小计		2.13	1.888	0.242		
GZ	(0.24×0.24+0.24×0.03×2)×0.59 【GZ 高 7.8−7.15−0.06=0.59m】×4+(0.24+ 0.03×2)×0.24×0.59×4=0.340				0.340	
压顶	35.24×0.3×0.06−0.24×0.24×0.06×8=0.607 其中:女儿墙中心线 =(11.6+6.5)×2−4×0.24=35.24m				0.607	

(3) 定额或清单项目计量见表 3-20。

表 3-20 工程量计算表

项目名称	单位	计 算 式	工程量
相关基数	m	外墙柱间净长:(9.8+5.5) 2=30.6 内墙柱间净长:5.1×2+4.1=14.3 砖基高:1 一层内外墙高 3.55−0.5=3.05;二层外墙高 7.15−3.55−0.65=2.95 二层内墙高 7.15−3.55-0.5=3.1 女儿墙中心线:(11.6+6.5)×2−4×0.24=35.24 女儿墙高:7.8−7.15−0.06=0.59	
定额或清单项目	m^3	(1) 砖基础=30.6×0.37×1+14.3×0.24×1=14.754	14.75
	m^3	(2) 240 砖内墙=[(14.3×3.05−6.21)【一层】+ (14.3×3.10−6.21)]×0.24【二层】−0.242【过梁】=17.88 m^3	17.88
	m^3	(3) 370 砖外墙=[(30.6×3.05−20.52) ×0.37]【一层】+[(30.6×2.95−19.17)×0.37]【二层】−1.888【过梁】=51.3587	51.36
	m^3	(4) 240 女儿墙=35.24×0.24×0.59−0.340【GZ】=4.65	4.65

注:砌筑工程中工程量一般保留两位小数,第三位四舍五入。

3.5.5 定额名词解释

(1) 清水砖墙:指墙面平整度和灰浆均匀勾缝的外墙不抹灰的砖墙面。

(2) 混水砖墙:指抹灰的砖墙面。

(3) 过人洞:不安装门框及门扇的墙洞,如进入楼梯间的外墙洞。

(4) 孔洞:在墙体中为某种需要或安装管道所留的洞口。

(5) 空圈:指在墙体平面中心留的既不安框,也不安扇的大于 0.3m^2 的孔洞。

(6) 壁龛:指建筑物室内墙体一面有洞,另一面不出现开口的砌筑,一般做小门,存放杂物。充分利用墙体的空间处理。

(7) 山墙:指房屋的横向墙,有内山墙和外山墙之分。

(8) 方整石墙:指经加工成一定规格的石块砌筑的墙体。

(9) 毛石墙:由大小、形状不规则的石块砌筑的墙体。

(10) 填充墙:亦称框架间墙,是在框架空间砌筑的非承重墙。

项目 3.6 混凝土与钢筋混凝土工程计量

3.6.1 项目划分

1. 混凝土及钢筋混凝土施工过程分类

(1) 混凝土按搅拌场地分:现场搅拌混凝土和商品混凝土(包括泵送混凝土和非泵送混凝土)。

(2) 混凝土构件按制作过程分:现浇混凝土(cast-in-situ concrete)和预制混凝土(precast concrete)。

2. 现浇混凝土和预制混凝土施工过程

(1) 现浇混凝土构件包括混凝土搅拌、水平运输、垂直运输、浇捣、养护等。

(2) 预制混凝土构件包括混凝土构件制作(混凝土搅拌、水平运输、浇捣、养护等)、构件的场外运输、构件的安装、构件的坐浆灌缝。

(3) 非商品混凝土与商品混凝土施工过程的不同点:后者较前者增加了混凝土场外的水平运输以及泵送(对泵送混凝土而言)。

3. 项目划分

无论定额项目还是清单项目,首先应区分是现场搅拌还是场外搅拌混凝土(商品混凝土),其次分现浇与预制构件,再根据构件及类型(基础、梁、柱、板、墙、其他)的不同进行分类划分。

3.6.2 现浇混凝土构件计量

1. 现浇混凝土构件列项

(1) 定额项目列项方法。定额中现浇混凝土及预制混凝土构件分别按现场搅拌与商品混凝土以及不同类型构件列项,其中现浇混凝土构件定额子目施工内容中包括了混凝土制作、水平运输、浇捣、养护等,垂直运输包含在垂直运输(技术措施项目)定额中。

(2) 清单项目列项方法。清单项目列项与定额项目列项法基本相同,清单项目工程内容中包括了混凝土的制作、运输、浇捣和养护。

2. 现浇混凝土构件计量(图 3-81)

- 现浇混凝土计量
  - 基本规定:以混凝土体积 m^3 计,不扣除钢筋铁件所占体积及不大于 $0.3m^2$ 洞口体积
  - 各类构件
    - 基础
    - 柱体积重点是确定柱高
      - 有梁板:自柱基(或楼板)上表面至上一层楼板上表面
      - 无梁板:自柱基(或楼板)上表面至柱帽下表面
      - 框架柱:柱基上表面至柱顶
      - 构造柱:按全高计算(体积包括马牙槎部分)
      - 依附柱上的牛腿,并入柱身体积内计算
    - 梁体积重点确定梁长梁高
      - 梁柱整浇时,断梁不断柱
      - 主次梁整浇时,断次梁不断主梁
      - 梁头、梁垫并入梁内,梁高取至板底
      - 圈梁与过梁相连时,分开计取
    - 板体积
      - 有梁板:梁板合计(定额项目有的地区分开计取)
      - 无梁板:板、柱帽合计
      - 天沟、挑檐、雨篷、阳台:板与(带)反挑檐合计
      - 栏板以立方米计,包括伸入墙内部分
    - 墙的体积分直形墙、弧形墙、大钢模板墙分别计量
    - 楼梯以水平投影面积计,宽度不大于 500mm 的楼梯井面积不扣除
    - 其他
      - 台阶按水平投影面积计(最上踏步面加 300mm)
      - 扶手、压顶按延长米计
      - 池槽按构件外形体积计
      - 后浇带按设计图示尺寸体积计(定额项目中没设此项)

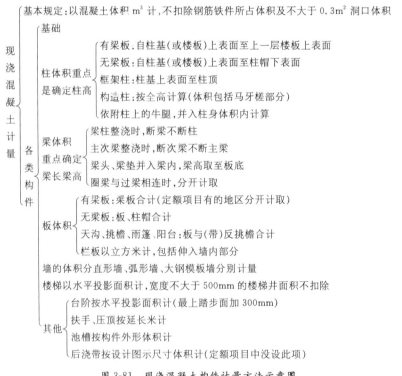

图 3-81 现浇混凝土构件计量方法示意图

不同类型钢筋混凝土构件形式参见图 3-82—图 3-85。

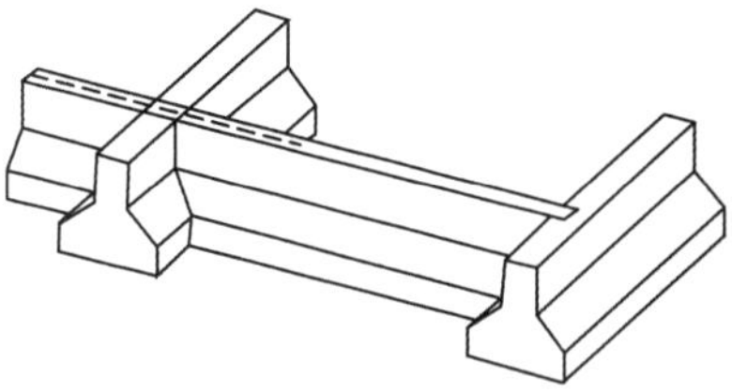

(a) 条(带)形基础

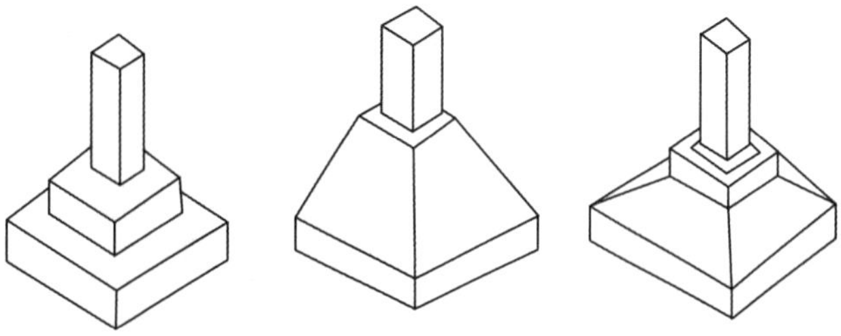

阶梯形　　锥形　　杯形

(b) 独立基础

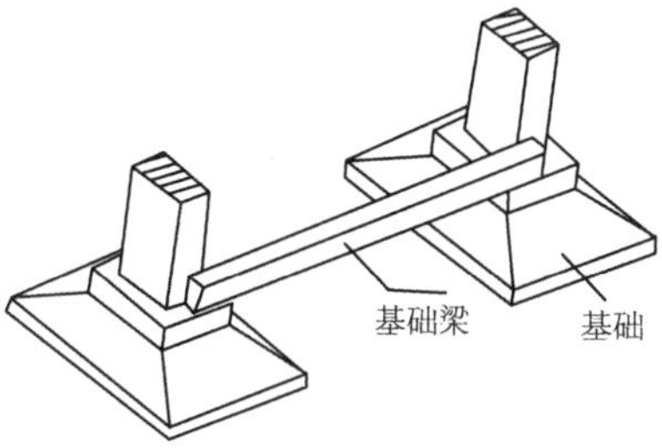

(c) 独立基础与基础梁

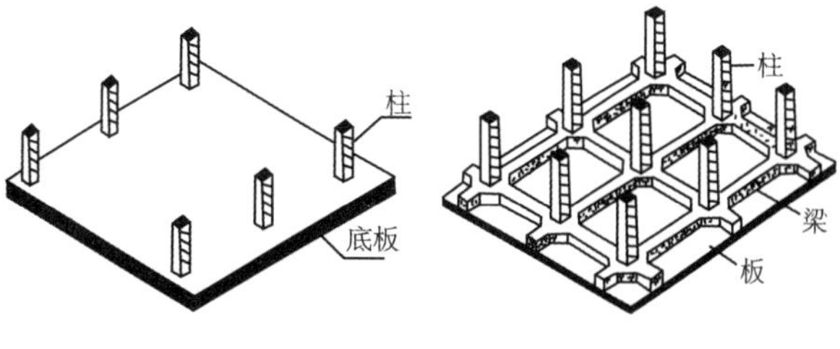

无梁式　　有梁式

(d) 筏板基础

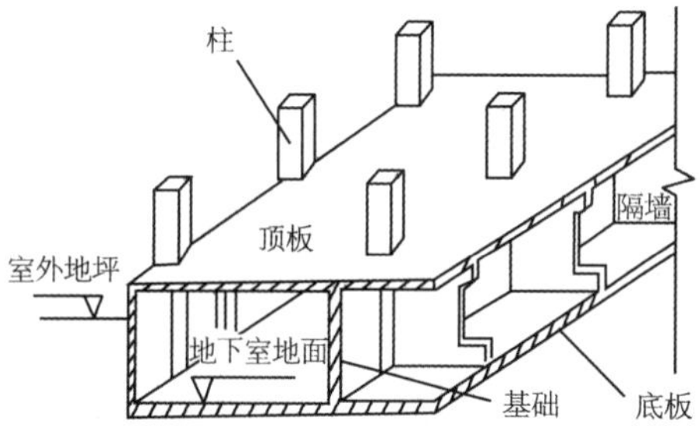

(e) 箱式基础(计量时分基础、板、墙、柱等分别确定)

图 3-82　不同类型的基础

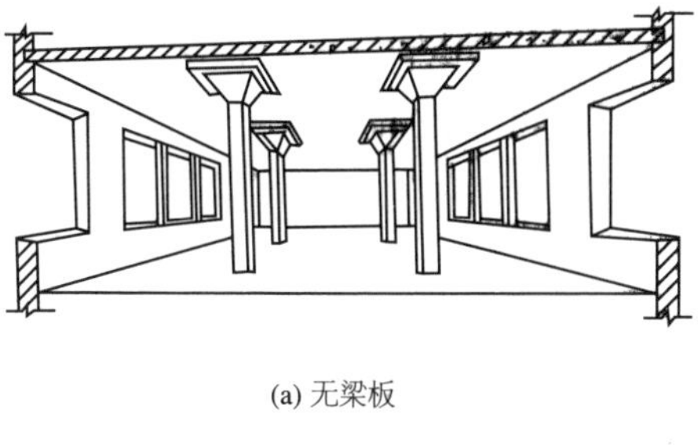

(a) 无梁板

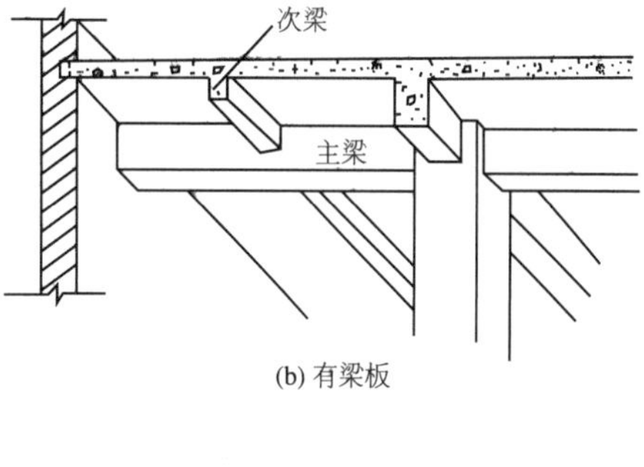

(b) 有梁板

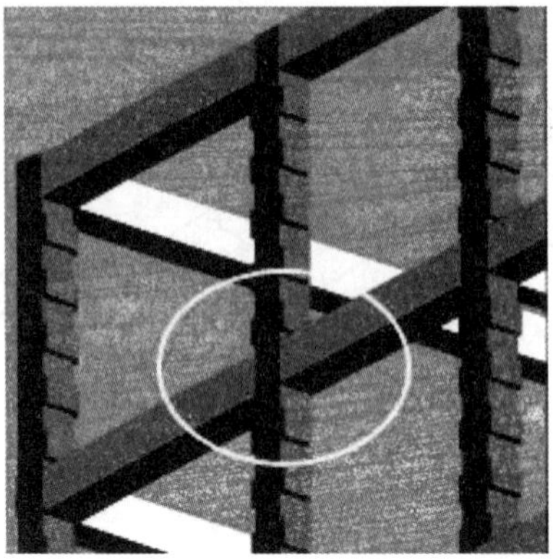

(c) 构造柱与圈梁交接

图 3-83　梁、板、柱构件

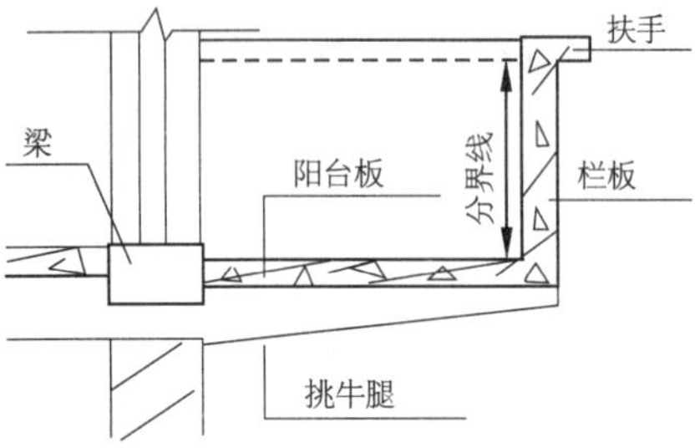

图 3-84　阳台、栏板、扶手、牛腿剖面图

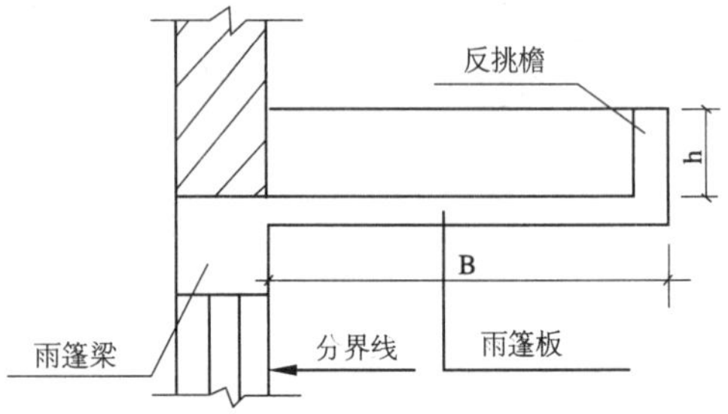

图 3-85　雨篷与反挑檐

【例 3-20】　图 3-86 所示为一带形钢筋混凝土基础图，试按 1—1 断面所示三种情况，计算混凝土工程量。

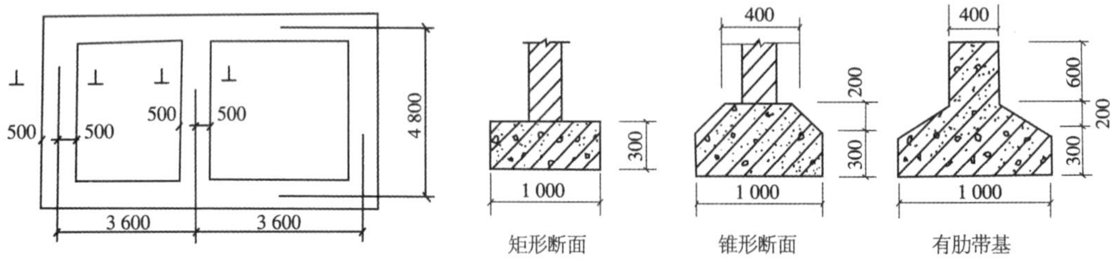

(a) 平面图　　(b) 1—1断面图

图 3-86　钢筋混凝土基础平面、断面图

【解】　(1) 矩形断面

外墙基中心线长＝(7.2＋4.8)×2＝24m

内墙基净长＝(4.8－1.0)＝3.8m

带基体积 V＝(24＋3.8)×1.0×0.3＝8.34m^3

(2) 锥形断面

外墙基体积＝24×[1.0×0.3＋(0.4＋1.0)/2×0.2]＝10.56m³

内墙基长：其断面部分的宽取阶梯形中线长；上部梯形转化矩形宽，为(0.4＋1.0)/2＝0.7m，则锥形部分内墙基净长＝(4.8－0.7)＝4.1m

带基体积 V＝(3.8×1.0×0.3＋4.1×0.2×0.7)＋10.56＝12.27m³

(3) 有肋带基

肋高与肋宽之比 600∶400＝1.5∶1，按规定，此带基按有肋带基计算。

肋部分的体积 V＝(24＋4.8－0.4)×0.4×0.6＝6.82m³

肋基总体积 V＝12.27＋6.82＝19.09m³

【例 3-21】 已知某工程一层框架结构平面图、剖面图(图 3-87)，图中现浇钢筋混凝土 KZ 断面为 600mm×600mm，KL-1 断面为 300mm×600mm，KL-2 断面为 300mm×500mm，板厚为 200mm。建筑物一层层高为 3.9m，施工用混凝土强度等级为 C30，试计算现浇钢筋混凝土 KZ，KL-1，KL-2，B-1 的混凝土工程量。

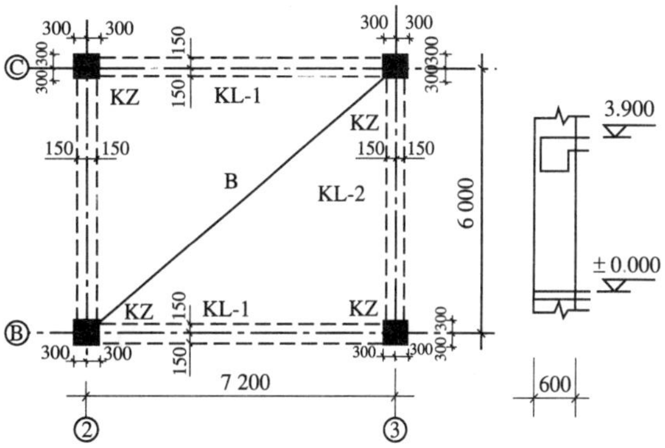

图 3-87　某框架结构一层平面和剖面示意图

【解】 (1) 现浇钢筋混凝土 KZ 的混凝土工程量

0.6×0.6×3.9×4＝5.62m³

(2) 现浇钢筋混凝土 KL-1 的混凝土工程量

0.3×(0.6－0.2)×(7.2－0.6)×0.2＝1.58m³

(3) 现浇钢筋混凝土 KL-2 的混凝土工程量

0.3×(0.5－0.2)×(6－0.6)×2＝0.97m³

(4) 现浇钢筋混凝土板的混凝土工程量(B-1)

[(7.2＋0.3)×(6＋0.3)－0.45×0.45×4]×0.2＝9.29m³

【例 3-22】 如图 3-88 所示砖砌体墙厚 240mm，构造柱全高为 7.2m，计算四种截面下的混凝土构造柱工程量。

【解】 对照构造柱平面位置示意图，各位置处构造柱工程量为：

90°转角处 V＝(0.24×0.24＋0.03×0.24×2)×7.2＝0.52m³

T 形接头 V＝(0.24×0.24＋0.03×0.24×3)×7.2＝0.57m³

十字形 V＝(0.24×0.24＋0.03×0.24×4)×7.2＝0.62m³

一字形 V＝(0.24×0.24＋0.03×0.24×2)×7.2＝0.52m³

【例 3-23】 计算图 3-89 所示整体楼梯的混凝土工程量。

【解】 楼梯混凝土工程量等于其水平投影面积(包括踏步、休息平台、平台梁、斜梁及楼梯与楼板连接梁)。

(1) 当楼梯井宽 C≤500mm 时，楼梯水平投影面积 $S=BL$。

(2) 当楼梯井宽 C>500mm 时，楼梯水平投影面积 $S=BL-CA$。

3.6.3　预制混凝土构件计量

1. 预制混凝土构件项目列项

(1) 定额项目列项方法。预制混凝土构件定额子目施工内容中包括：混凝土制作、水平运输、浇

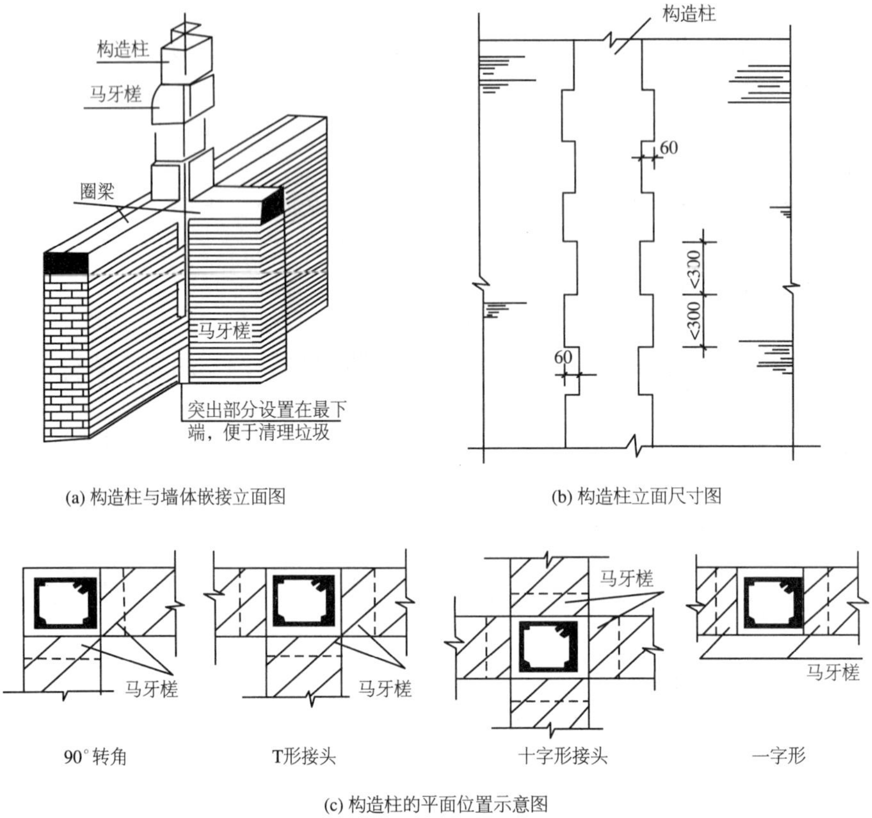

图 3-88 构造柱立面与平面位置示意图

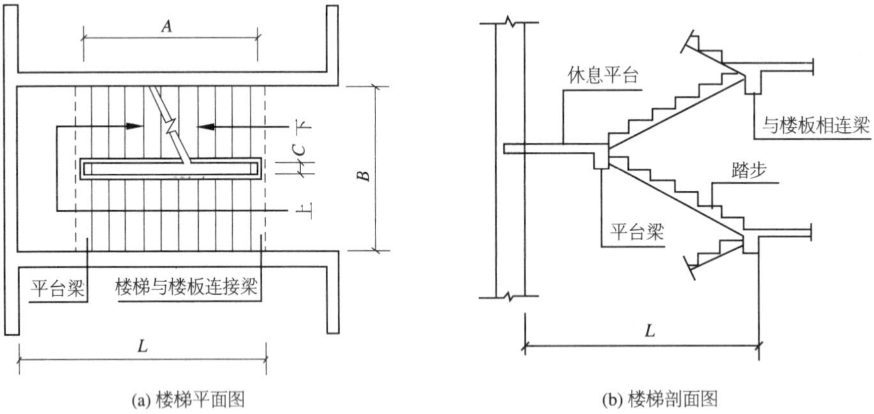

图 3-89 钢筋混凝土整体楼梯示意图

捣、养护等，其构件的场外运输、安装包含在构件运输及安装工程中单独列项。

(2) 清单项目列项方法。预制混凝土构件清单项目子目施工内容中包括：混凝土制作、运输、浇筑、振捣、养护；构件的制作、运输、安装；砂浆制作、运输，接头灌缝等。

2. 预制混凝土构件计量

(1) 基本规定:按设计图示尺寸以体积计算,板中不大于 300mm 见方孔洞体积不扣,不扣除构件内钢筋、预埋铁件所占体积;扣除空心板孔洞所占体积。

(2) 定额项目计算:

$$V=\text{设计图示尺寸实体积}\times(1+\text{损耗率})$$

(3) 清单项目计量:

$$V=\text{设计图示尺寸体积或以“数量”计}$$

【例 3-24】 如图 3-90 所示,板长 3.28m,求 50 块预制钢筋混凝土空心板相关项目工程量。

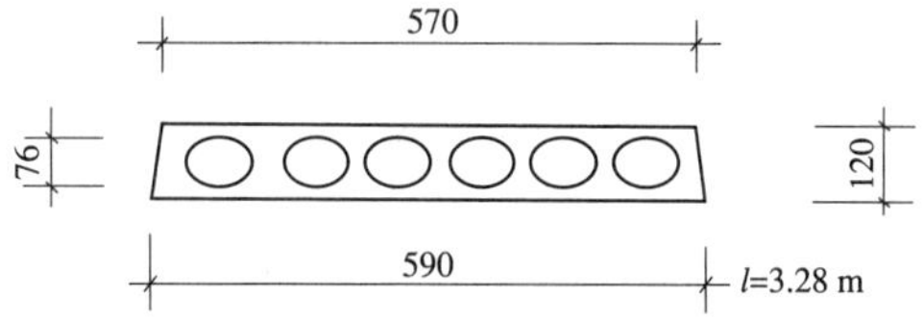

图 3-90　预制空心板截面示意图

【解】 (1) 定额项目

预制空心板制作工程量 $=3.28\times[(0.57+0.59)\times0.12\div2-\pi/4\times0.076^2\times6]\times50\times1.015=0.139\times50\times1.015=6.95\times1.015=7.05\text{m}^3$

预制空心板运输工程量 $=6.95\times1.013=7.04\text{m}^3$

预制空心板安装工程量 $=6.95\times1.005=6.98\text{m}^3$

预制空心板接头灌浆工程量 $=6.95\text{m}^3$

(2) 清单项目

预制空心板工程量 $=6.95\text{m}^3$ 或 50 块

混凝土清单项目与定额项目计量比较见表 3-21。

表 3-21　混凝土工程工程量计算规则对比

清单项目名称	清单工程量计算规则	对应(全国统一)定额工程量计算规则不同点
现浇板(雨篷、阳台板)	按设计图示尺寸以墙外部分体积计算。包括伸出墙外的牛腿和雨篷反挑檐的体积	一般定额方式按墙外部分水平投影面积计算。目前有些地方定额此项计算与清单规则一样
现浇其他构件(电缆沟、地沟、压顶)	按设计图示以中心线长度计算	定额方式按体积计算
后浇带	按设计图示尺寸以体积计算	定额项目没有单独的后浇带项目
预制构件(柱、梁、屋架、板、其他构件等)	按设计图示尺寸以体积计算或以根、榀、块等计算	定额方式设计图示尺寸以体积计算,还要考虑损耗

3.6.4　实训练习:某二层框架结构办公楼混凝土工程项目列项与计量

已知某二层框架结构办公楼,主体混凝土采用商品非泵送混凝土(台阶、散水、楼地面工程中垫层、找平层混凝土为现场搅拌混凝土)。基础、屋面图示结合砌筑工程 3.5.4 节中图 3-78—图 3-80 所示,一、二层板面标高分别为 3.55m、7.15m,板厚 100mm。阳台、挑檐、楼梯如图 3-91 所示,TL1 断面尺寸为 240mm×400mm,阳台挑出墙外 1 200mm、宽 4 560mm。

钢筋混凝土结构构造要求混凝土标号:基础垫层碎石混凝土 C15(矿渣硅酸盐水泥 32.5 级水

泥,以下相同),混凝土正负零以下碎石混凝土 C30,混凝土正负零以上碎石混凝土 C25。预制过梁碎石混凝土 C25,过梁尺寸见表 3-16。

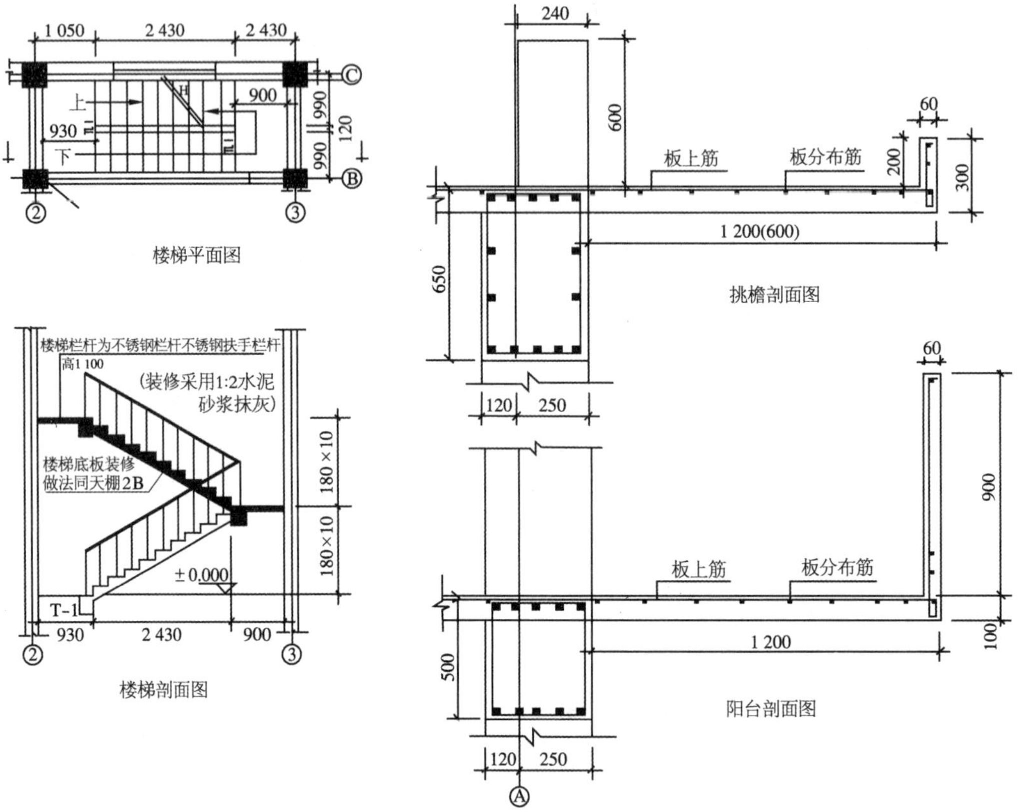

图 3-91　二层框架结构办公楼楼梯、挑檐、阳台图

【分析】 (1) 混凝土工程项目列项见表 3-22。

表 3-22　　混凝土工程项目列项

序号	定额项目名称	计量单位	清单项目名称	计量单位
1	C15 碎石混凝土基础垫层	m^3	C15 基础垫层	m^3
2	C30 碎石混凝土有梁式筏基	m^3	C30 有梁式筏基	m^3
3	C30 碎石混凝土框架柱	m^3	C30 矩形柱	m^3
4	C25 碎石混凝土框架柱	m^3	C25 矩形柱	m^3
5	C25 碎石混凝土构造柱	m^3	C25 矩形柱(构造柱)	m^3
6	C30 碎石混凝土基础梁(TL1)	m^3	C30 基础梁	m^3

续表

序号	定额项目名称	计量单位	清单项目名称	计量单位
7	C25 碎石混凝土框架梁	m^3	C25 有梁板	m^3
8	C25 碎石混凝土楼板、屋面板	m^3		
9	C25 碎石混凝土楼梯	m^2	C25 楼梯	m^2
10	C25 碎石混凝土阳台	m^3	C25 阳台板	m^3
11	C25 碎石混凝土栏板	m^3	C25 栏板	m^3
12	C25 挑檐板	m^3	C25 挑檐板	m^3
13	C25 女儿墙压顶	m^3	其他项目(C25 女儿墙压顶)	m
14	C15 混凝土台阶	m^2	其他项目(C15 台阶)	m^2
15	C25 预制过梁制作	m^3	C25 预制过梁(包括制作、运输、安装、灌缝)	m^3
16	C25 预制过梁运输(在构件运输安装定额章节中反映)	m^3		
17	C25 预制过梁安装(在构件运输安装定额章节中反映)	m^3		
18	C25 预制过梁灌缝(或在构件运输安装定额章节中反映)	m^3		
19	(混凝土集中搅拌)	m^3		
20	(混凝土场外运输)	m^3		

注:有些地区混凝土集中搅拌、场外运输在定额项目中单独计取,注意结合当地定额规定。

(2) 定额或清单项目计量如表 3-23 所示。

表 3-23　　混凝土工程量计算表

项目名称	单位	计　算　式	工程量
相关基数	m	外墙柱间净长:(9.8+5.5) 2=30.6 内墙柱间净长:5.1×2+4.1=14.3	
C15 混凝土垫层	m^3	(11.6+0.35×2)×(6.5+0.35×2)×0.1=8.856	8.86
C30 有梁式筏基	m^3	16.94+8.1865+4.628=29.7545 板:(11.6+0.25×2)(6.5+0.25×2)×0.2=16.94 四棱台:1/6×0.1×[12.1×7+11.8×6.7+(11.8+12.1)×(6.7+7)]=8.1865 基础梁:0.2×0.5×34.2+0.2×0.4×15.1=4.628	29.75

续表

项目名称	单位	计　算　式	工程量
C30 混凝土框架柱	m^3	1×0.5×0.5×4+0.4×0.5×1×4+0.4×0.4×2×1=2.12	2.12
C25 混凝土框架柱	m^3	2.12×7.15=15.158	15.16
C25 混凝土构造柱	m^3	0.24×0.24×(7.8−7.15)×8=0.300	0.30
C30 基础梁	m^3	(0.24×0.4)×(2.1+0.12+0.25)=0.237	0.24
C25 框架梁	m^3	(0.37×0.4)×30.6+(0.37×0.55)×30.6+(0.24×0.4)×14.3×2=13.5015	13.50
C25 楼板、屋面板	m^3	[(75.4−2.12)×2−(0.99×2+0.12−0.24)×(0.24+2.43+0.9)]×0.1=13.992	13.99
(清单项目)有梁板	m^3	13.50+13.99=27.49	27.49
C25 楼梯	m^2	(0.99×2+0.12−0.24)×(0.24+2.43+0.9)=6.640	6.64
C25 阳台	m^3	1.2×4.56×0.1=0.547	0.55
C25 栏板	m^3	0.06×1.2×2×0.9+(4.5−0.06)×0.9×0.06=0.369	0.37
C25 挑檐板	m^3	25.896【挑檐板底面积计算】×0.1+0.503=3.093	3.09
C25 女儿墙压顶	m^3	定额项目:[(11.6+6.5)×2−4×0.24]×0.3×0.06−0.24×0.24×0.06×8=0.607	0.61
	m	清单项目: 35.24−8×0.24=33.32	33.32
C15 台阶	m^2	(2.7+0.6×2)×(1.0+0.6)−(2.7−0.6)×(1.0−0.3)=4.77 注:有的地区以体积计量	4.77
C25 预制过梁	m^3	定额项目计量(0.516+1.372+0.242)×1.015=2.162	2.16
		清单项目计量(0.516+1.372+0.242)=2.130	2.13

注:混凝土构造柱因高度限制没计算马牙槎的量。

3.6.5 钢筋工程计量

钢筋工程,应区别现浇、预制构件以及不同钢种和规格,分别按设计图示钢筋长度乘以单位质量,以吨计算。

计算钢筋工程量时,设计已规定钢筋搭接长度的,按规定搭接长度计算;设计未规定搭接长度的,已包括在钢筋的损耗率之内,不另计算搭接长度(注:有些地区定额规定不同,如某地区关于搭接长度计算规定是按施工图或规范要求计算,设计未规定搭接长度的,直径 25mm 以内每 8m 计算一个接头，直径 25mm 以上的每 6m 计算一个接头，接头长度按规定计算)。

钢筋工程计量规定如图 3-92 所示。

- 钢筋计量
  - 基本规定：质量以“t”计，关键是计算钢筋长度
  - 钢筋长度
    - 普通钢筋混凝土构件钢筋：按设计图示计(包括搭接长度、墙体加固筋见图 3-93、施工用支架筋等)
    - 预应力先张法构件钢筋：按设计图示计量
    - 预应力后张法构件钢筋
      - 两端螺杆锚具：孔道长－0.35m(螺杆另计)
      - 一端墩头插片一端螺杆锚具：孔道长(螺杆另计)
      - 一端墩头插片一端帮条锚具：孔道长＋0.15m
      - 两端帮条锚具：孔道长＋0.30m
      - 后张混凝土自锚：孔道长＋0.35m
      - 采用 JM、XM、QM 锚具
        - 孔道长≤20m 时，孔道长＋1.0m
        - 孔道长＞20m 时，孔道长＋1.8m
      - 钢丝采用锚具
        - 孔道长≤20m 时，孔道长＋1.0m
        - 孔道长＞20m 时，孔道长＋1.8m
      - 钢丝两端墩头：孔道长＋0.35m
  - 钢筋接头以个计算
    - 电渣压力焊
    - 锥螺纹连接等
  - 螺栓、预埋铁件：按设计图示尺寸以质量计算

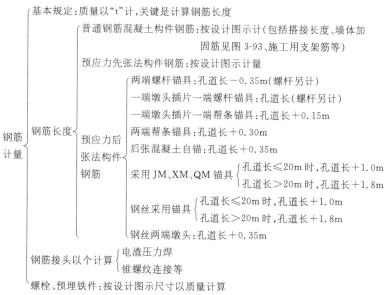

图 3-92　钢筋工程计量方法示意图

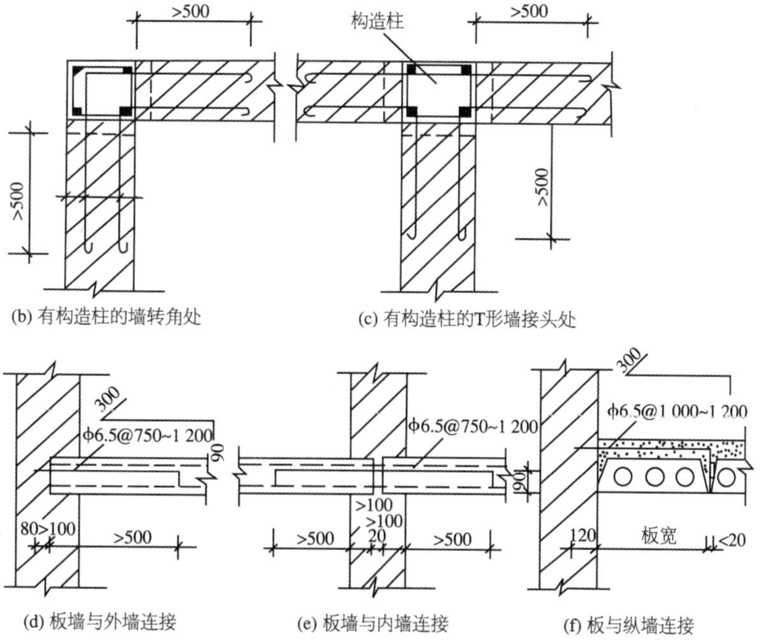

图 3-93　砌体内加固筋示意图

【例 3-25】 计算某框架梁钢筋。框架梁(KL4)的环境描述见表 3-24 与如图 3-94 所示。假设柱纵筋为 ⌀25。

表 3-24 **框架梁(KL4)的描述**

层属性	抗震等级	混凝土等级	保护层/mm	接头形式	多长搭接一次/mm
楼层梁	Ⅰ级	C35	25 30(柱)	直径≤18 为绑扎连接 直径>18 机械连接	8000

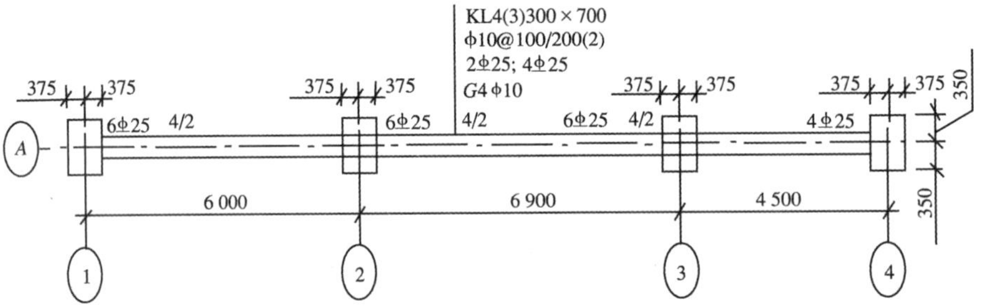

图 3-94 框架梁平法(KL4)配筋图

【解】 (1) 框架梁需要计算的钢筋如图 3-95 所示。

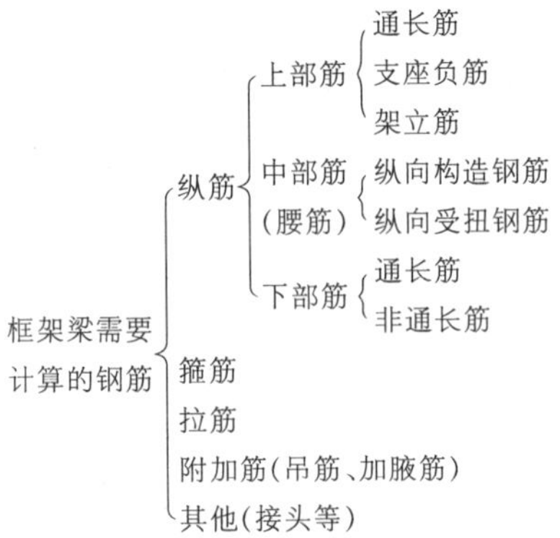

图 3-95 框架梁内计算钢筋图示分析

(2) KL4 支座与基础数据确定见表 3-25。

目前钢筋工程量计算时,还存在一些有待探讨的问题。如对平法设计的工程进行钢筋工程量计算时,以所引用的平法节点图中标示的数据为计算钢筋量的依据,但这些数据依据往往不是具体的数值,而是表示大于等于多少倍锚固值,或大于等于多少倍构件高。在计算时往往取的是"="号,但实际施工中会以最小值下料吗?这是需要探讨的问题。

表 3-25　**KL4 支座与基础数据**

<table>
<tr><td>(1) 直锚与弯锚的判断</td><td>支座宽 h_c=750mm,(h_c-c-d)=750－30－25=695mm
由 03G101－1P34 可知锚固长度 $L_{aE}=31d$=775mm
0.4L_{aE}=0.4×31×25=0.4×775=310mm
695mm< 775mm,纵向钢筋必须弯锚</td><td>判断结果:弯锚</td></tr>
<tr><td>(2) 伸入支座长度确定</td><td colspan="2">第一排:(h_c-c-d)+15d=695+15×25=1 070mm
第二排:(h_c-c-d－25【两排纵筋直钩段之间的净距】)+15d=1 045mm</td></tr>
<tr><td>(3) 各跨净长确定</td><td colspan="2">第一跨 6 000－375－375=5 250mm;第二跨 6 150mm;第三跨 3 750mm</td></tr>
<tr><td>(4) 箍筋弯钩长</td><td colspan="2">max(10d,75)=100mm</td></tr>
<tr><td>(5) 箍筋加密区长</td><td colspan="2">max(2h_b,500)=max(2×700,500)=1 400mm</td></tr>
</table>

(3) 钢筋计算过程见表 3-26。

表 3-26　**KL4 钢筋计算过程**

<table>
<tr><td colspan="3">KL4 钢筋计算过程</td><td>根数</td></tr>
<tr><td colspan="2">上下通长筋</td><td>上通长筋单根长度=净跨长+左支座锚固长度+右支座锚固长度=6 000+6 900+4 500－375×2+1 070+1 070=18 790mm
连接个数:$\frac{18\,790}{8\,000}-1=2$</td><td>6</td></tr>
<tr><td rowspan="6">第一跨</td><td>左支座负筋第一排</td><td>支座负筋长度=$\frac{净跨长}{3}$+左支座负筋锚固长度=$\frac{5\,250}{3}$+1 070=2 820mm</td><td>2</td></tr>
<tr><td>左支座负筋第二排</td><td>支座负筋长度=净跨长/4+左支座负筋锚固长度=5 250/4+1 045=2 357.5mm</td><td>2</td></tr>
<tr><td rowspan="2">箍筋长度与根数</td><td>箍筋(外皮)长度=($b+h$)×2－8c+8d+1.9d×2+max(10d,75mm)×2
=(300+700)×2－25×8+8×10+1.9×10×2+100×2=2 118mm</td><td></td></tr>
<tr><td>箍筋根数=左加密区根数+非加密区根数+右加密区根数=[(加密区长－50)/加密间距+1]×2+[(净跨长－左加密区长－右加密区长)/非加密间距]－1=[(2×700－50)÷100+1]×2+(6 000－375×2－1 400×2)÷200－1=15×2+11=41 根</td><td>41</td></tr>
<tr><td>构造腰筋</td><td>构造腰筋单根长=净跨长+15d×2+12.5d=5 250+15×10×2+12.5×10=5 675mm</td><td>4</td></tr>
<tr><td>ϕ6 拉筋</td><td>单根长=300－25×2+10×2+6×2+1.9d×2+max(10d,75)×2=300－25×2+10×2+6×2+1.9×6×2+150=454.8mm
根数=[(5250－100)/400+1] ×2=28</td><td>28</td></tr>
</table>

续表

KL4 钢筋计算过程			根数
第二跨	第一排左支座负筋	$\frac{6\,150}{3}+750+\frac{6\,150}{3}=4\,850\text{mm}$	2
	第二排左支座负筋	$\frac{6\,150}{4}+750+\frac{6\,150}{4}=3\,825\text{mm}$	2
	箍筋根数	$15\times2+\frac{6\,900-375\times2-1\,400\times2}{200}-1=15\times2+16=46$	46
	构造腰筋	构造腰筋单根长=净跨长+$15d\times2+12.5d$ $=6\,150+15\times10\times2+12.5\times10=6\,575\text{mm}$	4
	ф 6 拉筋	单根长=454.8mm 根数$=\left[\frac{6150-100}{400}+1\right]\times2=34$	34
第三跨	第一排左支座负筋	$\frac{6\,150}{3}+750+\frac{6\,150}{3}=4\,850\text{mm}$	2
	第二排左支座负筋	$\frac{6\,150}{4}+750+\frac{6\,150}{4}=3\,825\text{mm}$	2
	右支座	$\frac{3\,750}{3}+1\,070=2\,320\text{mm}$	2
	箍筋根数	$15\times2+\frac{4\,500-375\times2-1\,400\times2}{200}-1=15\times2+4=34$	34
	构造腰筋	构造腰筋单根长$=3\,750+15\times10\times2+12.5\times10=4\,175\text{mm}$	4
	ф 6 拉筋	单根长=454.8mm 根数$=\left[\frac{3\,750-100}{400}+1\right]\times2=22$	22
钢筋汇总	⌀ 25	$18\,790\times6+2\,820\times2+2\,357.5\times2+4\,850\times4+3\,825\times4+2\,320\times2$ $=162\,435\text{mm}=162.435\text{m}$ $162.435\text{m}\times(0.006\,165\times25^2)\text{kg/m}=162.435\text{m}\times3.853\ \text{kg/m}=626\text{kg}$	
	ф 10	$2118\times(41+46+34)+(5\,675+6\,575+4\,175)\times4=321\,978\text{mm}=321.978\text{m}$ $321.978\text{m}\times0.617\text{kg/m}=199\text{kg}$	
	ф 6	$454.8\times(28+34+22)=38\,203.2\text{mm}=38.203\text{m}$ $38.203\text{m}\times0.222\ \text{kg/m}=8\text{kg}$	
	机械接头	2×6=12 个	

【例 3-26】 框架柱(KZ2)钢筋计算,框架柱的环境描述如表 3-27 与图 3-96 所示,假设筏基板纵筋为⌀ 18。

表 3-27　　框架柱的环境描述

抗震等级	混凝土强度等级	保护层/mm		连接形式	顶节点形式	梁截面
		上部	基础			
二级	C30	25	40	电渣压力焊	平法 B 节点	300×700

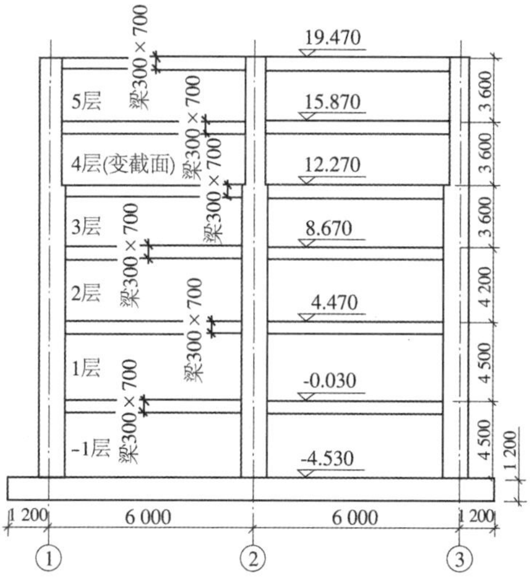

(a) 柱层间高度示意图

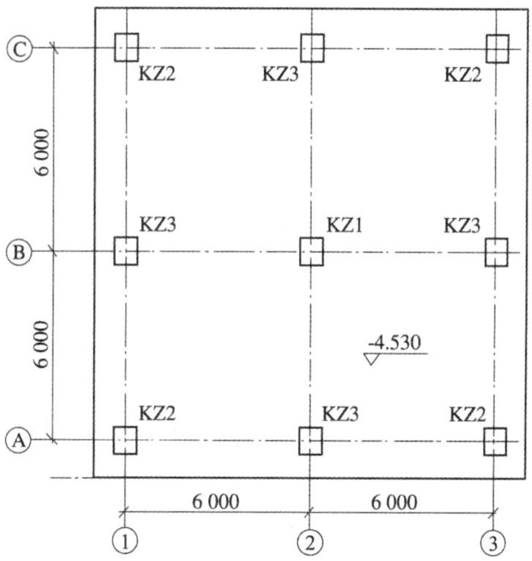

(b) 无梁式基础平面图

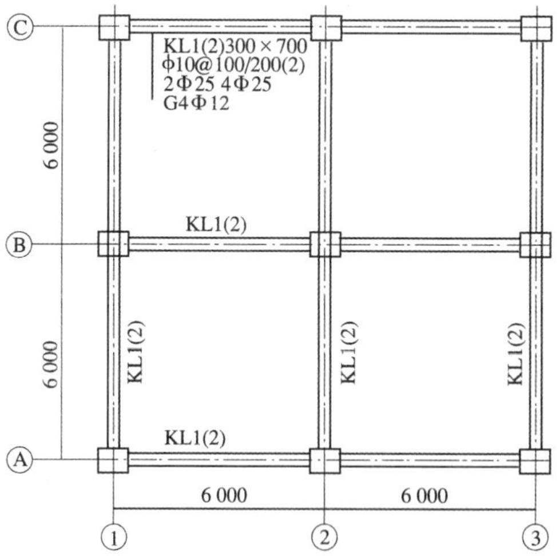

(c) -4.53 m~19.47 m梁结构平面图示意图

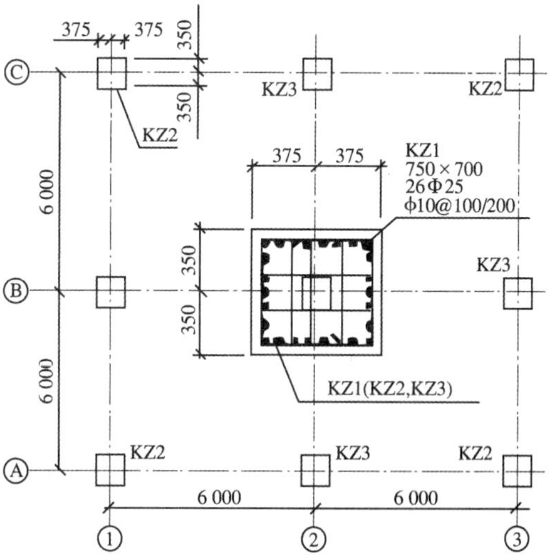

(d) -4.53 m~12.27 m柱平法截面注写方式图

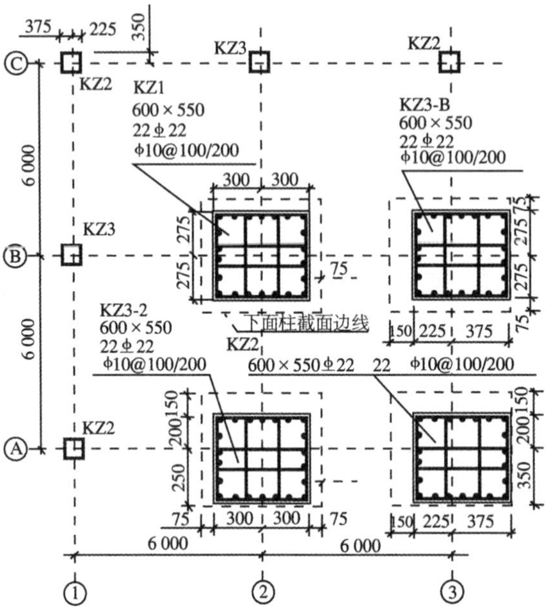

(e) 12.27m~19.47m柱平法截面注写方式图

图 3-96　框架梁、柱平法标注示意图

【解】 (1) 框架柱需计算的钢筋如图 3-97 所示。

- 钢筋设置
  - 纵筋
    - 基础插筋
    - 中间层纵筋
      - 地下室纵筋
      - 首层纵筋
      - 标准层纵筋
    - 顶层纵筋
    - 变截面插筋
  - 箍筋
  - 接头
  - 顶角部附加筋

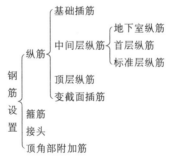

图 3-97　框架柱需要计算钢筋示意图

(2) 柱外侧与内侧纵筋构造形式如图 3-98 所示。

(3) 框架柱变截面钢筋的设置如图 3-99 所示。

(4) 框架柱基础插筋如图 3-100 所示。

(5) 框架柱(KZ2)变截面处钢筋分析如图 3-101 所示。

(6) 基础数据计算如表 3-28 所示。

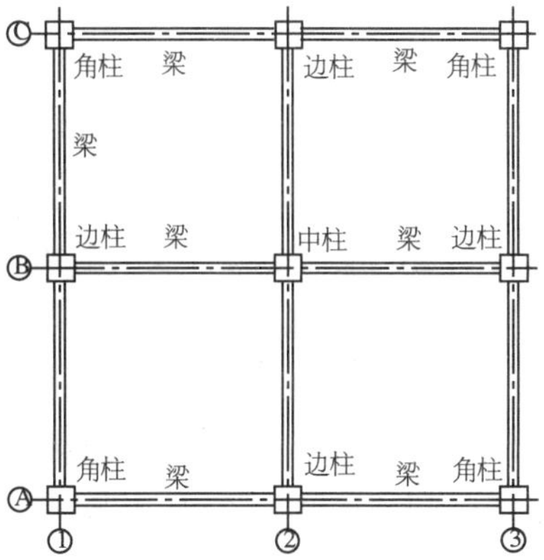

(a) 中柱、边柱与角柱

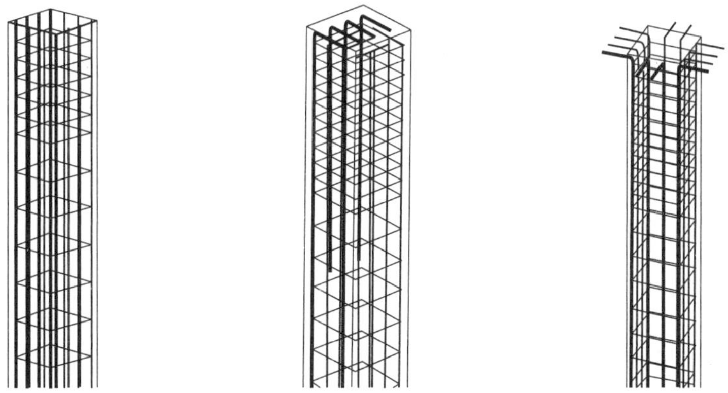

直锚　　内弯锚12 d　　外弯锚12 d

(b) 柱内侧纵筋顶节点锚固示意图

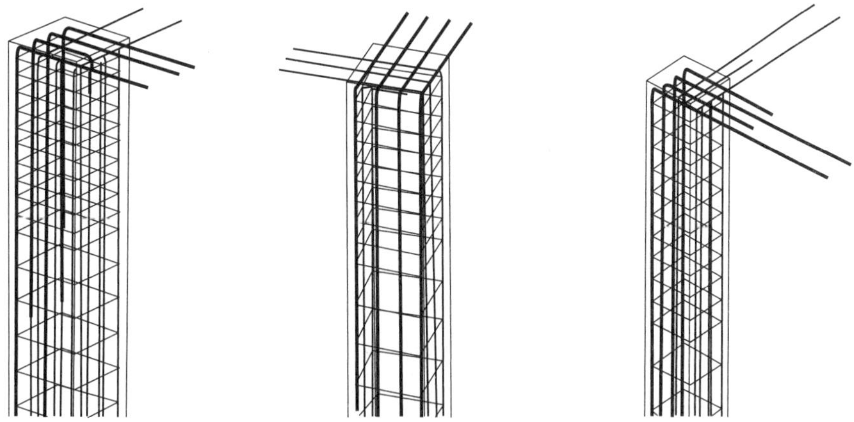

顶节点锚固图示(1)　　顶节点锚固图示(2)　　顶节点锚固图示(3)

(c) 边柱、角柱外侧纵筋顶节点锚固示意图

图 3-98　柱内、外侧纵筋构造形式

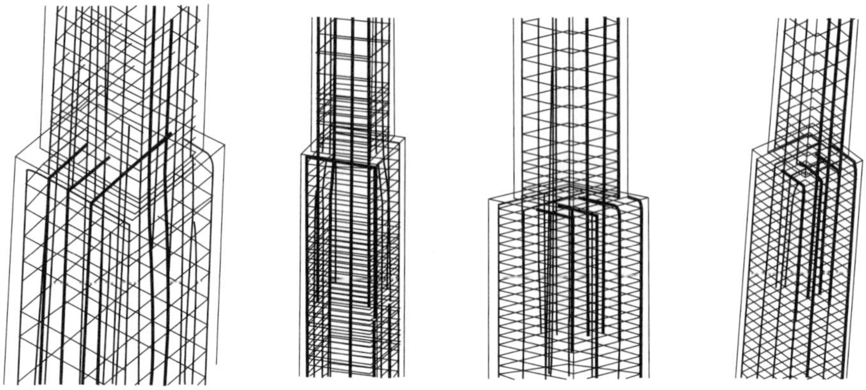

(a) 中间层变截面处纵筋设置　　(b) 中间层变截面处纵筋设置

图 3-99　框架柱变截面钢筋的设置

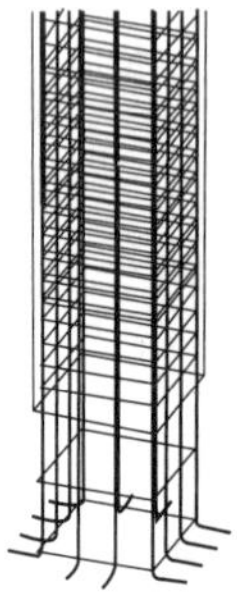

图 3-100　基础插筋示意图

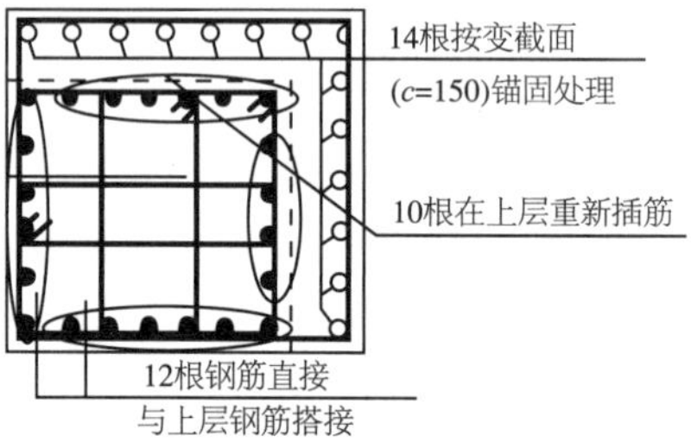

图 3-101　框架柱(KZ2)变截面处示意图

表 3-28　　KZ2 基础数据计算

基础弯折长度 a	$H_1=1200-40=1160$mm
	$0.8L_{aE}=0.8\times34\times25=680$mm
	$a=\max\{6d,150\}=150$mm
伸出 4 层楼面非连接区长	$\max\{H_n/6,h_c,500\}=600$mm
	焊接间距 $\max\{35d,500\}=770$mm
变截面水平弯折长	$c+200-$保护层$=150+200-25=325$mm
箍筋弯钩	$\max\{10d,75\}=100$mm
伸入顶层梁里的内侧纵筋(10 根数)	梁高－保护层＝700－30＝670mm
	$L_{aE}=34\times22=748$mm
	采用弯锚$=670+12d=934$mm
	(下部全部插入 3 层中 $1.5L_{aE}=1.5\times34\times22=1122$mm)
伸入顶层外侧纵筋(12 根数)	$1.5L_{aE}=1122$mm
变截面 Φ 22 插筋长度(10 根数)	$\max\{H_n/6,h_c,500\}+1.5L_{aE}+770\div2=600+1122+385=1507$mm

(7) 柱钢筋计算见表 3-29 所示。

表 3-29 KZ2(单根柱)钢筋计算表

基础至伸出 4 层(不变截面) Φ 25 纵筋长	12 270+4 530+1 200−40−18+a+max{H_n÷6,h_c,500}+[max{35d,500}]÷2=12 270+4 530+1 200−40−18+150+600+770÷2=19 077mm
	根数 12
基础至 4 层(变截面) Φ 25 纵筋长	12 270+4 530+1 200−40−25−18+a+(c+200−保护层)=18 392mm
	根数 14
Φ 25 纵筋合计	19 077×12+18 392×14=486 412mm 486.412m×3.853kg/m=1 874.145kg
4 层至屋面梁底(不变截面) Φ 22 纵筋长	(19 470−700)−12 270−[max{H_n/6,h_c,500}+max{35d,500}/2]=(19470−700)−12 270−600−770/2=5 515mm 内侧筋 5 515+934=6 449mm 外侧筋 5515+1122=6637mm
	内侧筋(10)根　　外侧筋(12)根
4 层插筋长 Φ 22	1 507mm
	内侧筋(10)根
Φ 22 纵筋合计	6 449×10+6 637×12+1 507×10=159 204mm 159.20m×2.984kg/m=475.05kg
基础层及−1 层箍筋计算分析(其余层略)	根数=基础层内根数+(−1 层根部加密区根数)+梁下部及梁高范围加密区根数+中间部位非加密区根数
	长度计算,方法同梁(略)
接头(电渣压力焊)个数	4×26+2×22=148(个)

注:对应 L_{aE},a,H_n,h_c,c 所表示的含义与数值同钢筋混凝土平法标准图集。

【例 3-27】 楼板(LB1)钢筋计算。楼板的环境描述如表 3-30 与图 3-102 所示。

表 3-30 板的环境描述

抗震等级	混凝土等级	保护层
非抗震	C30	15

【解】

(1) 分析楼板需计算的钢筋如图 3-103 所示。

(2) 熟悉板中钢筋的设置如图 3-104、图 3-105 所示。

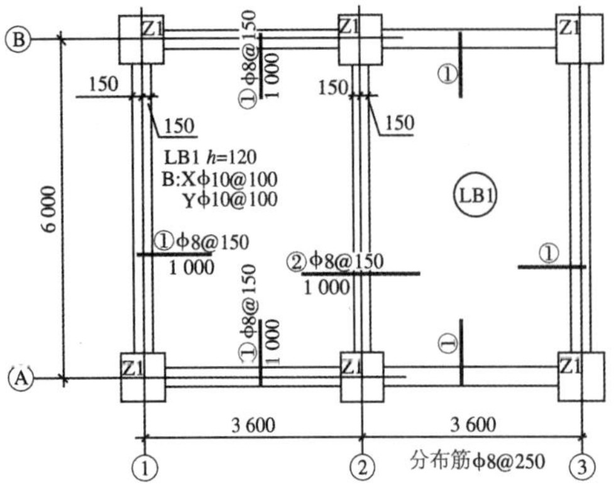

图 3-102 楼板配筋图

楼板钢筋
- 上部筋
  - 上部贯通纵筋(双层受力筋)
  - 扣筋(非贯通筋)
  - 扣筋分布筋
- 下部筋一下部贯通纵筋(伸入端、中支座 5d 且至少到墙中线)
- 脚撑筋(多层钢筋网时设置)
- 加强筋(板中开洞,洞边宽或直径≥300mm 时)

图 3-103 楼板需计算的钢筋示意图

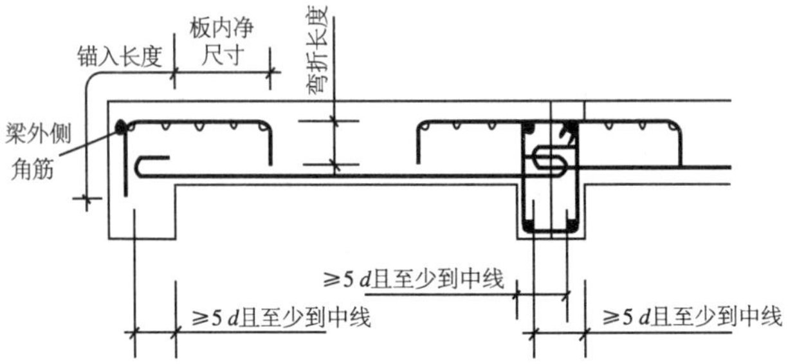

图 3-104 板中上下部钢筋在支座处设置

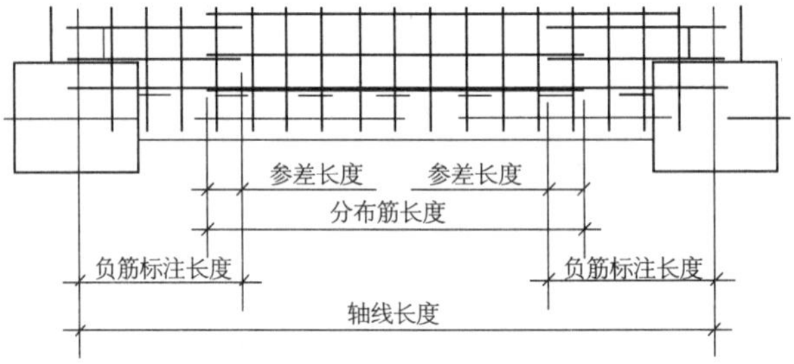

图 3-105 板中负筋与分布筋设置

(3) 楼板(LB1)需计算的钢筋如表 3-31 所示。

表 3-31　　楼板(LB1)需计算的钢筋分析

底筋	①—②轴线	X 方向(贯通筋)		计算长度、根数
	A-B 轴线	Y 方向(贯通筋)		计算长度、根数
负筋	边支座	①③轴线 A 轴,B 轴线	支座负筋	计算长度、根数
			扣筋中分布筋	计算长度、根数
	中间支座	②轴线	支座负筋	计算长度、根数
			扣筋中分布筋	计算长度、根数

(4) LB1 钢筋基础数据计算如表 3-32 所示。

表 3-32　　LB1 基础数据计算

下部筋伸入支座	max[5d,300/2]=150mm
端支座负筋伸入支座	L_a+6.25d=24d+ 6.25d=242mm
扣筋弯折长	板厚－保护层=120－15=105mm
板分布筋范围	Y 方向 6 000－300=5 700mm X 方向(单跨)3 600－300=3 300mm

(5) LB1 钢筋计算如表 3-33 所示。

表 3-33　　双跨板要计算的钢筋量

X 方向底筋	长度=(3 300+150×2+6.25d×2)=3 725mm 根数=[(5 700+30－100)÷100+1] ×2 =114 根
Y 方向底筋	长度=5 700+150×2+6.25d×2=6 125mm 根数=[(3 300+30－150)÷150+1]×2=46 根
ϕ 10 钢筋合计	3 725 ×114+6 125×46=706 400mm 706.4m×0.617kg/m=435.14kg
①③轴负筋	长度=1 000－150+242+105=1 197mm 根数=[(5 700+30－150)÷150+1]×2=78 根
①③轴分布筋	长度=(6 000－1 000×2+150×2)=4 300mm 根数=[(1 000－150+15－250÷2)÷250+1]×2=8 根
A,B 轴负筋	长度=1 000－150+242+105=1 197mm 根数=[(3 300+30－150)÷150+1]×4=92 根
A,B 轴分布筋	长度=3 600－1 000×2+150×2=1 900mm 根数=[(1 000－150+15－250÷2)÷250+1]×4=16 根
②轴负筋	长度=1 000×2+105×2=2 210mm 根数=(5 700+30－150)÷150+1=39 根
②轴负筋分布筋	长度=6 000－1 000×2+150×2=4 300mm 根数=[(1 000－150+15－250÷2)÷250+1]×2=8 根
ϕ 8 钢筋合计	1 197×78+4 300+1 197×92+1 900×16+2 210×39+4 300×8=388.88m 388.88m×0.394kg/m=153.22kg

3.6.6 定额名词解释

(1) 钢筋混凝土基础梁:亦称地基梁,是支承在基础上或桩承台上的梁,主要用做工业厂房的基础。

(2) 钢筋混凝土连续梁:三个或三个以上简支支座的钢筋混凝土梁,且梁在支座间不断开、连续通过。

(3) 钢筋混凝土整体楼梯:指用现浇混凝土浇筑楼梯踏步、斜梁、休息平台等成一体的钢筋混凝土楼梯。

(4) 栏杆:指在楼梯或阳台、平台临空一边所设置的安全设施,属建筑中装饰性较强的一类。有木制、圆(方)钢、砖砌等形式或栏板。

(5) 混凝土扶手:指由栏杆支承的上、下楼梯时依附的混凝土构件。

(6) 钢筋混凝土异形梁:指梁断面不规则,有 T 形、十字形、工字形等的钢筋混凝土梁。

项目 3.7　厂库房大门、特种门、木结构工程计量

3.7.1　项目划分

对于工业厂房及仓库的大门,功能上有特殊要求的房间门、木结构(timber structure)工程,其施工方法分工厂或现场制作、现场安装(安装门扇,装配玻璃及五金零件,固定铁脚,铺油毡、毛毡,安密封条,刷防腐油等)。定额项目与清单项目划分如图 3-106 所示。

- 定额与清单项目
  - 厂库房大门
    - 木板大门
    - 钢木大门
    - 全钢板大门
    - 围墙铁丝门等
  - 特种门
    - 冷藏门
    - 冷冻门
    - 保温隔音门
    - 变电室门
    - 射线防护门等
  - 木结构工程
    - 木屋架
      - 圆木屋架
      - 方木屋架
      - 圆木钢木屋架
      - 方木钢木屋架等
    - 屋面木基层
      - 屋面板
      - 檩木上钉屋面板、油毡、挂瓦条
      - 檩木上钉椽条等
    - 木柱、木梁、木楼梯(不包括木栏杆、木扶手,执行装饰装修楼地面项目)
    - 和其他木构件(檩木、封檐板、博风板等见图 3-107—图 3-109)

注:清单项目中屋面木基层没有单独列项,项目中包括了制作、场外运输、安装、油漆等全部施工过程,定额项目中制作、运输、安装、油漆等需在不同定额章节中考虑。

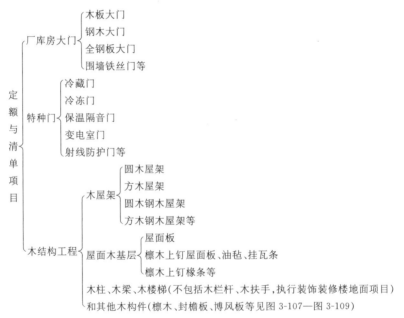

图 3-106　定额与清单项目划分示意图

3.7.2 厂库房大门、特种门、木结构工程计量

1. 厂库房大门、特种门、木结构工程项目计量

(1) 各类门:按设计图示数量或设计图示洞口尺寸以面积计算。

(2) 木屋架:清单项目按设计图示数量计算;定额项目按设计断面竣工木料按立方米计算(包括所带的气楼屋架、马尾、折角等半屋架见图 3-108、与屋架连接的挑檐木、支撑等均并入屋架工程量计算)。

(3) 屋面木基层:按屋面的斜面积计算面积(图 3-109) 。

(4) 木柱、木梁:按设计图示尺寸以体积计算。

(5) 木楼梯:按设计图示水平投影面积计算。不扣除宽度小于 300mm 的楼梯井,伸入墙内部分不计算。

(6) 其他木构件:按设计图示尺寸以体积或长度计算。

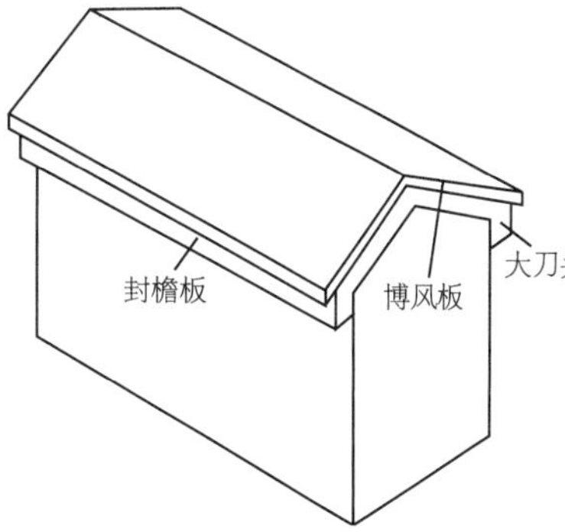

图 3-107 屋面封檐板、博风板

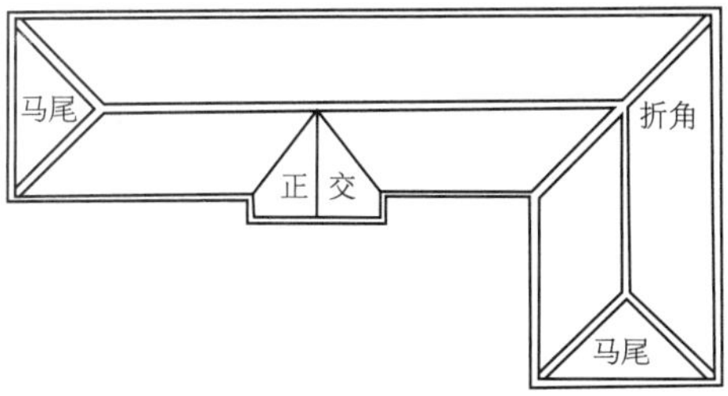

图 3-108 马尾、折角、正交

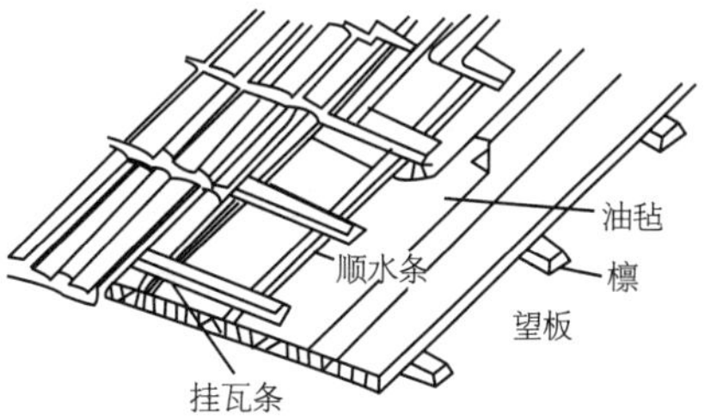

图 3-109 屋面木基层

2. 清单项目与定额项目计量比较(表 3-34)

表 3-34 厂库房大门、特种门、木结构工程工程量计算规则对比

项目名称	清单工程量计算规则	对应(全国统一)定额工程量计算规则不同点
各类门	按设计图示数量计算,或设计图示洞口尺寸以面积计算	按面积计算
木屋架	按设计图示数量计算	设计断面竣工木料按立方米计算。附属于屋架的夹板、垫木等已并入相应屋架项目中不另计算(有些地区定额规定应并入屋架竣工材积中计算),与屋架连接的挑檐木、支撑等应并入屋架竣工材积内计算
屋面木基层	可合并在屋架中,或以其他木构件计量	按屋面的斜面积计算
木柱、木梁	按设计图示尺寸以体积计算	按体积计算,可增加刨光损耗

3. 定额项目屋架计量

木屋架一般用来建造坡屋顶建筑,分为圆木屋架、方木屋架、圆木钢木屋架、方木钢木屋架,如图

3-110 所示。

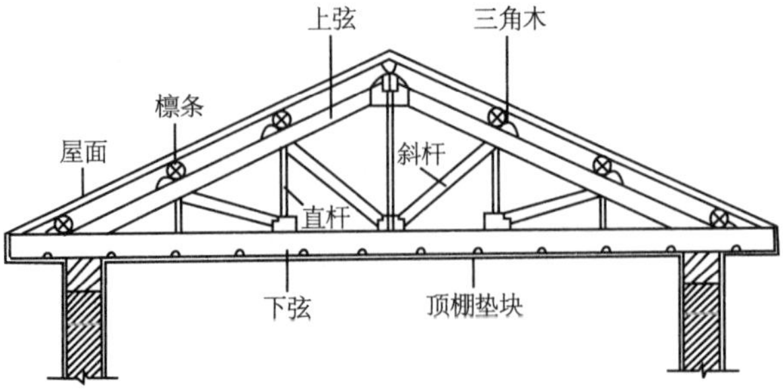

图 3-110 木屋架

为了简化计算,屋架的计算可按杆件长度系数计算,各杆件长度＝A×系数,如图 3-111、表 3-35 所示。

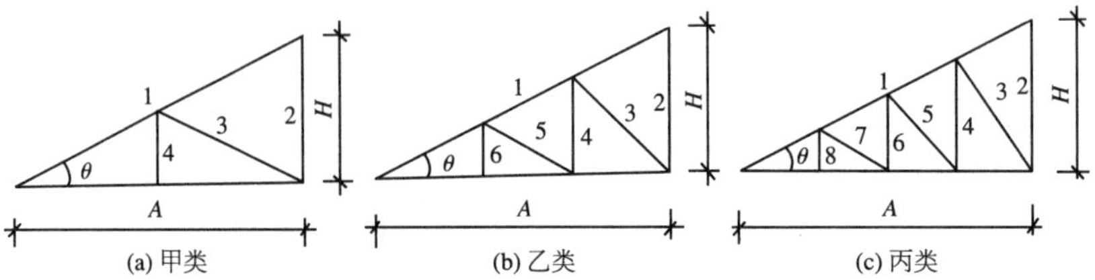

图中:$H/A=0.5$,即 $\theta=26°34'$;A 为屋架跨度的 1/2;H 为屋架高。

图 3-111 屋架计算示意图

表 3-35　　木屋架杆件长度系数

编　　号	甲　类	乙　类	丙　类
	系数($\theta=26°34'$)		
1	1.118	1.118	1.118
2	0.50	0.50	0.50
3	0.56	0.472	0.45
4	0.25	0.335	0.38
5		0.372	0.36
6		0.166	0.25
7			0.28
8			0.13

【例 3-28】 图 3-112 所示,该屋架设计坡水为 1/2,即高跨比为 1/4,跨度为 12m,计算四面刨光方木屋架的木料材积。

【解】 根据定额规定,木屋架按竣工木料以立方米计算。其后备长度及配制损耗均已包括在定额内,不另计算,但刨光损耗应另增加,方木屋架一面刨光增加 3mm,两面刨光增加 5mm。附属于屋

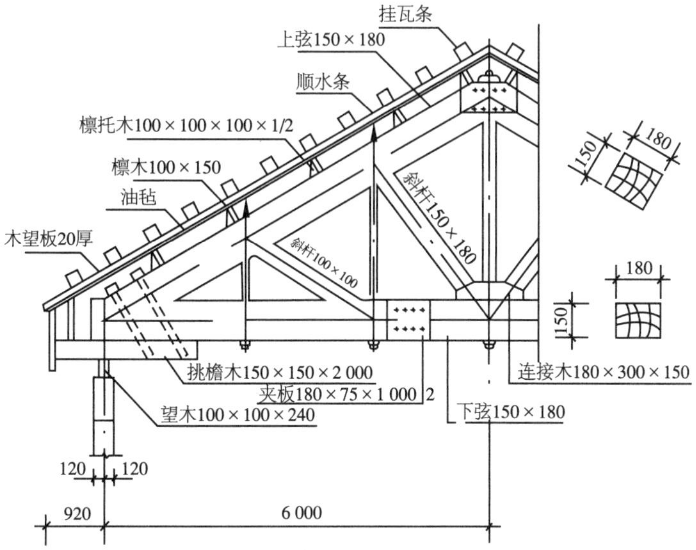

图 3-112 12m 方木屋架

架的夹板、垫木等已并入相应屋架项目中不另计算，与屋架连接的挑檐木、支撑等应并入屋架竣工材积内计算。计算结果见表 3-36。

表 3-36　　方木屋架材积计算

名称	规格/mm	计算公式	单根材积/m³	根数	材积/m³
下弦	150×180	(12＋0.12×2)×0.155×0.185	0.351	1	0.351
上弦	150×180	6×1.118×0.155×0.185	0.192	2	0.384
斜杆 1	150×180	6×0.472×0.155×0.185	0.046	2	0.092
斜杆 2	100×100	6×0.372×0.105×0.105	0.025	2	0.05
挑檐木	—	0.155×0.155×2.00	0.048	2	0.096
屋架竣工材积合计					0.973

【例 3-29】 求图 3-113 所示圆木简支檩的竣工材积与封檐板、博风板、屋面木基层(屋面木基层檩条上钉椽子、挂瓦条)的工程量。

【解】 (1) 简支檩的竣工材积计量(表 3-37)

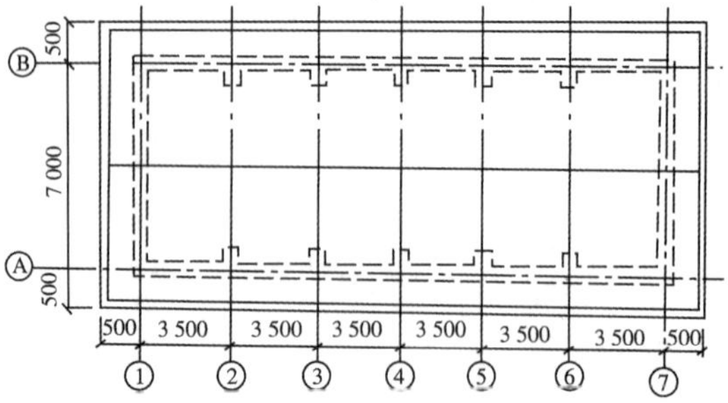

(a) 屋顶平面图

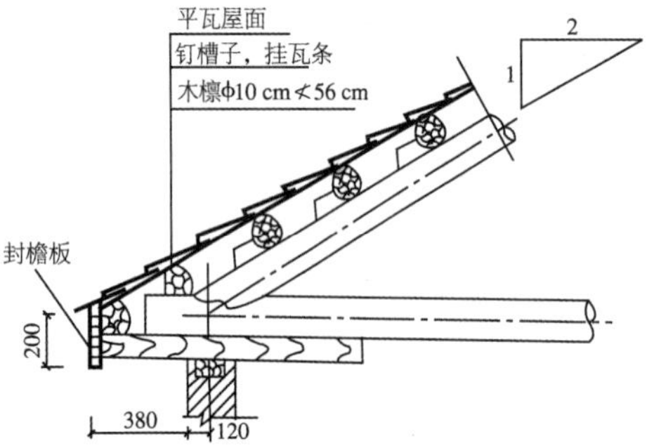

(b) 檐口大样图

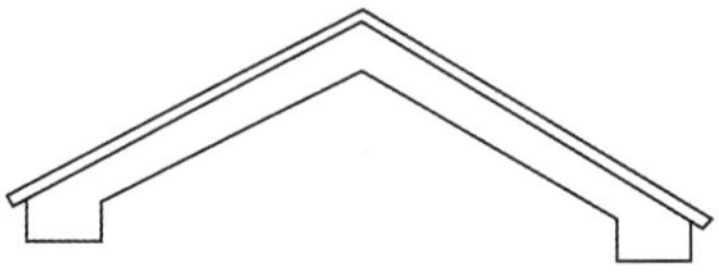

(c) 封檐板与博风板图

图 3-113　屋顶平面、剖面及封檐板、博风板

表 3-37　　简支檩的竣工材积计量

步　骤	分析与计算过程
第一步	定额规定： 简支檩长度按设计规定计算，如设计无规定者，按屋架或山墙中距增加 200mm 计算，如两端出山，檩条长度算至博风板
第二步	檩条根数计算： 每一开间的檩条根数＝[(7＋0.5×2)×1.118 坡度系数]×1÷0.56＋1＝17 根
第三步	单根檩条长： 两端出山檩每根檩条长：3.5＋0.5＋0.1＝4.1m 屋架中距间檩每根檩条长：3.5＋0.2＝3.7m
第四步	单根檩条体积计算：查表或用公式计算 原木计算：按国家标准规定的杉原木材表或有关公式计算。圆木体积公式： 检尺径 4～12cm 的体积工程量＝$0.7854L(D+0.45L+0.20)^2\div 10000$ 检尺径 14cm 以上的体积工程量＝$0.7854L[D+0.50L+0.005L^2+0.000125L(14-L)^2\times(D-10)^2]\div 10000$ 式中　L——长度(m)； 　　　D——圆木小头直径(cm)。 长 4.1m，φ10 檩条单根体积＝$0.7854\times4.1\times(10+0.45\times4.1+0.20)^2\div10000=0.045\text{m}^3$ 长 3.7m，φ10 檩条单根体积＝$0.7854\times3.7\times(10+0.45\times3.7+0.20)^2\div10000=0.04\text{m}^3$
第五步	简支檩体积工程量＝$17\times(2\times0.045+4\times0.04)=4.25\ \text{m}^3$

(2) 封檐板、博风板

封檐板按檐口外围长度计算(博风板按斜长计算,每个大刀头增加长度50cm)。

工程量=[3.5×6+0.5×2+(7+0.5×2)×1.118]×2+0.5×4=64.9m

(3) 木基层

木基层是指檩木以上瓦以下的结构层,完整的木基层包括椽子、望板(屋面板)、油毡、顺水条和挂瓦条等,工程量按屋面的斜面积计算。

屋面木基层=(3.5×6+0.5×2)×(7+0.5×2)×1.118=196.8m^2

【例3-30】 求图3-114所示原木屋架竣工材积。挑檐木尺寸150mm×150mm×1 000mm结合图3-113(b)计算。

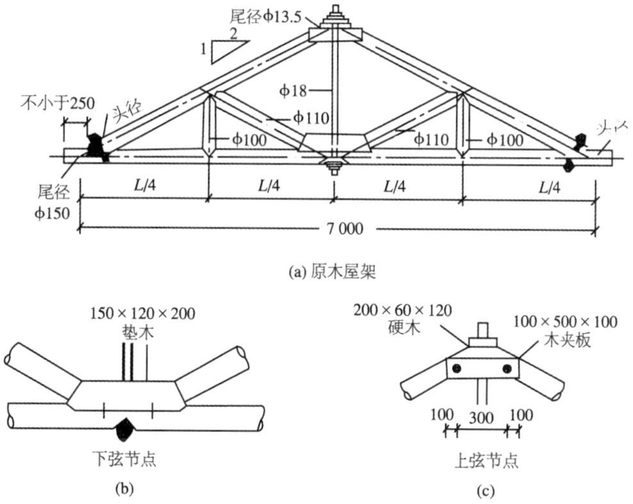

图3-114　原木屋架及节点图

【解】 计算结果见表3-38

表3-38　　**屋架原木计算表**

名称	尾径/cm	长度	单根体积/m^3	根数	材积/m^3
下弦	ϕ15	7+0.5=7.5m	0.241	1	0.241
上弦	ϕ13.5	7×0.559=3.913m	0.082	2	0.164
竖杆	ϕ10	7×0.125=0.875m	0.008	2	0.016
斜杆	ϕ11	7×0.28=1.96m	0.025	2	0.05
		原木屋架小计			0.471
挑檐木		0.15×0.15×1.0×2×1.7=0.077m^3 定额规定:方木折合原木时乘以系数1.7			0.077
原木屋架合计					0.548

注:屋架顶点夹板、垫木、下弦节点等按规则均不计算。

3.7.3 定额名词解释

(1) 自由门:亦称弹簧门,指开启后,自动关闭的门,以弹簧作自动关闭机构,并有单面弹簧、双面弹簧和地弹簧之分。一般单面弹簧为单扇门,双面弹簧和地弹簧多用于两扇门的公共建筑。

(2) 后备长度:指木屋架制作时多备了一定的长度,在安装时可根据实际需要锯短一点,这种长度称为后备长度。

(3) 椽子与檩条:椽子亦称椽,指两端搁置在檩条上,承受屋面荷重的构件。与檩条成垂直方向。檩条亦称桁条、檩子,指两端放置在屋架和山墙间的小梁上用以支承椽子和屋面板的简支构件。

(4) 简支檩与连续檩:简支檩指檩木的一般作法,檩木两端直接搁在支点上,或由支点挑出部分长度到博风板。连续檩指檩木由多个开间组合,檩木接头可设在任何部分。

(5) 搁栅:搁栅即龙骨,地木楞。

项目 3.8 金属结构工程计量

3.8.1 项目划分

金属结构(structural metallic)工程的工程内容如图 3-115 所示。

制作 → 运输 → 拼装与安装 → 探伤(部分项目) → 刷油漆

图 3-115 金属结构工程的工程内容

项目划分如图 3-116 所示。

定额与清单项目
- 钢屋架、钢网架
- 钢托架、钢桁架
- 钢柱(包括依附的牛腿等)
  - 实腹柱
  - 空腹柱
  - 钢管柱
- 钢梁
  - 钢梁
  - 钢吊车梁(包括制动梁、板、桁架、车挡)
- 压型钢板楼板、压型钢板墙板
- 金属网
- 钢构件
  - 钢支撑、钢檩条、钢天窗架、钢挡风架、钢墙架(包括墙架柱、墙架梁和连接杆)、钢平台、钢走道、钢梯、钢栏杆、钢漏斗、钢支架、零星钢构件

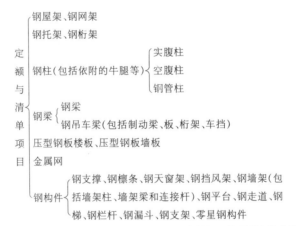

注:在清单项目中综合了制作、运输、拼装安装、探伤与油漆内容,而定额项目中制作、运输、拼装安装、探伤与油漆是分别列项与计量的。

图 3-116 金属结构工程项目划分示意图

相关钢构件形式如图 3-117 所示。

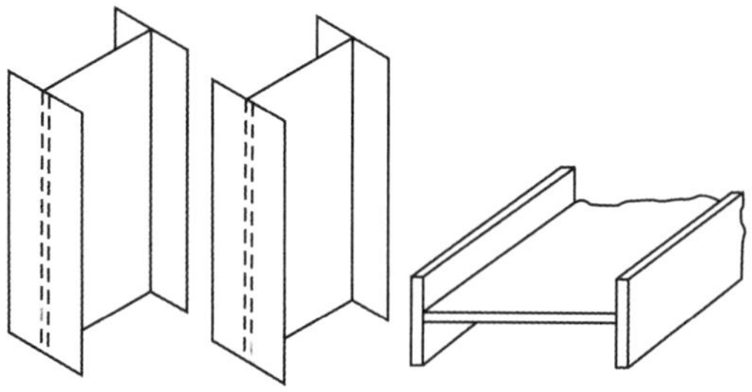

(a) 实腹钢柱

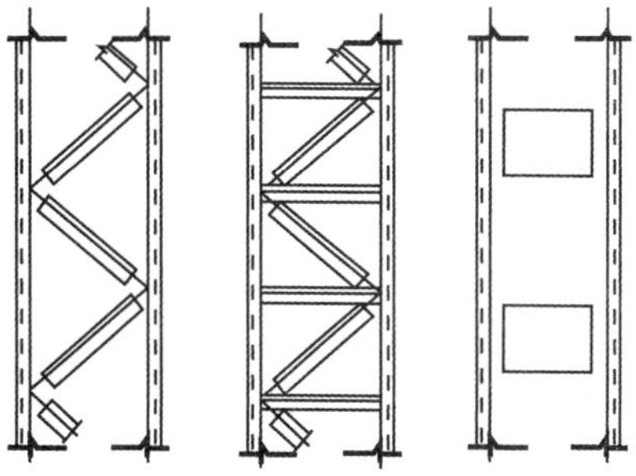

(b) 格构式截面的空腹柱

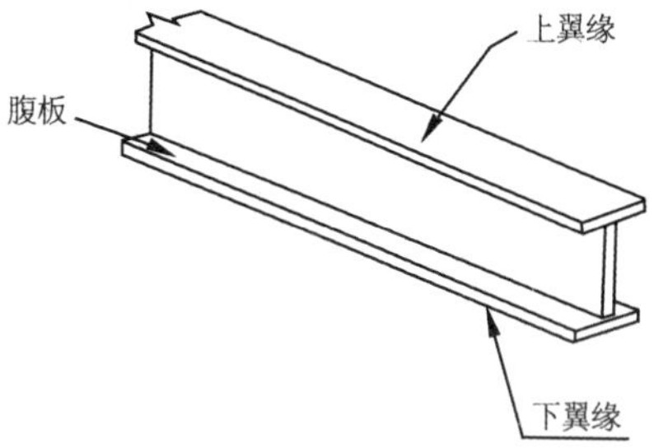

(c) 工字形吊车梁

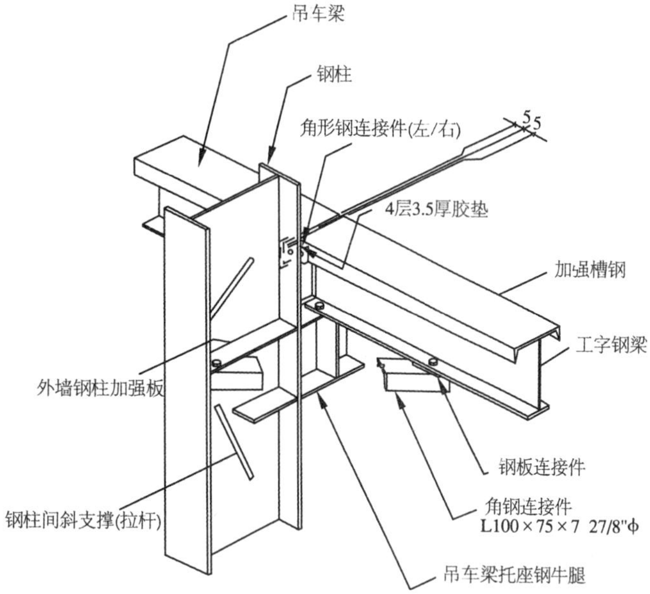

(d) 吊车梁与钢柱

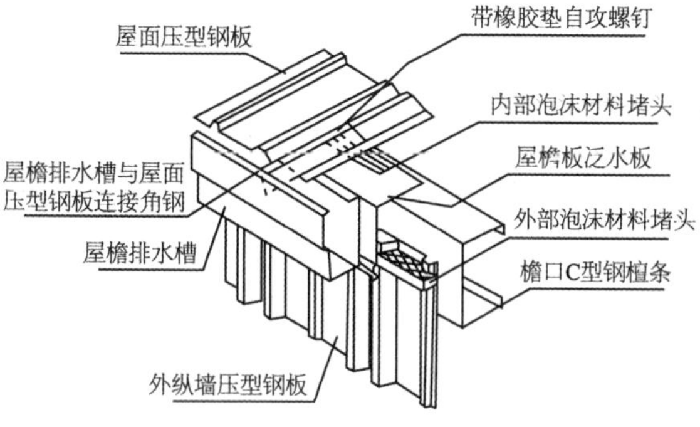

(e) 压型钢板墙板、屋面板

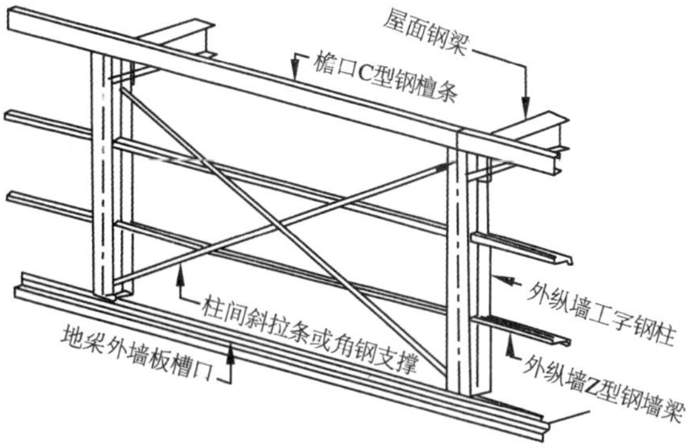

(f) 钢结构柱间支撑

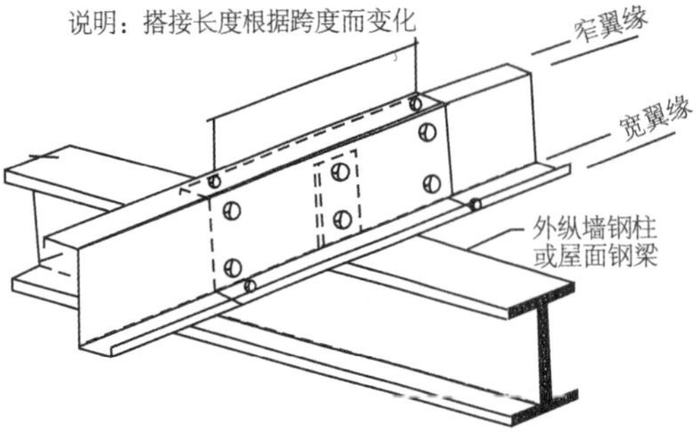

(g) Z形薄壁型钢檩条

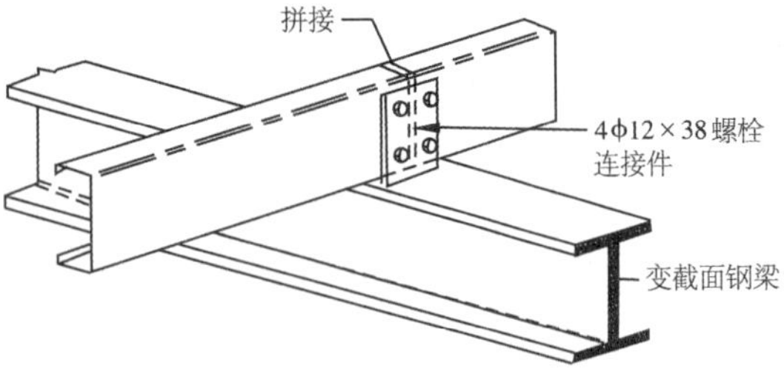

(h) 槽钢檩条

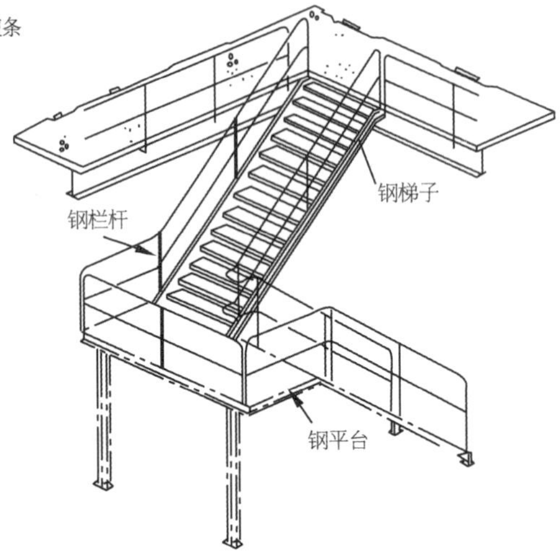

(i) 钢平台、钢梯子、钢栏杆

图 3-117　相关钢构件

3.8.2　金属结构工程计量

金属构件的工程量，是构件制作所需各种材质、品种、规格钢材不含损耗量的用量之和，其计算的基本公式为：

$$金属构件工程量=\sum_{i=1}^{n}(各种材质、品种、规格钢材的长度或面积)_i \times(相应材质、品种、规格钢材的理论质量)_i \div 1\,000$$

式中，长度或面积是指根据工程量计算规则和图示尺寸所确定的长度(m)和面积(m^2)；理论质量是指现行五金材料手册对各材质、品种、规格钢材所规定的单位质量(kg/m，kg/m^2)。

在计算金属结构工程量之前应该准备以下资料：

①《五金材料手册》。是计算金属构件工程量的重要的工具性资料。其内容包括各种金属材料的机械性能和化学成分，各种金属材料的比重以及常用线材、型材、板材和管材的理论质量。

② 施工图或标准图设计及分部工程定额章节说明中的有关规定。

③ 钢结构施工及验收规范。

④ 现行定额、清单计价规范工程量计算规则。

1. 金属结构构件计量

(1) 基本规定：按设计图示尺寸以质量(t)计算。不扣除孔眼、切边、切肢的质量，不增加焊条、铆钉、螺栓等质量，不规则或多边形钢板以其外接矩形面积及厚度乘以单位理论质量计算。

(2) 适用项目：钢屋架、钢网架；钢托架、钢桁架；钢柱、钢梁；钢构件等。

(3) 压型钢板楼板：按设计图示尺寸以铺设水平投影面积计算。不扣除柱、垛及单个 0.3m^2 以内的孔洞所占面积。

(4) 压型钢板墙板：按设计图示尺寸以铺挂面积计算。不扣除单个 0.3m^2 以内的孔洞所占面积，包角、包边、窗台泛水等不另增加面积。

(5) 金属网：按设计图示尺寸以面积计算。

另外，钢构件的拼装台的搭拆和材料摊销应列入措施项目中。

2. 清单项目与定额项目计量比较(表 3-39)

表 3-39　　金属结构工程工程量计算规则对比

项目名称	清单工程量计算规则	对应(全国统一)定额工程量计算规则不同点
实腹柱、吊车梁、H 型钢构件	按设计图示尺寸以质量(t)计算。 不扣除孔眼、切边、切肢的质量，不增加焊条、铆钉、螺栓等质量，不规则或多边形钢板以其外接矩形面积乘以厚度乘以单位理论质量计算	除跟清单计算规则内容一致外，强调了实腹柱、吊车梁、H 型钢按图示尺寸计算，其中腹板及翼板宽度按每边增加 25mm 计算
压型钢板楼板	按设计图示尺寸以铺设水平投影面积计算。 不扣除柱、垛及单个 0.3m^2 以内的孔洞所占面积	按铺设面积(水平投影面积×屋面坡度系数)计算

注：① 清单项目包括制作、安装、运输、油漆等内容，而定额项目中需按制作、运输、安装、油漆等项目分别计取。

② 对定额项目的钢构件运输与安装工程量＝按构件图示设计尺寸计算的质量；也有些地区钢构件运输与安装工程量＝按构件图示设计尺寸计算的质量×损耗系数。

【例 3-31】 图 3-118 为实腹吊车梁剖面，上下翼缘与腹板(板厚均为 30mm)长 12m，试计算上翼缘、下翼缘、腹板和加劲板的工程量计算面积。

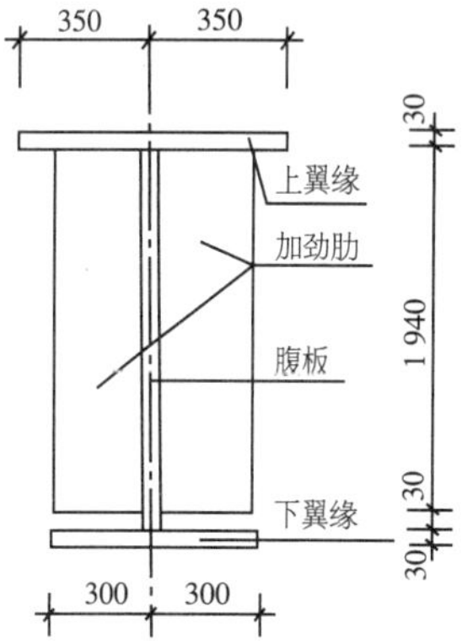

图 3-118　吊车梁剖面示意图

【解】 计算结果见表 3-40。

表 3-40　　工程量计算表　　单位：m^2

项目名称	单位	计　算　式	工程量
定额项目计量	m^2	上翼缘计算面积＝(0.35×2＋0.05)×12＝9 下翼缘计算面积＝(0.30×2＋0.05)×12＝7.8 腹板计算面积＝(1.94＋0.03＋0.05)×12＝24.24 单块加劲肋计算面积＝1.94×(0.3－0.015)＝0.5529	
清单项目计量	m^2	上翼缘计算面积＝0.35×2×12＝8.4 下翼缘计算面积＝0.30×2×12＝7.2 腹板计算面积＝(1.94＋0.03)×12＝23.64 单块加劲肋计算面积＝1.94×(0.3－0.015)＝0.5529	

3. 不规则连接板面积计算示例

各种连接板，按图示尺寸计算面积后换算成质量。对于不规则的(非矩形、正方形和直角形)连接板按下列方法计算面积，如表 3-41 所示。

表 3-41　　不规则连接板面积计算示例

序号	图形	面积计算＝长×宽
1	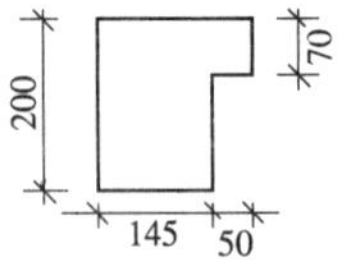	0.2×0.195＝0.039
2	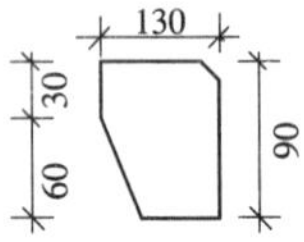	0.13×0.09＝0.012
3	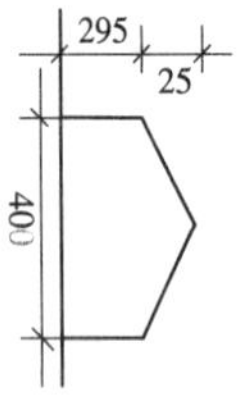	0.4×0.32＝0.128
4	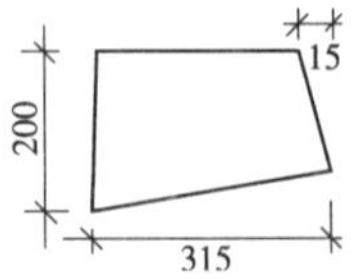	0.315×0.2＝0.063

【例 3-32】 试计算如图 3-119 所示的钢屋架间支撑工程量。已知 −8 钢板理论质量 62.8kg/m²，∟75×5 角钢理论质量5.82kg/m。

【解】 −8 钢板重量＝①号钢板面积×①号钢板理论质量×块数＋②号钢板面积×②号钢板理论质量×块数

＝(0.08＋0.18)×(0.075＋0.18)×62.8×2＋(0.22＋0.105)×(0.18＋0.075)×62.8×2

＝4.16×2＋5.2×2＝18.72kg

∟75×5角钢质量＝角钢长度×角钢理论质量×根数

＝7.1×5.82×2＝82.64kg

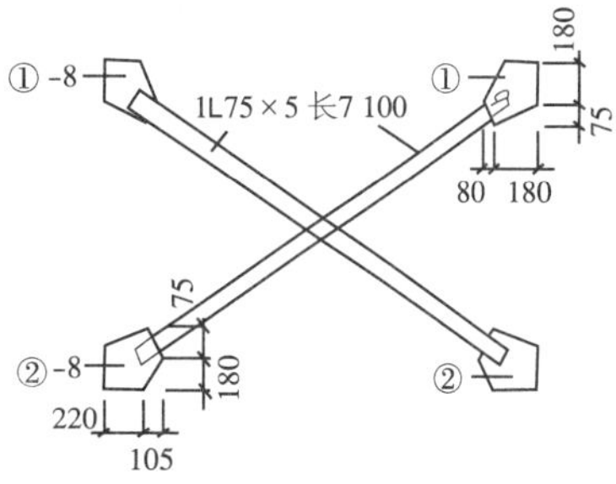

图 3-119　钢屋架间水平支撑

支撑工程量＝钢板质量＋角钢质量 ＝18.72＋82.64＝101.36kg＝0.101t

3.8.3 实训练习:某吊车梁相关项目列项与计量

已知:某施工企业在一工业厂房建设中,承担了如图 3-120 所示实腹工字形 12m 钢吊车梁制作 20 根(焊接结构),并负责运输、安装(在钢柱上,采用起重机械吊装)和油漆,加工制作地点距安装地点 4km 处。钢结构制作完毕后需除锈、刷防锈漆一遍,调和漆三遍。钢板理论质量:−28 钢板,219.80kg/m²;−20 钢板, 157 kg/m²;−16 钢板,125.60 kg/m²;−10 钢板,78.50kg/m²。

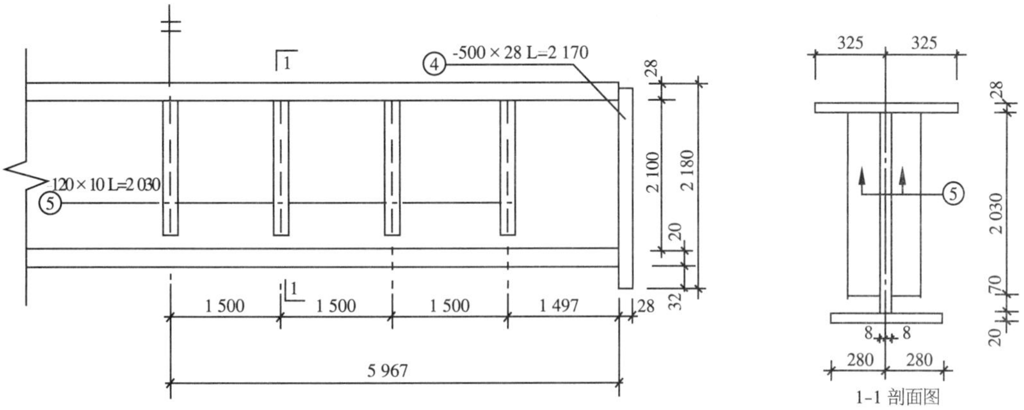

图 3-120　吊车梁示意图

【分析】 吊车梁项目列项如表 3-42 所示。

表 3-42　**吊车梁项目列项**　单位:t

序　号	定额项目名称	清单项目名称
1	钢吊车梁制作(包括刷防锈漆)	钢吊车梁
2	钢吊车梁运输	
3	钢吊车梁安装	
4	钢吊车梁油漆	

注:①钢吊车梁的运输、安装项目执行预算定额中构件运输、安装工程内容。

②钢吊车梁的油漆项目执行装饰定额油漆、涂料、裱糊工程内容。

定额或清单项目计量如表 3-43 所示。

表 3 43　　　　工程量计算表

项目名称	单位	计　算　式	工程量
相关基数	m^2	(1)−28:上翼缘 1=(0.325×2+0.05)×5.967×2−8.353 8 (2) −28.上翼缘 2=(0.325×2)×5.967×2=7.757 1 (3) −20:下翼缘 1=(0.28×2+0.05)×5 967×2=7.279 74 (4) −20:下翼缘 2=(0.28×2)×5.967×2=6.683 04 (5) −16:腹板 1=(2.10+0.05)×5.967×2=25.658 1 (6) −16:腹板 2=2.10×5.967×2=25.061 4 (7) −25:挡板=2.17×0.5×2=2.17 (8)−10:加劲板=2.03×0.12×7×2=3.410 4	
定额项目	t	单根钢吊车梁=(8.353 8+2.17)×219.80+7.279 74×157+25.658 1×125.60+3.410 4×78.50=6 946kg=6.946 钢吊车梁制作=6.946×20=138.92	138.92
	t	钢吊车梁运输=图示质量×损耗系数=138.92×1.015=141.004	141.004
	t	钢吊车梁安装=141.004	141.004
	t	钢吊车梁油漆=图示质量×油漆系数=138.92×0.60=83.352	83.352
清单项目	t	单根钢吊车梁=(7.757 1+2.17)×219.80+6.683 04×157+25.061 4×125.60+3.410 4×78.50=6 647kg=6.647 钢吊车梁=6.647×20=132.94	132.94

注:损耗系数、油漆系数见当地定额规定,可能有所不同;以 t 为单位计算一般保留小数三位。

项目 3.9　屋面及防水工程计量

3.9.1　项目划分

屋面及防水工程(waterproof roofing project)内容主要有屋面工程、屋面防水、墙地面防水和变形缝。定额项目与清单项目划分如图 3-121 所示。

定额与清单项目划分
- 瓦、型材屋面
  - 瓦屋面(小青瓦、水泥平瓦、琉璃瓦等)
  - 型材屋面(压型钢板、阳光板、玻璃钢等)
  - 膜结构屋面
- 屋面防水
  - 卷材防水
  - 涂膜防水
  - 刚性防水
  - 排水管
  - 天沟、沿沟防水
- 墙、楼地面等防水防潮
  - 卷材防水
  - 涂膜防水
  - 刚性防水
  - 变形缝

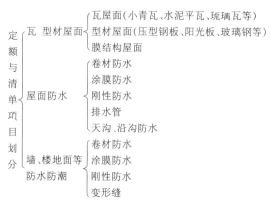

注:① 对比定额项目中未设膜结构屋面(图 3-122)。
② 屋面排水项目中定额项目水斗等按个单独确定,清单项目水斗等包括在排水管项目中不再单独计取。
③ 屋面找平层,面层按楼地面项目执行。

图 3-121　定额项目与清单项目划分示意图

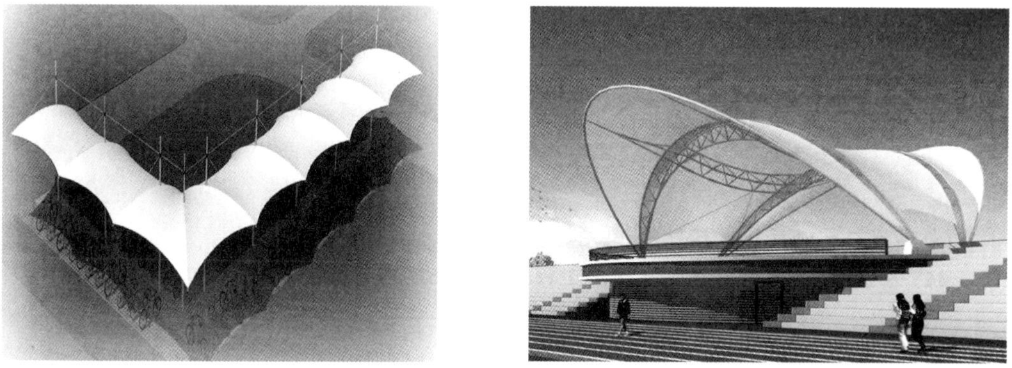

(a) 膜结构自行车棚　　(b) 膜结构观景台

图 3-122　膜结构屋面①

3.9.2　屋面及防水工程计量方法

1. 屋面工程项目计量(图 3-123)

屋面工程
- 区分型材屋面和瓦屋面
  - 按设计图示尺寸以斜面积计算
  - 不扣除
    - 烟囱、风帽底座、风道
    - 小气窗(小气窗出檐亦不增加)
    - 斜沟
- 膜结构屋面:按设计图示尺寸以需要覆盖的水平面积计算

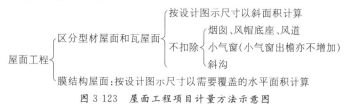

图 3-123　屋面工程项目计量方法示意图

① 膜结构又叫张拉膜结构(Tensioned Membrane Structure),是以建筑织物即膜材料为张拉主体,与支撑构件或拉索共同组成的结构体系,以新颖独特的建筑造型、良好的受力特点,成为大跨度空间结构的主要形式之一。它是一种建筑与结构完美结合的结构体系,是用高强度柔性薄膜材料与支撑体系相结合形成具有一定刚度的稳定曲面,能承受一定外荷载的空间结构形式。其造型自由轻巧,具有阻燃、制作简易、安装快捷、易于使用、安全等优点,因而在世界各地受到广泛应用。这种结构形式特别适用于大型体育场馆、入口廊道、建筑小品、公众休闲娱乐广场、展览会场、购物中心、停车场等领域。

2. 防水工程项目计量(图 3-124)

- 防水工程
  - 屋面防水
    - 柔性防水(卷材、涂膜防水)
      - 基本规定
        - 平屋面:按水平投影面积计
        - 斜屋面:按斜面积计
      - 不扣除
        - 烟囱、风道
        - 风帽底座、小气窗
        - 斜沟
      - 加入
        - 女儿墙弯起
        - 天窗、烟囱根弯起
        - 伸缩缝处弯起
    - 刚性防水:按设计图示尺寸以面积计不扣除烟囱、风帽底座、风道等面积
    - 排水管:按长度计
    - 天沟、檐沟:按设计图示尺寸以面积或展开面积(铁皮和卷材天沟)计
  - 墙、地(楼)面防水
    - 柔性、刚性防水地面
      - 均以主墙间净空面积计
      - 扣除
        - 凸出地面构筑物
        - 设备基础等
      - 不扣
        - 间壁墙
        - ≤0.3m^2 孔洞柱、垛等
    - 墙基防水
      - 外墙按中心线
      - 内墙按净长线乘以宽度以面积计
  - 变形缝:按设计图示以长度计算

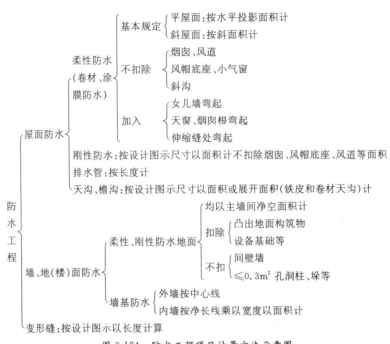

图 3-124 防水工程项目计量方法示意图

3. 清单项目与定额项目计量比较(表 3-44)。

表 3-44　　屋面及防水工程工程量计算规则对比

项目名称	清单工程量计算规则	对应(全国统一)定额工程量计算规则不同点
屋面排水	按设计图示尺寸以长度计算,如设计未标注尺寸以檐高至设计室外散水上表面垂直距离计算。内容包括水斗等配件	水落管、水口、水斗等分别列项计算。 (1) 铁皮水落管、檐沟、泛水等铁皮排水按图示尺寸以展开面积计算。 (2) 铸铁水落管、PVC 塑料水落管以"m"计算。 (3) 落水斗、落水口、出水口以"个"计算
楼地面防水防潮	按设计图示尺寸以面积计算。 地面防水:按主墙间净空面积计算,扣除凸出地面的构筑物、设备基础等所占面积,不扣除间壁墙及单个 0.3 m^2 以内的柱、垛、烟囱和孔洞所占面积	定额计算规则在清单规则基础上还强调:与墙面连接处在高度在 500mm 以内者按展开面积计算,并入平面工程量内,超过 500mm 时,按立面防水层计算

4. 坡屋面斜面积计算

坡屋面(slope roof)斜面积计算示意,如图 3-125 所示,坡屋面系数取值见表 3-45。

屋面斜面积=斜面积的水平投影面积×屋面坡度系数 C

图中:B=坡屋面高度;沿山墙泛水长度=AC;四坡排水屋面斜脊长度=AD(当 S=A 时)。

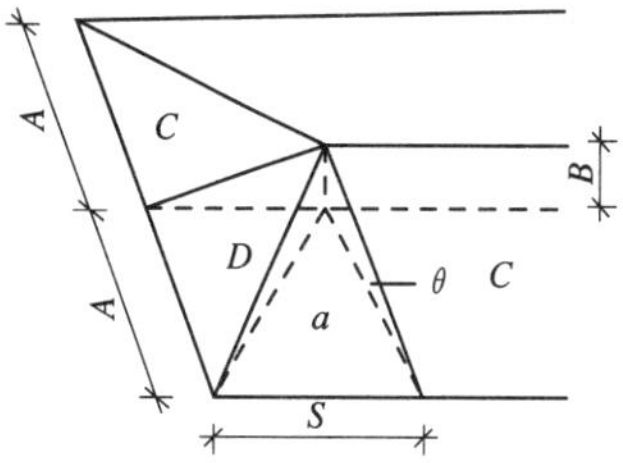

图 3-125　坡屋面示意图

表 3-45　　**坡屋面系数表**

坡度			延尺系数 C (A=1)	隅延尺系数 D (A=1)
以高度 B 表示 (当 A=1 时)	以高跨比表示 (当 B/2A=1 时)	以角度表示 (θ)		
1	1/2	45°	1.4142	1.7321
0.75		36°52′	1.2500	1.6008
0.70		35°	1.2207	1.5779
0.666	1/3	33°40′	1.2015	1.5620
0.5	1/4	26°34′	1.1180	1.5000
0.4	1/5	21°48′	1.0770	1.4697
0.35		19°17′	1.0594	1.4569
0.3		16°42′	1.0440	1.44457
0.25		14°02′	1.0308	1.4362

注:一般当屋面坡度 θ<15°时,看成平屋面。

【例 3-33】 设计黏土瓦屋面在挂瓦条上铺设坡度=0.5(θ 为 26°34′),尺寸如图 3-126 所示,试计算斜屋面面积。

【解】 屋面斜面积=(40.0+0.5×2)×(15.0+0.5×2)×1.118=733.41m²

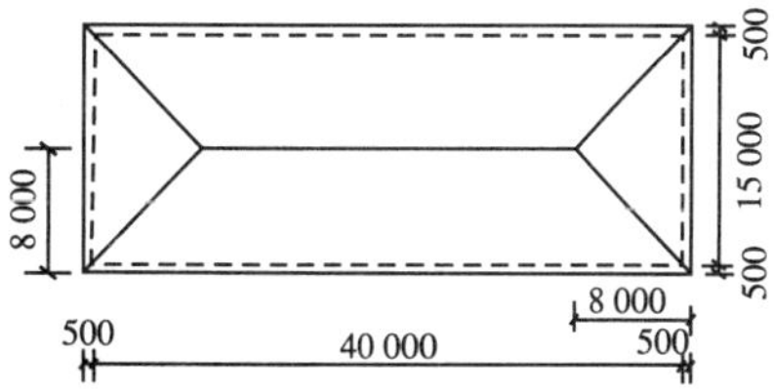

图 3-126　屋顶平面图

【例 3-34】 计算图 3-127 带有屋面小气窗的四坡水瓦屋面工程量。查表已知坡度系数 C=1.118。

【解】 定额项目与清单项目计算方法一致

瓦屋面工程量=(15+0.5×2)×(10+0.5×2)×1.118=196.77m²

【例 3-35】 如图 3-128 所示,根据其屋面工程做法进行项目列项并进行计量。某平屋面工程做法:

(1) 3mm 厚高聚物改性沥青卷材防水层一道(热熔法施工);

(2) 20mm 厚 1∶3 水泥砂浆找平层;

(3) 1∶10 石灰炉渣找坡 2%,最薄处 30mm 厚;

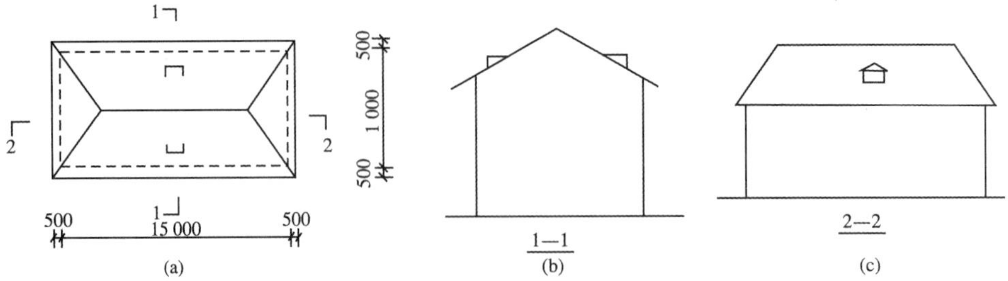

图 3-127　带有屋面小气窗的四坡水瓦屋面平面、剖面图

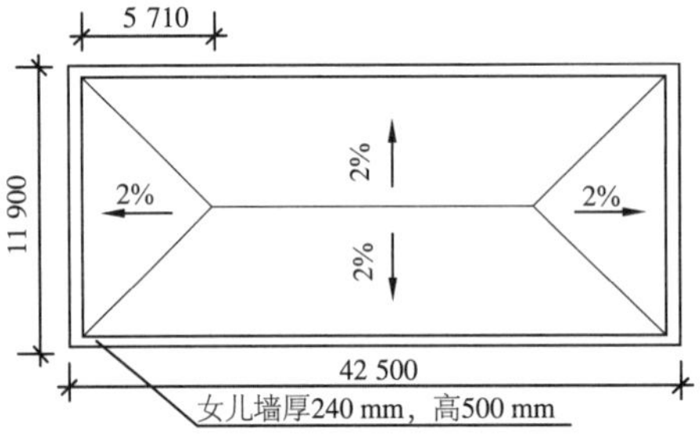

图 3-128　屋顶平面示意图

(4) 60mm 厚聚苯乙烯泡沫塑料板保温层。

【解】 屋面工程定额与清单项目列项分别见表 3-46、表 3-47。定额或清单项目计量见表 3-48。

表 3-46　　屋面工程定额项目列项

屋面工程作法	定额项目项目名称及计量单位
① 3mm 厚高聚物改性沥青卷材防水层一道(热熔法施工)	(1)高聚物改性沥青卷材防水，m^2
②20mm 厚 1∶3 水泥砂浆找平层	(2)1∶3 水泥砂浆在硬基层上找平，m^2 (3) 1∶3 水泥砂浆在填充材料上找平，m^2
③ 1∶10 石灰炉渣找坡 2%，最薄处 30mm 厚	(4)1∶10 石灰炉渣保温隔热，m^3
④60mm 厚聚苯乙烯泡沫塑料板保温层	(5)聚苯乙烯泡沫塑料板保温，m^3

注：执行定额时找平层、保温层分别属于楼地面与防腐、隔热保温工程。

表 3-47　　屋面工程清单项目列项

屋面工程作法	清单项目项目名称及计量单位
①3mm 厚高聚物改性沥青卷材防水层一道(热熔法施工)	(1)高聚物改性沥青卷材防水，m^2
②20mm 厚 1∶3 水泥砂浆找平层	
③ 1∶10 石灰炉渣找坡 2%，最薄处 30mm 厚	(2)聚苯乙烯泡沫塑料板保温，m^2
④60mm 厚聚苯乙烯泡沫塑料板保温层	

注：清单项目卷材防水项目包括了找平层做法。

表 3-48　　工程量计算表

项目名称	单位	计　算　式	工程量
相关基数	m^2	屋面净面积＝(42.5－2×0.24)×(11.9－2×0.24)＝42.02×11.42＝479.87	
	m	屋面女儿墙内周长＝(42.02＋11.42)×2＝106.88	
定额项目	m^2	(1)高聚物改性沥青卷材防水＝479.87＋106.88×0.25＝506.59	506.59
	m^2	(2)1∶3 水泥砂浆在硬基层上找平＝106.88×0.25　26.72	26.72
	m^2	(3)1∶3 水泥砂浆在填充材料上找平＝479.87	479.87
	m^3	(4)1∶10 石灰炉渣保温隔热＝479.87×0.03【最薄处体积】＋11.42/6×[(42.02－11.42)＋42.02＋42.02]×(11.42/2×2%)【楔形体体积】＝39.31	39.31
	m^3	(5)聚苯乙烯泡沫塑料板保温＝479.87×0.06＝28.79	28.79
清单项目	m^2	(1)高聚物改性沥青卷材防水＝479.87＋26.72＝506.59	506.59
	m^2	(2)聚苯乙烯泡沫塑料板保温＝479.87	479.867

3.9.3 实训练习:某二层框架结构办公楼屋面工程项目列项与计量

已知某二层框架结构办公楼,屋面工程图如图 3-129 所示,防水砂浆墙基防潮,散水变形缝嵌沥青砂浆。

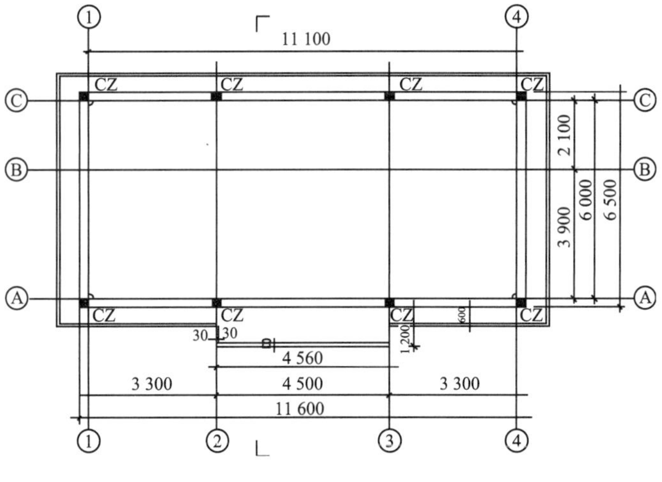

图 3-129　屋顶平面示意图

【分析】 根据屋面工程做法及构造图进行项目列项,如表 3-49 所示。定额或清单项目计量见表 3-50。

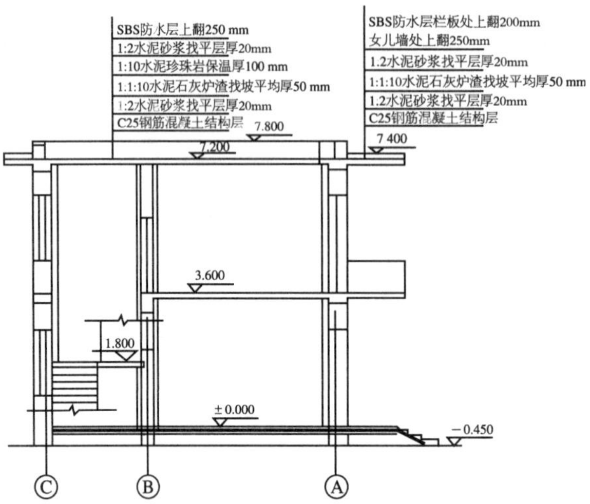

图 3-130　屋面剖面图

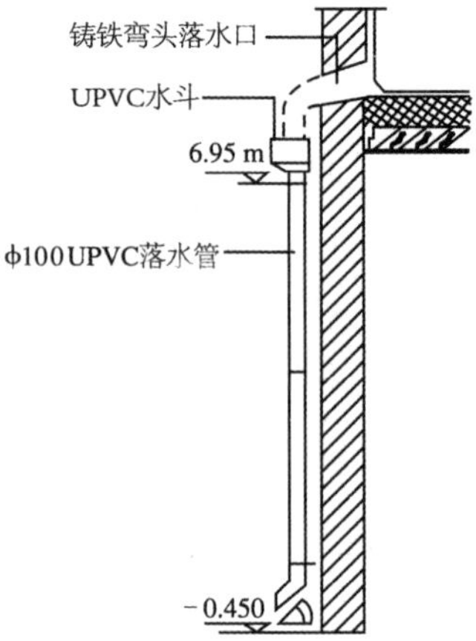

图 3-131　屋面排水示意图

表 3-49　　屋面工程项目列项

序号	定额项目名称及计量单位	清单项目名称及计量单位
(1)	SBS 改性沥青防水卷材屋面,m^2	SBS 改性沥青防水卷材屋面,m^2
(2)	1∶2 水泥砂浆在填充料上找平层,m^2	
(3)	1∶10 现浇水泥珍珠岩保温层,m^3	1∶10 现浇水泥珍珠岩保温层,m^2
(4)	1∶1∶10 水泥石灰炉渣找坡,m^3	
(5)	1∶2 水泥砂浆在硬基层上找平,m^2	
(6)	铸铁弯头落水口,个	屋面排水管,m
(7)	UPVC 水斗,个	
(8)	UPVC 水管,m	
(9)	散水沥青砂浆嵌缝,m	注:合并在混凝土散水项目中,此处可不单独列项
(10)	1∶2 防水砂浆墙基防潮,m^2	注:此项墙基防潮包括在墙基础项目中,不单独列项

注:清单项目中找平层不再单独设项。

表 3-50　　　　　　　　　　屋面及防水工程量计算表

项目名称		单位	计　算　式	工程量
相关基数		m^2	屋面净面积:75.4－35.24×0.24＝66.9424 女儿墙内上卷面积:(35.24－4×0.24)×0.25＝8.57 女儿墙外上卷面积:(35.24＋4×0.24)×0.25＝9.05 挑檐板屋面板面积:25.896－41.96×0.06＝23.3784 反挑檐上卷面积:(41.96－4×0.06)×0.2＝8.344	
		m	外墙柱间净距＝30.6 内墙柱间净距＝14.3	
定额项目	SBS 改性沥青防水卷材屋面	m^2	66.9424＋8.57＋9.05＋23.3784＋8.344＝116.2848	116.28
	落水管	m	(6.95＋0.45)×4＝29.6	29.6
	落水斗	个	4	4
	弯头	个	4	4
	现浇水泥珍珠岩保温层	m^3	66.9424×0.1＝6.69424	6.69
	1∶1∶10 水泥石灰炉渣找坡	m^3	(66.9424＋23.3784)×0.05－90.3208×0.05＝4.51604	4.52
	1∶2 水泥砂浆找平层在填料上	m^2	66.9424＋23.3784＝90.3208	90.32
	1∶2 水泥砂浆在硬基上找平	m^2	116.2848	116.28
	散水沥青砂浆嵌缝	m	36.2－(2.7＋1.2)＋4×1.414×0.55＋3×0.55＝37.06	37.06
	墙基防潮	m^2	30.6×0.37＋14.3×0.24＝14.754	14.75
清单项目	SBS 改性沥青防水卷材屋面	m^2	116.28	116.28
	1∶10 现浇水泥珍珠岩保温层	m^2	66.9424	66.94
	屋面排水管	m	(7.15－0.1＋0.45)×4＝30	30

3.9.4　定额名词解释

(1) 屋面隔气层:为减少地面、墙体或屋面透气的构造层叫隔气层。其做法一般为刷冷底子油一遍(度),再刷热沥青。

(2) 透气层:指在结构层和隔气层之间设一构造层,使室内透过结构层的蒸汽得以流通扩散,压力得以平衡,并设有出口,把余压排泄出去。透气层一般使用油毡条或颗粒材料施工而成。

项目 3.10　防腐、隔热、保温工程计量

3.10.1　项目划分

本节内容适用于房屋建筑结构和构筑物整体面层、块料面层和涂料防腐蚀工程(corrosion preventive project)以及屋面、天棚、墙体、地面及其他保温隔热工程(insulation and thermal insulation project)。

定额项目与清单项目划分如图 3-132 所示。

- 定额与清单项目
  - 防腐工程
    - 防腐面层
      - 防腐混凝土面层
      - 防腐砂浆面层
      - 玻璃钢防腐面层
      - 聚氯乙烯面层
      - 块料防腐面层等
    - 其他防腐
      - 隔离层
      - 砌筑沥青浸渍砖
      - 防腐涂料等
  - 隔热、保温工程
    - 保温隔热屋面
    - 保温隔热天棚
    - 保温隔热墙
    - 保温柱
    - 隔热楼地面等

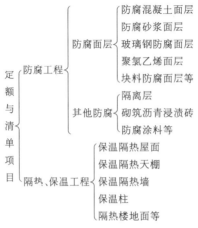

图 3-132　定额与清单项目划分

3.10.2　防腐、隔热、保温工程计量方法

1. 防腐工程项目计量

(1) 整体面层:按设计图示尺寸以面积计算。其中,平面防腐扣除凸出地面的构筑物、设备基础等所占的面积;立面防腐突出墙面砖垛等按展开面积并入墙面防腐工程量内计算。

(2) 块料面层:按设计图示尺寸以面积计算。其中,平面防腐扣除凸出地面的构筑物、设备基础等所占的面积;立面防腐突出墙面砖垛等按展开面积并入墙面防腐工程量内计算;踢脚线应扣除门洞所占面积并相应增加门洞侧壁面积。

(3) 隔离层:同整体面层计算方法。

(4) 防腐涂料:同整体面层计算方法。

(5) 砌筑沥青浸渍砖:按设计图示尺寸以体积或面积计算。

【例 3-36】 试计算图 3-133 所示地面抹水玻璃耐酸砂浆工程量。

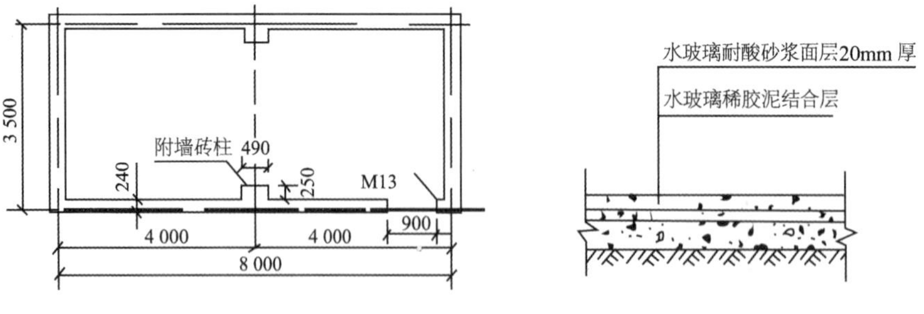

图 3 133　某工程平面图与地面做法示意图

【解】 清单项目与定额项目内容一致:

地面抹水玻璃耐酸砂浆工程量 $=(8-0.24)\times(3.5\quad 0.24)+0.9\times 0.12=25.41\text{m}^2$

【例 3-37】 计算图 3-134 中环氧玻璃钢整体面层的工程量。

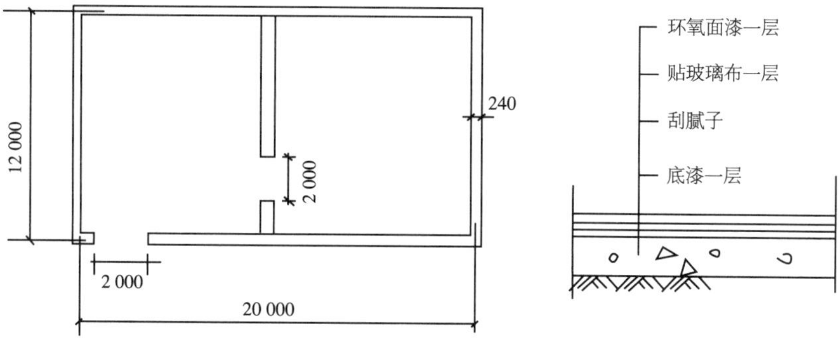

图 3-134　某工程平面图与地面做法示意图

【解】 (1)定额项目：环氧玻璃钢整体面层按定额规定，包括底油一层、刮腻子、贴玻璃布一层、面漆一层等构造层次，由于定额中分别列项，故其工程量计算时应分别计算。

环氧底漆一层工程量＝[(20－0.24×2)×(12－0.24)＋0.12×2＋0.24×2]＝230.28m^2

刮腻子工程量＝230.28m^2

贴玻璃布一层工程量＝230.28m^2

环氧面漆一层工程量＝230.28m^2

(2) 清单项目：环氧玻璃钢整体面层综合为一项工程量＝230.28m^2

2. 隔热、保温工程项目计量

(1) 保温隔热屋面：按设计图示尺寸以面积计算，不扣除柱、垛所占面积。

(2) 保温隔热天棚：同保温隔热屋面计量方法。

(3) 隔热楼地面：同保温隔热屋面计量方法。

(4) 保温隔热墙：按设计图示尺寸以面积计算，扣除门窗洞口所占面积，洞口侧壁保温并入墙体工程量内。

(5) 保温柱：按设计图示以保温层中心线展开长度乘以保温层高度计算。

以上均以清单项目为主介绍其计量方法，在定额项目中隔热、保温项目均以面积计算。

3. 清单项目与定额项目计量比较(表 3-51)

表 3-51　　防腐、隔热、保温工程工程量计算规则对比

项目名称	清单工程量计算规则	对应(全国统一)定额工程量计算规则不同点
砌筑沥青浸渍砖	按设计图示尺寸以体积计算	按面积计算
保温隔热的屋面、墙、楼地面、柱等	按设计图示尺寸以面积计算	按体积计算

4. 定额项目屋面保温、隔热层计量

保温、隔热层体积＝屋面保温隔热面积 S×平均厚度 h

(1) 屋面保温隔热层面积确定：有女儿墙时，算至女儿墙内侧，有天沟时应扣除天沟面积；无女儿墙时，算至外墙皮，有天沟时应扣除天沟面积。

(2) 屋面结构找坡保温隔热层平均厚度确定单向找坡，$h=h_1+\frac{iL}{2}$；双向找坡，$h=h_1+\frac{iL}{4}$。如图 3-135 所示。

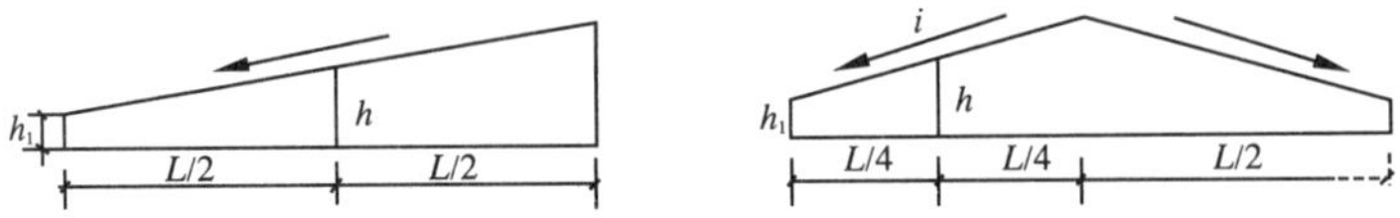

(a) 单向找坡　　(b) 双向找坡

h—保温层计算平均厚度；h_1—保温层最薄处厚度；L—屋面的计算跨度；i—坡度系数

图 3-135　坡屋面保温隔热层平均厚度确定图示

【例 3-38】 根据图 3-136 所示尺寸和条件，计算屋面找坡体积，最薄处厚 30mm。

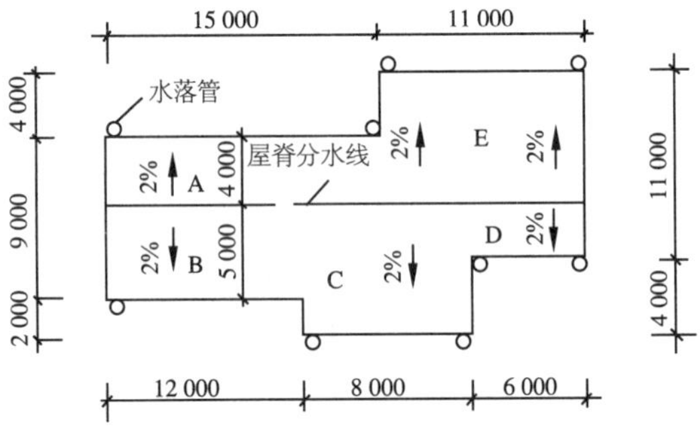

图 3-136　某平屋面找坡示意图

【解】

(1) A 区面积，15×4＝60m²；平均厚，(4.0×2%×1/2＋0.03)＝0.07m。

(2) B 区面积，12×5＝60m²；平均厚，(5.0×2%×1/2＋0.03)＝0.08m。

(3) C 区面积，8×(5＋2)＝56m²；平均厚，(7×2%×1/2＋0.03)＝0.10m。

(4) D 区面积，6×(5＋2－4)＝18m²；平均厚，(3×2%×1/2＋0.03)＝0.06m。

(5) E 区面积，11×(4＋4)＝88m²；平均厚，(8×2%×1/2＋0.03)＝0.11m。

屋面找坡体积＝60×0.07＋60×0.08＋56×0.10＋18×0.06＋88×0.11＝25.36m³。

【例 3-39】 设平屋面铺炉渣保护层，要求铺好后找出 2% 的坡度(双面)，其最薄处的厚度为 20mm，按图示尺寸图 3-137 所示，求出保温层的工程量。

【解】 (1) 定额项目炉渣保温层工程量按体积计算：

炉渣保温层平均厚＝0.02＋9÷4×2%＝0.065m

炉渣保温层体积＝(30.48－2×0.24)×(9.48－2×0.24)×0.065＝17.515m³

(2) 清单项目炉渣保温层工程量按面积计算：

炉渣保温层面积＝(30.48－2×0.24)×(9.48-2×0.24)＝270m²

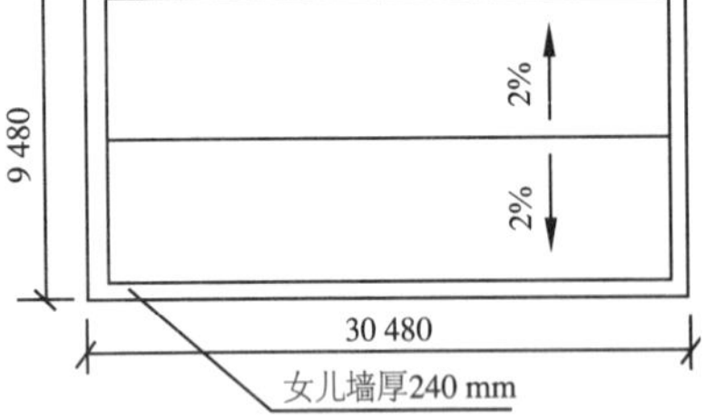

图 3-137　双向找坡屋面示意图

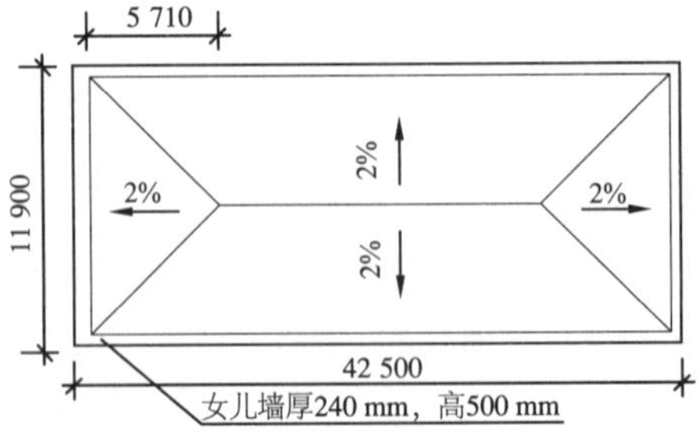

图 3-138　四坡水屋面示意图

【例3-40】 计算平屋面上四坡水屋面找坡保温、隔热层见图3-138所示的体积。设计要求最薄处30mm。

【解】 (1) 分析

四坡水屋面保温层的体积是由一个长方体和一个楔形体组成(图3-139)。楔形体的体积计算公式为

$$V_{楔}=b/6\times(a_1+a+a)\times H$$

式中 a,b——屋面长和宽；

a_1——水平屋脊长；

H——屋脊高。

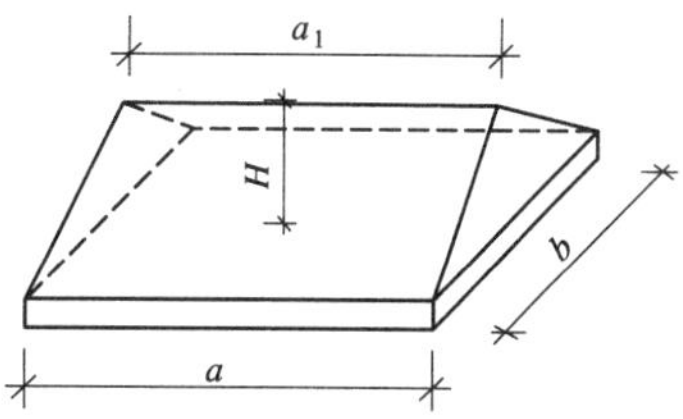

图3-139　楔形体示意图

屋面面积 $=(42.5-2\times0.24)\times(11.9-2\times0.24)$

$=42.02\times11.42=479.87\text{m}^2$

楔形体体积 $V_{楔}=11.42/6\times[(42.02-11.42)+42.02+42.02]\times(11.42/2\times2\%)=24.918\text{m}^3$

保温层隔热层的体积 $V=479.87\times0.03+24.918=39.31\text{m}^3$

【例3-41】 某冷库内设有两根直径为0.5m的圆柱，上带柱帽，尺寸如图3-140所示，圆柱保温层采用软木保温，试计算圆柱保温层工程量。

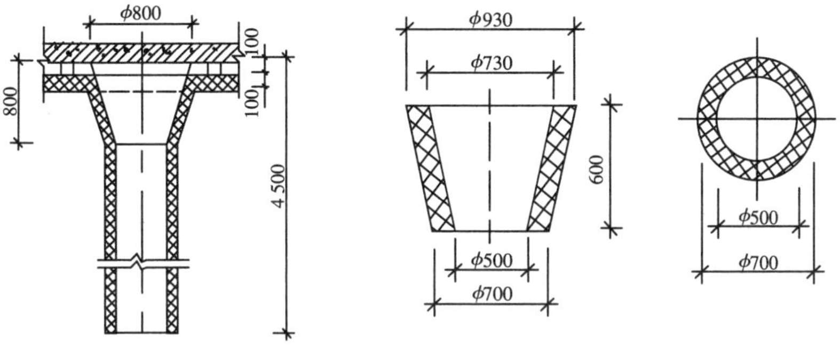

(a) 圆柱与柱帽包保温层　(b) 柱帽包保温层　(c) 圆柱包保温层

图3-140　柱保温层结构示意图

【解】 (1) 定额项目：以体积计算，其中，柱帽保温工程量，按空心圆锥体计算。

柱身保温层工程量 $=0.6\pi\times(4.5-0.8)\times0.1\times2=1.394\text{m}^3$

柱帽保温层工程量 $=0.5\pi(0.7+0.73)\times0.6\times0.1\times2=0.27\text{m}^3$

柱保温工程量 $=1.394+0.27=1.664\text{m}^3$

(2) 清单项目：以面积计算，其中柱帽保温工程量按圆锥侧面计算。

柱身保温层工程量 $=0.6\pi\times(4.5-0.8)\times2=13.94\text{m}^2$

柱帽保温层工程量 $=\pi(0.3+0.415)\times\sqrt{0.6^2+(0.415-0.3)^2}\times2=2.74\text{m}^2$

柱保温工程量 $=13.94+2.74=16.68\text{m}^2$

项目3.11　构件的运输、安装工程项目计量

3.11.1　项目划分

构件的运输、安装工程(installation project)只对定额项目而言，在清单项目中对构件的运输、安

装均不单独设置项目。构件的运输、安装工程包括预制混凝土构件、金属构件和木门窗的运输,预制混凝土构件安装、金属构件安装,见图 3-141。构件的运输项目适用于由构件堆放场地或构件加工厂运至施工现场的运输。

- 构件的运输、安装工程
  - 混凝土构件
    - 预制混凝土构件运输(按 1～6 类及运距确定)
    - 预制混凝土构件安装(按构件柱、梁、板、屋架等分类)
  - 金属构件
    - 金属构件的运输(按 1～3 类及运距确定)
    - 金属构件的拼装与安装(按构件钢柱、吊车梁、钢屋架等分类)
  - 木门窗构件:木门窗的运输

注:(1) 有些地区定额此工程中还包括混凝土构件的接头灌缝项目。
(2) 全国统一建筑工程基础定额中混凝土构件的接头灌缝项目是在混凝土工程中考虑的。

图 3-141　构件的运输、安装工程项目划分

3.11.2　构件的运输、安装工程计量方法

预制混凝土构件运输工程量＝构件实体积×(1＋运输损耗率)

预制混凝土构件安装工程量＝构件实体积×(1＋安装损耗率)

预制混凝土构件灌缝工程量＝构件实体积

金属构件的运输工程量＝图示质量×损耗系数

金属构件的拼装与安装工程量＝图示质量×损耗系数

木门窗构件的运输工程量＝框外围面积

【例 3-42】 某 C20 预制过梁按设计图示尺寸实体积计算为 2.13m^3,构件加工点距施工现场为 3km,试确定该预制过梁的制作、运输、安装、灌缝工程量。

【解】 预制过梁的制作工程量＝2.13× ×1.015＝2.16m^3

预制过梁的运输工程量＝2.13×1.013＝2.16m^3

预制过梁的安装工程量＝2.13×1.005＝2.14m^3

预制过梁的灌缝工程量＝2.13m^3

3.11.3　定额名词解释

(1) 构件接头灌缝:在预制钢筋混凝土构件吊装过程中,将分段和分部位预制的构件用相应强度等级混凝土连接的施工过程。

(2) 混凝土板灌缝:指安装钢筋混凝土时,板与板之间及板头间的空缝灌浆填空的施工。

(3) 构件坐浆:指在构件安装位置铺设砂浆,使构件稳定并与支承体结合成一个整体。

(4) 柱与基础灌缝:一般指在杯形基础上安装柱,待柱就位找正后,用砂浆将杯口空隙全部灌满以固定柱的施工过程。

(5) 柱接柱:上段柱与下段柱用焊接和混凝土浇筑连接的施工过程。

(6) 空腔灌缝:指对内、外混凝土墙板安装,内墙用混凝土或砂浆灌注;外墙板空腔灌缝是防水的,一般在缝内设置塑料胶粘管,墙板安装时将空腔管搁严,并用沥青油毡或沥青麻丝灌实防水后,用混凝土或砂浆勾缝。空腔是指墙板与墙板的安装时的板缝。

项目 3.12　装饰装修工程计量

3.12.1　装饰装修工程内容

装饰装修工程(decorative project)主要包括楼地面工程,墙、柱面工程,天棚工程,门窗工程,油

漆、涂料、裱糊工程及其他工程内容，具体内容如下：

（1）楼地面工程：地面，楼面，台阶面，楼梯面，扶手、栏杆、栏板，踢脚面及散水面层等。

（2）墙、柱面工程：墙、柱面的一般抹灰与装饰抹灰，墙柱面的镶贴，墙柱面的装饰，隔墙与隔断，幕墙等。

（3）天棚工程：天棚抹灰、天棚吊顶、天棚其他装饰等。

（4）门窗工程：各种木门、木窗，金属门、金属窗，门窗套，窗帘轨、盒，窗台板等。

（5）油漆、涂料、裱糊工程：木材面、金属面、抹灰面油漆，喷刷涂料，墙、柱、天棚贴壁纸等。

（6）其他工程：柜类、货架、暖气罩、装饰线、浴厕配件等。

3.12.2　楼地面工程

1. 楼地面工程项目划分（图 3-142）

楼地面工程项目：
- 垫层
- 找平层
- 整体面层：水泥砂浆面层、水磨石面层、混凝土面层等
- 块料面层：各种石材面层、块料面层
- 橡塑面层：橡胶板面层、橡胶卷材面层、塑料板面层、塑料卷材面层等
- 其他材料面层：地毯、竹木地板、防静电活动地板、复合地板等
- 踢脚线：水泥砂浆、石材、块料等不同材料形式的踢脚线
- 楼梯：水泥砂浆、石材、块料等不同材料形式形成的楼梯面
- 扶手、栏杆、栏板装饰：金属、硬木、塑料等形式的扶手、栏杆、栏板
- 台阶面：水泥砂浆台阶面以及各种石材、块料材料的台阶面
- 零星装饰：楼梯、台阶侧面装饰及＜$0.5m^2$ 少量分散的楼地面装修

图 3-142　楼地面工程项目划分示意图

2. 楼地面工程计量方法

基本规定（不包括垫层）：区分不同材料以图示尺寸面积计。其中：

（1）扣除凸出地面构筑物、设备基础、地沟等。

（2）考虑扣除柱、垛、间壁墙、附墙烟囱；≤$0.3m^2$ 孔洞。不扣除整体面层、块料面层，要扣除橡塑面层、其他材料面层。

（3）考虑增加门洞开口、空圈开口、暖气包槽开口。

（4）踢脚线：清单项目按设计图示长度乘以高度以面积计；定额项目以设计图示长度延长米计算。

（5）楼梯装饰：以水平投影面积计。

（6）扶手（含栏杆、栏板）：以扶手中心线长度计。

注：垫层按设计图示尺寸以体积计算。

3. 楼地面工程清单项目计量与定额项目计量比较(表 3-52)

表 3-52　　楼地面工程量计算规则对比

项目名称	清单工程量计算规则	对应(全国统一)定额工程量计算规则不同点
块料面层	按设计图示尺寸以面积计算,应扣除墙裙、凸出地面构筑物、设备基础、室内铁道、地沟等所占面积,不扣除间壁墙和 0.3m² 以内的柱、垛、附墙烟囱及孔洞所占面积。门洞、空圈、暖气包槽、壁龛的开口部分不增加面积	按设计图示尺寸以实铺面积计算,门洞、空圈、暖气包槽、壁龛的开口部分的工程量并入相应的面层内计算
踢脚线	按设计图示长度乘以高度以面积计算	踢脚线按延长度计算(目前很多地区定额规定也按面积计算)

【例 3-43】 如图 3-143 所示一室内楼面,假设窗下暖气包槽宽 1200mm、深 120mm,其楼面工程做法:600mm×600mm 瓷质耐磨地砖面层;20mm 厚 1∶4 干硬性水泥砂浆结合层;60mm 厚 C20 细石混凝土找平层;聚氨酯三遍涂膜防水层,四周卷起 150mm 高;20mm 厚 1∶3 水泥砂浆找平层;现浇混凝土楼板。现要求按定额与清单形式列出相应项目名称并进行计量。

【解】 某室内楼面定额与清单项目项目列项见表 3-53、表 3-54。定额或清单项目计量见表 3-55。

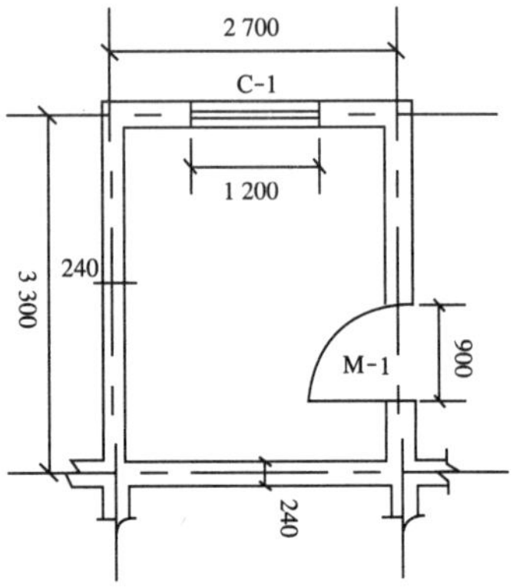

图 3-143　某室内楼面平面

表 3-53　　某室内楼面定额项目列项

楼面工程作法	定额项目项目名称	计量单位
①600mm×600mm 瓷质耐磨地砖面层 ②20mm 厚 1∶4 干硬性水泥砂浆结合层	(1) 瓷砖面层	m²
③60mm 厚 C20 细石混凝土找平层	(2)混凝土找平层	m²
④聚氨酯三遍涂膜防水层,四周卷起 150mm 高	(3)涂膜防水层	m²
⑤20mm 厚 1∶3 水泥砂浆找平层	(4)水泥砂浆找平层	m²

表 3-54　　某室内楼面清单项目列项

楼面工程做法	清单项目项目名称及计量单位
①600mm×600mm 瓷质耐磨地砖面层 ②20mm 厚 1∶4 干硬性水泥砂浆结合层 ③60mm 厚 C20 细石混凝土找平层 ④聚氨酯三遍涂膜防水层,四周卷起 150mm 高 ⑤20mm 厚 1∶3 水泥砂浆找平层	瓷砖楼地面/m²

注:清单项目综合了全部工程做法内容。

表 3-55 **工程量计算表**

项目名称	单位	计算式	工程量
基数	m^2	室内净面积＝(2.7－0.24)×(3.3－0.24)＝2.46×3.06＝7.53	
	m	室内周长＝(2.46＋3.06)×2＝11.04	
定额项目	m^2	(1) 瓷砖面层＝7.53＋1.2×0.12＋0.9×0.24【门窗洞口开口】＝7.89	7.89
	m^2	(2)混凝土找平层＝7.53	7.53
	m^2	(3) 涂膜防水层＝7.89＋(11.04－0.9＋0.12×2＋0.24×2)×0.15＝9.52	9.52
	m^2	(4) 水泥砂浆找平层＝7.53	7.53
清单项目	m^2	瓷砖楼地面＝7.53	7.53

【例 3-44】 如图 3-144 所示某进户处无梯口梁楼梯，假设该楼梯设计踏步宽 270mm、高 140mm，踢脚线高 120mm，楼梯侧面面积为 0.5m^2，楼梯板底为板式，楼梯栏杆做法不考虑，其余做法如下。

(1) 楼梯(含侧面)装饰面工程做法：20mm 厚 1∶2 水泥砂浆面层，每一踏步上嵌两根铜防滑条；刷素水泥浆一道；混凝土楼梯。

(2) 楼梯踢脚线工程做法：8mm 厚 1∶2.5 水泥砂浆压实抹光；18mm 厚 1∶3 水泥砂浆打底扫毛。

现要求按定额与清单形式列出相应项目名称并进行计量。

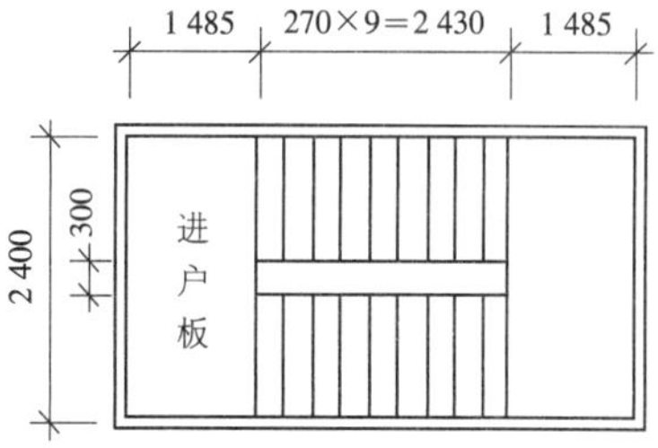

图 3-144 楼梯平面示意图

【解】 (1) 某楼梯面定额与清单项目列项如表 3-56、表 3-57 所示。

表 3-56 **定额项目列项**

部位	工程做法	定额项目项目名称及计量单位
楼梯	①20mm 厚 1∶2 水泥砂浆面层	(1)水泥砂浆楼梯面层，m^2
	②混凝土楼梯上刷素水泥浆一道	
	③面层每一踏步上嵌两根铜防滑条	(2)防滑条，m
楼梯侧面	①20mm 厚 1∶2 水泥砂浆面层	水泥砂浆抹零星项目，m^2
	②混凝土楼梯上刷素水泥浆一道	
楼梯踢脚线	①8mm 厚 1∶2.5 水泥砂浆压实抹光	(1)楼梯踏步踢脚线，m (2) 休息平台处踢脚线，m
	②18mm 厚 1∶3 水泥砂浆打底扫毛	

表 3-57 **清单项目列项**

部 位	工程做法	清单项目项目名称及计量单位
楼梯	①20mm 厚 1∶2 水泥砂浆面层	水泥砂浆楼梯面层,m^2
	②混凝土楼梯上刷素水泥浆一道	
	③面层每一踏步上嵌两根铜防滑条	
楼梯侧面	①20mm 厚 1∶2 水泥砂浆面层	零星装饰项目,m^2
	②混凝土楼梯上刷素水泥浆一道	
楼梯踢脚线	①8mm 厚 1∶2.5 水泥砂浆压实抹光	楼梯踢脚线,m^2
	②18mm 厚 1∶3 水泥砂浆打底扫毛	

(2) 踢脚线计量。

① 定额项目踢脚线按延长米计算:

锯齿形踢脚线长 L=水平长度×斜长系数

② 清单项目踢脚线按设计图示长度乘以高度以面积计算,楼梯处锯齿型踢脚线的长度和高度确定如图 3-145 所示。

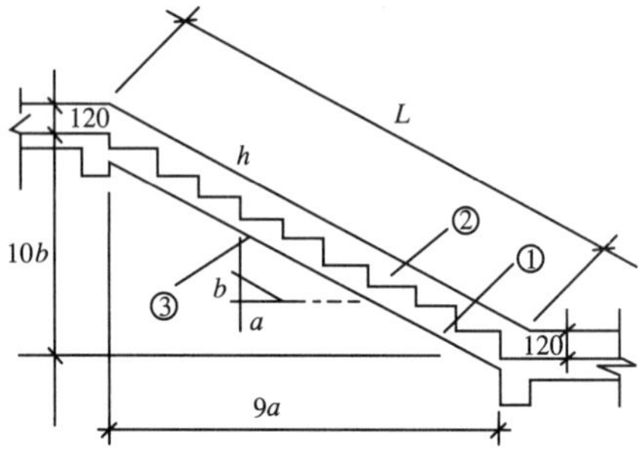

①—楼梯踏步;②—锯齿形踢脚线;③—楼梯底板

图 3-145 楼梯剖面图

锯齿形踢脚线长 $L=(\text{踏步个数}+1)\times a\times\dfrac{\sqrt{a^2+b^2}}{a}$

锯齿形踢脚线高 $h=0.12\times\dfrac{a}{\sqrt{a^2+b^2}}$

锯齿形踢脚线(m^2)$=L\times h=(\text{踏步个数}+1)\times a\times 0.12$

式中 a——楼梯踏步宽(m);

b——楼梯踢脚高(m);

0.12——图示中踢脚线高(m)。

定额项目锯齿型踢脚线=(9+1)×0.27×1.2【斜长系数】=3.24(m)

清单项目锯齿型踢脚线=(9+1)×0.27×0.12=0.324(m^2)

(3) 定额或清单项目计量如表 3-58 所示。

表 3-58 **工程量计算表**

项目名称	单位	计 算 式	工程量
定额项目	m^2	(1)水泥砂浆楼梯面层(m^2)=2.4×(1.485+2.43+0.3)=10.12	10.12
	m	(2)防滑条=[(2.4−0.3)÷2−0.3]×2×20=30	30.00
	m^2	(3)水泥砂浆零星项目=0.5×2=1	1.0
	m	(4)楼梯踏步踢脚线=3.24×2=6.48	6.48
	m	(5)休息平台处踢脚线=1.485+2.4+1.485=5.37	5.37
清单项目	m^2	水泥砂浆楼梯面层=10.12	10.12
	m^2	零星装饰项目=1.0	1.0
	m^2	楼梯踏步踢脚线=0.324×2=0.648 休息平台处踢脚线=(1.485+2.4+1.485)×0.12=0.61 楼梯踢脚线合计=0.648+0.61=1.258	1.258

【例 3-45】 某一多功能厅装修，踢脚线高 150mm，多功能厅室内周长为 32.50m，有两扇胶合板门，洞口尺寸均为 1500mm×2100mm，木质门套贴脸宽 50mm，试计算该踢脚线贴大理石的工程量。

【解】 定额项目踢脚线工程量＝32.50－1.5×2－0.05×4＝29.3m

清单项目踢脚线工程量＝(32.50－1.5×2－0.05×4)×0.15＝4.40m^2

3.12.3　墙、柱面工程

1. 墙、柱面工程项目划分(图 3-146)

- 墙柱面工程项目
  - 墙、柱面抹灰
    - 墙、柱面的一般抹灰
      - 灰砂浆
      - 水泥砂浆
      - 混合砂浆
      - 其他砂浆等
    - 墙、柱面装饰抹灰
      - 水刷石
      - 干粘石
      - 斩假石
      - 水磨石等
    - 零星抹灰
      - 零星项目的一般抹灰
      - 零星项目的装饰抹灰
  - 墙、柱面镶贴块料
    - 大理石
    - 花岗岩
    - 干挂石材骨架
    - 汉白玉
    - 瓷砖
    - 面砖
    - 文化石
    - 蘑菇石等
  - 墙、柱面装饰
    - 龙骨
    - 基层板
    - 面层板
    - **注：对清单项目合并为一项**
  - 隔断、隔墙
  - 幕墙

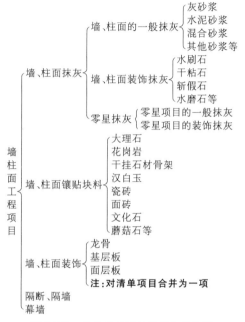

图 3-146　墙柱面工程项目划分示意图

2. 墙柱面工程计量方法(图 3-147)

- 墙柱面工程项目计量
  - 抹灰
    - 基本规定：区分一般抹灰和装饰抹灰按垂直投影面积计
    - 扣除
      - 门、窗洞
      - 单孔大于 0.3m^2 的孔洞
    - 不扣除
      - 踢脚线
      - 挂镜线
      - 构件与墙交接处
      - 小于或等于 0.3m^2 的孔洞
    - 不增加：洞口侧壁面抹灰
  - 清水墙勾缝
    - 基本规定：按垂直投影面积计
    - 扣除墙裙、墙面抹灰
    - 不扣除门窗洞口、门窗套、腰线抹灰
    - 不增加附墙柱侧面、门窗洞口侧面
  - 镶贴块料、饰面
    - 按饰面外围尺寸以面积计
    - 干挂石材钢骨架质量按“t”计

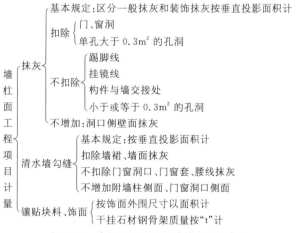

图 3-147　墙柱面工程项目计量方法示意图

3. 墙柱面工程清单项目计量与定额项目计量比较

工程量计算规则对比如表3-59所示。

表3-59　墙、柱面工程量计算规则对比

项目名称	清单工程量计算规则	对应(全国统一)定额工程量计算规则不同点
墙面勾缝	按设计图示尺寸以面积计算,应扣除墙裙、门窗洞口及单个0.3m²以外的孔洞面积,不扣除踢脚线、挂镜线和墙与构件交接处的面积,门窗洞口和孔洞的侧壁及顶面不增加面积。附墙柱、梁、垛、烟囱侧壁并入相应的墙面面积内	定额方式不扣除门窗洞口面积(有些地区定额规定也扣除)

【例3-46】 某一室内墙面贴花岗岩,假设该室内高3600mm,木质踢脚线高150mm,窗高1800mm,门高2100mm,门窗框厚100mm,其余尺寸见图3-148。设窗下无暖气包槽,门窗均安装在墙厚的中心部位,且不另做门窗套和窗台板(即洞口侧壁贴花岗岩),天棚做法亦不考虑。花岗岩墙面具体做法:白水泥擦缝;6mm厚1∶2.5水泥砂浆贴600mm×600mm×20mm花岗岩饰面板;12mm厚1∶3水泥砂浆打底扫毛;砖墙面。现要求按定额与清单形式列出墙面相应项目名称,并进行计量。

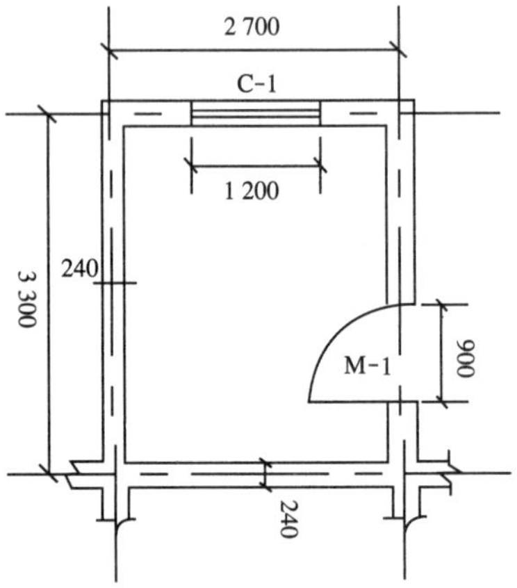

图3-148　某室内楼面平面图

【解】 (1) 某室内墙面定额与清单项目项目列项如表3-60、表3-61所示。

表3-60　某室内墙面定额项目列项

墙面工程作法	定额项目项目名称	计量单位
①饰面板上白水泥擦缝	水泥砂浆粘贴花岗岩墙面	m²
②6mm厚1∶2.5水泥砂浆贴600mm×600mm×20mm花岗岩饰面板		
③砖墙面上12mm厚1∶3水泥砂浆打底扫毛	水泥砂浆打底	m²

表3-61　某室内墙面清单项目列项

墙面工程做法	清单项目项目名称	计量单位
①饰面板上白水泥擦缝	花岗岩墙面	m²
②6mm厚1∶2.5水泥砂浆贴600mm×600mm×20mm花岗岩饰面板		
③砖墙面上12mm厚1∶3水泥砂浆打底扫毛		

(2) 定额或清单项目计量见表 3-62。

表 3-62　　工程量计算表

项目名称	单位	计　算　式	工程量
基数	m	室内周长＝[(2.7－0.24)＋(3.3－0.24)]×2＝(2.46＋3.06)×2＝11.04 镶贴高度＝3.6－0.15＝3.45	
定额项目	m^2	水泥砂浆粘贴花岗岩墙面＝11.04×3.45－(0.9×2.1＋1.2×1.8) ＋[(1.8＋1.2)×2＋(2.1×2＋0.9)]×(0.24÷2－0.1÷2)【门窗洞口侧壁面积】＝34.82	34.82
	m^2	水泥砂浆打底＝11.04×3.6－(0.9×2.1＋1.2×1.8)【门窗洞口面积】＝35.696	35.70
清单项目	m^2	花岗岩墙面＝34.82	34.82

【例 3-47】 某接待室墙裙做法如下：饰面油漆刮腻子、磨砂纸、刷底漆各一遍，刷聚酯清漆两遍；粘柚木饰面板；基层 12mm 木质基层板衬板；木龙骨(断面 25mm×30mm，间距 300mm×300mm)；墙缝原浆抹平(用于砖墙)。试根据其做法与要求进行项目列项。

【解】 某接待室木墙裙项目列项如表 3-63 所示。

表 3-63　　某接待室木墙裙项目列项

部位	工程做法	定额项目名称及单位	清单项目名称及单位
墙裙	(1) 饰面油漆刮腻子、磨砂纸、刷底漆各一遍，刷聚酯清漆两遍	饰面板油漆，m^2	墙饰面，m^2
	(2) 粘柚木饰面板	饰面板，m	
	(3) 基层 12mm 木质基层板衬板	基层板，m^2	
	(4) 木龙骨(断面 25mm×30mm，间距 300mm×300mm)	木龙骨，m^2	
	(5) 墙缝原浆抹平(用于砖墙)		

3.12.4　天棚工程

1. 天棚工程项目划分(图 3-149)

- 天棚工程项目
  - 天棚抹灰
    - 石灰砂浆
    - 水泥砂浆
    - 混合砂浆
    - 其他砂浆等
  - 天棚吊顶
    - 龙骨
      - 木龙骨
      - 轻钢龙骨
      - T 型及 H 型龙骨
      - 铝合金方板、条板天棚龙骨
      - 其他龙骨等
    - 基层板
      - 安装在木龙骨上基层板
      - 安装轻钢龙骨上基层板
      - 安装型钢龙骨上基层板等
    - 面层板
      - 在木基层上贴装饰板
      - 在龙骨上装石膏板、矿棉板、玻璃、清水板条等
    - **注：对清单项目龙骨、基层板、面层可合并为一项**
  - 天棚其他装饰
    - 灯带
    - 送风口、回风口等

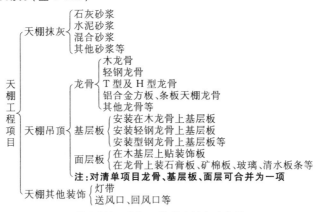

图 3-149　天棚工程项目划分示意图

2. 天棚工程计量方法(图 3-150)

- 天棚工程项目计量
  - 抹灰
    - 基本规定:按图示尺寸以面积计,带梁天棚按展开面积计
    - 不扣除柱、垛,间壁墙,附墙烟囱,检查口和管道
  - 装饰
    - 灯带按设计图示尺寸以框外围面积计
    - 采光玻璃天棚按图示尺寸以面积计
    - 送(回)风口按“个”计
  - 吊顶
    - 基本规定:按图示尺寸以水平投影面积计
    - 扣除大于 0.3m² 的孔洞、独立柱、窗帘盒
    - 不扣除间壁墙、检查口、附墙烟囱、柱垛和管道

图 3-150　天棚工程项目计量方法示意图

【例 3-48】 某一室内做抹灰天棚,平面尺寸如图 3-148 所示,天棚具体做法:3mm 厚纸筋灰浆抹面;7mm 厚 1∶0.3∶3 混合砂浆打底;混凝土(平)楼板下刷素水泥砂浆一道(内掺 107 胶)。要求按定额与清单形式列出天棚相应项目名称并进行计量。

【解】 (1) 定额与清单项目列项

根据天棚做法定额与清单项目列项一样:混凝土板底抹灰 m²

(2) 混凝土板底抹灰计量

混凝土板底抹灰工程量 $=2.46\times3.06=7.53\text{m}^2$

3.12.5 门、窗工程

1. 门、窗工程项目划分

门、窗工程的内容包括制作、运输、安装、油漆、五金材料等。门窗工程中定额项目与清单项目组成内容差异较大,清单项目中可以包括制作、运输、安装、油漆、五金材料等全部内容,而定额项目中是分开考虑的,门窗工程中主要反映门窗的制作、安装及五金材料。门窗工程项目划分主要有:各种木门、木窗,金属门、金属窗,门窗套,窗帘轨、盒,窗台板等。

2. 门、窗工程项目计量

(1) 门窗工程:按设计图示数量或设计图示洞口尺寸以面积计。

(2) 门窗套:按设计图示尺寸以展开面积计。

(3) 窗帘盒、窗帘轨:设计图示尺寸以长度计。

(4) 窗台板:设计图示尺寸以长度计。

3. 门窗工程清单项目计量与定额项目计量比较(表 3-64)。

表 3-64　门窗工程工程量计算规则对比

项目名称	清单工程量计算规则	对应(全国统一)定额工程量计算规则不同点
门窗类	按设计图示数量计算或设计图示洞口尺寸以面积计算	按洞口面积,以 m² 计算
金属卷闸门、防火卷帘门	按设计图示数量计算或设计图示洞口尺寸以面积计算	按洞口高度增加 600mm 乘以门实际宽度,以 m² 计算
门窗贴脸	按设计图示尺寸以展开面积计算	按图示尺寸,以 m 计算

注:清单项目中门窗油漆项目可合在门窗工程项目中,也可在油漆、涂料、裱糊工程中单独确定。

3.12.6　油漆、涂料、裱糊工程

1．油漆、涂料、裱糊工程项目划分

具体项目划分：

(1) 油漆工程分为木材面油漆、金属面油漆和抹灰面油漆等。

(2) 喷刷涂料工程分为墙柱面涂料、天棚涂料和线条刷涂料等。

(3) 裱糊工程分为墙柱面贴壁纸、天棚贴壁纸和织锦缎裱糊等。

2．油漆、涂料、裱糊工程计量方法

油漆、涂料、裱糊工程计量方法如下：门窗油漆按图示数量计；木扶手油漆及其他板条线条油漆按长度计；木材面、木地板油漆按面积计；金属面油漆按质量计；抹灰面油漆按面积；抹灰线条油漆按长度计；刷喷涂料按面积计；空花格、栏杆刷涂料按单面外围面积计；线条刷涂料按长度计、裱糊按面积计。

3．油漆、涂料、裱糊工程清单项目计量与定额项目计量比较(表 3-65)

表 3-65　油漆、涂料、裱糊工程工程量计算规则对比

项目名称	清单工程量计算规则	对应(全国统一)定额工程量计算规则不同点
门窗油漆	按设计图示数量计算或设计图示洞口尺寸以面积计算	按洞口面积×系数计算 注：不同地区定额中系数不同
抹灰面油漆、涂料	按设计图示尺寸以面积计算	混凝土板长×宽×系数 混凝土平板式楼梯底＝水平投影面积×系数

【例 3-49】　某新建住宅楼，设计要求 24 樘进户门为无亮镶板门，门洞口尺寸 750mm×1860mm，加工制作处距离现场 1km，现场安装，门的油漆是找腻子，刷底油一遍、白色调合漆两遍。要求按定额与清单形式列出镶板门相应项目名称并进行计量。

【解】　(1) 列出镶板门的定额与清单相应项目(表 3-66)。

表 3-66　某镶板门项目列项

定额项目名称	计量单位	清单项目名称	计量单位
①镶板门扇制作	m^2	镶板门	樘或 m^2
②镶板门框制作	m^2		
③镶板门扇运输	m^2		
④镶板门框运输	m^2		
⑥镶板门扇安装	m^2		
⑦镶板门框安装	m^2		
⑧镶板门小五金材料	樘		
⑨镶板门找腻子，刷底油一遍、白色调合漆两遍	m^2		

注：清单项目中门的油漆也可单独列一项。

(2) 定额或清单项目计量见表 3-67。

表 3-67　　工程量计算表

项目名称	单位	计　算　式	工程量
相关基数	m^2	单樘门窗洞口面积＝0.75×1.86＝1.395 24 樘镶板门洞口面积＝24×1.395＝33.48	
定额项目	m^2	①～⑦项工程量＝33.48	33.48
	樘	⑧镶板门五金材料＝24	24
	m^2	⑨镶板门油漆＝33.48×1＝33.48	33.48
清单项目	樘	镶板门＝24	24

3.12.7　其他工程项目

1. 其他工程项目划分

(1) 柜、台、架:酒柜、柜台、衣柜、存包柜、鞋柜书柜、壁柜、吊柜、收银台、试衣间、酒吧台、展台、货架、书架、服务台等。

(2) 暖气罩:饰面暖气罩、塑料板暖气罩和金属暖气罩等。

(3) 浴厕配件:洗漱台、晒衣架、浴缸拉手、手巾杆、肥皂盒、镜面玻璃等。

(4) 压条、装饰线:酒柜、木质装饰线条、金属装饰线条、石膏线、铝塑装饰线条、石材线条、塑料线条、玻璃镜面线条、瓷砖线条等。

(5) 灯箱、招牌。

(6) 旗杆。

(7) 美术字:泡沫塑料字、有机玻璃字、木质字、金属字等。

2. 其他工程项目计量方法

(1) 柜、台、架按设计图示数量计算 。

(2) 暖气罩按设计图示尺寸以垂直投影面积(不展开)计。

(3) 浴厕配件:衣架、帘子杆、浴缸拉手、手巾杆、肥皂盒、镜箱等按设计图示数量计算;洗漱台按设计图示尺寸以台面外接矩形面积计算;镜面玻璃按设计图示尺寸以边框外围面积计算。

(4) 压条、装饰线按设计图示尺寸以长度计算。

(5) 灯箱、招牌:酒柜、平面、箱式招牌按设计图示尺寸以正立面边框外围面积计算;竖式标箱按设计图示数量计算;灯箱按设计图示数量计算。

(6) 雨篷、旗杆:雨篷吊挂饰面按设计图示尺寸以水平投影面积计;金属旗杆按设计图示数量计。

(7) 美术字:按设计图示数量计算。

【例 3-50】 某办公室楼上、楼下共两间,其装饰做法如下。

(1) 地面:铺 800mm×800mm×10mm 瓷砖,白水泥擦缝;20mm 厚 1∶4 干硬性水泥砂浆黏结层;20mm 厚 1∶3 水泥砂浆找平;素水泥结合层一道;50mm 厚 C15 混凝土;150mm 厚 3∶7 灰土;素土夯实。

(2) 楼面:铺 800mm×800mm×10mm 瓷砖,白水泥擦缝;20mm 厚 1∶4 干硬性水泥砂浆黏结层;素水泥浆一道;35mm 厚 C15 细石混凝土找平层;素水泥浆一道;钢筋混凝土楼板。

(3) 踢脚线:8mm 厚 1∶2.5 水泥砂浆罩面压实赶光;素水泥浆一道;18mm 厚 1∶3 水泥砂浆打底扫毛或划出纹道。

(4) 墙面:抹灰面刮三遍仿瓷涂料;5mm 厚 1∶2.5 水泥砂浆找平;9mm 厚 1∶3 水泥砂浆打底扫毛或划出纹道。

(5) 天棚:抹灰面刮三遍仿瓷涂料;2mm 厚 1∶2.5 纸筋灰罩面;14mm 厚 1∶3 石灰砂浆打底做中层两遍,素水泥浆一遍(内掺 107 胶)。

(6) 门窗:M-2 成品装饰门(不带油漆),装执手锁一把;C-1 双扇塑钢推拉窗;下装窗台板,1∶3 水泥砂浆粘贴大理石窗台板;门窗套,木龙骨上 5mm 胶合板基层,柚木饰面板贴脸为 80mm 宽木装饰线条;油漆,门、门窗套油漆刮腻子、磨砂纸、刷底漆各一遍,刷聚酯清漆两遍。

试根据其做法与要求进行项目列项。

【解】 某办公室装饰项目列项见表 3-68。

表 3-68　　办公室装饰项目列项

部位	工程做法	定额项目名称	计量单位	清单项目名称	计量单位
地面	铺 800mm×800mm×10mm 瓷砖,白水泥擦缝	水泥砂浆贴瓷砖地面	m^2	瓷砖地面	m^2
	20mm 厚 1∶4 干硬性水泥砂浆黏结层				
	素水泥结合层一道				
	20mm 厚 1∶3 水泥砂浆找平	水泥砂浆找平层	m^2		
	50mm 厚 C15 混凝土	混凝土垫层	m^3		
	150mm 厚 3∶7 灰土	灰土垫层	m^3		
	素土夯实	室内(房心)回填土	m^3	室内回填土	m^3
楼面	铺 800mm×800mm×10mm 瓷砖,白水泥擦缝	水泥砂浆贴瓷砖楼面	m^2	瓷砖楼面	m^2
	20mm 厚 1∶4 干硬性水泥砂浆黏结层				
	素水泥浆一道				
	35mm 厚 C15 细石混凝土找平层	细石混凝土找平层	m^2		
	(楼板上)素水泥浆一道				
踢脚线(高 120mm)	8mm 厚 1∶2.5 水泥砂浆罩面压实赶光	水泥砂浆踢脚线	m^2	水泥砂浆踢脚线	m^2
	18mm 厚 1∶3 水泥砂浆打底扫毛或划出纹道				
墙面	抹灰面刮三遍仿瓷涂料	仿瓷涂料墙面	m^2	仿瓷涂料墙面	m^2
	5mm 厚 1∶2.5 水泥砂浆找平	水泥砂浆抹墙面	m^2	水泥砂浆抹墙面	m^2
	9mm 厚 1∶3 水泥砂浆打底扫毛或划出纹道				

续表

部位	工程做法	定额项目名称	计量单位	清单项目名称	计量单位
天棚	抹灰面刮三遍仿瓷涂料	仿瓷涂料天棚面层	m^2	仿瓷涂料天棚面层	m^2
	2mm 厚 1∶2.5 纸筋灰罩面	石灰砂浆抹天棚	m^2	石灰砂浆抹天棚	m^2
	14mm 厚 1∶0.3∶3 石灰砂浆打底做中层两遍				
	素水泥浆一遍(内掺 107 胶)				
门窗	M-2 成品装饰门	装饰门成品安装	樘	装饰门	樘
		门扇油漆	m^2		
		特殊五金(执手锁)安装	把	特殊五金安装	个/套
		门套	m^2	木门套	樘/m^2
		门套油漆	m^2		
	C-1 双扇塑钢推拉窗	推拉窗安装	樘	推拉窗	樘
		水泥砂浆粘大理石窗台板	m^2	石材窗台板	m
		窗套	m^2	木窗套	樘/m^2
		门套油漆	m^2		

3.12.8 实训练习:某二层框架结构办公楼装饰工程项目列项与计量

已知某二层框架结构办公楼,其装饰做法如表 3-69 所示。试结合施工说明与工程图(图 3-151)进行该工程装饰项目计量。

表 3-69　　某二层框架结构办公楼装饰做法

部　位	装修名称	用料及分层做法
一层地面	铺瓷砖地面	铺 800mm×800mm×10mm 瓷砖,白水泥擦缝
		20mm 厚 1∶4 干硬性水泥砂浆黏结层
		素水泥结合层一道
		20mm 厚 1∶3 水泥砂浆找平
		50mm 厚 C15 混凝土
		150mm 厚 3∶7 灰土
		素土夯实

续表

部 位	装修名称	用料及分层做法
二层楼面（除楼梯）	铺瓷砖楼面	铺 800mm×800mm×10mm 瓷砖，白水泥擦缝
		20mm 厚 1∶4 干硬性水泥砂浆黏结层
		素水泥浆一道
		35mm 厚 C15 细石混凝土找平层
		素水泥浆一道
		钢筋混凝土楼板
楼地面	铺瓷砖	铺 300mm×300mm 瓷质防滑地砖，白水泥擦缝
		20mm 厚 1∶3 水泥砂浆黏结层
		素水泥结合层一道
		钢筋混凝土楼梯 （注：楼梯侧面 1∶2 水泥砂浆抹 20mm 厚，楼梯为不锈钢扶手、栏杆）
除接待室外所有房间	水泥踢脚	8mm 厚 1∶2.5 水泥砂浆罩面压实赶光
		18mm 厚 1∶3 水泥砂浆打底扫毛或划出纹道
接待室	胶合板墙裙	饰面油漆刮腻子、磨砂纸、刷底漆一遍，刷聚酯清漆两遍
		粘柚木饰面板
		12mm 木质基层板
		木龙骨（断面 25mm×30mm，间距 300mm×300mm）
		墙缝原浆抹平（用于砖墙）
所有房间及阳台栏板	水泥砂浆内墙面	抹灰面刮三遍仿瓷涂料
		5mm 厚 1∶2.5 水泥砂浆找平
		9mm 厚 1∶3 水泥砂浆打底扫毛或划出纹道
所在房间及阳台板、挑檐板、楼梯板底	石灰砂浆抹灰天棚	抹灰面刮三遍仿瓷涂料
		2mm 厚 1∶2.5 纸筋灰罩面
		14mm 厚 1∶0.3∶3 混合砂浆打底
		素水泥浆一遍（内掺 107 胶）
外墙面（包括阳台板、挑檐板外侧）	外墙贴陶质釉面砖	1∶1 水泥（或水泥掺色）砂浆（细砂）勾缝
		贴 194mm×94mm 陶质外墙釉面砖
		6mm 厚 1∶ 2 水泥砂浆
		12mm 厚 1∶3 水泥砂浆打底扫毛或划出纹道

续表

部　位	装修名称	用料及分层做法
女儿墙及压顶	水泥砂浆外面	6mm 厚 1∶2.5 水泥砂浆罩面
		12mm 厚 1∶3 水泥砂浆打底扫毛或划出纹道
台阶	水泥砂浆	20mm 厚 1∶2.5 水泥砂浆面层
		100mm 厚 C15 碎石混凝土
		素土垫层
散水	混凝土	1∶1 水泥砂浆面层一次抹光
		80mm 厚 C15 碎石混凝土垫层
		沥青砂浆嵌缝

施工说明与要求:

1. 门窗

(1) M-1:洞口尺寸 2400mm×2700mm。成品铝合金 90 系列双扇推拉门,带上亮,外加成品防火卷闸门,安装在洞口内侧。

(2) M-2:洞口尺寸 900mm×2400mm。成品装饰木门扇,安执手锁一把。

(3) M-3:洞口尺寸 900mm×2100mm。成品装饰木门扇,安执手锁一把。

(4) C-1:洞口尺寸 1500mm×1800mm。带亮双扇成品塑钢推拉窗。

(5) C-2:洞口尺寸 1800mm×1800mm。带亮三扇成品塑钢推拉窗。

(6) MC-1:洞口尺寸 900mm×2700mm+1500mm×1800mm。成品塑钢门连窗,窗为双扇推拉窗。门为带亮单扇门。

(7) 成品门窗的市场指导价:M-1:200 元/樘;防火卷闸门:500 元/樘;M-2、M-3:280 元/樘;C-1、C-2:300 元/樘;MC-1:600 元/樘;执手锁:150 元/把。

2. 门窗套做法

C:窗套为 18mm 胶合板基层,柚木饰面板,贴脸为 80mm 宽木装饰线条。

M:门套为 18mm 胶合板基层,柚木饰面板,贴脸为 80mm 宽木装饰线条。

3. 窗台板做法

1∶3 水泥砂浆粘贴大理石窗台板,宽 180mm。

4. 油漆

装饰门扇、门窗套、墙裙油漆刮腻子、磨砂纸、刷底漆一遍,刷聚氨酯清漆两遍。

5. 楼梯扶手与栏杆

不锈钢栏杆扶手。

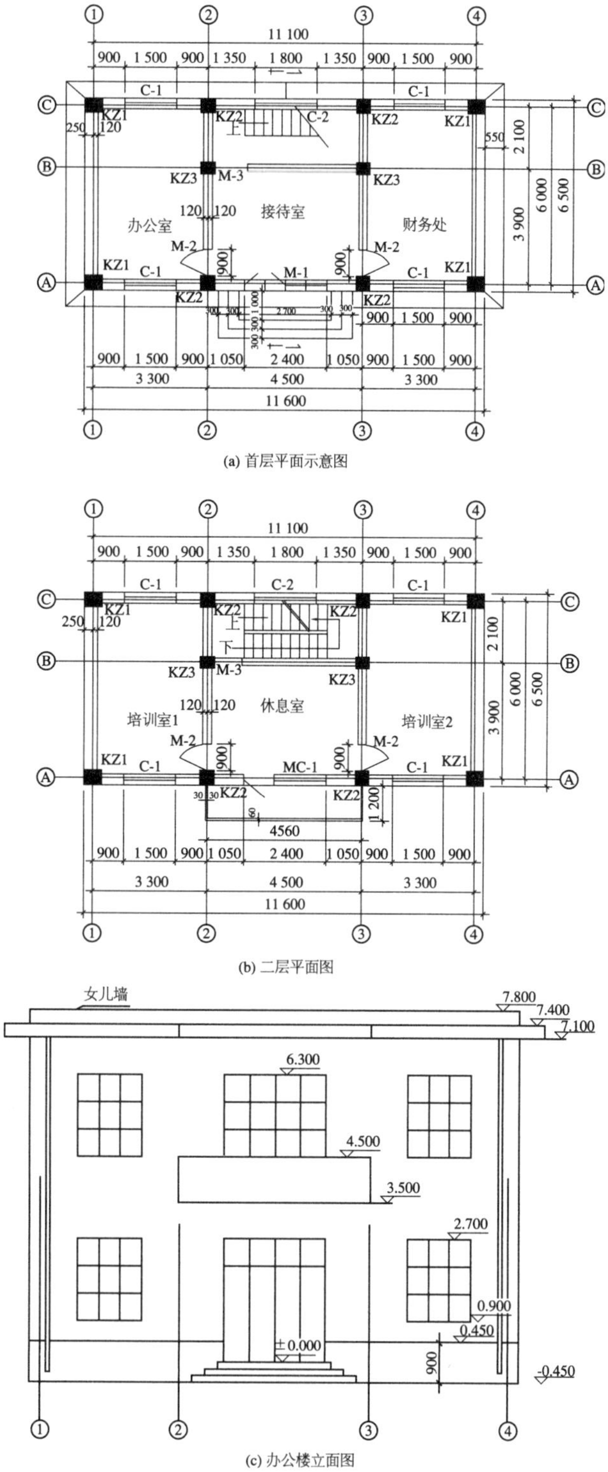

(a) 首层平面示意图

(b) 二层平面图

(c) 办公楼立面图

图 3-151　工程图

【分析】

1. 楼地面工程项目计量

(1) 工程项目列项见表 3-70。

表 3-70　　楼地面工程项目列项

部位	定额项目项目名称	计量单位	清单项目项目名称	计量单位
地面	房心回填土垫层 灰土垫层 混凝土垫层 水泥砂浆找平层 水泥砂浆粘贴瓷砖地面	m^3 m^3 m^3 m^2 m^2	室内回填土(此项应属土石方工程中项目) 瓷砖地面	m^3 m^2
楼面	水泥砂浆粘贴瓷砖楼面 混凝土找平层	m^2 m^2	瓷砖楼面	m^2
踢脚	水泥砂浆踢脚线 水泥砂浆楼梯踢脚线	m m	水泥砂浆踢脚线 水泥砂浆楼梯踢脚线	m^2 m^2
楼梯	水泥砂浆粘贴瓷砖楼梯面 水泥砂浆零星项目(楼梯侧面) 楼梯不锈钢栏杆	m^2 m^2 m	块料楼梯面层 水泥砂浆零星项目(楼梯侧面) 楼梯不锈钢栏杆	m^2 m^2 m
台阶	台阶素土垫层 1∶2.5 水泥砂浆台阶面层 1∶2.5 水泥砂浆平台面层	m^3 m^2 m^2	水泥砂浆台阶面层 水泥砂浆平台面层(包括垫层)	m^2 m^2
散水	混凝土散水一次抹光	m^2	(散水)混凝土楼地面	m^2

(2) 工程项目计量见表 3-71。

表 3-71　　楼地面工程量计算表

项目名称	单位	计　算　式	工程量
相关基数	m	办公室室内周长＝(3.06＋5.76)×2＝17.64 接待室室内周长＝(4.26＋3.66)×2＝15.84	
	m^2	楼梯间室内面积＝4.26×1.86＝7.92 阳台间楼面面积＝(1.2－0.06)×(4.56－0.06×2) ＝1.14×4.44＝5.06 一层房心面积＝75.4－34.72×0.37－(6－0.12×2)×2×0.24－(4.5－0.12×2)×0.24＝58.77	

续表

项目名称		单位	计　算　式	工程量
	室内回填土	m^3	58.77×0.2=11.754	11.75
	灰土垫层	m^3	58.77×0.15=8.8155	8.82
	地面混凝土垫层	m^3	58.77×0.05=2.9385	2.94
	地面水泥砂浆找平层	m^2	58.77	58.77
	水泥砂浆瓷砖地面	m^2	58.77+0.9×0.24×3【M2,M3 开口】+2.4×0.37【M1 开口】=60.306	60.31
	水泥砂浆瓷砖楼面	m^2	58.77−6.64【楼梯】+ 0.9×0.24×3+0.9×0.37+5.06【阳台间】=58.171	58.17
	楼面混凝土找平层	m^2	58.77−6.64+5.06=57.19	57.19
定额项目	水泥砂浆踢脚线	m	办公室:17.64×4=70.56 休息室:15.84 楼梯间楼板段:(1.05−0.12)×2+1.86=3.72 楼梯间休息平台段:1.86+0.9×2=3.62 踢脚线:70.56+15.84+3.72+3.62=93.74	93.74
			楼梯间锯齿段:[(9+1)×2.43/9×2] ×1.2【斜长系数】=6.48	6.48
	水泥砂浆瓷砖楼梯面	m^2	6.64	6.64
	水泥砂浆零星项目(楼梯侧面)	m^2	(0.27×0.18×0.5×9+2.43×1.2×0.08)×2=0.9	0.9
	楼梯不锈钢栏杆	m	(2.43+0.27)×1.20×2+0.12+0.99=7.59	7.59
	水泥砂浆平台面层	m^2	(1−0.3)×(2.7−0.3×2)=1.47	1.47
	水泥砂浆台阶面层	m^2	3.9×1.6【室外台阶部位总面积】−1.47=4.77	4.77
	台阶素土垫层	m3	(2.7+1.2)×1.6×0.45×0.7【估算系数】=1.9656	1.97
	混凝土散水一次抹光	m^2	(36.2+4×0.55−2.7−1.2)×0.55=18.975	18.98

续表

项目名称		单位	计 算 式	工程量
清单项目	瓷砖地面	m^2	58.77	58.77
	室内回填土	m^3	58.77×0.2=11.754(此项属土石方工程)	11.75
	瓷砖楼面	m^2	58.77－6.64＋5.06＝57.19	57.19
	水泥砂浆踢脚线	m^2	办公室、财务室、培训室:(17.64－0.9－0.08×2【门套宽】)×4×0.12＝7.9584 休息室:(15.84－0.9×4－0.08×2×4)×0.12＝1.392 楼梯间楼板段:[(1.05－0.12)×2＋1.86－0.9－0.08×2]×0.12＝0.3192 踢脚线:7.9584＋1.392＋0.3192＝9.6696	9.67
	水泥砂浆楼梯踢脚线	m^2	楼梯间锯齿段:[(9＋1)×2.43/9×2]×0.12＝0.648 楼梯间休息平台段:(1.86＋0.9×2)×0.12＝0.439 楼梯踢脚线:0.65＋0.44＝1.09	1.09
	块料楼梯面层	m^2	6.64	6.64
	水泥砂浆零星项目(楼梯侧面)	m^2	(0.27×0.18×0.5×9＋2.43×1.2×0.08)×2＝0.9	0.9
	楼梯不锈钢栏杆	m	(2.43＋0.27)×1.20×2＋0.12＋0.99＝7.59	7.59
	1∶2.5水泥砂浆台阶面层	m^2	4.77	4.77
	1∶2.5水泥砂浆平台面层	m^2	(2.7＋1.2)×1.6－4.77＝1.47	1.47
	(散水)混凝土楼地面	m^2	(36.2＋4×0.55－2.7－1.2)×0.55＝18.975	18.98

2. 墙、柱面工程项目计量

(1) 工程项目列项见表3-72。

表3-72 墙柱面工程项目列项

部位	定额项目项目名称	计量单位	清单项目项目名称	计量单位
内墙	水泥砂浆抹墙面	m^2	水泥砂浆抹墙面	m^2
内墙裙	墙裙木龙骨 墙裙基层板 饰面板	m^2 m^2 m^2	装饰板墙面	m^2

续表

部位	定额项目项目名称	计量单位	清单项目项目名称	计量单位
女儿墙	水泥砂浆抹女儿墙	m^2	(女儿墙)墙面一般抹灰	m^2
压顶	水泥砂浆抹压顶	m^2	(压顶)零星项目一般抹灰	m^2
外墙面	外墙面贴面砖 挑檐立面贴砖(零星项目)	m^2 m^2	外墙面贴面砖 挑檐立面贴砖	m^2 m^2
窗台板	大理石窗台板(零星项目)	m^2	注:清单窗台板在门窗工程项目中列项	

(2) 工程项目计量见表 3-73。

表 3-73　　　　墙柱面工程项目计算表

项目名称		单位	计　算　式	工程量
相关基数		m	办公室室内周长=(3.06+5.76)×2=17.64 接待室室内周长=(4.26+3.66)×2=15.84 楼梯间室内周长=(4.26+1.86)×2=12.24 阳台板外周长=1.2×2+4.56=6.96 阳台板内周长=1.14×2+4.44=6.72 一层板底净高=3.45,二层室内净高=3.5 女儿墙中心线=35.24 C-1 总周长=(1.5+1.8)×2×8=52.8 C-2 总周长=(1.8+1.8)×2×2=14.4 M-1 侧壁长=2.4+2.7×2=7.8 MC-1 侧壁长=2.4+2.7×2+1.5=9.3	
定额项目	水泥砂浆内墙面	m^2	办公室、财务室、培训室内墙面:(17.64×3.45+17.64×3.5−2.16×2−2.7×4) ×2=214.956 休息室:15.84×3.5−2.16×2−1.89−5.13=44.1 接待室:15.84×3.45−2.16×2−1.89−6.48−12.12【墙裙】=29.838 楼梯间=12.24×(3.45+3.5)− 1.89×2=81.288 阳台板内侧=6.72×0.9=6.048 内墙抹灰小计:376.23	376.23
	墙裙木龙骨	m^2	(15.84−0.9×3−2.4−0.08×8)×1.2=12.12	12.12
	墙裙基层板	m^2	(15.84−0.9×3−2.4−0.08×8)×1.2=12.12	12.12
	饰面板	m^2	(15.84−0.9×3−2.4−0.08×8)×1.2=12.12	12.12
	水泥砂浆抹女儿墙	m^2	35.24×(7.8−7.15−0.06)×2=41.5832	41.58
	水泥砂浆抹压顶	m^2	35.24×(0.24+0.03×4+0.06×2)=16.9152	16.92

续表

项目名称		单位	计　算　式	工程量
定额项目	外墙面贴面砖	m^2	36.2×(0.45+7.15−0.1)−(20.52+19.17)【门窗洞】−(3.9×0.15+3.3×0.15+2.7×0.15)【台阶】+(4.56+1.2×2)×1【栏板外侧】+(52.8+14.4+7.8+9.3)×0.25【洞口侧壁】=258.36	258.36
	挑檐立面贴砖(零星项目)	m^2	42.2【挑檐外边线长】×0.3=12.66	12.66
	大理石窗台板(零星项目)	m^2	1.5×0.18×8【C-1】+1.8×0.18×2【C-2】+1.5×0.18【MC-1】=3.078	3.08
清单项目	水泥砂浆抹墙面	m^2	376.23	376.23
	装饰板墙面	m^2	12.12	12.12
	(女儿墙)墙面一般抹灰	m^2	41.58	41.58
	(压顶)零星项目一般抹灰	m^2	16.92	16.92
	外墙面贴面砖	m^2	258.36	258.36
	挑檐立面贴砖	m^2	12.66	12.66

3. 天棚工程项目计量

(1) 工程项目列项如表 3-74 所示。

表 3-74　　天棚工程项目列项

部位	定额项目项目名称	计量单位	清单项目项目名称	计量单位
室内外天棚	石灰砂浆抹檐口、阳台板底、天棚	m^2	石灰砂浆抹天棚	m^2
	石灰砂浆抹楼梯板底	m^2	石灰砂浆抹楼梯板底	m^2

(2) 工程项目计量见表 3-75。

表 3-75　　天棚工程量计算表

项目名称	单位	计　算　式	工程量
相关基数	m^2	阳台板面积=1.2×4.56=5.472 挑檐板底面积=25.896 楼梯斜段水平面积=(2.43+2×0.24)×1.86=5.41	

续表

项目名称		单位	计　算　式	工程量
定额或清单项目	天棚抹灰	m^2	室内天棚:58.77×2－6.64＝110.9 挑檐天棚:25.896 阳台板底:5.472 休息平台底:(0.9－0.24)×1.86＋1.86×0.3×2【TL侧】＝2.344 小计:110.9＋25.896＋5.472＋2.3436＝144.612	144.61
	楼梯板底天棚	m^2	(2.43＋2×0.24)×1.86×1.20【斜长系数】＝6.495	6.50

4. 门窗工程项目计量

(1) 工程项目列项如表 3-76 所示。

表 3-76　门窗工程项目列项

部位	定额项目项目名称	计量单位	清单项目项目名称	计量单位
门	M-1 成品铝合金门安装 成品防火卷闸门安装 M-2、M-3 成品装饰木门扇安装 安装特殊五金(执手锁)	m^2 m^2 m^2 个	铝合金门 防火卷闸门安装 装饰木门 塑钢门 特殊五金	m^2/樘 m^2/樘 m^2/樘 m^2/樘 个/套
窗	C-1、C-2 成品塑钢推拉窗安装 MC-1 成品塑钢门联窗安装	m^2 m^2	塑钢推拉窗 塑钢窗	m^2/樘 m^2/樘
门套	门龙骨制作安装 基层板 饰面板 门贴脸线条	m^2 m^2 m^2 m	门窗套	m^2
窗套	窗龙骨制作安装 基层板 饰面板 窗贴脸线条	m^2 m^2 m^2 m		
窗台板			石材窗台板	m

(2) 工程项目计量如表 3-77 所示。

表 3-77　　　　　　　　　　**门窗工程量计算表**

<table>
<tr><th colspan="2">项目名称</th><th>单位</th><th>计　算　式</th><th>工程量</th></tr>
<tr><td colspan="2" rowspan="2">相关基数</td><td>m²</td><td>M-1 洞口面积＝6.48
M-2 洞口总计面积＝8.64
M-3 洞口总计面积＝3.78
MC-1 洞口面积＝2.7＋2.43＝5.13
C-1 洞口总计面积＝21.6
C-2 洞口总计面积＝6.48</td><td rowspan="2"></td></tr>
<tr><td>m</td><td>M-1 门套长＝2.4＋2.7×2＝7.8
M-2 门套总长＝(0.9＋2.4×2)×4＝22.8
M-3 门套总长＝(0.9＋2.1×2)×2＝10.2
MC-1 中门套长＝2.4＋2.7＋0.9＝6.0
C-1 窗套总长＝(1.5＋1.8×2)×8＝40.8
C-2 窗套总长＝1.8×3×2＝10.8
MC-1 中窗套长＝1.8</td></tr>
<tr><td rowspan="15">定额项目</td><td>M-1 成品铝合金门安装</td><td>m²</td><td>6.48</td><td>6.48</td></tr>
<tr><td>成品防火卷闸门安装</td><td>m²</td><td>(2.7＋0.6)×2.4＝7.92</td><td>7.92</td></tr>
<tr><td>M-2、M-3 成品装饰木门扇安装</td><td>m²</td><td>8.64＋3.78＝12.42</td><td>12.42</td></tr>
<tr><td>安装特殊五金(执手锁)</td><td>个</td><td>4＋2＝6</td><td>6</td></tr>
<tr><td>C-1、C-2 成品塑钢推拉窗安装</td><td>m²</td><td>21.6＋6.48＝28.08</td><td>28.08</td></tr>
<tr><td>MC-1 成品塑钢门联窗安装</td><td>m²</td><td>5.13</td><td>5.13</td></tr>
<tr><td>门套龙骨制作安装</td><td>m²</td><td>7.8×0.37＋(22.8＋10.2) ×0.24＋6×0.37＝13.026</td><td>13.03</td></tr>
<tr><td>门套基层板</td><td>m²</td><td>13.03</td><td>13.03</td></tr>
<tr><td>门套饰面板</td><td>m²</td><td>13.03</td><td>13.03</td></tr>
<tr><td>门贴脸线条</td><td>m</td><td>[(7.8＋2×0.08)＋ (22.8＋2×0.08×4)＋(10.2＋2×0.08×2) ＋(6＋2×0.08)＝39.232</td><td>39.23</td></tr>
<tr><td>窗套龙骨制作安装</td><td>m²</td><td>(40.8＋10.8＋1.8)×0.12＝6.408</td><td>6.41</td></tr>
<tr><td>窗套基层板</td><td>m²</td><td>6.41</td><td>6.41</td></tr>
<tr><td>窗套饰面板</td><td>m²</td><td>6.41</td><td>6.41</td></tr>
<tr><td>窗贴脸线条</td><td>m</td><td>(40.8＋2×0.08×8)＋(10.8＋2×0.08×2)＋1.8＝55</td><td>55</td></tr>
</table>

续表

项目名称		单位	计　算　式	工程量
清单项目	铝合金门	m^2/樘	6.48/1	
	防火卷闸门安装	m^2/樘	7.92/1	
	装饰木门	m^2/樘	12.42/6	
	木门特殊五金	个/套	6/6	
	塑钢门	m^2/樘	2.43/1	
	金属推拉窗	m^2/樘	28.08/10	
	塑钢窗	m^2/樘	2.7/1	
	门窗套	m^2	(13.03＋39.23×0.08)【门套】＋(6.41＋55×0.08)【窗套】＝26.9784	26.98
	石材窗台板	m	1.5×8＋1.8×2＋1.5＝17.1	17.1

5. 油漆、涂料、裱糊工程项目计量

(1) 工程项目列项如表 3-78 所示。

表 3-78　　油漆、涂料、裱糊工程项目列项

部位	定额项目项目名称	计量单位	清单项目项目名称	计量单位
涂料	(墙面、天棚、楼梯底板)仿瓷涂料	m^2	仿瓷涂料墙面 (楼梯底)仿瓷涂料墙面	m^2 m^2
油漆	(装饰)门油漆 墙裙油漆 门窗套油漆	m^2 m^2 m^2	门油漆 墙裙油漆 门窗套油漆	m^2/樘 m^2 m^2
			(注:墙裙油漆、门窗套油漆也可分别包括在墙裙、门窗套项目中不再单独列项)	

(2) 工程项目计量如表 3-79 所示。

表 3-79　　油漆、涂料、裱糊工程量计算表

项目名称	单位	计　算　式	工程量
相关基数	m^2	墙面抹灰面积＝376.23 天棚抹灰面积＝144.61 楼梯斜段水平投影面积＝(2.43＋2×0.24)×1.86＝5.41 装饰门 M-2,M-3 洞口面积＝8.64＋3.78＝12.42 木墙裙面积＝12.12 门窗筒子板面积＝13.03＋6.41＝19.44 门窗贴脸面积＝(39.23×0.08＋55×0.08)＝3.1384＋4.4＝7.5384	

续表

项目名称		单位	计　算　式	工程量
定额项目	仿瓷涂料	m²	墙面仿瓷涂料＝376.23 天棚仿瓷涂料＝144.61×1.1【天棚涂料系数】＝159.07 楼梯斜段仿瓷涂料＝5.41【水平投影面积】×1.3【楼梯斜段涂料系数】＝7.033 仿瓷涂料小计＝376.23＋159.07＋7.033＝542.33	542.33
	墙裙油漆	m²	12.12×0.91【油漆系数】＝11.0292	11.03
	门窗套油漆	m²	(19.44＋7.54)×0.82【油漆系数】＝22.1236	22.12
	装饰门油漆	m²	12.42×1【油漆系数】＝12.42	12.42
清单项目	仿瓷涂料墙面	m²	376.23＋144.61＝520.84	520.84
	楼梯斜段仿瓷涂料	m²	5.41×1.20＝6.492	6.49
	门油漆	m²	12.42	12.42
	墙裙油漆	m²	12.12	12.12
	门窗套油漆	m²	19.44＋7.54＝26.98	26.98

3.12.9　定额名词解释

(1) 门窗贴脸:亦称门(窗)的头线,指镶在门(窗)外的木板。

(2) 靠墙式暖气:指将暖气片设置在墙壁龛之内,另做一靠墙式暖气罩,外洞与墙面平。

(3) 明式暖气罩:指不留壁龛,将暖气罩设置在墙面之外。

(4) 挂镜线:亦称画镜线,指围绕墙壁装设与窗顶或门顶平齐的水平条,用以挂镜框和图片、字画的,上留槽,用以固定吊钩。

(5) 水泥砂浆五层做法:亦称多层做法,指用不同配合比的水泥砂浆和素灰胶浆,相互交替抹压均匀密实,使其成多层的整体防潮层。由抹压三层素灰层及两层砂浆所组成。

(6) 加浆一次抹光:指在混凝土地面、垫层或散水浇制时,将混凝土铺平,振捣出浆水后,按 1∶1 水泥砂浆,5mm 厚随之抹平压光。

(7) 波打线:一般为块料楼(地)面沿墙边四周或在两块地砖之间起分格和装饰作用的长方形地砖所做的装饰线,宽度不等。类似于贴墙砖中的腰线的装饰作用。

项目 3.13　措施项目计量

3.13.1　措施项目内容

措施项目是指为完成工程项目施工,发生于该工程施工前和施工过程中技术、生活、安全等方面的非工程实体项目。一般情况下措施项目分为两大类,即通用项目与专用项目。通用项目为建筑安装工程各专业在一般情况下均要发生的费用。专用项目是指跟各专业的具体特点有关的费用,如图 3-152(a)所示。在建筑安装工程费用组成中措施项目又分为组织措施和技术措施如图 3-152(b)所示。

- 措施项目内容
  - 通用项目
    - 安全文明施工
      - 环境保护
      - 文明施工
      - 临时设施
    - 夜间施工
    - 二次搬运
    - 冬雨季施工
    - 大型机械设备进出场及安拆
    - 施工排水
    - 施工降水
    - 地上、地下设施，建筑物的临时保护设施
    - 已完工程及设备保护等
  - 专用项目
    - 建筑工程专用
      - 混凝土、钢筋混凝土模板
      - 脚手架
      - 垂直运输机械
      - 建筑物超高人工、机械等
    - 装饰装修工程专用
      - 脚手架
      - 垂直运输机械
      - 室内空气污染测试等

(a)

- 措施项目内容
  - 组织措施
    - 安全文明施工
      - 环境保护
      - 文明施工
      - 临时设施
    - 夜间施工
    - 二次搬运
    - 冬雨季施工
    - 工程定位复测、工程点交、场地清理
    - 室内空气污染测试
    - 生产工具用具使用
    - 施工因素增加
    - 赶工措施
  - 技术措施
    - 大型机械设备进出场及安拆
    - 混凝土、钢筋混凝土模板
    - 脚手架
    - 已完工程及设备保护
    - 施工排水、降水
    - 垂直运输机械
    - 建筑物超高人工、机械等

(b)

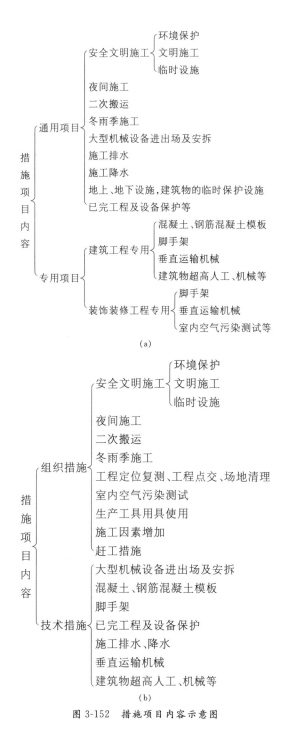

图 3-152　措施项目内容示意图

3.13.2　措施项目计量

措施项目中可以计算工程量的按定额规定方法进行计量，不能计量的措施项目以“项”为计量单位，按国家或当地及企业的有关规定进行确定。如安全文明施工费应按照国家或省级、行业建设主

管部门的规定计价,不得作为竞争性费用;冬雨季施工等措施项目以拟定的施工组织或施工方案来确定是否发生与计算。

1. 混凝土、钢筋混凝土模板计量(图 3-153)

- 混凝土及钢筋混凝土工程模板计量
  - 现浇混凝土模板
    - 基本规定:除另有规定外,按混凝土与模板的接触面的面积计
    - 超高规定:高度:室外地坪至板底或板面至板底间高>3.6m,另计增加超高支撑量,适用项目:柱、梁、板、墙
    - 扣除与增加:墙、板上单孔面积>0.3m² 时,应扣除其面积,其洞侧壁模板面积并入墙板工程量内
    - 附墙柱:并入墙内模板工程量
    - 构造柱:按外露部分计算模板面积
    - 雨篷、阳台等悬挑板:按图示外挑水平投影面积计,板边模板不加
    - 楼梯:以图示露明面的水平投影面积计,包括踏步、休息平台、楼梯与楼板连接梁楼梯侧面模板不加,不扣除楼梯井宽≤500mm 所占面积
    - 台阶(不包括梯带):按图示台阶尺寸水平投影面积计
    - 小型池槽:按构件外围体积计算
  - 预制混凝土模板
    - 基本规定:另有规定外均按混凝土实体体积计
    - 小型池槽按外形体积计
    - 预制桩尖按虚体积计(不扣除桩尖虚体积)
  - 构筑物模板
    - 液压滑升钢模施工的烟囱、水塔塔身、贮仓等以混凝土体积计
    - 其他构筑物区别现浇与预制构件分别按基础、墙板、梁、柱等确定

图 3-153 混凝土及钢筋混凝土模板计量方法示意图

【例 3-51】 图 3-154 所示为一带形钢筋混凝土基础平面图,试计算混凝土基础模板工程量。

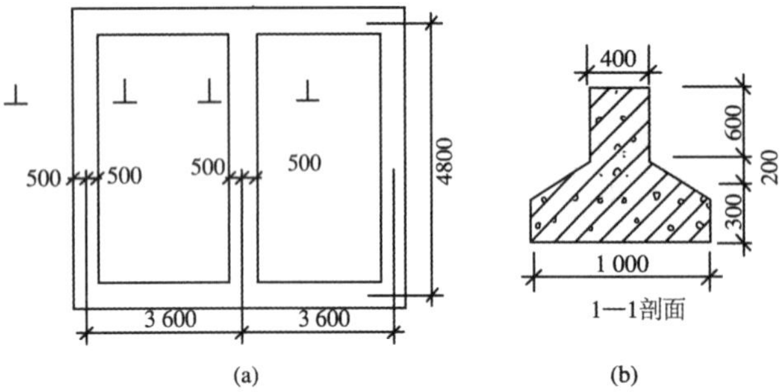

图 3-154 钢筋混凝土带形基础平面、剖面图

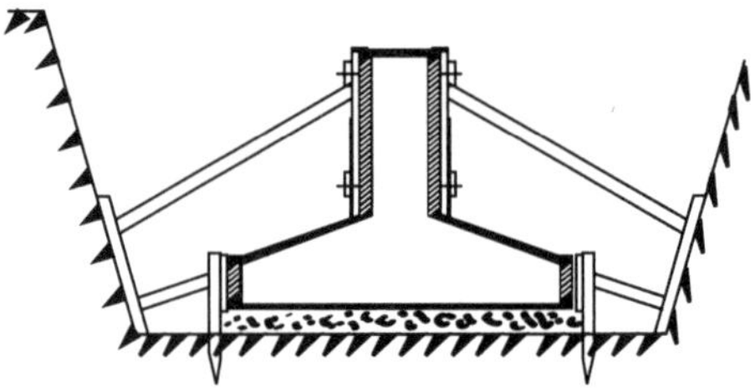

图 3-155 带形基础支模示意图

【解】 (1) 带形基础支模如图 3-155 所示。

(2) 带形基础模板计算过程如表 3-80 所示。

表 3-80　　带形基础模板工程量计算

名称	单位	计算式	工程量
相关基数	m	外墙基础轴线长(中心线)=(3.6×2+4.8)×2=24 内墙基础内净长(下)=4.8-1.0=3.8 内墙基础内净长(上)=4.8-0.4=4.4	
外墙基础模板	m^2	24×0.3×2+24×0.6×2-1.0×0.3×2-0.4×0.6×2 =42.12	
内墙基础模板	m^2	3.8×0.3×2+4.4×0.6×2=7.56	
带形基础模板	m^2	42.12+7.56=49.68	49.68

【例 3-52】 求图 3-156 所示现浇梁、板的模板工程量，板厚 80mm。

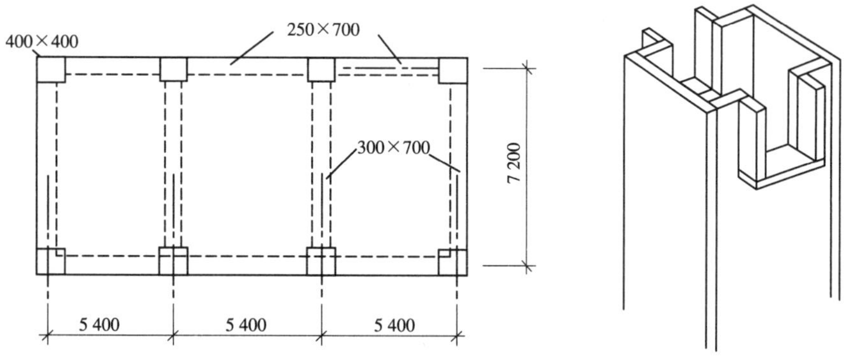

(a) 现浇梁、板平面图　　(b) 柱与梁交接处模板

图 3-156　现浇梁、板

【解】 计算过程如表 3-81 所示。

表 3-81　　梁板模板工程量计算

名称	单位	计算式	工程量
基数	m	300mm×700mm 断面的梁长=7.2-0.4=6.8 250mm×700mm 断面的梁长=5.4-0.4=5.0 梁内侧面高:0.7-0.08=0.62	
	m^2	梁板水平投影面积=(5.4×3+0.4)×(7.2+0.4)=126.16	
梁模板	m^2	5×(0.7+0.25+0.62)×6+6.8×(0.7+0.30+0.62)×2+6.8×(0.62×2+0.30)×2=90.076	90.076
板模板	m^2	126.16-0.4×0.4×8-5×0.25×6-6.8×0.30×4=109.22	109.22

【例 3-53】 现有一建筑物，二层，层高为 5.2m，板厚为 200mm，有 10 个矩形柱，柱断面为

1000mm×800mm,采用钢模板、钢支撑,试计算模板工程量。

【解】 混凝土与模板接触面积即为柱外周长乘以支模高度。

本例支模高度为5.2－0.2＝5.0m,超过3.6m以上部分,要单独计算超高部分工程量(5.0－3.6＝1.4m)。则全部模板工程量＝(1.0＋0.8)×2×5×10＝180m²,超高部分模板工程量＝(1.0＋0.8)×2×1.4×10＝50.4m²。

【例3-54】 如图3-157、图3-158所示砖砌体墙厚240mm,构造柱全高为7.2m,试计算图3-158中四种截面下的混凝土构造柱模板工程量。

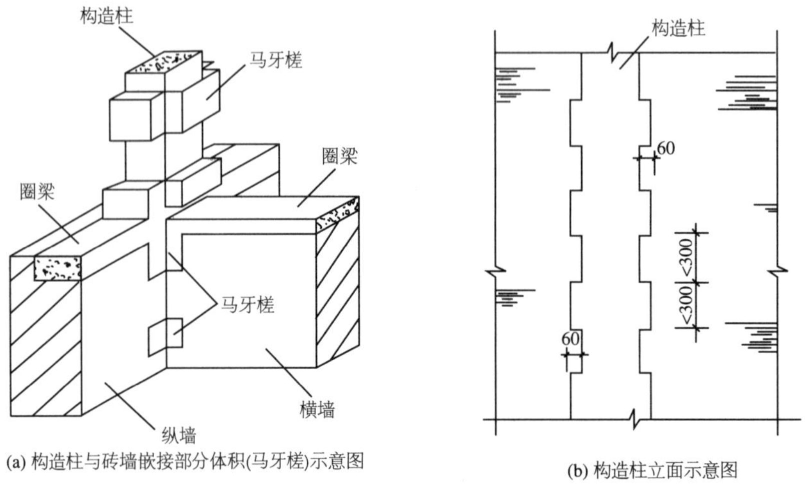

图3-157 构造柱立面图

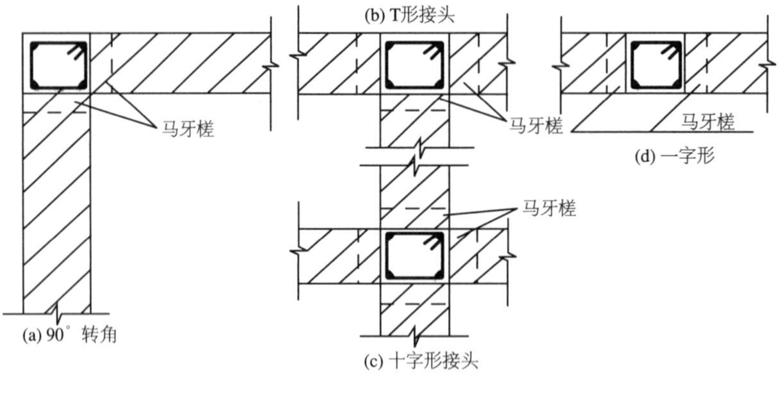

图3-158 构造柱平面图

【解】 图3-158中:

(a) 截面下构造柱模板工程量＝[(0.24＋0.06)×2＋0.06×2]×7.2＝3.024m²

(b) 截面下构造柱模板工程量＝[(0.24＋0.06×2) ＋0.06×4]×7.2＝4.32m²

(c) 截面下构造柱模板工程量＝(0.06×8)×7.2＝0.48m²

(d) 截面下构造柱模板工程量＝(0.24＋0.06×2)×2×7.2＝5.184m²

【例3-55】 求图3-159现浇钢筋混凝土阳台的模板工程量。

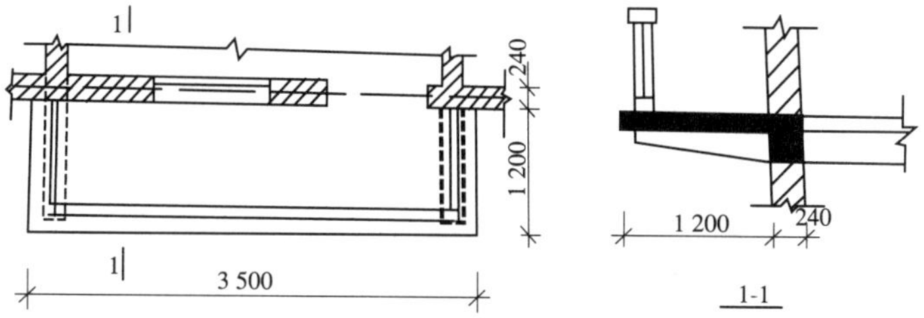

图 3-159 现浇混凝土阳台

【解】 阳台模板的工程量＝3.5×1.2＝4.2m^2。

【例 3-56】 求图 3-160 现浇混凝土台阶的模板工程量。

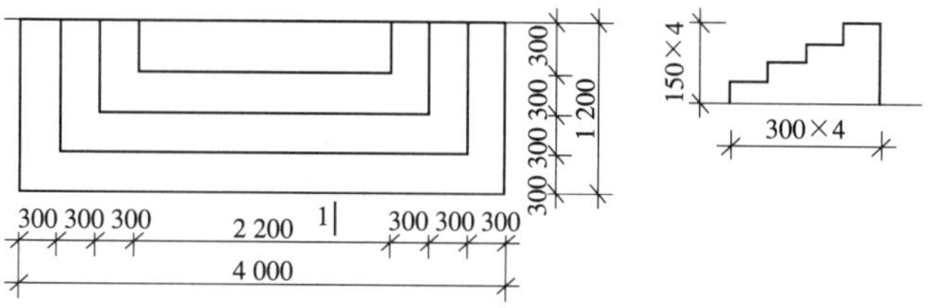

图 3-160 现浇混凝土台阶

【解】 台阶的模板工程量＝4.0×1.2＝4.8m^2。

【例 3-57】 求图 3-161 现浇钢筋混凝土挑檐天沟模板工程量，挑檐天沟长 35m。

【解】 模板工程量按挑出部分混凝土与模板的接触面积计算，天沟梁另按圈(过)梁计算。

挑檐天沟的模板工程量＝35.0×(0.6＋0.06＋0.4×2＋0.06)＝53.2m^2

【例 3-58】 某工程预制钢筋混凝土 T 形起重机梁 20 根(图 3-162)，试计算该梁的模板工程量。

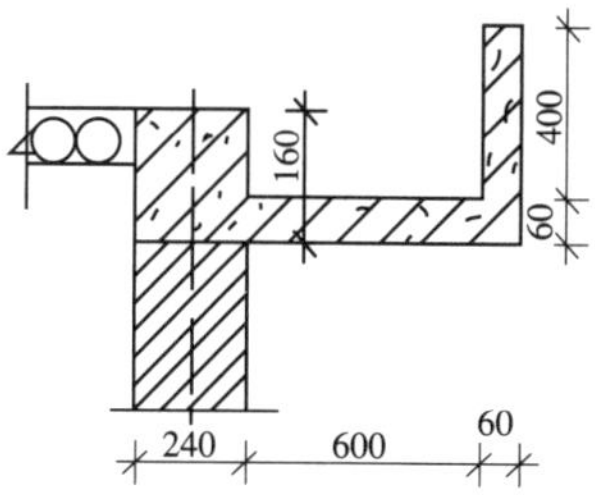

图 3-161 挑檐天沟

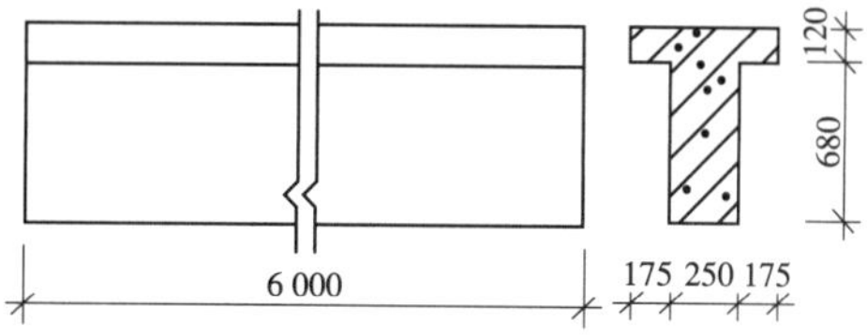

图 3-162 预制 T 形梁

【解】 预制 T 形梁模板工程量＝[0.25×(0.68＋0.12)＋(0.175×2×0.12)]×6×20＝29.04m^3

2. 脚手架计量

脚手架项目的发生确定是根据拟定施工组织或施工方案的设计搭设方式进行的。项目计量方法如下：

(1) 外脚手架：按外墙外边线长度乘以外墙砌筑高度以面积计，不扣除门窗洞口、空圈洞口等所占面积。

(2) 里脚手架：按墙面垂直投影面积计、不扣除门窗洞口、空圈洞口等所占面积。

(3) 装饰脚手架：满堂脚手架按室内净面积计；挑脚手架按搭设长度和层数以延长米计；悬空脚

手架按搭设水平投影面积计。

(4) 其他脚手架:楼层周边等防护架按搭设长度以延长米计;烟囱、水塔脚手架以座计;电梯井脚手架按单孔以座计;依附斜道以座计;砌筑贮仓脚手架按外壁周长乘以地坪至外形顶面高以面积计;大型设备基础脚手架按外形周长乘以地坪至外形顶面高以面积计。

(5) 安全网架:立网按架网部分实挂长度乘以实挂高度以面积计;平网按挑出的水平投影面积计;垂直全封闭式按封闭的垂直投影面积计。

【例 3-59】 根据图 3-163,计算建筑物外墙脚手架工程量(15m 以下执行单排外架)。

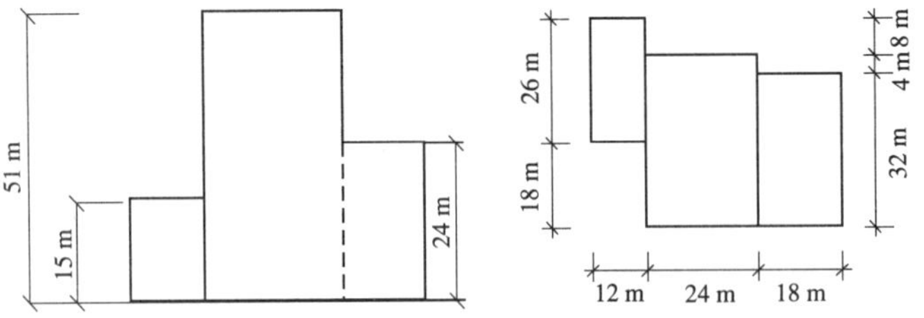

(a) 建筑物立面图　(b) 建筑物平面图

图 3-163　外墙脚手架计算示意图

【解】 单排脚手架(15m 高)=(26+12×2+8)×15=870m^2

双排脚手架(24m 高)=(18×2+32)×24=1632m^2

双排脚手架(27m 高)=32×27=864m^2

双排脚手架(36m 高)=(26−8)×36=648m^2

双排脚手架(51m 高)=(18+24×2+4)×51=3570m^2

【例 3-60】 计算图 3-164 所示中柱的脚手架工程量。已知楼层高度为 3200mm,楼板厚 100mm,柱截面 400mm×500mm。

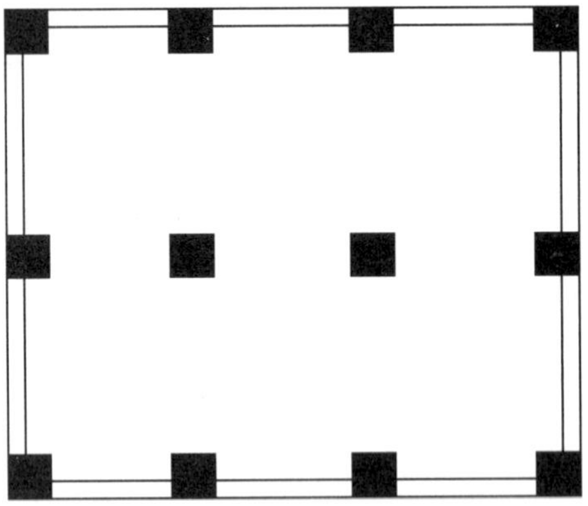

图 3-164　某建筑物平面图

【解】 附墙柱(外轴线柱)不另外计算脚手架一般归外墙或梁中。

柱的脚手架=[(0.4+0.5)×2+3.6]×(3.2−0.1)×2=33.48m^2

【例 3-61】 计算图 3-165 所示外墙搭设的外脚手架工程量。

【解】 外墙外架工程量=[(12+8)×2+4×1.5]×(13.9+0.3)=653.2m^2

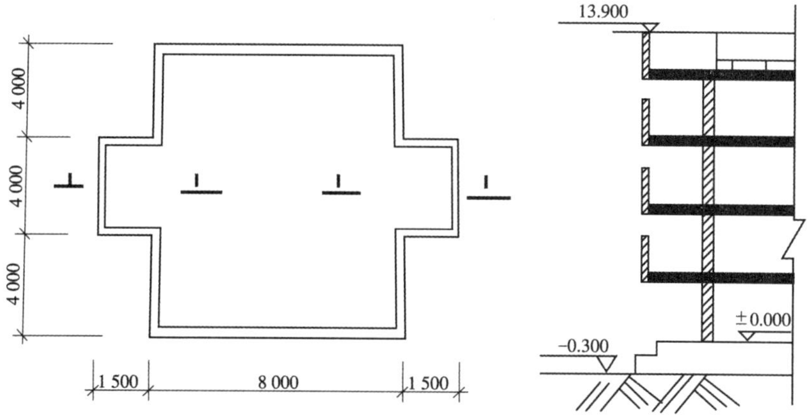

(a) 某建筑物屋面平面图　　(b) 1—1剖面图

图 3-165　某建筑物外墙外架计算示意图

【例 3-62】 如图 3-166 所示，试计算内墙抹灰脚手架工程量。

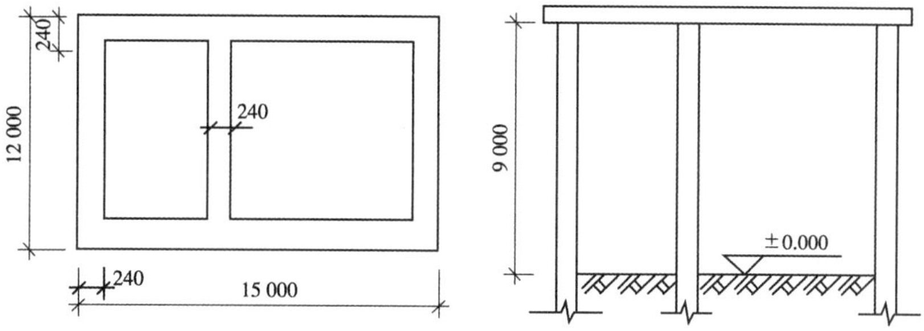

(a) 某建筑物平面图　　(b) 1—1剖面图

图 3-166　某建筑物平、剖面图

【解】 按规定，当室内高度超过 3.6m，且不能利用原砌筑脚手架时，墙面装饰可计算装饰脚手架。

装饰用里脚手架 $=[(15-0.24\times3)\times2+(12-0.24\times2)\times4]\times9=671.76\text{m}^2$

【例 3-63】 如图 3-167 所示，求高度为 87m 的电梯井脚手架工程量。

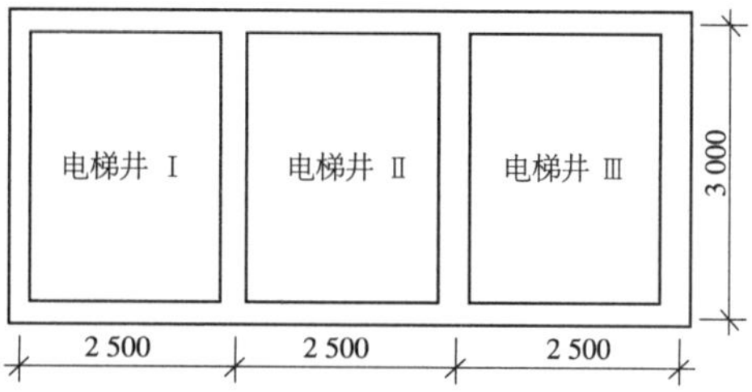

图 3-167　某建筑物内电梯井示意图

【解】 电梯井脚手架工程量＝3 座。

3. 垂直运输计量

垂直运输是指除构件运输及安装工程中采用起重式机械吊装外为建筑施工所需人工、材料和机具由地面(或堆放地、停置地)至工程操作地点的竖向提升。

垂直运输设施主要是运输或起吊砖瓦、灰、砂、石、钢材、模板等材料及供施工人员上下的机械设备和设施,包括塔式起重机、卷扬机、施工外用电梯及配合上下通信联络的步话机等。

建筑工程垂直运输工程计量包括建筑物垂直运输计量(按建筑面积计)和构筑物垂直运输计量(以座计)。

装饰工程的垂直运输在施工中尽量利用建筑工程中搭设的垂直运输机械,但在考虑建筑工程与装饰工程分别承包与施工时,装饰工程的垂直运输要注意与建筑工程垂直运输的衔接与利用,再结合当地有关规定与施工方案进行确定。

3.13.3 实训练习:某二层框架结构办公楼模板、脚手架、垂直运输工程项目计量

已知某二层框架结构办公楼,主体混凝土工程施工模板采用钢模板、钢支撑,楼梯、台阶、压顶、挑檐、预制过梁等采用木模。基础、屋面图示结合砌筑工程实训任务完成中图 3-78—图 3-80 所示,阳台、挑檐、楼梯见混凝土工程实训图 3-10 所示。施工要求脚手架采用外架和里架,装饰外架采用悬空吊架,里架利用装饰架,抹灰天棚用满堂架,混凝土楼梯施工完毕后注意做防护。一层模板支架在基础回填后进行。

【分析】

1. 混凝土模板

(1) 对比表 3-22 混凝土工程的项目进行列项,如表 3-82 所示。

表 3-82　　混凝土模板项目列项

<table>
<tr><th>序号</th><th>混凝土工程项目列项</th><th>计量单位</th><th>对应的混凝土模板项目列项</th><th>计量单位</th></tr>
<tr><td>1</td><td>C15 碎石混凝土基础垫层</td><td>m^3</td><td>现浇混凝土基础垫层模板</td><td>m^2</td></tr>
<tr><td>2</td><td>C30 碎石混凝土有梁式筏基</td><td>m^3</td><td>有梁式筏基模板</td><td>m^2</td></tr>
<tr><td>3</td><td>C30 碎石混凝土框架柱</td><td>m^3</td><td rowspan="2">柱的全模板
一层柱超高支模

(注:一层板底标高 3.45m,室外地坪−0.45m,支撑高为 3.9m 超过 3.6m)</td><td rowspan="2">m^2
m^2</td></tr>
<tr><td>4</td><td>C25 碎石混凝土框架柱</td><td>m^3</td></tr>
<tr><td>5</td><td>C25 碎石混凝土构造柱</td><td>m^3</td><td>构造柱模板</td><td>m^2</td></tr>
<tr><td>6</td><td>C30 碎石混凝土基础梁</td><td>m^3</td><td>基础梁模板</td><td>m^2</td></tr>
</table>

续表

序号	混凝土工程项目列项	计量单位	对应的混凝土模板项目列项	计量单位
7	C25 碎石混凝土框架梁	m^3	一、二层框架梁全模板 一层框架梁超高支模	m^2 m^2
8	C25 碎石混凝土楼板、屋面板	m^3	楼板屋面板全模板 一层楼板超高支模	m^2 m^2
9	C25 碎石混凝土楼梯	m^2	楼梯模板	m^2
10	C25 碎石混凝土阳台	m^3	阳台全模板 阳台板超高支模	m^2 m^2
11	C25 碎石混凝土栏板	m^3	栏板模板	m^2
12	C25 挑檐板	m^3	挑檐板模板	m^2
13	C25 女儿墙压顶	m^3	压顶模板	m^2
14	C15 混凝土台阶	m^2	台阶模板	m^2
15	C20 预制过梁制作	m^3	预制过梁模板	m^3
16	注:混凝土散水属于装饰项目列项		混凝土散水模板	m^2

(2) 混凝土模板计量见表 3-83。

表 3-83　　混凝土模板计量

项目名称	单位	计算式	结果
相关基数	m	外墙柱间净长:(9.8+5.5)×2=30.6 内墙柱间净长:5.1×2+4.1=14.3 二层楼板结构标高 3.55m,板底标高 3.45 一层支模高度:0.45+3.45=3.9	
有梁式满堂基础	m^2	板:(11.6+0.25×2+6.5+0.25×2)×2×0.2=7.64 梁:[(11.6+6.5)×2−4×0.5]×2×0.2−0.4×0.2×4=13.36 0.2×(6.5−0.5×2)×4−0.4×0.2×2=4.24 (4.5−0.4)×0.2×2=1.64 梁板合计:13.36+4.24+1.64+7.64=26.88	26.88
基础垫层	m^2	[(11.6+0.35×2)+(6.5+0.35×2)]×2×0.1=3.9	3.9

续表

项目名称	单位	计算式	结果
矩形柱全模板	m^2	室内地坪以下部分柱模:1.00×(2×4+1.8×4+1.6×2)=18.4 室内地坪以上部分: Z1 全模板: [0.5×2×3.55+(0.5×3.45−0.37×0.4)×2]×4【一层柱 26.816】+(0.5×4×3.5−0.37×0.55×2)×4【二层柱 26.372】=53.19 Z2 全模板: [0.4×3.55+(0.4×3.45−0.24×0.4)+(0.5×3.45×2−0.37×0.4×2)]×4【一层柱 23.432】+[(0.4+0.5)×2×3.5−0.37×0.55×2−0.24×0.4]×4【二层柱 23.188】=46.62 Z3 全模板: [0.4×4×3.45−0.24×0.4×3]×2【一层柱 10.464】+[0.4×4×3.5−0.24×0.4×3]×2【二层柱 10.624】=21.09 柱全模合计:18.4+53.19+46.62+21.09=139.30	139.3
矩形柱超高部分	m^2	一层超高部分: Z1 超高: [0.5×2×0.4【两外侧面高至板顶则超高 0.4m】+(0.5×0.3−0.37×0.3)×2]×4=1.912 Z2 超高: [0.4×0.4+(0.4×0.3−0.24×0.3)+(0.5×0.3−0.37×0.3)×2]×4=1.144 Z3 超高: [0.4×4×0.3−0.24×0.3×3]×2=0.528 柱超高合计:1.912+1.144+0.528=3.584	3.58
构造柱	m^2	(0.6+0.12)×0.59×4+(0.24+0.12)×2×0.59×4=3.40	3.40
基础梁	m^2	(2.1+0.37)×(0.32+0.4)+0.4×0.24×2=1.9704	1.97
框架梁超高	m^2	(0.5+0.37+0.4)×30.6+(0.4×2+0.24)×14.3【一层梁】=53.734	53.73
框架梁全梁板	m^2	(0.55×2+0.37)×30.6+(0.4×2+0.24)×14.3【二层梁=59.854】+53.734=113.588	113.59
板超高	m^2	(11.6×6.5−2.12−0.37×30.6−0.24×14.3)−6.6402=51.8858	51.89
板的全模板	m^2	11.6×6.5−2.12−0.37×30.6−0.24×14.3+51.8858=110.41	110.41
楼梯	m^2	6.6402	6.64
阳台全模板	m^2	1.2×4.56=5.472	5.47
阳台超高模板	m^2	1.2×4.56=5.472	5.47
栏板模板	m^2	[(4.56+1.2×2)+(4.5−0.06)+(1.2−0.06)×2]×0.9=12.312	12.31

注:考虑凸出构造柱马牙槎的支模计算,表中构造柱模板增加了马牙槎的量。

续表

项目名称	单位	计算式	结果
挑檐板	m^2	8.3×12.8−11.6×6.5−0.6×(12.8−4.56)=25.896 {[(11.6+1.2)+(6.5+1.8)]×2−8×0.06}×0.2+[(11.6+1.2)+(6.5+1.8)]×2×0.3=21.004 挑檐板合计:21.004+25.896=46.90	46.90
女儿墙压顶	m^2	35.24×0.09×2=6.3432	6.34
台阶	m^2	4.77	4.77
散水(厚 80mm)	m^2	[(11.6+6.5)×2+8×0.55−(2.7+1.2)]×0.08=2.936	2.94
预制过模板梁	m^3	2.13	2.13

脚手架工程与垂直运输列项与计量(表 3-84)。

表 3-84　　脚手架工程与垂直运输列项与计量

工程类别	项目名称	单位	计算式	工程量
基数	相关基数	m	外墙外边线长=36.2 办公室室内周长=(3.06+5.76)×2=17.64 接待室室内周长=(4.26+3.66)×2=15.84 楼梯间室内周长=(4.26+1.86)×2=12.24	
		m^2	阳台水平投影面积=1.2×4.56=5.472 一层室内面积=58.77	
		m	内墙净长线=(6.0−0.24)×2【A—C 轴间】+(4.5−0.24)【②—③轴间】=15.78	
脚手架工程	砌筑外脚手架	m^2	(36.2+1.2×2)×(7.15−0.1+0.45)=289.50	289.50
	砌筑里脚手架	m^2	15.78×3.9【一层室外地坪至板底高】+15.78×3.5【二层板面至屋面板底净高】+(4.5−0.24) ×3.5【进阳台外墙部分】=131.68	131.68
	筏基混凝土满堂架	m^2	(11.6+0.25×2) ×(6.5+0.25×2)【基础板底面积】 =84.7	84.7
	楼梯防护	m	(2.43+0.27)×2×1.20+0.12+(0.99−0.12)=7.47	7.47
	装饰外架(悬挑外架)	m^2	289.50	289.50
	装饰里架	m^2	(17.64×2+15.84+12.24)×(3.55−0.10+3.5)+(4.5−0.24) ×3.5=455.26	455.26
	抹灰天棚满堂架	m^2	58.77×2−6.64+5.472×2=121.844	121.84
垂直运输	垂直运输(包括装饰用)	m^2	建筑物的建筑面积=153.54	153.54

单元习题(以清单计价规范标准为依据确定)

一、单项选择题

1. 利用统筹法进行工程量计算,下列说法中错误的是(　　)。

A. 应用工程量计算软件通常需要预先设置工程量计算规则

B. 预制构件、钢门窗、木构件等工程量不能利用“线”和“面”基数计算

C. 工程量计算应先主后次,只与基数有关而与其他项目无关的可不分主次

D. 统筹法由主次程序线等构成,主程序线是指分部分项项目上连续计算的线

2. 工程量清单编制的粗细程度主要取决于(　　)。

A. 施工组织设计　　B. 预算定额

C. 施工图的设计深度　　D. 工程量计算规则

3. 上下两个错层户室公用的室内楼梯,建筑面积应按(　　)。

A. 上一层的自然层计算　　B. 下一层的自然层计算

C. 上一层的结构层计算　　D. 下一层的结构层计算

4. 某三层办公楼每层外墙结构外围水平面积均为 670m^2,一层为车库,层高 2.2m. 二层至三层为办公室,层高为 3.2m。一层设有高 2.2m 的有永久性顶盖无围护结构的檐廊,檐廊顶盖水平投影面积为 67.5m^2,该办公楼的建筑面积为(　　)m^2。

A. 2 077.50　　B. 1 373.75　　C. 2 043.25　　D. 2 043.75

5. 某住宅建筑各层外墙外边线所围成的外围水平面积为 400m^2,共 6 层,二层以上每层有两个挑阳台,每个水平面积为 5m^2(有围护结构),建筑中间设置宽度为 300mm 变形缝一条,缝长 10m,则该建筑的总建筑面积为(　　)m^2。

A. 2 422　　B. 2 407　　C. 2 450　　D. 2 425

6. 某单层工业厂房的外墙勒脚以上外围水平面积为 7 200m^2,厂房高 7.8m,内设有二层办公楼,层高均大于 2.2m,其外围水平面积为 350m^2,厂房外设办公室楼梯两层(有永久性顶盖),每个自然层水平投影面积为 7.5m^2,则该厂房的总建筑面积为(　　)m^2。

A. 7 557.5　　B. 7 565　　C. 7 553.75　　D. 7 915

7. 一栋四层砖混住宅楼,勒脚以上结构外围水平面积每层为 930m^2,二层以上每层有 8 个无围护结构的挑阳台,每个阳台水平投影面积 4m^2,该住宅楼的建筑面积为(　　)m^2。

A. 3 816　　B. 3 768　　C. 3 784　　D. 3 720

8. 某建筑外有一有顶无围护结构的檐廊,挑出墙外 1.5 m,层高 2.2 m,檐廊顶盖投影面积为2.4m^2,则檐廊建筑面积为(　　)m^2。

A. 3.84　　B. 1.2　　C. 2.4　　D. 0

9. 以下应计算全部建筑面积的有(　　)。

A. 层高 2.3 m 的地下商场　　B. 层高 2.1m 的半地下贮藏室

C. 外挑宽度 1.6m 的悬挑雨篷　　D. 屋面上有顶盖和 1.4m 高钢管围栏的凉棚

10. 六层楼标准砖混住宅,一层楼梯水平投影面积为 11.3m^2,则一个单元门内楼梯间的水平投影面积为(　　)m^2。

A. 79.1　　B. 67.8　　C. 56.5　　D. 45.2

11. 挖土方的工程量按设计图示尺寸的体积计算,此时的体积是指(　　)。

A. 虚方体积　　B. 夯实后体积　　C. 松填体积　　D. 天然密实体积

12. 建筑物场地平整工程量计算规则，下列叙述正确的是(　　)。
A. 按建筑底层轮廓加宽 2m 围成的面积计
B. 按建筑图示中心线轮廓加宽 2m 围成的面积计
C. 按建筑物首层面积计
D. 按建筑物首层面积乘以 1.2 计
13. 建筑物的场地平整工程量应(　　)。
A. 按实际体积计算
B. 按首层占地面积计算
C. 按设计图示尺寸以建筑物首层面积计算
D. 按基坑开挖上口面积计算
14. 下列关于基础土方开挖工程量规则说法中正确的是(　　)。
A. 按考虑放坡、工作面后的土方体积计
B. 按建筑物首层面积以 m^2 计
C. 按基础垫层底面积乘挖土深度以体积计
D. 按中心线长乘横断面以 mm^2 计
15. 钢筋混凝土条形基础，底宽 800mm，混凝土垫层宽 1 000mm，厚 200mm，施工时不需支设模板，土壤为二类土，自然地坪高为＋0.30m，基础底面标高为－0.7m，基础总长 200mm，按工程量清单计价规范的计量规则计算，该基础人工挖土工程量为(　　)m^3。
A. 160　　B. 192　　C. 200　　D. 240
16. 地下连续墙的工程量计量单位应按(　　)计算。
A. 中心线长　　B. 体积　　C. 面积　　D. 槽深
17. 灰土挤密桩工程量计量单位应按(　　)计算。
A. 桩长(不含桩尖)　　B. 桩长(含桩尖)　　C. 根数　　D. 体积
18. 工程量按面积以平方米为计量单位计算的是(　　)。
A. 现浇混凝土天沟　　B. 现浇混凝土雨篷
C. 现浇混凝土后浇带　　D. 砖砌散水
19. 一砖厚外墙下为等高式三层大放脚砖基础，长 10m，基础底标高为－2.18m，基础中含有钢筋混凝土地圈梁高 180mm，该条基的砌砖工程量为(　　)m^3。
A. 5.745　　B. 6.177　　C. 1.852　　D. 0.575
20. 基础与墙体使用不同材料时，工程量计算规则规定以不同材料为界分别计算基础和墙体工程量，范围是(　　)。
A. 室内地坪正负 300mm 以内　　B. 室内地坪正负 300mm 以外
C. 室外地坪正负 300mm 以内　　D. 室外地坪正负 300mm 以外
21. 基础与墙身使用不同材料砌筑时，位于设计室内地坪±300mm 以内时，墙与基础的分界线应是(　　)。
A. 设计室内地坪　　B. 设计室外地坪
C. 材料分界线　　D. 据材料分界线与室内地坪的位置而定
22. 计算砖砌体工程量中，对于腰线、挑檐的规定是(　　)。
A. 属扣除内容　　B. 属不扣除内容
C. 属不增加内容　　D. 属并入墙体内容
23. 某建筑基础为钢筋混凝土基础，墙体为黏土砖墙，基础顶面设计标高为＋0.10m，室内地坪为

±0.00m,室外地坪为−0.20m,则该建筑基础与墙体的分界面为(　　)。

A. 标高−0.30m处　　B. 室外地坪为−0.20m处

C. 室内地坪为±0.00m处　　D. 基础顶面设计标高为+0.10 m处

24. 计算空斗墙的工程量(　　)。

A. 应按设计图示尺寸以实砌体积计算

B. 应按设计图示尺寸以外形体积计算

C. 应扣除内外墙交接处

D. 应扣除门窗洞口立边部分

25. 计算无天棚屋架坡顶的外墙工程量时,墙高上端算至(　　)。

A. 屋架下弦底　　B. 屋架下弦底+200mm

C. 按实砌高　　D. 屋顶下弦底+300mm

26. 计算砌砖墙工程量,应扣除的项目是(　　)。

A. 圈梁　　B. 垫木　　C. 门窗走头　　D. 抗震加固筋

27. 有一两砖厚墙体,长8m,高5m,开有门窗洞口总面积为$6m^2$,两个通风洞口各为$0.25m^2$,门窗洞口上的钢筋混凝土过梁总体积为$0.5m^3$,则该段墙体的砌砖工程量为(　　)m^3。

A. 16.5　　B. 16.16　　C. 15.92　　D. 16.75

28. 某建筑采用现浇整体楼梯,楼梯共3层自然层,楼梯间净长6m,净宽4m,楼梯井宽450mm,长3m,则该现浇楼梯的混凝土工程量为(　　)。

A. $22.65m^2$　　B. $24.00m^2$　　C. $67.95m^2$　　D. $72.00m^2$

29. 计算现浇钢筋混凝土柱高时应按(　　)规定计算。

A. 有梁板下的柱,从柱基或楼板上表面算至上一层楼板下表面

B. 无梁板下的柱,从柱基或楼板上表面算至柱帽上表面

C. 框架柱无楼层者,从基础底面算至柱顶

D. 无梁板下的柱,从柱基或楼板上表面算至柱帽下表面

30. 现浇钢筋混凝土无梁楼板的混凝土工程量应(　　)。

A. 按板的体积计算

B. 按板的体积乘以系数1.22计算

C. 按板和柱帽体积之和计算

D. 按不同板厚以水平投影面积计算

31. 依附于现浇柱上的混凝土悬臂梁的工程量应(　　)。

A. 以柱侧面为界计算后并入柱的体积

B. 以柱侧面为界计算后,执行梁的定额

C. 并入柱的体积再乘以系数1.2

D. 不另计算

32. 现浇混凝土挑檐、雨篷与圈梁连接时,其工程量计算的分界线是(　　)。

A. 圈梁外边线　　B. 圈梁内边线　　C. 外墙外边线　　D. 板内边线

33. 现浇混凝土天沟、挑檐工程量按(　　)计。

A. 水平投影面积　　B. 设计图示尺寸体积

C. 延长米　　D. 视悬挑宽度不同而定

34. 现浇混凝土雨篷、阳台工程量按(　　)计。

A. 水平投影面积　　B. 挑出墙外部分的体积

C. 延长米　　D. 视挑出墙外宽度而定

35. 混凝土板后浇带工程量计算单位是(　　)。

A. m　　B. m^2　　C. m^3　　D. 视后浇带宽度而定

36. 预制混凝土板工程量计算中应扣除单个尺寸(　　)孔洞。

A. >0.3m^2　　B. ≤0.3m^2　　C. >300mm 见方　　D. ≤300mm 见方

37. 后张法预应力钢筋混凝土梁长 6m,留设直线孔道,选用低合金钢筋作预应力筋,一端采用帮条锚具,另一端采用镦头插片,则预应力钢筋单根长度为(　　)m。

A. 5.65　　B. 6.00　　C. 6.15　　D. 6.30

38. 压型钢板墙板面积按(　　)。

A. 垂直投影面积计算　　B. 外接规则矩形面积计算

C. 展开面积计算　　D. 设计图示尺寸以铺挂面积计算

39. 关于涂膜防水屋面工程量计算方法正确的是(　　)。

A. 平屋顶找坡按斜面积计算

B. 应扣除房上烟囱、屋面小气窗及 0.3m^2以上的孔洞面积

C. 女儿墙、伸缩缝处弯起部分并入屋面工程量计算

D. 接缝、收头部分并入屋面工程量计算

40. 屋面变形缝工程量应按(　　)。

A. 变形缝面积计算　　B. 屋面工程量综合考虑

C. 图示尺寸以长度计算　　D. 缝宽大于 300mm 时以缝的面积计算

41. 墙体保温隔热层工程量应以(　　)计。

A. 面积(m^2)　　B. 面积×厚度(含胶结材料厚)

C. 面积×厚度(不含胶结材料厚)　　D. 重量

42. 一建筑物,外墙轴线尺寸为 9.60m×5.40m,外墙均为 240mm 厚,内、外墙及门洞口面积如下:外墙上有门二樘计 0.48m^2,120mm 内墙门一樘 0.29m^2,240mm 内墙墙体所占面积共计2.48m^2,120mm 内墙墙体所占面积共计 0.33m^2。则该建筑地面水泥砂浆抹面工程量为(　　)m^2。

A. 45.82　　B. 45.49　　C. 44.72　　D. 44.62

43. 墙面抹灰按垂直投影面积计,但应扣除(　　)。

A. 踢脚线　　B. 门窗洞口　　C. 构件与墙交接处　　D. 挂镜线

44. 有一 490mm×490mm、高 3.6m 的独立砖柱,镶贴人造石板材(厚 25mm)。结合层为 1∶3 水泥砂浆,厚 15mm,则镶贴块料工程量为(　　)m^2。

A. 7.05　　B. 7.99　　C. 8.21　　D. 7.63

45. 计算内墙扶灰面积时应扣除(　　)。

A. 踢脚线　　B. 构件与墙面交接处面积

C. 挂镜线　　D. 0.3m^2以上的洞口

46. 根据清单计价的有关规定,工程量清单计算时,附墙柱侧面抹灰(　　)。

A. 不计算工程量,在综合单价中考虑

B. 计算工程量后并入柱面抹灰工程量

C. 计算工程量后并入墙面抹灰工程量

D. 计算工程量后并入零星抹灰工程量

47. 下列油漆工程量计算规则中,正确的是(　　)。

A. 门窗油漆按展开面积计算

B. 木扶手油漆按设计图示尺寸以长度计算

C. 金属面油漆按设计图示尺寸以质量计算

D. 抹灰面油漆按图示尺寸面积和遍数计算

48. 工程量按长度以米为计量单位计算的是(　　)。

A. 窗台板装饰工程　　B. 空花格、栏杆刷乳胶漆

C. 天棚灯带装饰　　D. 现浇水磨石台阶面

49. 下面说法中不正确的是(　　)。

A. 门窗油漆按设计图示数量计算

B. 木地板油漆按设计图示尺寸以面积计算

C. 木扶手油漆按设计图示尺寸以长度计算

D. 金属面油漆按设计图示尺寸以面积计算

50. 设计未标注尺寸的排水管工程量按(　　)计算。

A. 外墙外边屋面顶至设计室外地面的外墙竖向长度

B. 外墙外边屋面顶至设计室外地面的垂直距离

C. 檐口至设计室外地面的外墙竖向长度

D. 檐口至设计室外地面的垂直距离

二、多项选择题

1. 下列按水平投影面积 1/2 计算建筑面积的有(　　)。

A. 屋顶上的水箱　　B. 有永久性顶盖无围护结构的站台

C. 有永久性顶盖的室外楼梯　　D. 外挑宽度超过 2.1m 的雨篷

E. 层高 2m 有围护结构的檐廊

2. 下列计算建筑面积的内容有(　　)。

A. 突出墙外有围护结构的橱窗　　B. 300mm 宽的变形缝

C. 挑出墙外 1.2m 的悬挑雨篷　　D. 建筑物的设备管道夹层

E. 建筑物之间有顶盖的架空走廊

3. 关于外墙砖砌体高度计算的说法中不正确的有(　　)。

A. 位于屋架下弦,其高度算至屋架底　　B. 坡屋面无檐口天棚者算至屋面板底

C. 有屋架无天棚者算至屋架下弦底　　D. 平屋面算至钢筋混凝土板底

E. 出檐宽度超过 600mm 时,按实砌高度计算

4. 下列按实体体积计算混凝土工程量有(　　)。

A. 现浇钢筋混凝土基础　　B. 现浇钢筋混凝土阳台

C. 现浇钢筋混凝土楼梯　　D. 现浇钢筋混凝土框架柱

E. 现浇钢筋混凝土栏板

5. 砖砌体工程量按“座”计算的是(　　)。

A. 窨井　　B. 锅台

C. 检查井　　D. 砖水池

E. 散水

6. 木构件中以立方米作为计量单位计算的有(　　)。

A. 檩木、椽子　　B. 封檐板、博风板

C. 木制楼梯　　D. 屋面木基层

E. 正交部分的半屋架

7. 内墙面抹灰工程量按主墙间的净长乘以高度计算，不应扣除(　　)。
A. 门窗洞口面积　　B. 0.3m^2以内孔洞所占面积
C. 踢脚线所占面积　　D. 墙与构件交接处的面积
E. 挂镜线所占面积
8. 屋面防水工程量计算中，正确的工程清单计算规则是(　　)。
A. 瓦屋面、型材屋面按设计图示尺寸以水平投影面积计算
B. 膜结构屋面按设计尺寸以覆盖面积计算
C. 斜屋面卷材防水按设计图示尺寸以斜面积计算
D. 屋面排水管按设计图示尺寸以理论重量计算
E. 屋面天沟按设计尺寸以面积计算
9. 关于楼梯装饰工程量计算规则正确的说法是(　　)。
A. 按设计图示尺寸以楼梯水平投影面积计算
B. 踏步、休息平台应单独另行计算
C. 踏步应单独另行计算，休息平台不应单独另行计算
D. 踏步、休息平台不单独另行计算
E. 休息平台应单独另行计算，而踏步不应单独计算
10. 计算墙体抹灰工程量应扣除(　　)。
A. 墙裙　B. 踢脚线　C. 门洞口　D. 块料踢脚　E. 窗洞口
11. 运用统筹法计算工程量时，一般先算出“三线一面”值，其中的“三线”是指(　　)。
A. 外墙外边线长　　B. 内墙外边线长
C. 外墙中心线长　　D. 内墙中心线长
E. 内墙净长线长
12. 关于建筑面积计算，说法不正确的有(　　)。
A. 建筑物外墙外侧有保温隔热层的，应按保温隔热层外边线计算建筑面积
B. 建筑物之间的地下人防通道不计算
C. 悬挑宽度为 1.6m 的檐廊按水平投影计算
D. 有围护结构的挑阳台按水平面积的一半计算
E. 装饰性幕墙应按幕墙外边线计算建筑面积
13. 计算建筑面积规定中按自然层计算的内容有(　　)。
A. 室内楼梯间　　B. 电梯井
C. 门厅、大厅　　D. 垃圾道
E. 变形缝
14. 土石方工程中以米作为计量单位计算的有(　　)。
A. 预裂爆破　　B. 土石方开挖
C. 土石方运输　　D. 土石方回填
E. 管沟土方
15. 石砌墙工程量计算按设计图示尺寸以体积计算，应扣除(　　)。
A. 门窗洞口　　B. 门窗走头
C. 钢管　　D. 单个面积 0.3m^2以上的孔洞
E. 嵌入墙内的钢筋混凝土柱
16. 关于钢筋混凝土灌注桩工程量计算的叙述中正确的是(　　)。

A. 按设计桩长(不包括桩尖)以 m 计
B. 按根计
C. 按设计桩长(算至桩尖)以 m 计
D. 按设计桩长(算至桩尖)+0.25 m 计
E. 按设计桩长×断面以 m^3 计
17. 砖基础砌筑工程量中不应扣除(　　)所占体积。
A. 嵌入的管道　　　　B. 嵌入的钢筋混凝土过梁
C. 单孔面积大于 0.3m^2 的孔洞　　D. 基础大放脚 T 形接头的重叠部分
E. 基础防潮层
18. 按延长米计算工程量的有(　　)。
A. 现浇挑檐天沟　　　　B. 窗帘盒
C. 现浇栏板装饰　　　　D. 楼梯扶手装饰
E. 散水
19. 根据清单计价规范,下列项目工程量清单计算中,以平方米为计量单位的有(　　)。
A. 门窗油漆　　　　B. 木扶手油漆
C. 壁柜油漆　　　　D. 暖气罩油漆
E. 窗帘盒油漆
20. 地面防水层工程量,按主墙间净面积以 m^2 计,应扣除地面的(　　)所占面积。
A. 单个面积大于 0.3m^2 孔洞　　B. 间壁墙
C. 设备基础　　　　D. 构筑物
E. 垛、柱

单元 4

施工图预算编制

单元概述:建筑工程计量的目的是为了确定建筑工程的价格,施工图预算也是建筑工程在相应阶段确定单位工程造价的技术经济文件,其编制方法有定额计价法(简称定额法)与工程量清单计价法(简称清单计价法)两种。本单元主要是以定额计价法讲解建筑工程造价的费用组成及确定方法、定额单价(定额基价)的确定及应用、材料差价的确定方法。最后通过一个典型的二层框架结构办公楼工程编制出其施工图预算文件。

学习目标:

1. 掌握定额基价与材料差价的计取方法。
2. 掌握定额计价法工程造价的确定方法。
3. 掌握土建工程与装饰工程施工图预算编制方法。

学习重点:

1. 施工图预算编制的步骤与方法。
2. 定额计价法中定额基价的确定。
3. 材料差价的计取方法。
4. 定额计价法中工程造价的确定。

教学建议:首先让学生了解本地编制施工图预算所涉及的计价依据及有关规定,然后结合当地实际,把教材中的综合实训项目施工图预算编制出来。教学过程主要以学生动手为主,教师引导为辅。

关键词:施工图预算(budget for construction drawing);定额基价(price difference of quota);差价(price difference)

项目 4.1 施工图预算的编制

4.1.1 施工图预算概述

1. 施工图预算的含义

施工图预算(budget for construction drawing)是在施工图设计完成后,工程开工前,根据已批准的施工图纸、现行的预算定额(或消耗量定额)、费用定额和地区人工、材料、工程设备与施工机具台班等资源价格,在施工方案或施工组织设计已确定的前提下,按照预算定额的计算规则分别计算分部分项工程量的基础上,逐项套用预算价格(budgetary price)或单位估价表,累计其人材机费,取费计算组织措施费、企业管理费、利润、税金等费用,是确定单位工程造价的技术经济文件。

2. 施工图预算的划分

目前,根据其编制的阶段、编制的目的以及编制者的不同施工图预算主要划分为两种:①由设计单位在施工图设计完成后,根据施工图纸、现行消耗量定额、费用定额以及地区设备、材料、人工、施工机械台班等的预算价格,以控制工程造价,确定工程建设投资额为目的编制的施工图设计预算;②由施工单位根据施工图设计、施工组织设计、现行预算定额(消耗量定额)、费用定额,以销售(或承包)建设工程产品为目的编制的施工图预算。本节主要介绍由施工单位编制的施工图预算。

3. 施工图预算的作用

(1) 施工图预算是确定建筑安装工程造价的依据。对于实行招标、投标的工程,施工图预算是编制招标控制价的依据,也是施工企业投标报价的基础;对于不实行招标、投标的工程,施工图预算是确定合同价款的依据。

（2）施工图预算是编制施工计划和考核施工单位经营成果的依据。经过审批的施工图预算，其工料机的消耗量已被确认，这些被确认的消耗量，是施工单位编制施工计划的依据；另一方面，已经确认的单位或单项工程的工料机消耗量及工程造价，又是施工企业成本核算的依据。

（3）施工图预算是建设工作量统计、施工产值统计的依据。由施工图预算确定的建筑安装工程价格构成了建设工程投资中的建筑安装工程费用，它是计算投资额的依据，也是计算所增固定资产价值的依据。对于施工企业，建筑安装工程价格构成了建筑安装施工企业的产值，是计算施工企业技术经济指标和企业增加值的重要依据。

4.1.2　建筑安装工程费用组成

建筑安装工程费按照费用构成要素划分，由人工费、材料费、施工机具使用费、企业管理费、利润和税金组成。如图 4-1 所示。

建筑安装工程造价组成
- 人工费
  - 1. 基本工资
  - 2. 津贴补贴
  - 3. 特殊情况下支付的工资
  - 4. 劳动保护费
  - 5. 职工福利费
  - 6. 社会保险费
  - 7. 住房公积金
  - 8. 工会经费
  - 9. 职工教育经费
- 材料费
  - 1. 材料原价
  - 2. 运杂费
  - 3. 运输损耗费
  - 4. 采购及保管费
- 施工机具使用费
  - 施工机械使用费
    - 折旧费
    - 检修费
    - 维护费
    - 安、拆费及场外运费
    - 人工费
    - 燃料动力费
    - 其他费
  - 仪器仪表使用费
    - 折旧费
    - 维护费
    - 校验费
    - 动力费
- 企业管理费
  - 1. 管理人员工资
  - 2. 办公费
  - 3. 差旅交通费
  - 4. 固定资产使用费
  - 5. 工具用具使用费
  - 6. 劳动保险和职工福利费
  - 7. 劳动保护费
  - 8. 检验试验费
  - 9. 工会经费
  - 10. 职工教育经费
  - 11. 财产保险费
  - 12. 财务费
  - 13. 税金
  - 14. 其他
- 利润
- 税金

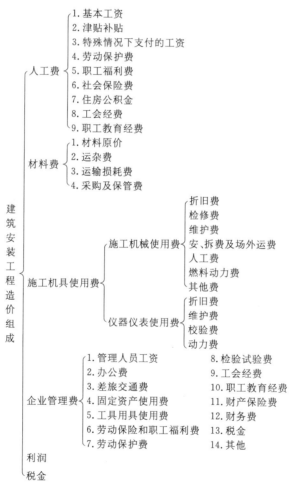

图 4-1　建筑安装工程费的组成内容

4.1.3 施工图预算编制方法

施工图预算的编制方法有定额计价法(简称定额法)与工程量清单计价法(简称清单计价法)两种,而定额计价法又分为工料单价法和实物量法两种。

本单元主要对定额计价法进行介绍,有关清单计价法在第5、第6单元详细讲解。

1. 工料单价法

工料单价法编制施工图预算,就是根据预算定额(或消耗量定额)的分部分项工程量计算规则,按照施工图计算出各分部分项工程(含技术措施项目)的工程量,乘以相应的工程单价(预算价格),汇总得到单位工程定额工料机费;再以定额工料机费或其中的人工费为计费基础,按照规定计费程序和计费费率计算出组织措施费、企业管理费、利润和税金,汇总得出单位工程的施工图预算造价。

2. 实物量法

实物量法编制施工图预算,就是根据施工图、国家或地区颁发的预算定额(或消耗量定额),计算出分部分项工程(含技术措施项目)的工程量,套用预算定额(或消耗量定额)相应人工、材料、施工机具台班的定额耗用量,再按类相加求出该工程所需的人工、各种材料、施工机具台班消耗量,然后再乘以当时、当地人工工资标准(工日单价)、各种材料单价、施工机具台班单价,即为单位工程的人工费、材料费和机械费,将这三种费用汇总相加,得到单位工程的人工费、材料费、机械使用费之和,再加上按规定程序计算出来的措施费、企业管理费、利润、税金,便可得出单位工程的施工图预算造价。

3. 工料单价法和实物量法编制施工图预算的区别

工料单价法与实物量法编制施工图预算的区别如表4-1所示。鉴于目前情况,工料单价法仍是当前国内编制施工图预算的主要方法。因此,本书主要是介绍工料单价法编制施工图预算为主。

表4-1　　工料单价法与实物量法编制施工图预算的主要区别

比较的内容	工料单价法	实物量法
工料分析的目的	①单位工程定额工料机费计算后进行工料分析; ②目的是为造价计算过程进行价差调整,只针对价格发生变化的部分进行工、料、机分析	①在计算单位工程定额工料机费之前进行工料分析; ②目的主要是为计算单位工程的单位工程定额工料机费,且是分析全部工、料、机用量
直接工程费计算方法	$\sum$(工程量×定额人、材、机)	先算出人工、材料、机械台班消耗量,再乘以所对应的人工工日单价、材料单价、施工机具台班单价,汇总得出单位工程定额工料机费
优缺点	优点:计算简单、工作量较小和编制速度较快,便于工程造价管理部门集中统一管理。 不足:结果缺乏准确性	优点:较好地反映实际价格水平,工程造价较准确。 不足:需有较完整的价格信息系统

4.1.4 施工图预算编制步骤

施工图预算的编制步骤如图 4-2 所示。

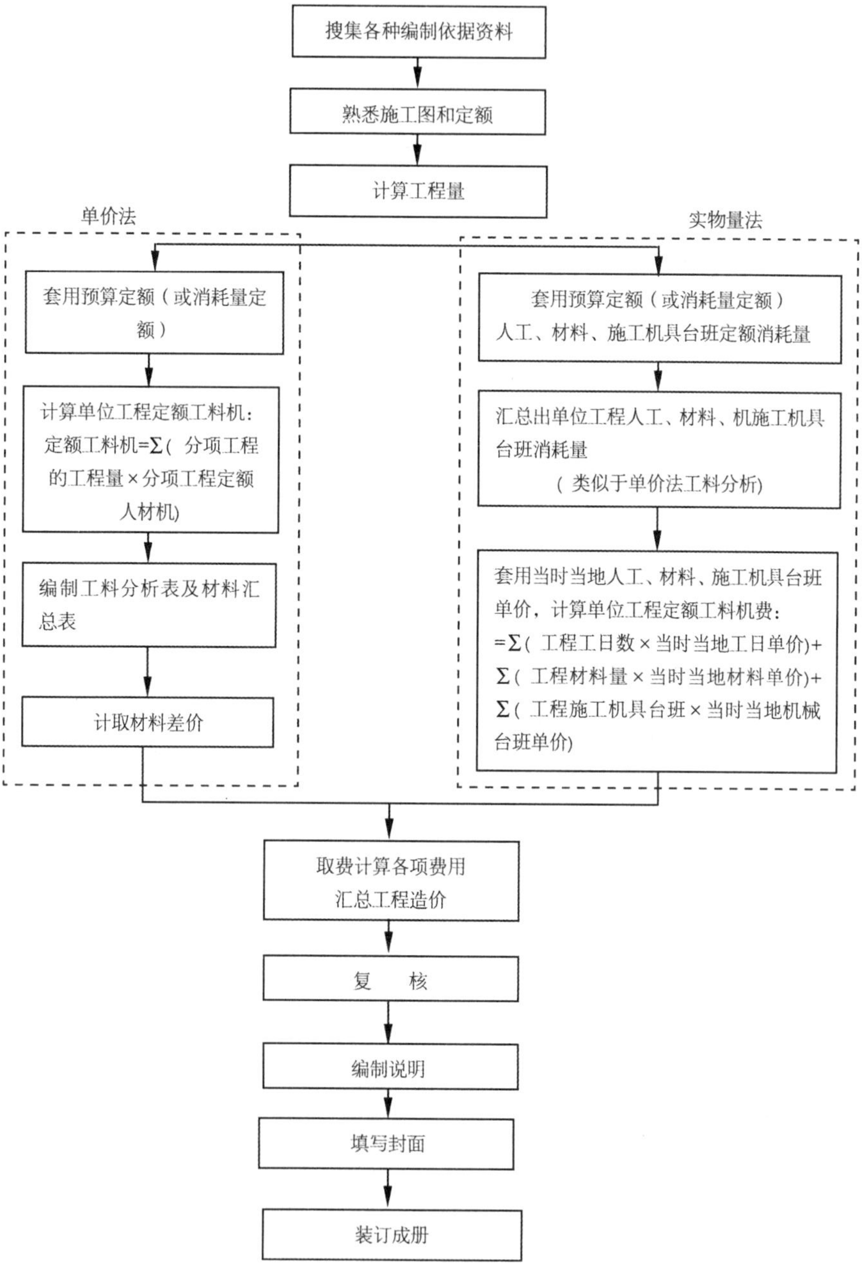

图 4-2　施工图预算编制步骤示意图

4.1.5 以工料单价法为例编制施工图预算

1. 熟悉施工图纸

熟悉施工图纸,包括熟悉设计选用的标准图集、通用图集和施工过程中发生的设计变更。熟悉施工图纸应注意以下几点。

(1) 按图纸目录检查各类图纸是否齐全,图纸编号与图名是否一致,设计选用的有关标准图集名称及代号是否明确。

(2) 审查图纸的标高尺寸时,要注意建筑图与结构图之间、主体图与大样图之间、土建图与设备安装图之间、分尺寸与总尺寸之间是否存在矛盾,若有矛盾应及时向有关部门反映,以便及时修正。

(3) 对采用防水、吸音、散音、防火、耐酸等特殊要求的项目单独记录,以便在编制施工图预算时进行调整、换算,或根据有关规定编制补充定额和单价,并报有关部门审批。

(4) 了解设计意图和工程全貌,以便根据预算定额(消耗量定额)的项目划分和工程量计算规则确定分项工程项目。

2. 搜集各种编制依据及资料

(1) 施工图设计中有使用标准图集或通用图集项目的,应根据施工图的要求搜集标准图集或通用图集;对于施工过程中发生的设计变更资料要及时搜集、妥善保存。

(2) 搜集与施工图设计相适应的专业消耗量定额及其单位估价表(或价目汇总表),配套的费用定额和当期的工料机市场信息价格。当本工程中有该专业定额缺项的工程项目时,还应搜集其他专业定额作为补充。

(3) 其他要搜集的资料。

3. 熟悉施工组织设计和现场情况

(1) 施工组织设计是施工单位根据工程特点及施工现场条件编制的工程实施方案,它与分项工程的确定、定额子目的选用和费用的计算有着密切的关系。熟悉施工组织设计时应注意下列问题:有无施工图以外的工程项目,如地下降水、打临时性钢板桩、特殊的施工方法及确保工程质量和施工安全的技术措施和安全措施;土方的施工方法(是人工还是机械施工)和放坡系数、工作面宽度;模板材料的选用和支模方式;余土外运和取土回填的运距及运输方式;商品混凝土及商品混凝土构件的加工或采购地点,以确定运距;吊装构件和垂直运输的机械选型,以确定大型机械进出场费的计取和定额子目的选择。

(2) 在图纸和施工组织设计不能满足施工图预算编制条件时,要深入现场实地考察,如土质类别、运土距离、自然标高与设计室外标高及场内需清除的障碍物等。

4. 确定分项工程项目

(1) 确定分项工程项目是指以消耗量定额分项工程所包括的工作内容为标准,对实际工程全部施工过程中的所有工序或工作过程进行划项。分项工程包括构成直接工程费的分项工程,也包括属于施工技术措施费的分项工程。

(2) 确定分项工程时应注意以下几点。

必须熟悉施工图纸,充分了解设计意图,掌握工程结构和建筑物构造情况。必须掌握消耗量定额的工程量计算规则、定额分项工程所包括的工作内容、了解实际单位工程(或分项工程)的施工过程;例如,通过某一混凝土设备基础的施工图可知施工过程包括挖土、运土、基底夯实、铺设混凝土垫层、放线、支模、绑钢筋、浇捣混凝土、养护、拆模等,根据某省《计价依据》消耗量定额项目划分及项目所包括的工作内容，将前述施工过程分解归纳为表 4-2 所列定额分项工程。

项目划分时要做到不重不漏。

表 4-2　　　　某一混凝土设备基础定额分项工程

序　号	分项名称	包括工作内容
①	挖基础土方	人工施工包括挖土、抛土(装土)、修理底边、基底夯实等
②	余土外运	运土、清理道路等
③	垫层模板	模板材料的场内运输、安拆模板、拆下的模板分类堆放等
④	铺设垫层	混凝土搅拌、运输、浇捣、养护等
⑤	基础模板	模板材料的场内运输、安拆模板、拆下的模板分类堆放等
⑥	钢筋的场外运输	钢筋(半成品)装卸、运输等
⑦	钢筋制作安装	材料的场内运输、钢筋制作、安装
⑧	基础混凝土	混凝土搅拌、运输、浇捣、养护等

5. 计算工程量

(1) 计算工程量的依据。施工图是工程量计算的基础(施工图必须经过审定，建设单位应组织做好图纸会审和技术交底工作)，工程量计算的尺寸都要与施工图所标注的尺寸相符。

消耗量定额是计算工程量的依据。在定额计价中，工程量计算的项目就是消耗量定额中的分项工程项目。消耗量定额的总说明、各分部工程说明、各分部分项工程量计算规则和方法都是计算工程量的依据。

(2) 计算工程量的要求。计算范围要一致。即根据施工图列出的分项工程所包含的范围与定额中相应分项工程子目所包括的内容一致。例如，××省《计价依据》2005 年建筑工程消耗量定额中人工挖沟槽土方，其工作内容已包括了槽底夯实的内容，因此在计算工程量时，除了以“$100m^3$”为单位计算人工挖沟槽土方外，不必再计算槽底夯实的工程量。

计量单位要一致。按施工图计算工程量时，各分项工程的工程量的计算单位，必须与定额中的相应项目的计量单位一致。例如，装饰装修消耗量定额中的油漆工程一般都是以 m^2 为计量单位，而金属构件的油漆是按金属构件的重量乘以系数计算的。所以，金属构件的油漆工程量如果按平方米，则不能执行相应定额。

严格执行定额规定的工程量计算规则。计算工程量时，必须严格执行工程量计算规则，各章、节有关的说明、附注。根据定额规定，该扣的扣，该增的增，该乘系数的乘系数。

定额的工程量计算规则与定额工料机消耗量及综合的工作内容密切相关。当工程量计算规则中规定不扣除的因素，则表明在确定定额消耗量定额时已扣除；当工程量计算规则中规定不增加的因素，则表明在定额消耗量中已增加。所以，在计算工程量时不能正确执行定额的规定，就会造成计价的误差，影响造价的准确性。

必须按图示尺寸准确计算。包括两个含义：一是必须按设计内容和尺寸计算工程量，即“图上有啥算啥”;二是要采用科学的计算方法计算工程量。

6. 执行定额套用预算价格

在工程量审查无误的基础上,对于量价合一的定额,可以执行定额的有关规定直接套用或换算套用定额中相应的预算价格。对于“量价分离”即“无价”定额,可配合当地人工、材料和机械的预算价格及市场信息价计价。

7. 计算工料机及其合计金额并计取其他费用

(1) 汇总各分项工程的人工费、材料费、机械费及其合计金额,计算出直接工程费。

(2) 按现行消耗量定额规定的项目和费用定额规定的计费基础及费率,分别计算出各项施工技术措施和施工组织措施费。

(3) 汇总直接费。直接费=直接工程费+技术措施费+组织措施费。

(4) 按现行费用定额规定的计费基础及费率,计算间接费(包括企业管理费和规费)。

(5) 按规定的利润率计算利润。

(6) 当单位工程计价采用的人工单价、材料单价、机械台班单价与市场信息价有差异时,应按当期的规定进行动态调整,如材料差价(price difference)的计取。

(7) 按规定的税率计取税金。

(8) 汇总各项费用,得出单位工程造价。

8. 计算技术经济指标

单位工程技术经济指标有:

(1) 平方米造价指标:

每平方米造价(元/m^2)=单位工程造价(元)/单位工程建筑面积(m^2)

(2) 平方米工日消耗量:

当定额工日不分工种和技术等级,均为同一单价时:

每平方米工日消耗量(工日/m^2)=单位工程造价汇总的人工费(元)/[每工日单价(元/工日)×单位工程建筑面积(m^2)]

当定额工日为多种单价时:

每平方米工日消耗量(工日/m^2)=单位工程消耗的总工日(工日)/单位工程建筑面积(m^2)

(3) 平方米材料用量:

每平方米某种材料用量[(m^3,m^2,块或 t)/m^2]

=单位工程某种材料总用量(m^3,m^2,块或 t)/单位工程建筑面积(m^2)

9. 撰写编制说明

编制说明的内容一般包括:①工程概况;②计算工程量的依据:采用的图纸、图号等;③计价依据:采用的定额、地区材料价格及市场动态调整的依据;④取费依据:采用的费用定额;⑤施工图预算中遗留的问题;⑥其他应说明的问题。

4.1.6 预算价格的确定

1. 预算价格基价

预算价格也称定额基价、工料单价。包括人工费、材料费和施工机具使用费。通过编制单位估价表、地区单位估价表所确定的单价,主要用于编制施工图预算。

预算价格按适用对象可分为建筑工程预算价格、安装工程预算价格,按适用范围可分为地区单价、个别单价，按编制依据分为定额单价与补充单价等几种形式。

预算价格的确定式：

$$预算价格=定额人工费+定额材料费+定额机械费$$

其中：$定额人工费=\sum(定额工日数量\times定额工日单价)$

$$定额材料费=\sum(定额材料数量\times定额材料预算价格)$$

$$定额机械费=\sum(定额机械台班数\times相应机械台班单价)$$

2. 工日单价

工日单价指支付给从事建筑安装工程施工的生产工人的各项费用。根据建标〔2013〕44号文件及建标〔2017〕209号文件的规定，人工单价组成内容包括：

(1) 基本工资是指发放给生产工人的基本工资。

(2) 津贴补贴是指为了补偿职工特殊或额外的劳动消耗和因其他特殊原因支付给个人的津贴，如流动施工津贴、特殊地区施工津贴、高温（寒）作业临时津贴、高空津贴等；以及为了保证职工工资水平不受物价影响支付给个人的物价补贴。

(3) 特殊情况下支付的工资是指根据国家法律、法规和政策规定，因病、工伤、产假、计划生育假、婚丧假、事假、探亲假、定期休假、停工学习、执行国家或社会义务等原因按计时工资标准或计时工资标准的一定比例支付的工资。

(4) 劳动保护费是指企业按规定发放的劳动保护用品所支出的费用。

(5) 职工福利费是指企业按职工工资总额一定比例计提的、发放给职工或为职工支付的现金补贴和非货币性集体福利费。

(6) 社会保险费是指企业按照规定标准为职工缴纳的基本养老保险费、失业保险费、医疗保险费、生育保险费、工伤保险费。

(7) 住房公积金是指企业按规定标准为职工缴纳的住房公积金。

(8) 工会经费是指企业按《工会法》规定，按职工工资，总额的规定比例计提的工会经费。

(9) 职工教育经费是指按职工工资总额的规定比例计提，企业为职工进行专业技术和职业技能培训、专业技术人员继续教育、职工职业技能鉴定、职业资格认定以及根据需要对职工进行各类文化教育所发生的费用。

3. 材料单价

材料单价是指建筑安装工程施工过程中耗费的原材料、辅助材料、构配件、零件、半成品或成品的费用。内容包括：

(1) 材料原价是指材料的出厂价格或商家供应价格。

(2) 运杂费是指材料自来源地运至工地仓库或指定堆放地点所发生的运输、装卸等全部费用。

(3) 运输损耗费是指材料在运输装卸过程中不可避免的损耗。

(4) 采购及保管费费是指组织采购、供应和保管材料的过程中所需要的各项费用。包括采购费、仓储费、工地保管费、仓储损耗。

如图4-3所示。材料单价的计算公式为

$$材料单价=材料原价+运杂费+场外运输损耗费+采购及保管费+试验检验费$$

注：若有回收残值应在材料单价中予以扣除。

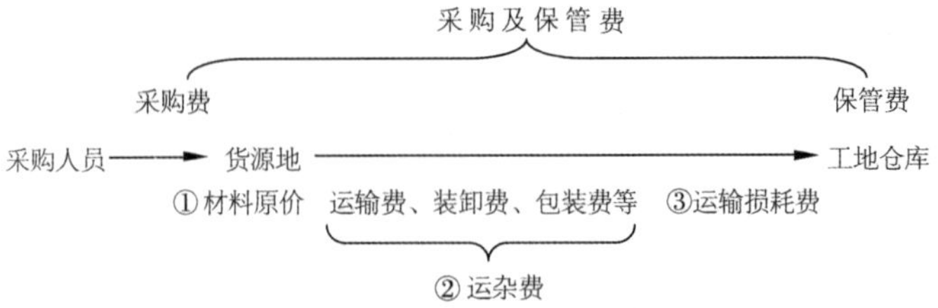

图 4-3　材料单价的组成

1) 材料原价

材料原价是指材料生产厂的出厂价格、进口材料抵岸价格或市场经销部门的销售价格。

(1) 当同一材料由于来源地、供应单位(销售单位)或生产厂不同而有几种不同价格时,可根据不同来源地的采购供应比例,采取加权平均的方法计算。

【例 4-1】 假设某建筑工地需要螺纹钢共计 100t,从甲钢材市场采购进货 60t,售价 2300 元/t;从乙钢材市场采购进货 40t,售价 2400 元/t,计算该建筑工地所采购钢材的加权平均原价。

【解】 加权平均原价=2300×60%+2400×40%=2340(元/t)。

(2) 如果某种材料分别采用自行提货和生产厂商送货到工地两种不同方式时,因生产厂商送货到工地的材料售价中已含运杂费和场外运输损耗费,在计算材料原价时,首先应从这部分材料的售价中扣除运杂费和场外运输损耗费,然后根据两种不同采购方式的材料量占总需求量的比例采用加权平均的办法计算。

【例 4-2】 某钢厂供应螺纹钢 75t,售价 2400 元/t,采用自行提货方式;某钢材市场供应 25t,送到工地价,售价 2500 元/t(每吨含 40 元的运杂费和场外运输费),试计算螺纹钢的加权平均原价。

【解】 加权平均原价=2400×75%+(2500−40)×25%=2415(元/t)。

2) 运杂费

运杂费是指材料从货源地(或提货地点)运到施工工地仓库(或堆放处)的全部过程中所支付的一切费用,包括车、船等的运输费、调车费、驳船费、装卸费、运输保险费、检尺费、过磅费、专用线折旧费以及各地方政府物价部门批准的公路使用费和过桥、过隧道费,以及原价中不含包装费的材料,在运输过程中为保护材料而进行包装所需要的费用等。

(1) 材料运输费采用加权平均的方法进行计算。

(2) 装卸费按运输部门的公里单价进行计算。

(3) 包装费:若包装由厂家提供,则已含在材料的原价内,不再重复计取;有回收残值的应在材料单价中予以扣除。若包装为自行包装,则需在运杂费中单独计取。

3) 场外运输损耗费

场外运输损耗费是指某些散装、堆装(如砖、瓦、灰、砂、石等)和易损易碎的材料(如平板玻璃、灯具、缸瓦管、瓷砖、卫生陶瓷等)在运输途中不可避免发生的损坏或洒漏,在材料价格内应计入合理补偿。

材料场外运输损耗费=(材料原价+运杂费)×材料场外运输损耗率

注意的是,如果在市场采购供货中执行了生产厂商送货到施工现场,实行现场计量收料的材料,因在材料的供应价格内已包含了运杂费和材料的场外运输损耗费的因素,所以,计算这些材料的价格时,不应再计算场外运输损耗。

4）材料采购及保管费

材料采购及保管费是指材料供应部门(包括工地仓库及以上的各级材料供应管理机构)在组织订货、采购、供应和保管材料过程中所需要支付的各项费用,其中包括各级材料部门职工的工资、工资性补贴、劳动保护费、办公费、差旅交通费、固定资产使用费、工具用具使用费、保险费、出入库搬运整理费和材料储存保管损耗等费用。

材料采购及保管费率由各省、市、自治区建设行政主管部门制定费率;清单计价投标时,企业可根据实际情况自主确定费率。例如,××省材料采购及保管费率为 1.5%。如果材料由建设单位采购时,材料采购及保管费的划分为建设单位取其中的 20%,施工单位取其中的 80%。

材料采购及保管费计算公式:

材料采购及保管费=(材料原价+运杂费+场外运输损耗费)×材料采购及保管费率

【例 4-3】 某工程建设需购某种材料 300t。现有两家供货,采用自行提货。

资料如表 4-3 所示。采用汽车运输,运输单价:6 元/(m^3·km)。该材料容重 1.3m^3/t。装卸费:1.5 元/m^3。运输损耗率 2.2%,采保率 1.5%。试确定材料单价(元/t)(不考虑材料检验试验费)。

表 4-3　　**厂家供货相关资料**

厂家	供货数量/t	供货价/(元·t^{-1})	运距/km
甲	200	500	40
乙	100	450	45

【解】 ① 材料的原价$=\dfrac{200\times500+100\times450}{200+100}=483.33$ 元/t

② 材料的运输费

换算运输单价:6×1.3=7.8 元/(t·km)

则:从甲运输的单价=7.8×40=312(元/t)

从乙运输单价=7.8×45=351(元/t)

运输费$=\dfrac{312\text{ 元}\times200+351\times100}{200+100}=325$ 元/t

③ 装卸费=1.5×1.3=1.95 元/t

④ 运杂费=运输费+装卸费=325+1.95=326.95 元/t

⑤ 材料单价=(原价+运杂费)×(1+场外运输损耗率)×(1+采购与保管费率)

=(483.33+326.95)×(1+2.2%)×(1+1.5%)=840.54 元/t

4. 机械台班单价

机械台班单价是以台班为计量单位的,一台机械在正常运转条件下每一个台班(8 小时)中所必须耗用的工料与应分摊的各种费用之和,称为机械台班单价,由下列 7 项组成:

(1) 折旧费。是指机械设备在规定的使用期限(即耐用总台班)内,陆续收回其原值及支付贷款利息的费用。

(2) 大修理费。是指机械设备按规定的大修间隔台班进行必要的大修理,以恢复机械的正常功能所需的费用。

(3) 经常修理费。是指机械设备除大修理以外的各级保养(包括一、二、三级保养)及临时故障排除所需费用;为保障机械正常运转所需替换设备、随机配备的工具、附具的摊销及维护费用;机械运转及日常保养所需润滑、擦拭材料费和机械停置期间的维护保养费用等。

(4) 安拆费及场外运输费。安拆费是指机械在施工现场进行安装、拆卸所需人工、材料、机械和试运转费用,以及机械辅助设施(包括基础底座、固定锚桩、行走轨道、枕木等)的折旧、搭设、拆除等费用。

场外运输费是指机械整体或分体自停置地点,运至施工现场或由一工地运至另一工地的运输、装卸、辅助材料以及架线费用。

(5) 燃料动力费。是指机械在运转施工作业中所耗用的固体燃料(煤炭、木材)、液体燃料(汽油、柴油)、电力、水和风力等费用。

(6) 人工费。是指机上司机、司炉和其他操作人员的工作日及上述人员在机械规定的年工作台班以外的人工费。

(7) 养路费及车船使用税。指施工机械按照国家规定和有关部门规定应缴纳的养路费、车船使用税、保险费及年检费等。

4.1.7 预算价格的应用

1. 直接套用预算价格

适用条件:①设计要求与定额内容(工程项目名称、工作内容、施工方法、计量单位、主要材料名称)相符;②虽然不完全相符,但定额规定不允许调整。

【例 4-4】 某工程设计采用 M5 混合砂浆(矿渣硅酸盐水泥 32.5 级)、烧结煤矸石普通砖(240mm×115mm×53mm)砌筑直线形砖基础,试求每 10m^3 该砖基础的预算价格。(一般计税)

分析:以××省 2018 建筑工程预算定额为例说明(表 4-4)。已知:定额取定单价如下,人工,125.00 元/工日;烧结煤矸石普通砖(240mm×115mm×53mm),0.36 元/块;混合砂浆 M5(32.5 级水泥),205.46 元/ m^3;工程用水,4.96 元/m^3;灰浆搅拌机 200L,177.53 元/台班。

【解】 查定额子目 A4-1 砖基础可知(定额表 4-4),可判定出定额与题中条件一致。可以直接套用定额。

表 4-4　　摘录××省 2018 建筑工程预算定额表

工作内容:调、运、铺砂浆,运砖,清理基坑槽,砌砖。　　单位:10m^3

定额编号				A4-1
项目				砖基础
预算价格/元				3774.92
其中	人工费/元			1341.25
	材料费/元			2371.53
	机械费/元			62.14
名称		单位	单价/元	数量
人工	综合工日	工日	125.00	10.73
材料	烧结煤矸石普通砖 240mm×115mm×53mm	块	0.36	5185.50
	混合砂浆 M5(32.5 级水泥)	m^3	205.46	2.42
	工程用水	m^3	4.96	1.52
机械	灰浆搅拌机 200L	台班	177.53	0.35

查定额 A4-1 或组价可知，每 $10m^3$ 砖基础项目中：

人工费：10.73×125＝1341.25 元。

材料费：5185.50×0.36＋2.42×205.46＋1.52×4.96＝2371.53 元。

机械费：0.35×177.53＝62.14 元。

预算价格：1341.25＋2371.53＋62.14＝3774.92 元。

2. 调整套用

适用条件：设计要求与定额内容不完全相符，但定额规定允许调整换算。换算形式主要有配合比材料换算、乘系数换算、厚度换算、运距换算等。

1) 配合比(强度等级)材料的换算

(1) 同种类的配合比(强度等级)材料换算

① 特征：价变量不变，即材料单价改变而材料消耗量不变；配合比(强度等级)材料的换算只影响材料费，不影响人工费和机械费。

② 换算公式：换算后的预算价格＝定额预算价格－配合比材料的消耗量×定额中该配合比材料的单价＋配合比材料的消耗量×新配合比的该材料的单价。

亦可用下面的公式计算：换算后预算价格＝人工费＋换算后材料费＋机械费

换算后材料费＝定额材料费－配合比材料的消耗量×定额中该配合比材料的单价＋配合比材料的消耗量×新配合比的该材料的单价。

【例 4-5】 某工程设计采用 M7.5 的混合砂浆砌直线形砖基础，试问每 $10m^3$ 该砖基础的预算价格？已知 M7.5 的混合砂浆单价为 206.40 元/m^3(一般计价)。

【解】 查定额 A4-1 可知，定额采用 M5 混合砂浆砌砖基础的预算价格为：3774.92 元/($10m^3$)(例 4-4)。其中：

人工费：1341.25 元/($10m^3$)；

材料费：2371.53 元/($10m^3$)；

机械费：62.14 元/($10m^3$)。

设计采用 M7.5 的混合砂浆，设计要求与定额内容不完全相符，这时要换算配合比。

换算后的预算价格为

人工费：1341.25 元/($10m^3$)；

材料费：2371.53－2.42×205.46＋2.42×206.40＝ 2373.80/($10m^3$)；

机械费：62.14 元/($10m^3$)；

预算价格＝1341.25＋2373.80＋62.14＝3777.19 元/($10m^3$)。

(2) 种类不同时的配合比材料换算

① 特征：价变量也变，即消耗量和配合比材料单价均需调整。

② 换算公式：

换算后的预算价格＝定额预算价格－定额中配合比材料的消耗量×定额中该配合比材料的单价＋新配合比材料的消耗量×新配合比的该材料的单价。

注意的是，由于砂浆种类不同其损耗率和压实偏差率有可能不一样，这样就会引起该材料的消耗量发生了变化。

如××某省的几种材料的损耗率与压实偏差率如表 4-5 所示。

表 4-5　　抹灰砂浆的损耗率与压实偏差率

砂浆名称	石灰砂浆	混合砂浆	水泥砂浆	麻刀纸筋灰浆
损耗率/%	1	2	2	1
压实偏差率/%	9	9	9	5

【例 4-6】 某砌筑工程采用 M10 水泥砂浆、标准烧结煤矸石普通砖砌筑弧形砖基础。

试求该工程砖基础预算价格(一般计税)。定额子目见表 4-4。

【解】 根据题意,应执行 2018《山西省计价依据》建筑工程预算定额 A4-1 子目,但需进行配合比换算,将混合砂浆 M5 调为水泥砂浆 M10。换算过程如下:

人工费:1341.25 元/($10m^3$)		人工费:1341.25 元/($10m^3$)
材料费:2371.53 元/($10m^3$)	配合比换算→	材料费:2371.53−2.42×205.46+2.42×201.06 =2360.88 元/($10m^3$)
机械费:62.14 元/($10m^3$)		机械费:62.14 元/($10m^3$)

换算后预算价格:人工费+材料费+机械费=1341.25+2360.88+62.14=3764.27 元/($10m^3$)

2) 乘系数的换算

换算的系数一般来自说明。少量出现在计算规则和定额子目表下方的注释。

特征:谁乘系数谁改变(表现为消耗量和费用改变)。

【例 4-7】 某工程采用标准烧结煤矸石普通砖、M5 混合砂浆(32.5 级水泥)砌弧形砖基础,试问其每 $10m^3$ 预算价格(一般计税)?

【解】 查定额 A4-1 可知,定额采用 M5 混合砂浆砌砖基础的预算价格为:3774.92 元/($10m^3$)(表 4-4)。其中:

人工费:1341.25 元/($10m^3$);

材料费:2371.53 元/($10m^3$);

机械费:62.14 元/($10m^3$)。

由第三章砌筑工程说明可知,砌弧形砖基础执行砖基础定额项目人工乘以 1.1,砖和砂浆用量×1.03。

换算后的预算价格=1475.38+2442.45+62.14=3979.97 元/($10m^3$);

其中:人工费=1341.25×1.1=1475.38 元/($10m^3$);

材料费=2371.53+5185.50×0.03×0.36+2.42×0.03×205.46=2442.45 元/($10m^3$);

机械费=62.14 元/($10m^3$)。

3) 厚度换算

特征:双加(消耗量和费用:对应相加)。

【例 4-8】 某工程设计采用水泥砂浆 1∶3 在混凝土楼板上做 25mm 厚的找平层,试问其每 $100m^2$ 预算价格(一般计税)。定额依据查 2018《山西省计价依据》预算定额 A4-101 和 A4-102,如表 4-6 所示。

【解】 根据题意,应执行 2018《山西省计价依据》建筑工程预算定额 A4-101+A4-102,即发生厚度换算(费用相加)。

A4-101+A4-102:预算价格为 1417.60+265.81=1683.41 元/($100m^2$)。其中,

人工费:866.25+135.00=1001.25 元/($100m^2$),

材料费：499.87＋114.83＝614.70 元/(100m^2)，

机械费：51.48＋15.98＝67.46 元/(100m^2)。

表 4-6　　摘录山西省 2018 建筑工程定额表

工作内容：清理基层，调运砂浆，压实，抹平。　　单位：100m^2

定额编号				A4-101	A4-102
项目				水泥砂浆	
				在混凝土或硬基层上	每增 5mm
				20mm	
预算价格/元				1417.60	265.81
其中	人工费/元			866.25	135.00
	材料费/元			499.87	114.83
	机械费/元			51.48	15.98
名称		单位	单价/元	数量	
人工	综合工日	工日	125	6.93	1.08
材料	水泥砂浆 1∶3	m^3	225.16	2.02	0.51
	素水泥浆	m^3	423.68	0.10	
	工程用水	m^3	4.96	0.54	
机械	灰浆搅拌机 200L	台班	177.53	0.29	0.09

4）运距换算

方法同厚度换算。

【例 4-9】 某土方工程采用自卸汽车运土方，运距 3km，问每 1000m^3 该工程运土方预算价格（一般计税）。

【解】 定额依据查山西省 2018 建筑工程预算定额（表 4－7）A1－43＋2A1－44。可知其单价为 7186.56 元/1000m^3。其中：人工费为 0 元/1000m^3，材料费为 0 元/1000m^3，机械费为 4910.52＋2×1138.02＝7186.56 元/1000m^3。

表 4-7　　摘录山西省 2018 建筑工程预算定额表

工作内容：运土，弃土；维护行驶道路。　　单位：1000m^3

定额编号				A1-43	A1-44
项目				自卸汽车运土方	
				运距 1km 以内	每增加 1km
预算价格/元				4910.52	1138.02
人工费					
材料费					
机械费				4910.52	1138.02
名称		单位	单价/元	数量	
机械	自卸汽车 15t	台班	896.08	5.48	1.27

4.1.8 材料价差的计取

材料预算价格在工程计价中实行动态管理,其方式主要有单项找差、按实找差、系数找差。

(1) 单项找差。材料的单位差价与工程定额耗用量的乘积即为该项材料的差价,其计算式为

某项材料差价=某材料消耗量×材料的单价之差

=某材料消耗量×(材料的政府指导价-定额取定材料单价)

(2) 按实找差。按购进材料的发货票价格加合理的运杂费和采购保管费形成的实际单价与定额取定价的差价,乘以定额消耗量,即为按实找差的差价。工程上使用的特殊材料和质量档次较高的材料均应按这种办法计差。其计算式:

某项材料差价=某材料消耗量×材料的单价之差

=某材料消耗量×(材料市场价-定额取定材料单价)

(3) 按系数找差。次要材料(即除去按单项计差或按实计差的材料品种以外的材料)实行系数找差的办法。其计算式:

某项材料差价=次要材料定额材料费×调差系数

【例 4-10】 已知某工程采用 M5 水泥砂浆(32.5 级水泥)砌砖基础工程量为 1.475($10m^3$),采用 M5 混合砂浆砂浆(32.5 级水泥配制)砌 370mm 厚、240mm 厚外墙工程量分别为 5.136($10m^3$)、0.465($10m^3$),240 内墙工程量为 1.788($10m^3$)。

要求:①试根据表 4-8、表 4-9 所给出的资料分析以上项目的材料用量。

②试根据表 4-11 所给出的资料进行单项材料找差。

表 4-8　　摘录××省 2018 建筑工程预算定额表　　单位:$10m^3$

定额编号				A4-1	A4-3	A4-5
项目				砖基础	内墙 365mm 厚以内	外墙 365mm 厚以内
预算价格/元				3774.92	4100.66	4240.34
人工费/元				1341.25	1630.00	1742.50
材料费/元				2371.53	2410.30	2435.70
机械费/元				62.14	60.36	62.14
名称		单位	单价/元	数量		
人工	综合工日	工日	125	10.73	13.04	13.94
材料	烧结煤矸石普通砖 240mm×115mm×53mm	块	0.36	5185.50	5321.31	5334.64
材料	混合砂浆 M5	m^3	205.46	2.42	2.37	2.47
材料	工程用水	m^3	4.96	1.52	1.55	1.56
机械	灰浆搅拌机 200L	台班	177.53	0.35	0.34	0.35

表 4-9　　　　　　　　砂浆配合比(摘录)　　　　　　　　单位:m^3

定额编号			P10003	P10009
项目			混合砂浆	水泥砂浆
			砂浆标号	
			M5	M5
名称		单位	数量	
材料	矿渣硅酸盐水泥 32.5 级	t	0.212	0.202
	中(粗)砂	m^3	1.14	
	生石灰	t	0.189	
	工程用水	m^3	0.43	0.20

表 4-10　　2018 年 3、4 月份山西省太原市建设工程材料价格信息(摘录)

序号	人工、材料名称	单位	定额取定价/元	指导价/元
1	矿渣硅酸盐水泥 32.5 级	t	280.36	303.95
2	中粗砂	m^3	93.56	97.07
3	工程用水	m^3	4.96	4.96
4	烧结煤矸石普通砖 240mm×115mm×53mm	块	0.36	0.497
5	生石灰粉	t	196.96	213.55

【解】 ①项目的材料用量分析如表 4-11 所示。

表 4-11　　　　　　　　材料用量分析表

定额序号	费用名称	单位	数量	材料消耗量分析				
				烧结煤矸石普通砖	32.5 水泥	水	中粗砂	生石灰
				块	t	m^3	m^3	t
A4-1H	砖基础(M5 水泥砂浆 370)	$10m^3$	1.475	7648.61	0.721	2.956	4.069	
A4-3	M5 混合砂浆 240 内墙	$10m^3$	1.788	9514.50	0.898	4.594	4.831	0.801
A4-5	M5 混合砂浆 370 外墙	$10m^3$	5.136	27398.71	2.689	13.467	14.462	2.398
A4-5	M5 混合砂浆 240 外墙	$10m^3$	0.465	2480.61	0.243	1.219	1.309	0.217
小计				47042.43	4.551	22.236	24.671	3.416

② 材料单项找差计算如表 4-12 所示。

表 4-12　　　　材料单项找差计算

序号	人工、材料名称	单位	数量	定额取定价/元	指导价/元	价差/元	差价/元
1	矿渣硅酸盐水泥 32.5 级	t	4.551	280.36	303.95	23.59	107.36
2	中粗砂	m^3	24.671	93.56	97.07	3.51	86.60
3	工程用水	m^3	22.236	4.96	4.96	0	0
4	烧结煤矸石普通砖 240mm×115mm×53mm	块	47042.43	0.36	0.497	0.137	6444.81
5	生石灰粉	t	3.416	196.96	213.55	16.59	56.67
合计							6695.44

4.1.9 建筑安装工程造价计取

建筑安装工程计费程序如表 4-13 和表 4-14 所示。

表 4-13　　　　建筑安装工程计费程序

序号	费用项目	计算程序
①	定额工料机(包括施工技术措施费)	按《计价依据》计价定额计算
②	施工组织措施项目费	①×相应费率
③	企业管理费	①×相应费率
④	利润	①×相应利润率
⑤	动态调整费	按规定计算
⑥	税金	(①+②+③+④+⑤)×税率
⑦	工程造价	①+②+③+④+⑤+⑥

表 4-14　　　　以人工费为计算基础

序号	费用项目	计算程序
①	定额工料机(包括施工技术措施费)	按《计价依据》计价定额计算
②	其中:人工费	按《计价依据》计价定额计算
③	施工组织措施项目费	②×相应费率
④	企业管理费	②×相应费率
⑤	利润	②×相应利润率
⑥	动态调整费	按规定计算
⑦	主材费	
⑧	税金	(①+③+④+⑤+⑥+⑦)×税率
⑨	工程造价	①+③+④+⑤+⑥+⑦+⑧

注：当单位工程计价时使用的人工单价、材料单价、机械台班单价与市场信息价格有差异时，应按当期的规定进行动态调整。

【例 4-11】 根据下列条件，采用定额计价程序，计算该建筑工程的工程造价（结果保留两位小数）。

工程建设地点为太原市区，承包方式为总承包，按照执行 2018 年山西省《计价依据》一般计税部分计价：定额工料机费（含施工技术措施费）1200 万元，其中人工费 360 万元，材料费 780 万元，机械费 60 万元。

施工组织措施费中假设未发生赶工措施费、室内环境污染物检测费。该建设工程绿色文明工地标准为一级。

假设文件规定，人工调整系数按定额工料机中人工费的 2.51%计取。

材料差价的计取，采用系数计差和单项计差相结合的方法。单项计差材料的品种、数量、价格见表 4-15；单项计差材料以外的材料差价综合调整系数按不含单项计差材料的材料费的 1.55%计取。

表 4-15　　单项材料差价调整表

序号	材料名称	单位	数量	不含税政府指导价/元	不含税定额取定价/元	价差/元	差价/元
1	32.5 级矿渣硅酸盐水泥	t	100	350.03	280.36		
2	Φ16 螺纹钢	t	500	3969.93	3167.95		
3	模板锯材	m^3	45	2038.14	1601.10		
4	中(粗)砂	m^3	100	184.45	93.56		
5	生石灰粉	t	200	238.82	196.96		
6	合计						

注：本表政府指导价选用的 2019 年 4 月太原市不含税材料指导价格。

【分析】 本题考查知识点如下：

(1) 组织措施费费率：重点注意建设工程绿色文明工地标准对应的安全文明施工费、临时设施费和环境保护费费率，详见晋建标字〔2018〕295 号文件《山西省住房和城乡建设厅关于对建设工程安全文明施工费、临时设施费、环境保护费调整等事项的通知》，其余措施项目费率查《建设工程费用定额》P17。一般计税方法、总承包对应的安全文明施工费、临时设施费和环境保护费费率如表 4-16 所示。

表 4-16　　措施费费率

费用项目 \ 计费基础 \ 工程项目		建筑工程
		定额工料机
安全文明施工费	一级	1.53
临时设施费	一级	1.36
环境保护费	一级	0.70

组织措施费费率合计=(3.40−0.99−0.85−0.49+1.53+1.36+0.70)%=4.66%。

(2) 动态调整费:本题指的是人工和材料的差价。材料差价计取办法一般有单项计差、按实计差和系数计差三种。

单项计差,差价=(政府指导价−定额取定价)×材料消耗量。

按实计差:按购进材料的发货票价格加合理的运杂费、场外运输损耗费和采购保管费形成的实际价格(市场价格)与定额取定价的差价,乘以定额消耗量,即为按实找差的差价。

此时,差价=(市场价格−定额取定价)×材料消耗量。

在工程中,使用的特殊材料、质量档次较高的材料以及指导价品种中没有的材料均应按这种办法计差。山西省《造价信息动态管理办法》第十五条:"材料市场价格,需要由发包人、承包人共同提出申请,并提供相关凭证,报送工程所在地设区市工程造价管理机构核实,予以确认后作为确定工程造价的依据。"

系数计差:次要材料(除按单项计差和按实计差的材料品种以外的材料)实行系数计算差价的办法。差价=系数找差的材料费×找差系数。

(3) 以工料机费为计算基础的定额计价程序。定额工料机费为施工组织措施费、企业管理费和利润的计算基础。

【解】 1. 动态调整:

人工费调整:360×2.51%=9.04万元。

材料费调整:单项材料差价调整计算见表4-17。

表4-17　单项材料差价调整计算表

序号	材料名称	单位	数量	政府指导价/元	定额取定价/元	价差/元	差价/元
1	32.5级矿渣硅酸盐水泥	t	100	350.03	280.36	69.67	6967
2	Φ16螺纹钢	t	500	3969.93	3167.95	801.98	400990
3	模板锯材	m^3	45	2038.14	1601.10	437.04	19666.8
4	中(粗)砂	m^3	100	184.45	93.56	90.89	9089
5	生石灰粉	t	200	238.82	196.96	41.86	8372
	合计						445084.8

系数计差差价:

(1) 单项计差和按实计差材料以外的材料费:

7800000−280.36×100−3167.95×500−1601.10×45−93.56×100−196.96×200=6067191.5元。

(2) 按系数计差差价:6067191.5×1.55%=94041.47元。

材料费差价合计:445084.8+94041.47=539126.27元=53.91万元。

动态调整合计:9.04+53.91=62.95万元。

2. 工程造价计算程序见表4-18,本工程工程造价为1640.57万元。

表 4-18　　　　　　　　　　**工程造价计算程序**

序号	费用项目	费率/%	计算公式	金额/万元
1	定额工料机费（含技术措施费）	—	—	1200
2	施工组织措施费	4.66	1200×4.66%=55.92	55.92
3	企业管理费	8.48	1200×8.48%=101.76	101.76
4	利润	7.04	1200×7.04%=84.48	84.48
5	动态调整	—	详见本例计算过程1	62.95
6	税金	9	(1200+55.92+101.76+84.48+62.95)×9%=135.46	135.46
7	工程造价	—	1200+55.92+101.76+84.48+62.95+135.46=1640.57	1640.57

【例4-12】 某装饰装修工程采用总承包方式，执行2018年山西省《计价依据》装饰工程预算定额一般计税部分计价，经计算一般装饰定额工料机费（含施工技术措施费）600万元，其中人工费150万元；组织措施费中未发生赶工措施费。已知该工程绿色文明工地标准为二级；动态调整20万元；工程所在地在太原市区。试计算其工程造价。（结果保留两位小数）

【分析】 本题考查知识点如下：

组织措施费费率：建设工程绿色文明工地标准对应的安全文明施工费、临时设施费和环境保护费费率，详见晋建标字〔2018〕295号文件《山西省住房和城乡建设厅关于对建设工程安全文明施工费、临时设施费、环境保护费调整等事项的通知》，其余措施项目费率查《建设工程费用定额》一般计税方法、总承包对应的安全文明施工费、临时设施费和环境保护费费率如表4-19所示。

表 4-19　　　　　　　　　　**措施费费率**　　　　　　　　　　单位：%

费用项目 \ 计费基础 \ 工程项目		建筑工程
		定额人工费
安全文明施工费	二级	1.51
临时设施费	二级	1.55
环境保护费	二级	1.08

组织措施费费率合计=(5.26−0.97−1.00+1.51+1.55+1.08)%=7.43%。

【解】 工程造价计算程序见表4-20，本工程工程造价为776.09万元。

表 4-20　　　　工程造价计算程序

序号	费用项目	费率/%	计算过程	金额/万元
1	定额工料机费 (含施工技术措施费)	—	—	600
2	其中:人工费	—	—	150
3	施工组织措施费	7.43	150×7.43%=11.15	11.15
4	企业管理费	9.12	150×9.12%=13.68	13.68
5	利润	9.88	150×9.88%=14.82	14.82
6	动态调整	—	—	20
7	税金	9	(600+11.15+13.68+14.82+20)×9%	59.37
8	工程造价		600+11.15+13.68+14.82+20+59.37=719.02	719.02

项目 4.2　施工图预算编制综合实训

4.2.1　实训要求

(1) 一份较完整的施工图

给出一份较完整的施工图(设计总说明见表 4-21,装修作法见表 4-22,用料及分层做法见表 4-23。相关图纸见图 4-4—图 4-18)。框架结构,图纸结构简单,其目的主要体现在费用文件编制的程序要完整,一环扣一环逐步完成,使学习过程容易接受,增强学生学习自信心。

(2) 重点

① 引导学生如何看图,以最快的方式找到所需要的计量尺寸;

② 把施工工艺与定额项目有机地结合,分析该工程应列出的项目名称;

③ 掌握常用项目的工程量计算方法;

④ 钢筋计算能与平法图集有机结合。

注:此部分内容已贯穿于单元 3 中进行了讲解。

(3) 关键要解决的问题

① 根据施工图、给出的施工方法与施工说明进行项目列项;

② 计算出工程量;

③ 结合当地定额进行套价;

④ 确定工程造价。

注:考虑到教学需要,既要联系实际,又要针对教学需要,对图纸设计进行了适当调整。

表 4-21

设计总说明

一、工程概况

本工程为框架结构，地上两层，基础为梁板式筏型基础，墙基在室内地坪处用 1∶2 水泥砂浆加防水粉做墙基防潮

二、抗震等级

本工程为一级抗震

三、混凝土、砂浆标号

部位	碎石混凝土标号(矿渣硅酸盐水泥 32.5 级)	砂浆标号(矿渣硅酸盐水泥 32.5 级)
基础垫层	C15	
正负零以下	C30	M5 水泥砂浆
正负零以上	C25	M5 混合砂浆
预制过梁	C25	

四、钢筋混凝土结构构造

(1) 混凝土保护层厚度：板为 15mm；梁和柱为 25mm；基础底板为 40mm

(2) 钢筋接头形式及要求：直径≥18mm 采用机械连接；<18mm 采用搭接形式构造。柱纵筋接头形式采用电渣压力焊

(3) 未注明的分布钢筋为 ϕ 8@200

五、墙体加筋

砖墙与框架柱及构造柱连接处应设连接筋，每隔 500mm 高度配 2ϕ 6 拉接筋，并伸进墙内 1000mm

门窗过梁表

<table>
<tr><th rowspan="2">名称</th><th rowspan="2" colspan="3">宽度</th><th rowspan="2" colspan="3">高度</th><th rowspan="2">离地高</th><th rowspan="2">材 质</th><th colspan="3">数量</th><th colspan="3">过梁</th></tr>
<tr><th>一层</th><th>二层</th><th>总数</th><th>高度</th><th>宽度</th><th>长度</th></tr>
<tr><td>M-1</td><td colspan="3">2 400</td><td colspan="3">2 700</td><td></td><td>铝合金 90 系列双扇推拉门</td><td>1</td><td></td><td>1</td><td>240</td><td rowspan="8">同墙厚</td><td rowspan="8">洞口宽度＋500</td></tr>
<tr><td>M-2</td><td colspan="3">900</td><td colspan="3">2 400</td><td></td><td>装饰门窗</td><td>2</td><td>2</td><td>4</td><td>120</td></tr>
<tr><td>M-3</td><td colspan="3">900</td><td colspan="3">2 100</td><td></td><td>装饰门扇</td><td>1</td><td>1</td><td>2</td><td>120</td></tr>
<tr><td>C-1</td><td colspan="3">1 500</td><td colspan="3">1 800</td><td>900</td><td>双扇塑钢推拉窗</td><td>4</td><td>4</td><td>8</td><td>180</td></tr>
<tr><td>C-2</td><td colspan="3">1 800</td><td colspan="3">1 800</td><td>900</td><td>三扇塑钢推拉窗</td><td>1</td><td>1</td><td>2</td><td>180</td></tr>
<tr><td>MC-1</td><td></td><td colspan="2">其中</td><td>总高</td><td colspan="2">其中</td><td></td><td>塑 钢</td><td rowspan="3"></td><td rowspan="3">1</td><td rowspan="3">1</td><td rowspan="3">240</td></tr>
<tr><td rowspan="2"></td><td>总宽</td><td>窗宽</td><td>门宽</td><td></td><td>窗高</td><td>门高</td><td></td><td>门连窗</td></tr>
<tr><td>2 400</td><td>1 500</td><td>900</td><td>2 700</td><td>1 800</td><td>2 700</td><td>900</td><td></td></tr>
</table>

表 4-22 装修做去

层数	房间名称	地面	踢脚 120mm	墙裙 1 200mm	墙面	天棚
一层	控制室	地 9		墙裙 10A1	内墙 5A	棚 2B
	办公室	地 9	踢 2A		内墙 5A	棚 2B
	财务处	地 9	踢 2A		内墙 5A	棚 2B
	楼梯间	地 9	踢 2A		内墙 5A	楼梯底板做法:棚 2B
二层	休息室	楼 8D	踢 2A		内墙 5A	棚 2B
	培训室 1	楼 8D	踢 2A		内墙 5A	棚 2B
	培训室 2	楼 8D	踢 2A		内墙 5A	棚 2B
	楼梯间	楼 8C	踢 2A		内墙 5A	棚 2B
	阳　台	楼 8D			栏板内装修:内墙 5A 阳台栏板外装修为:外墙 27A 陶质釉面砖(红色)	阳台板底:棚 2B
三层	挑　檐				挑檐立面装修:外墙 27A,陶质釉面砖(红色)	挑檐板底:棚 2B
	女儿墙				女儿墙、压顶装修:外墙 5B	
外墙装修	外墙裙:高 900mm 外墙 27A,贴陶质釉面砖(红色)					
	外墙面:外墙 27A,贴陶质釉面砖(白色)					
台阶	水泥砂浆台阶					
散水	混凝土散水					
楼梯	瓷砖面层					

表 4-23　　**用料及分层做法表**

编号	装修名称	用料及分层做法
地 9	铺瓷砖地面	(1) 铺 800 mm×800mm×10mm 瓷砖,白水泥擦缝
		(2) 2 mm 厚 1∶4 干硬性水泥砂浆粘结层
		(3) 素水泥结合层一道
		(4) 20mm 厚 1∶3 水泥砂浆找平
		(5) 50mm 厚 C15 混凝土
		(6) 150mm 厚 3∶7 灰土
		(7) 素土夯实
楼 8D	铺瓷砖楼面	(1) 铺 800 mm×800mm×10mm 瓷砖,白水泥擦缝
		(2) 20mm 厚 1∶4 干硬性水泥砂浆粘结层
		(3) 素水泥浆一道
		(4) 35mm 厚 C15 细石混凝土找平层
		(5) 素水泥浆一道
		(6) 钢筋混凝土楼板
踢 2A	水泥踢脚	(1) 8mm 厚 1∶2.5 水泥砂浆罩面压实赶光
		(2) 18mm 厚 1∶3 水泥砂浆打底扫毛或划出纹道
台阶	水泥砂浆	(1) 20mm 厚 1∶2.5 水泥砂浆面层
		(2) 100mm 厚 C15 碎石混凝土
		(3) 素土垫层
散水	混凝土	(1) 1∶1 水泥砂浆面层一次抹光
		(2) 80mm 厚 C15 碎石混凝土垫层
		(3) 沥青砂浆嵌缝

编号	装修名称	用料及分层做法
裙 10A1	胶合板墙裙	(1) 饰面油漆刮腻子、磨砂纸、刷底漆一遍,刷聚酯清漆两遍
		(2) 粘柚木饰面板
		(3) 12mm 木质基层板
		(4) 木龙骨(断面 25mm×30mm,间距 300mm×300mm)
		(5) 墙缝原浆抹平(用于砖墙)
内墙 5A	水泥砂浆墙面	(1) 抹灰面刮三遍仿瓷涂料
		(2) 5mm 厚 1∶2.5 水泥砂浆找平
		(3) 9mm 厚 1∶3 水泥砂浆打底扫毛或划出纹道
外墙 5B	水泥砂浆墙面	(1) 6mm 厚 1∶2.5 水泥砂浆罩面
		(2) 12mm 厚 1∶3 水泥砂浆打底扫毛或划出纹道
棚 2B	石灰砂浆抹灰天棚	(1) 抹灰面刮三遍仿瓷涂料
		(2) 2mm 厚 1∶2.5 纸筋灰罩面
		(3) 7mm 厚 1∶0.3∶3 混合砂浆打底
		(4) 刷素水泥浆一遍(内掺 107 胶)
外墙 27A	贴陶质釉面砖	(1) 1∶1 水泥(或水泥掺色)砂浆(细砂)勾缝
		(2) 贴 194×94 陶质外墙釉面砖
		(3) 6mm 厚 1∶2 水泥砂浆
		(4) 12mm 厚 1∶3 水泥砂浆打底扫毛或划出纹道
楼 8C	瓷质防滑地砖	(1) 铺 300mm×300mm 瓷质防滑地砖,白水泥擦缝
		(2) 20mm 厚 1∶3 水泥砂浆粘结层
		(3) 素水泥结合层一道
		(4) 钢筋混凝土楼梯
		注　楼梯侧面抹 1∶2 水泥砂浆 20mm 厚 楼梯为不锈钢扶手、栏杆

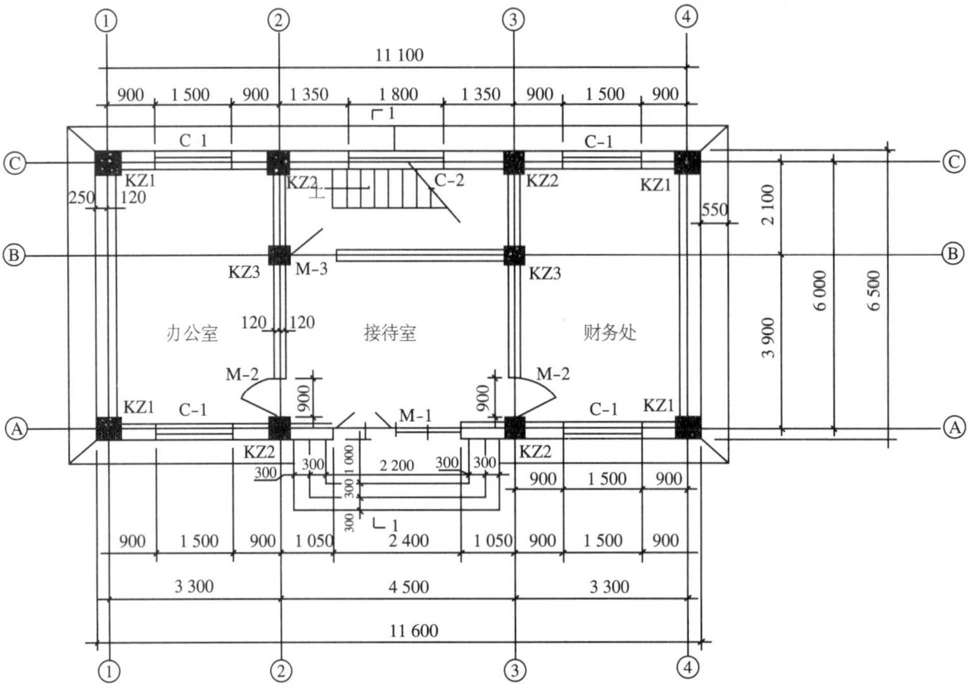

图 4-4　首层平面图

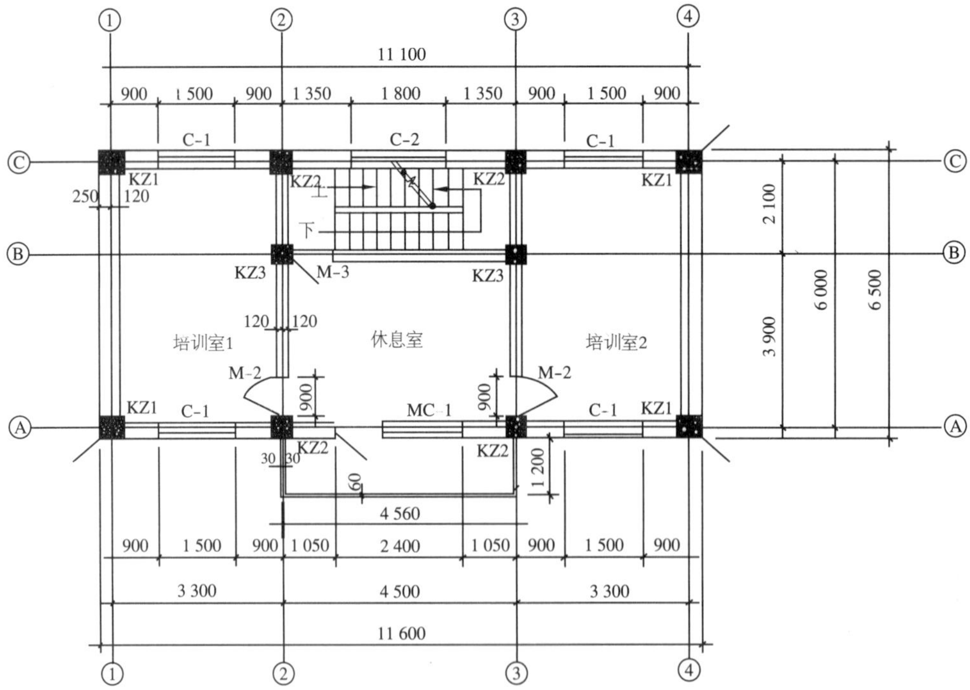

图 4-5　二层平面图

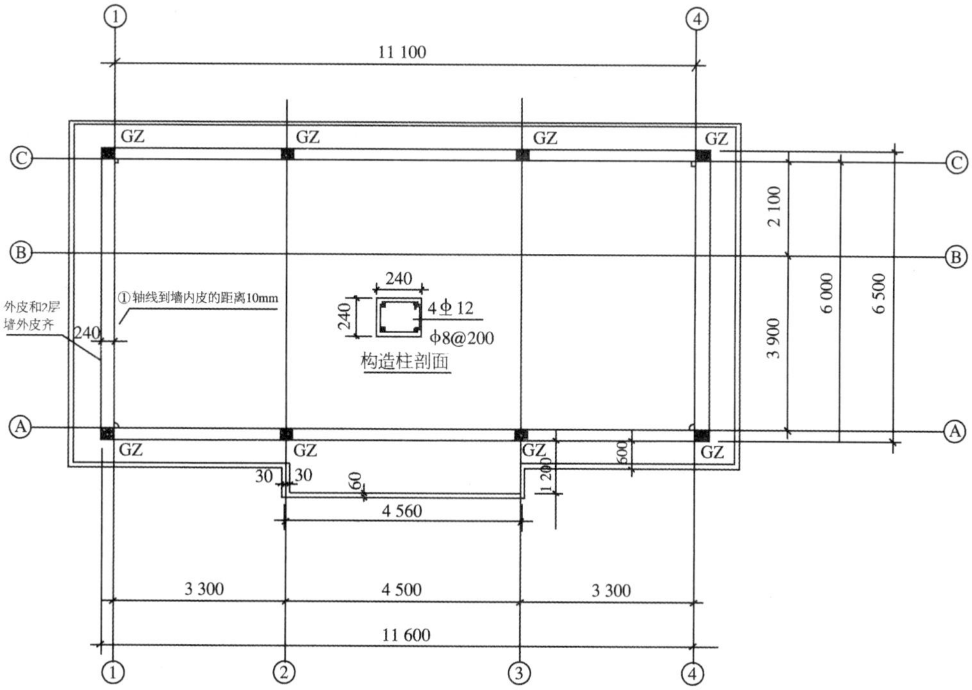

图 4-6 屋顶平面图

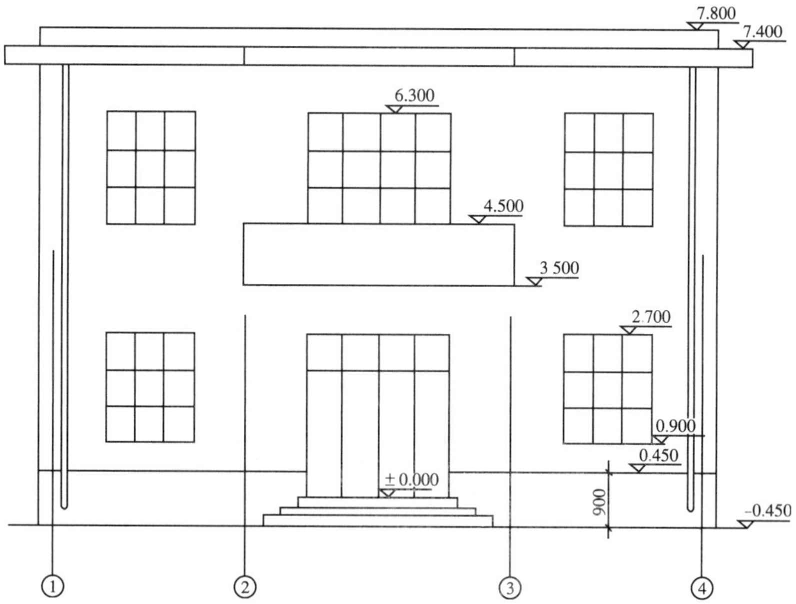

图 4-7 南立面图

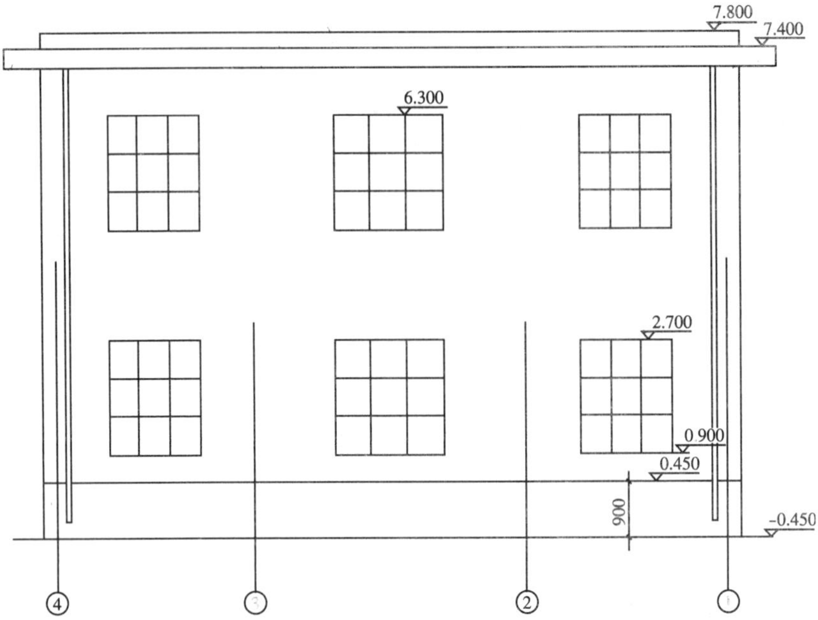

图 4-8 北立面图

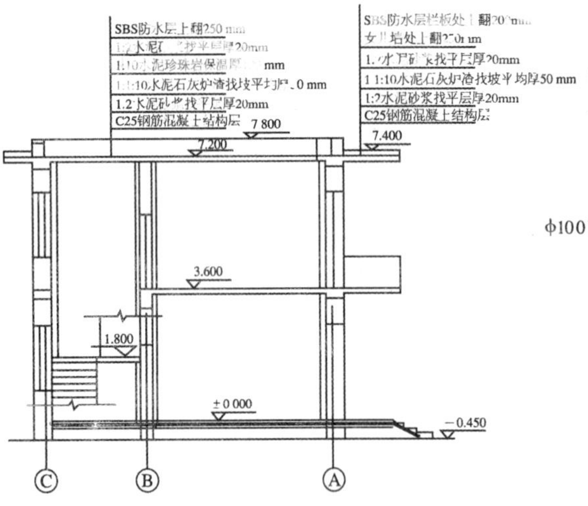

1—1 剖面图

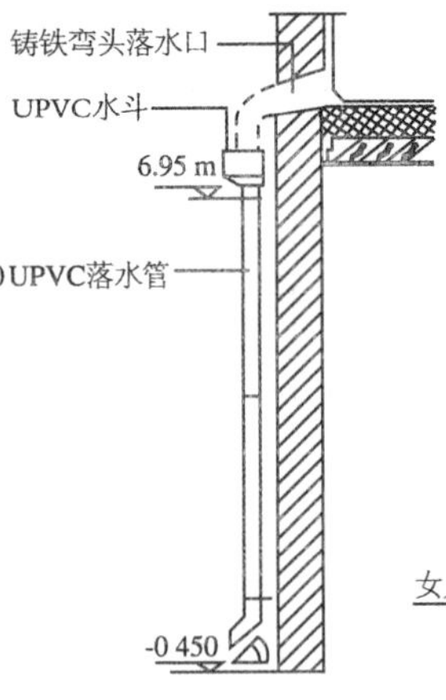

女儿墙排水图

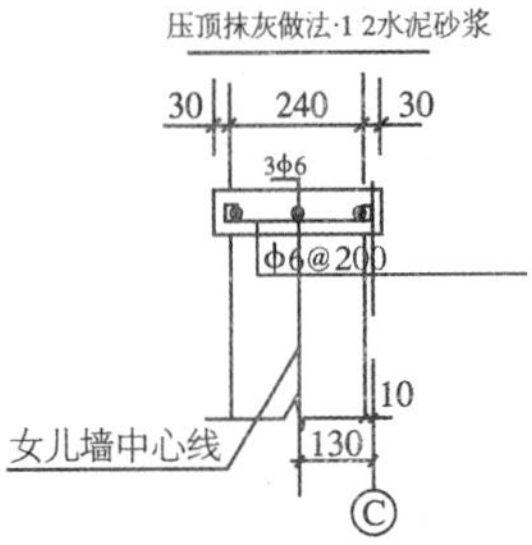

女儿墙压顶钢筋配置图

图 4-9 剖面图

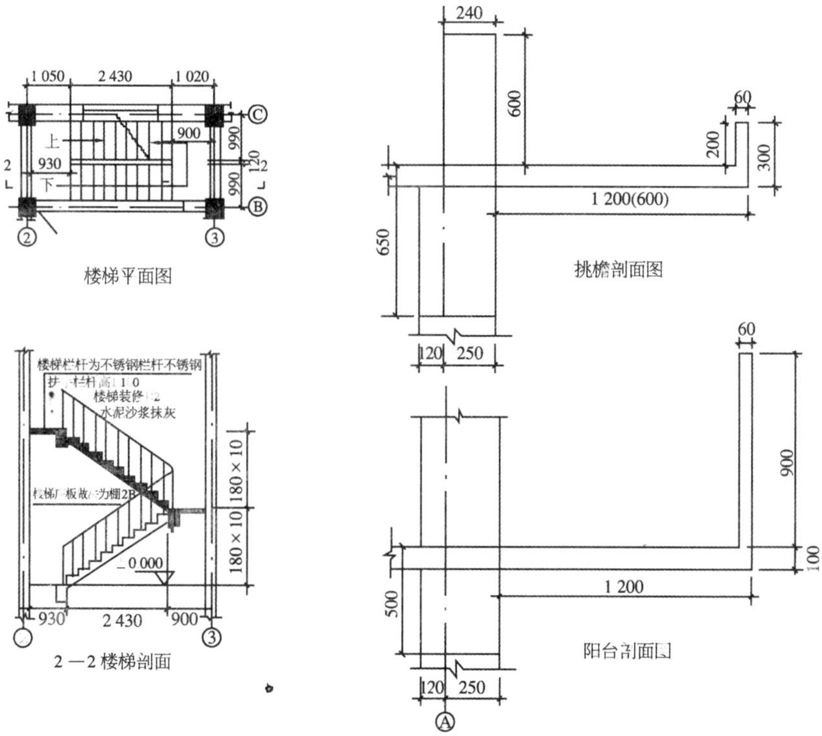

图 4-10　楼梯、阳台挑檐详图

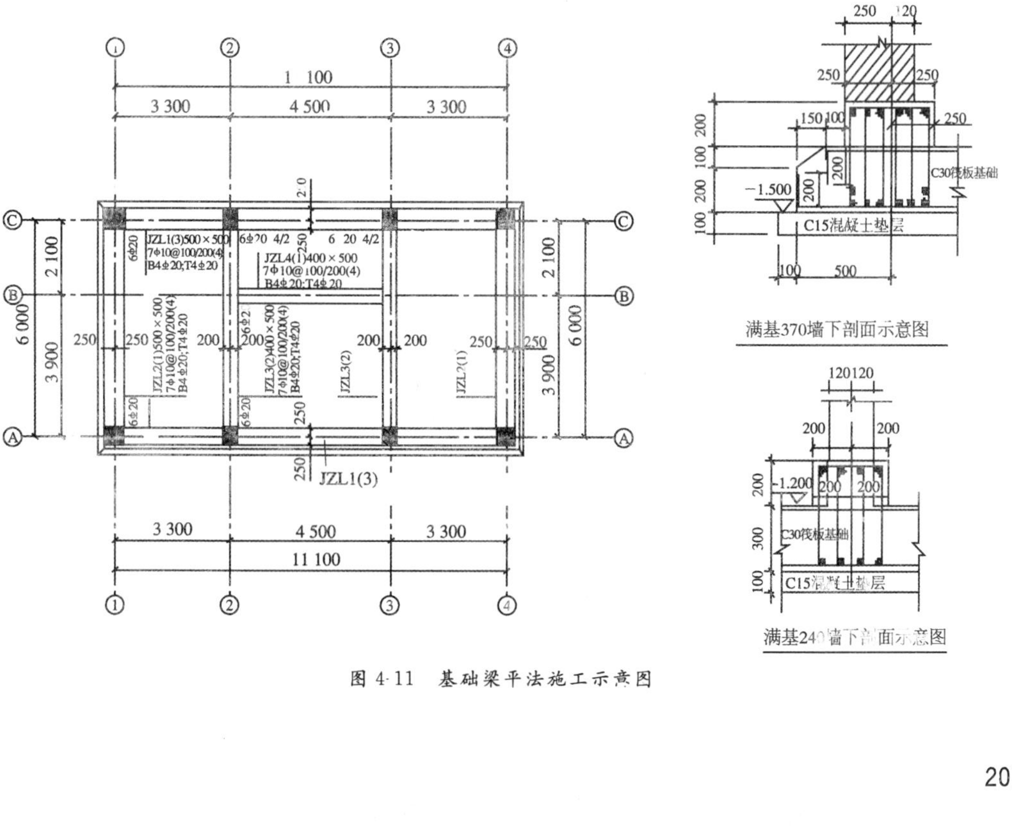

图 4-11　基础梁平法施工示意图

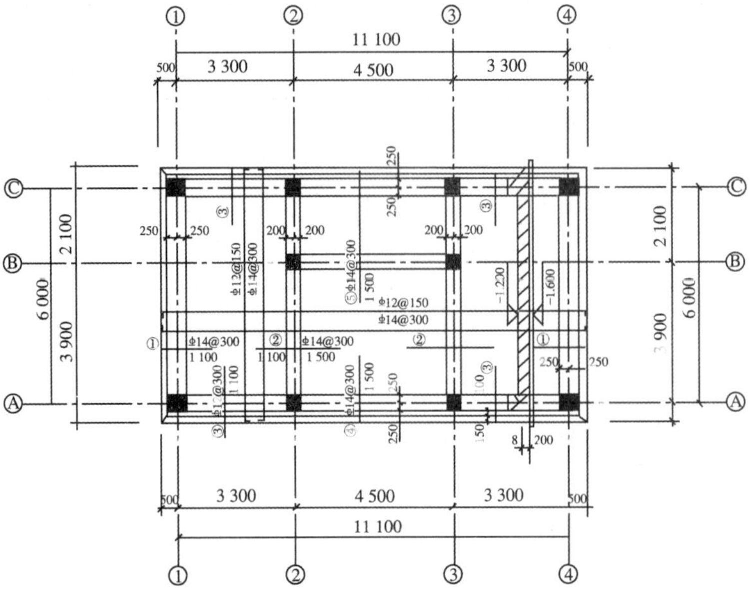

图 4-12　基础筏板平法施工图

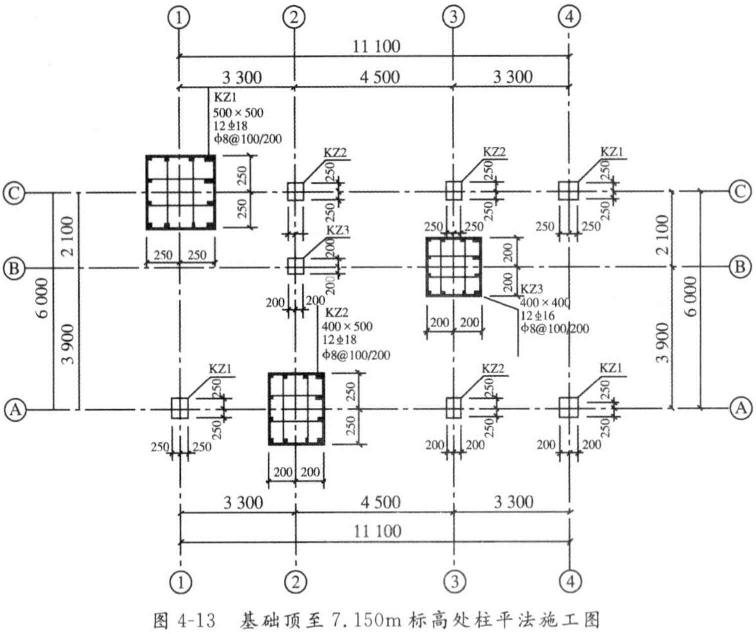

图 4-13　基础顶至 7.150m 标高处柱平法施工图

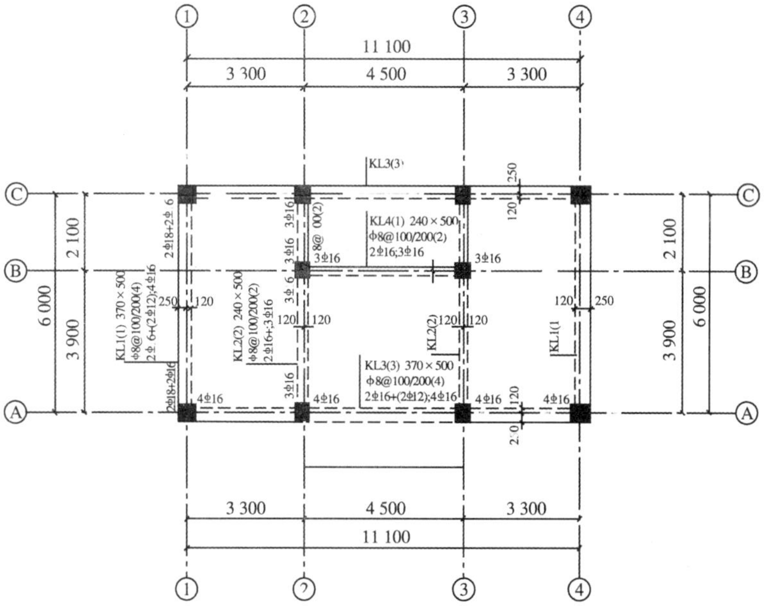

图 4 14　3.550m 梁平法施工示意图

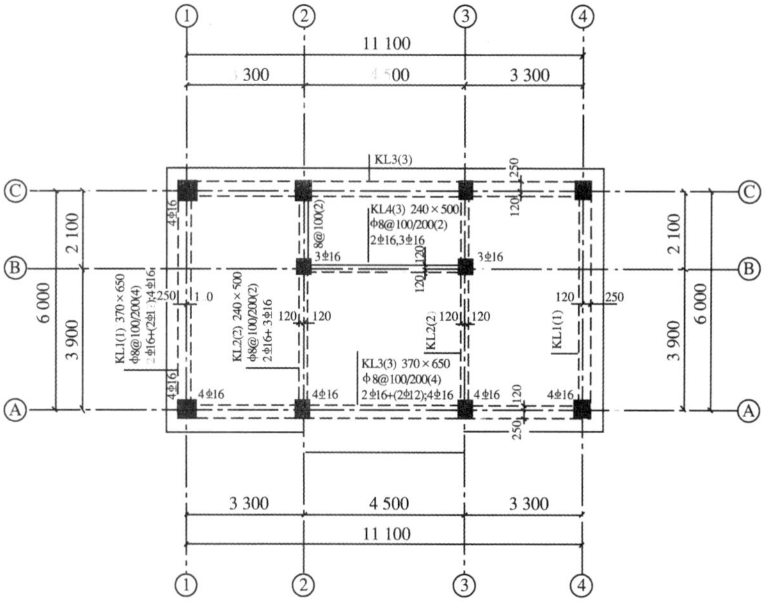

图 4-15　7.150m 梁平法施工示意图

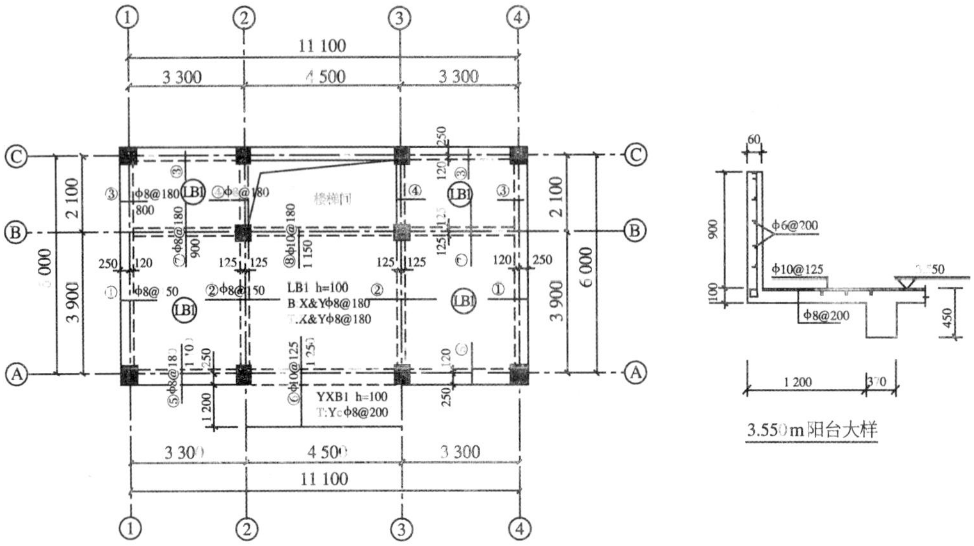

图 4-16 3.550m 板平法施工图

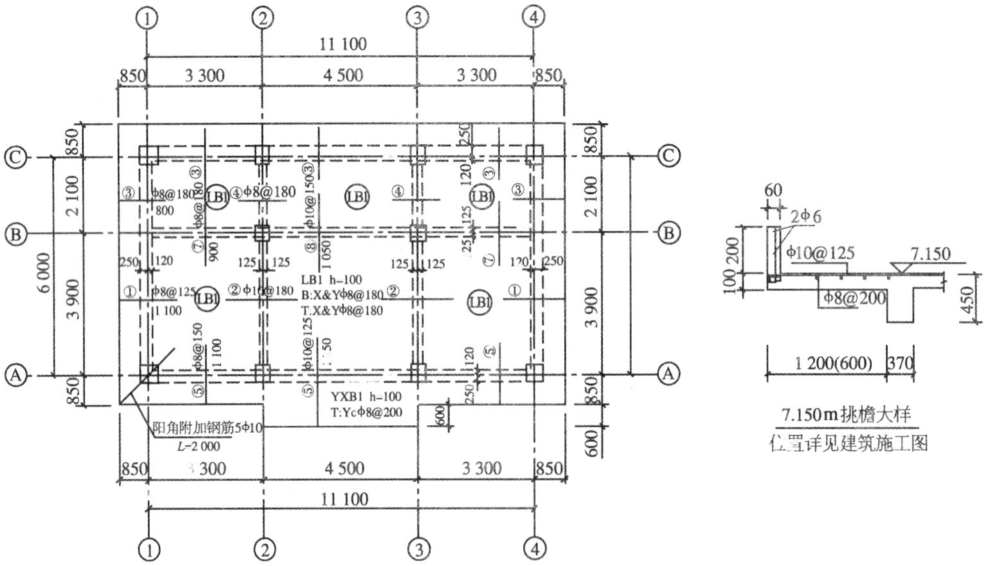

图 4-17 7.150m 板平法施工图

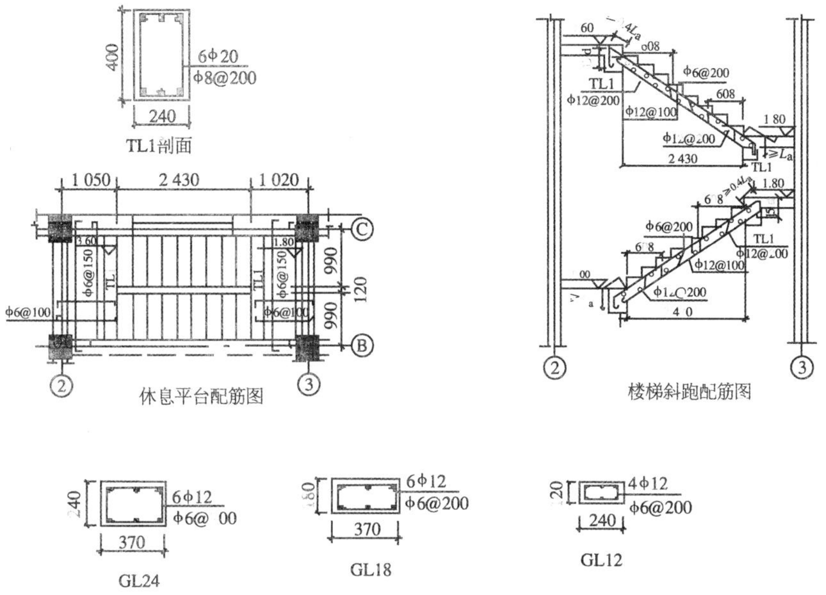

图 4-18 过梁配筋图

4.2.2 实训工程概况

工程项目概况：某造价咨询有限公司办公楼，二层框架结构，建筑面积 153.54m^2，檐高 7.85m。钢筋混凝土筏板基础。抗震等级为一级抗震。外墙装饰为镶贴面层，室内楼地面主要铺贴面砖。内墙面主要是抹灰，装饰抹灰水泥均采用矿渣硅酸盐水泥 325＃，局部房间做了木墙裙。

4.2.3 施工方法与说明

1. 一般土建工程施工方法与说明

(1) 土石方工程

① 地质报告显示土壤类别三类土；

② 采用反铲挖掘机自卸汽车运输进行大开挖，工作面 300mm；

③ 由于场地有限，挖出土方需外运 1km；

④ 采用人工平整场地，土方开挖后进行槽底钎探与夯实(两遍计)；

⑤ 土方回填采用装载机装，自卸汽车运输；

⑥ 其他运土一律采用人装，自卸汽车运输 3km，

⑦ 在机械开挖中，人工开挖占总挖方量的 10%，机械开挖占总挖方量的 90%。

(2) 混凝土工程

① 主体工程采用商品混凝土，非泵送施工；

② 混凝土台阶、楼地面中混凝土垫层、找平层、散水混凝土为现场搅拌；

③ 预制过梁加工点距施工现场 3km；

④ 模板主要以钢模板、钢支撑为主，特殊项目用木模板，如楼梯、台阶、压顶、挑檐等。

(3) 屋面工程

排水项目：铸铁弯头，UPVC 水斗，UPVC 水落管。

(4) 构件安装

构件安装采用轮胎式起吊设备。

(5) 架子工程

外墙砌筑采用单排外脚手架,内墙采用里脚手架。

2. 装饰工程施工方法与说明

(1) 门窗

① M-1:成品铝合金 90 系列双扇推拉门,带上亮,外加成品防火卷闸门,安装在洞口内侧。

② M-2:成品装饰木门扇,安执手锁一把。

③ M-3:成品装饰木门扇,安执手锁一把。

④ C-1:带亮双扇成品塑钢推拉窗。

⑤ C-2:带亮三扇成品塑钢推拉窗。

⑥ MC-1:成品塑钢门连窗,窗为双扇推拉窗,门为带亮单扇门。

⑦ 成品门窗市场指导价:M-1 为 200 元/樘。M-2、M-3 为 280 元/樘;防火卷闸门为 500 元/樘;MC-1 为 1600 元/樘;执手锁为 150 元/把;C-1、C-2 为 300 元/扇。

(2) 门窗套做法

C.窗套为 18mm 胶合板基层,柚木饰面板,贴脸为 80mm 宽木装饰线条;

M.门套为 18mm 胶合板基层,柚木饰面板,贴脸为 80mm 宽木装饰线条。

(3) 窗台板做法

1∶3 水泥砂浆粘贴大理石窗台板,宽 180mm。

(4) 油漆

装饰大门扇、门窗套、墙裙油漆刮腻子、磨砂纸、刷底漆一遍,刷氨聚酯清漆两遍。

(5) 楼梯扶手与栏杆:不锈钢栏杆扶手

(6) 脚手架

外装饰用吊篮架,内墙用装饰里架,天棚抹灰用满堂架,楼梯打完混凝土后加防护。

4.2.4 施工图预算编制内容组成

(1) 工程预算书封面;

(2) 编制说明;

(3) 工程预算费用汇总计算表(工程造价计算表);

(4) 工程预算书;

(5) 工料机汇总与差价计取表(本实例按 2005 年定额取定价确定未考虑差价);

(6) 工程量计算表(见单元 3 中所对应的计算表,此处不再单独列出)。

4.2.5 一般土建工程施工图预算编制实例

建筑工程施工图预算编制实例如表 4-24—表 4-28 所示。

表 4-24　　建筑工程施工图预算书封面

建筑工程施工图预算书

建设单位.　××造价咨询有限公司

工程名称：　××造价咨询有限公司办公楼土建工程

建筑面积：　153.54m^2　　结构类型：　框架结构

工程造价：　144405.99 元　　经济指标：　940.51 元/m

编制单位：　××建筑公司

编制人：________　　上岗证编号：________

审核人：________　　注册师证编号：________

××年×月×日

表 4-25　　编 制 说 明

一、工程概况

某造价咨询有限公司办公楼，二层框架结构，建筑面积 153.54m^2，檐高 7.85m。钢筋混凝土筏板基础，工程所在地为市区。

二　编制依据

(1) ××设计院设计的××造价咨询有限公司办公楼施工图及设计说明，

(2) 施工方法与说明；

(3)《山西省建筑工程消耗量定额》及其价目汇总表(200　年)·

(4) 山西省建设工程费用定额(2005 年)；

(5) 钢筋混凝土相关国家建筑标准设计图集；

(6) 工具书、规范等辅助资料；

(7) 招标文件等。

三、其他需要说明的问题

(1) 室内回填项目按当地定额规定执行了地面素土垫层项目；

(2) 土建工程部分涉及砂浆中的水泥强度均为矿渣硅酸盐水泥；

(3) 人工、材料、机械均按 2005 年定额取定价确定，未考虑市场等价格变化引起的费用调整；

(4) 组织措施费计取按费用定额规定全部计取，其中规费费率按费用定额规定的上限值确定。

表 4-26　　(土建)工程预算费用汇总计算表(总表)

工程名称:××造价咨询有限公司办公楼土建工程

序　号	费用名称	计取基数	费率/%	费用金额
1	直接工程费			88 329.26
2	施工技术措施费			17 062.55
2.1	其中:脚手架工程			2 728.36
2.2	模板工程			12 449.53
2.3	垂直运输			1 884.66
3	施工组织措施费		5.17	4 566.62
3.1	文明施工费	直接工程费	0.7	618.30
3.2	生活性临时设施费	直接工程费	1.1	971.62
3.3	生产性临时设施费	直接工程费	0.46	406.31
3.4	夜间施工费	直接工程费	0.15	132.49
3.5	冬雨季施工增加费	直接工程费	0.8	706.63
3.6	二次搬运费	直接工程费	0.2	176.65
3.7	工程定位复测、工程点交、场地清理	直接工程费	0.12	106.00
3.8	室内环境污染物检测费	直接工程费	0.54	476.98
3.9	生产工具用具使用费	直接工程费	0.3	264.99
3.10	安全施工费	直接工程费	0.8	706.63
4	直接费小计	直接工程费＋技术措施费＋组织措施费		109 958.43
5	企业管理费	直接费	9	9 896.26
6	规费		8.59	9 445.43
6.1	其中:养老保险费	直接费	5.2	5 717.84
6.2	失业保险费		0.3	329.88
6.3	医疗保险费		1.1	1 209.54
6.4	工伤保险费		0.15	164.94
6.5	住房公积金		1.5	1 649.38
6.6	危险作业意外伤害保险		0.20	219.92
6.7	工程定额测定费		0.14	153.94
7	间接费小计	企业管理费＋规费		19 341.69
8	利润	直接费＋间接费	8	10 344.01
9	动态调整费		按发生值计取	0.00
10	税金	直接费＋间接费＋利润＋动态调整费	3.41	4761.86
11	土建工程造价	直接费＋间接费＋利润＋动态调整费＋税金		144 405.99

表 4 27 (土建)工程预算表

单位名称:××造价咨询有限公司办公楼土建工程

定额序号	工程及费用名称	单位	数量	预(决)算价值		总价分析					
				单价	总价	人工费/元		材料费/元		机械费/元	
						单价	总价	单价	总价	单价	总价
	土石方工程										
A1-1	平整场地	$100m^2$	1.64	154	252.56	154.00	252 56	0.00	0.00	0.00	0.00
A1-2	基底钎探	$100m^2$	1.01	128 25	129.53	128.25	129.53	0.00	0.00	0.00	0.00
A1-3	基底夯实	$100m^2$	1.01	36 41	36.77	24.75	25.00	4.91	4.96	6.75	6.82
A1-8 换	人工挖土方(三类土)	$100m^3$	0.12	1 142.25	137.07	1 142.25	137.07	0.00	0.00	0.00	0.00
A1-121	人装自卸汽车 1km	$100m^3$	0.12	1 438.39	172.61	412.50	49.50	0.00	0.00	1 025.89	123.11
A1-71 换	机械挖土自卸汽车运 1km	$1000m^3$	0.104	7 835.01	814.84	165 00	17.16	4.81	6.74	7 605.20	790.94
A1-36	基础夯填	$100m^3$	0.68	475.42	323.29	407 00	276.76	0.00	0.00	68.42	46.53
A1-72	装载机装自卸汽车运 1km	$1000m^3$	0.104	6 244.33	649.41	150.00	15.60	0.00	0.00	6 094.33	633.81
A1-121+2×123	余土外运(人装自卸汽车 3km)	$100m^3$	0.12	1716.87	206.02	456.50	54.78	0.00	0.00	1 260.37	151.24
	土石方工程小计				**2 722.10**		**957.96**		**11.70**		**1 752.45**
	砌筑工程										
A3-1 换	M5 水泥砂浆 370 砖基础	$10m^3$	1.475	1 255.66	1 852 1	293.25	432.54	941.18	1 388.24	21.23	31.31
A3-3 换	M5 混合砂浆 240 内墙	$10m^3$	1.788	1 321.07	2362.07	365	652 62	934 84	1671.49	21.23	37.96
A3-5 换	M5 混合砂浆 370 外墙	$10m^3$	5.136	1 350.44	6 935.86	382	1961.95	946.68	4 862.15	21.76	111.76
A3-5 换	M5 混合砂浆 240 女儿墙	$10m^3$	0.465	1 350.44	627.95	382	177.63	946.68	440.21	21.76	10.12
	砌筑工程小计				**11 777.98**		**3 224.74**		**8 362 09**		**191.15**
	混凝土工程										
A4-42	C15 台阶	$10m^2$	0.477	345.03	164.58	8[illegible]5	40.90	243 12	115.97	16.16	7.71

续表

定额序号	工程及费用名称	单位	数量	预(决)算价值		总价分析					
				单价	总价	人工费/元		材料费/元		机械费/元	
						单价	总价	单价	总价	单价	总价
A4-308 换	C30 有梁式筏基	$10m^3$	2.975	2 151.70	6 401.31	143.00	425.43	1 936.59	5 761.36	72.11	214.53
A4-313 换	C30 框架柱	$10m^3$	0.212	2 358.05	499.91	309.75	65.67	1 991.32	422.16	56.98	12.08
A4-313 换	C25 框架柱	$10m^3$	1.516	2 215.78	3 359.12	309.75	469.58	1 849.05	2 803.16	56.98	86.38
A4-315 换	C25 构造柱	$10m^3$	0.030	2 295.30	68.86	390.75	11.72	1 847.57	55.43	56.98	1.71
A4-316 换	C30 楼梯基础梁	$10m^3$	0.024	2 201.34	52.83	139.50	3.35	2 004.86	48.12	56.98	1.37
A4-317 换	C25 框架梁	$10m^3$	1.350	2 090.23	2 821.81	174.00	234.90	1 859.25	2 509.99	56.98	76.92
A4-330 换	C25 楼板、屋面板	$10m^3$	1.399	2049.23	2 866.87	157.75	220.69	1 834.50	2 566.47	56.98	79.72
A4-333 换	C25 楼梯	$1\ m^2$	0.664	533.74	354.40	73.00	48.47	444.37	295.06	16.37	10.87
A4-335 换	C25 阳台	$10m^3$	0.055	2 322.38	127.73	415.00	22.83	1 841.90	101.30	65.48	3.60
A4-338 换	C25 栏板	$10m^3$	0.037	2291.13	84.77	434.25	16.07	1 856.88	68.70	0.00	0.00
A4-342 换	C25 挑檐板	$10m^3$	0.309	2 291.87	708.19	378.25	116.88	1 848.14	571.08	65.48	20.23
A4-343 换	C25 女儿墙压顶	$10m^3$	0.061	2 411.15	147.08	505.25	30.82	1 905.90	116.26	0.00	0.00
A4-379	C15 基础垫层	$10m^3$	0.886	1656.41	1467.58	151.25	134.01	1 500.27	1329.24	4.89	4.33
A4-385 换	C25 预制过梁	$10m^3$	0.216	2237.51	483.30	340.50	73.55	1 888.28	407.87	8.73	1.89
A4-403	商混集中搅拌	$10m^3$	9.370	108.01	1 012.05	30.75	288.13	26.54	248.68	50.72	475.25
A4-405	商混运输车运输	$10m^3$	9.370	212.72	1 993.19	10.00	93.70	0.00	0.00	202.72	1 899.49
	混凝土工程小计				**22 613.59**		**2 296.69**		**17 420.83**		**2 896.07**
A4-413	现浇构件圆钢筋ф6.5	t	0.118	3320.57	398.47	581.69	68.64	2 763.14	326.05	32.03	3.78
A4-414	现浇构件圆钢筋ф8	t	3.716	3091.84	11501.64	375.15	1394.07	2 684.91	99 7.11	35.10	130.46

续表

定额序号	工程及费用名称	单位	数量	预(决)算价值		总价分析					
						人工费/元		材料费/元		机械费/元	
				单价	总价	单价	总价	单价	总价	单价	总价
A4-415	现浇构件圆钢筋ϕ 10	t	1.357	2961.03	4027	263.58	357.68	2671.74	3625.54	32.26	43.78
A4-427	现浇构件螺纹钢筋 ⌽ 12	t	1.121	3082.93	3452.88	258.77	290.08	2732.74	3063.4	88 67	99.4
A4-428	现浇构件螺纹钢筋 ⌽ 14	t	0.915	3021.91	2780.16	211.65	193.66	2743.78	2510.56	82.99	75.94
A4-429	现浇构件螺纹钢筋 ⌽ 16	t	1.343	3001.2	4021.62	194.82	261.64	2718.76	365 .29	80.93	108.69
A4-430	现浇构件螺纹钢筋 ⌽ 18	t	1.779	2986.64	5316.22	167.09	297.26	2746.42	4885 89	74.8	133.07
A4-431	现浇构件螺纹钢筋 ⌽ 20	t	1.228	2964.51	3646.35	154.50	189.73	2742.43	3367.7	72.41	88.92
A4-440	预制构件圆钢筋ϕ 6	t	0.033	3289.13	98.68	494.24	16.31	2470.30	81.52	25.76	0.85
A4-454	预制构件螺纹钢筋 ⌽ 12	t	0.166	3 059.08	520.04	251.14	41.69	2800.36	464.86	81.27	13.49
A4-489	铁件	t	0.55	5 648.55	3 106.71	615.51	338.53	4518.42	2 485 13	514.64	283.05
A4-490	砖砌体加固钢筋	t	0.174	3 223.52	547.99	545.17	94.86	2581.32	449.15	22.87	3.98
A4-491	电渣压力焊接接头	10 个	24	66.89	1 605.36	12.75	306	25.5	612	28.64	687.36
A4-494	直螺纹连接钢筋接头 32 以内	10 个	10	226.91	2 269.1	72	720	77.76	777.6	77.15	771.5
	钢筋小计				**43 292.22**		**4 570.15**		**36 277.80**		**2 444.27**
	屋面工程										
A7-52	SBS 屋面防水卷材(热熔法)	$100m^2$	1.163	1 997.72	2 323.35	175.50	204.11	1 822.22	2 119.24	0.00	0.00
A7-82	铸铁弯头落水口	10 个	0.4	317.00	126.80	89.50	35.80	227.50	91.00	0.00	0.00
A7-85	UPVC 水落管(ϕ 100)	10m	2.96	217.69	644.36	57.75	170.94	159.94	473.42	0.00	0.00
A7-87	UPVC 水斗(ϕ 100)	10 个	0.4	166.27	66.51	52.75	21.10	113.52	45.41	0.00	0.00
A7-158	散水沥青砂浆嵌缝	100m	0.371	516.92	191.78	176.50	65.48	340.42	126.30	0.00	0.00

续表

定额序号	工程及费用名称	单位	数量	预(决)算价值		总价分析					
						人工费/元		材料费/元		机械费/元	
				单价	总价	单价	总价	单价	总价	单价	总价
A8-191	1∶1∶10 水泥石灰找坡	$10m^3$	0.452	971.06	438.92	258.50	16.84	712.56	322.08	0.00	0.00
A8-197	1∶10 水泥珍珠岩保温层	$10m^3$	0.669	1 704.11	1 140.05	275.00	183.98	1 429.11	956.07	0.00	0.00
A10-18 换	1∶2 水泥砂浆(填充)找平	$100m^2$	0.903	698.99	631.19	214.50	193.69	462.20	417.37	22.29	20.13
A10-19 换	1∶2 水泥砂浆(硬基)找平	$100m^2$	1.163	664.94	773.33	235.50	273.89	411.40	478.46	18.04	20.98
A7-147 换	1∶2 水泥砂浆墙基防潮	100m	0.148	687.65	101.77	231.25	34.23	438.36	64.88	18.04	2.67
	屋面工程小计				**6 438.05**		**1 300.05**		**5 094.22**		**43.78**
	构件运输与安装										
A9-8	过梁运输(3kg)	$10m^3$	0.216	861.88	186.17	3	15.77	29.9	6.46	758.98	163.94
A9-140	过梁安装(轮胎式)	$10m^3$	0.214	810.75	173.50	210.75	45.10	27.61	5.91	572.39	122.49
A9-287 换	过梁座浆灌缝	$10m^3$	0.213	188.7	40.19	75.25	16.03	113.45	24.16	0	0.00
	构件运输与安装小计				**399.86**		**76.90**		**36.53**		**286.43**
	垫层										
A10-1	房心回填土垫层	$10m^3$	1.175	128.46	150.94	106.00	124.55	9.82	11.54	12.64	14.85
A10-2	灰土垫层	$10m^3$	0.882	435.18	383.83	184.25	162.51	240.25	211.90	10.68	9.42
A10-12	50mm 厚 C15 混凝土垫层	$10m^3$	0.294	1787.01	525.38	348	102.31	1397.1	410.73	41.96	12.34
A10-1	台阶素土垫层	$10m^3$	0.197	128.46	25.31	106.00	20.88	9.82	1.93	12.64	2.49
	垫层工程小计				**1 085.46**		**410.25**		**636.11**		**39.10**
	合计				**88 329.26**		**12 836.74**		**67 839.28**		**7 653.25**

表 4-28　　(土建)措施项目预算表

单位名称:××造价咨询有限公司办公楼土建工程

定额序号	工程及费用名称	单位	数量	预(决)算价值		总价分析					
				单价	总价	人工费/元		材料费/元		机械费/元	
						单价	总价	单价	总价	单价	总价
	混凝土模板工程										
A12-10	满堂基础有梁式(钢模)	$100m^2$	0.269	1 958.94	526.95	822.00	221.12	1 026.41	276.10	110.53	29.73
A12-11	基础垫层模板(钢模)	$100m^2$	0.039	1 844.05	71.92	682.50	26.62	1 117.06	43.57	44.49	1.74
A12-11	散水(钢模)	$100m^2$	0.029	1 844.05	53.48	682.50	19.79	1 117.06	32.39	44.49	1.29
A12-21	矩形柱全模(钢模)	$100m^2$	1.393	2 419.35	3 370.15	1 034.50	1 441.06	1212.14	1 688.51	172.71	240.59
A12-27	矩形柱超高(钢支)	$100m^2$	0.036	103.06	3.71	91.00	3.28	5.48	0.20	6.58	0.24
A12-23	构造柱(钢模)	$100m^2$	0.031	2 888.89	89.56	1 277.25	39.59	1 282.52	39.76	329.12	10.20
A12-29	基础梁(钢模)	$100m^2$	0.02	1 893.76	37.88	780.75	15.62	993.39	19.87	119.62	2.39
A12-30	框架梁全模(钢模)	$100m^2$	1.136	2 446.29	2 778.99	1 158.50	1 316.06	1 024.73	1 164.09	263.06	298.84
A12-38	框架梁超高(钢支)	$100m^2$	0.537	196.32	105.42	153.50	82.43	33.15	17.80	9.67	5.19
A12-49	楼板屋面板全模(钢模)	$100m^2$	1.104	1 938.08	2 139.64	886.50	978.70	875.38	966.42	176.2	194.52
A12-53	一层楼板超高(钢支)	$100m^2$	0.519	247.40	128.40	163.75	84.99	28.28	14.68	55.37	28.74
A12-57	楼梯(木模)	$10m^2$	0.664	762.85	506.53	273.00	181.27	452.26	300.30	37.59	24.96
A12-61	阳台板全模(钢模)	$10m^2$	0.547	417.30	228.26	175.75	96.14	209.24	114.45	32.31	17.67
A12-53	阳台板超高(钢支)	$100m^2$	0.055	247.40	13.61	163.75	9.01	28.28	1.56	55.37	3.05
A12-63	台阶(木模)	$10m^2$	0.477	153.13	73.04	53.25	25.40	94.74	45.19	5.14	2.45

续表

定额序号	工程及费用名称	单位	数量	预(决)算价值		总价分析					
						人工费/元		材料费/元		机械费/元	
				单价	总价	单价	总价	单价	总价	单价	总价
A12-64	栏板(钢模)	100m²	0.123	1 653.11	203.33	686.00	84.38	837.69	103.04	129.42	15.92
A12-69	挑檐天沟(木模)	100m²	0.469	3205.74	1 503.49	1 167.75	547.67	1 930.87	905.58	107.12	50.24
A12-70	女儿墙压顶(木模)	100m²	0.063	2 567.21	161.73	956.75	60.28	1 556.12	98.04	54.34	3.42
A12-84	预制过梁(木模)	10m³	0.213	2 128.80	453.43	529.25	112.73	1 594.38	339.60	5.17	1.10
	模板工程小计				**12 449.53**		**5 346.11**		**6171.14**		**932.28**
	脚手架工程										
A13-2	砌筑外脚手架	100m²	2.895	719.85	2 083.97	187.75	543.54	491.92	1 424.11	40.18	116.32
A13-20	砌筑里脚手架	100m²	1.317	264.09	347.81	61.75	81.32	193.07	254.27	9.27	12.21
A13-22 换	笼基混凝土满堂架	100m²	0.847	316.19	267.81	120.75	102.28	187.71	158.99	7.73	6.55
A13-41	楼梯防护	100M	0.075	383.66	28.77	113	8.48	245.93	18.44	24.73	1.85
	脚手架工程小计				**2 728.36**		**735.61**		**1 855.82**		**136.93**
A14-7	垂直运输(包括装饰用)	100m²	1.535	1 227.79	1 884.66	0.00	0.00	0.00	0.00	1 227.79	1 884.66
	垂直运输小计				**1 884.66**		**0.00**		**0.00**		**1 884.66**
	技术措施费合计				**17 062.55**		**6 081.72**		**8 026.96**		**2 953.87**

4.2.6 装饰工程施工图预算编制实例

装饰工程施工图预算编制实例具体如表 4-29—表 4 33 所示。

表 4-29　　装饰工程施工图预算书封面

建设单位：　××造价咨询有限公司
工程名称：　××造价咨询有限公司办公楼装饰装修工程
建筑面积：　153.54m^2　　结构类型：框架结构
工程造价：　65 737.22 元　　经济指标：428.14 元/m^2
编制单位.　××建筑公司
编制人.＿＿＿＿　　上岗证编号:＿＿＿＿
审核人:＿＿＿＿　　注册师证编号:＿＿＿＿
××年×月×日

表 4-30　　编　制　说　明

一、工程项目概况

某造价咨询有限公司办公楼，二层框架结构，建筑面积：153.54m^2，檐高7.85m。钢筋混凝土筏板基础。外墙面为镶贴面层，室内楼地面主要铺贴面砖。内墙面主要是抹灰，局部房间做了木墙裙。

二、编制依据

(1) ××设计院设计的××造价咨询有限公司办公楼施工图及设计说明；

(2) 施工方法与说明；

(3)《山西省装饰装潢工程消耗量定额》及其价目汇总表(2005 年)；

(4) 山西省建设工程费用定额(2005 年)；

(5) 工具书、规范等辅助资料；

(6) 招标文件等。

三、其他需要说明的问题

(1) 室内回填项目按当地定额规定执行了地面素土垫层项目；

(2) 装饰项目中设计无特殊说明的砂浆中的水泥强度均为矿渣硅酸盐水泥 325$^{\#}$；

(3) 门窗均为成品，市场价：M-1 为 200 元/樘，M-2、M-3 为 280 元/樘；执手锁为 150 元/把；

(4) 人工、材料、机械均按 2005 年太原市定额取定价确定，除门窗(M-1、M-2、M-3、执手锁)外其余未考虑市场等价格变化引起的费用调整；

(5) 组织措施费计取按费用定额规定全部计取，其中规费费率按费用定额规定的上限值确定。

表 4-31 (装饰)工程预算费用汇总计算表(总表)

工程名称:××造价咨询有限公司办公楼装饰装修工程

序号	费用名称	计取基数	费率/%	费用金额
1	直接工程费			44 153.92
2	施工技术措施费			3 315.09
2.1	其中:脚手架工程			3 315.09
3	施工组织措施费		4.33	1 911.86
3.1	文明施工费	直接工程费	0.5	220.77
3.2	生活性临时设施费	直接工程费	0.9	397.39
3.3	生产性临时设施费	直接工程费	0.42	185.45
3.4	夜间施工费	直接工程费	0.17	75.06
3.5	冬雨季施工增加费	直接工程费	0.32	141.29
3.6	二次搬运费	直接工程费	0.29	128.05
3.7	工程定位复测、工程点交、场地清理	直接工程费	0.01	4.42
3.8	室内环境污染物检测费	直接工程费	0.54	238.43
3.9	生产工具用具使用费	直接工程费	0.62	273.75
3.10	安全施工费	直接工程费	0.56	247.26
4	直接费小计	直接工程费+技术措施费+组织措施费		49 380.87
5	企业管理费	直接费	7	3 456.66
6	规费		8.59	4 241.81
6.1	其中:养老保险费	直接费	5.2	2 567.81
6.2	失业保险费		0.3	148.14
6.3	医疗保险费		1.1	543.19
6.4	工伤保险费		0.15	74.07
6.5	住房公积金		1.5	740.71
6.6	危险作业意外伤害保险		0.20	98.76
6.7	工程定额测定费		0.14	69.13
7	间接费小计	企业管理费+规费		7 698.47
8	利润	直接费+间接费	6.5	3 710.16
9	动态调整费			2 780
10	税金	直接费+间接费+利润+动态调整费	3.41	2 167.72
11	土建工程造价	直接费+间接费+利润+动态调整费+税金		65 737.22

表 4-32　　　　(装饰)工程预算表

单位名称：××造价咨询有限公司办公楼装饰装修工程

定额序号	工程及费用名称	单位	数量	预(决)算价值		总价分析					
						人工费/元		材料费/元		机械费/元	
				单价	总价	单价	总价	单价	总价	单价	总价
	装饰工程										
	楼地面工程										
A10-19	20mm 厚 1∶3 水泥砂浆找平层	100m²	0.588	587.54	345.47	235.5	138.47	334	196.39	18.04	10.61
B1-66	1∶4 水泥砂浆粘贴瓷砖地面	100m²	0.603	9785.14	5900.44	1085.1	654.32	8700.04	5246.12	0	0.00
B1-66	1∶4 水泥砂浆粘贴瓷砖楼面	100m²	0.582	9785.14	5694.95	1085.10	631.53	8700.04	5063.42	0.00	0.00
A10-21+22 换	35mm 厚 C15 混凝土找平层	100m²	0.572	863.87	494.13	280.25	160.30	540.71	309.29	42.91	24.54
B1-6	水泥砂浆踢脚线	100m²	0.967	1256.70	1215.23	810.25	783.51	422.57	408.63	23.88	23.09
B1-6 换	水泥砂浆楼梯踢脚线	100m²	0.011	1482.46	16.31	931.79	10.25	526.79	5.79	23.88	0.26
B1-68	1∶3 水泥砂浆粘贴瓷砖楼梯面	100m²	0.066	3626.92	239.38	1701.90	112.33	1906.98	125.86	18.04	1.19
B1-7	1∶2 水泥砂浆零星项目(楼梯侧面)	100m²	0.009	1288.88	11.60	824.00	7.42	446.84	4.02	18.04	0.16
B1-158	楼梯不锈钢栏杆	10m	0.759	3245.83	2463.58	219.00	166.22	2784.95	2113.78	241.88	183.59
B1-5	1∶2.5 水泥砂浆台阶面层	100m²	0.048	985.73	47.32	544.00	26.11	424.22	20.36	17.51	0.84
B1-1 换	1∶2.5 水泥砂浆平台面层	100m²	0.015	781.93	11.73	320.00	4.80	443.36	6.65	18.57	0.28
B1-8+9×3	80mm 厚 C15 混凝土散水一次抹光	100m²	0.190	1732.37	329.15	424.75	80.70	1272.43	241.76	35.19	6.69
	楼地面工程小计				**16769.29**		**2775.96**		**13742.08**		**251.25**
	墙柱面工程										
B2 23-62×4 换	水泥砂浆抹内墙面	100m²	3.762	655.75	2466.93	408.00	1534.90	233.42	878.13	14.33	53.91
B2-326	墙裙木龙骨	100m²	0.121	1219.92	147.61	398.70	48.24	821.22	99.37	0.00	0.00
B2-354	12mm 厚墙裙基层板	100m²	0.121	2288.31	276.89	315.00	38.12	1897.80	229.63	75.51	9.14

续表

定额序号	工程及费用名称	单位	数量	预(决)算价值		总价分析					
				单价	总价	人工费/元		材料费/元		机械费/元	
						单价	总价	单价	总价	单价	总价
B2-425	饰面板	$100m^2$	0.121	3138.02	379.70	450.00	54.45	2608.13	315.58	79.89	9.67
B2-23+62 换	水泥砂浆抹女儿墙	$100m^2$	0.416	747.30	310.88	416.00	173.06	312.73	130.10	18.57	7.73
B2-24 换	水泥砂浆抹压顶	$100m^2$	0.169	1004.70	169.79	623.35	105.35	362.78	61.31	18.57	3.14
B2-276	外墙面贴面砖	$100m^2$	2.584	2897.27	7486.55	1302.60	3365.92	1574.50	4068.51	20.17	52.12
B2-276	挑檐立面贴砖(零星项目)	$100m^2$	0.127	2897.27	367.95	1302.60	165.43	1574.50	199.96	20.17	2.56
B2-111	大理石窗台板(零星项目)	$100m^2$	0.031	15900.90	492.93	1713.60	53.12	14167.67	439.20	19.63	0.61
	墙柱面工程小计				**12099.23**		**5538.58**		**6421.78**		**138.87**
	天棚工程										
B3-1	石灰砂浆抹檐口、阳台板底、天棚	$100m^2$	1.446	626.32	905.66	430.25	622.14	186.52	269.71	9.55	13.81
B3-1 换	石灰砂浆抹楼梯板底	$100m^2$	0.065	682.25	44.35	486.18	31.60	186.52	12.12	9.55	0.62
	天棚工程小计				**950.00**		**653.74**		**281.83**		**14.43**
	门窗工程										
B4-347	M-1 成品铝合金门安装	$100m^2$	0.065	4769.47	310.02	1710.00	111.15	3059.47	198.87	0.00	0.00
B4-363	成品防火卷闸门安装	$100m^2$	0.079	15918.09	1257.53	1980.00	156.42	13938.09	1101.11	0.00	0.00
B4-200	M-2、M-3 成品装饰木门扇安装	$100m^2$	0.124	43.07	5.34	18.00	2.23	25.07	3.11	0.00	0.00
B4-412	安装特殊五金(执手锁)	10 个	0.600	50.10	30.06	50.10	30.06	0.00	0.00	0.00	0.00
B4-358	C-1、C-2 成品塑钢推拉窗安装	$100m^2$	0.281	20768.47	5835.94	750.00	210.75	19972.62	5612.31	45.85	12.88
B4-358	MC-1 成品塑钢窗安装	$100m^2$	0.027	20768.47	560.75	750.00	20.25	19972.62	539.26	45.85	1.24
B4-356	MC-1 成品塑钢门安装	$100m^2$	0.024	23298.64	566.16	750.00	18.23	22508.21	546.95	40.43	0.98
B4-381	门套龙骨制作安装	$10m^2$	1.303	294.58	383.84	36.00	46.91	258.58	336.93	0.00	0.00

续表

定额序号	工程及费用名称	单位	数量	预(决)算价值		总价分析					
						人工费/元		材料费/元		机械费/元	
				单价	总价	单价	总价	单价	总价	单价	总价
B4-384	门套基层板	$10m^2$	1.303	148 58	193.60	36.00	46.91	104.92	136.71	7.66	9.98
B4-387	门套饰面板	$10m^2$	1.303	285.40	371.88	36.00	46.91	241.19	314.27	8.21	10.70
B4-387 换	门贴脸线条	$10m^2$	0.314	192.04	60.30	29.10	9.14	154.73	48.59	8.21	2.58
B4-381	窗套龙骨制作安装	$10m^2$	0.641	294.58	188.83	36.00	23.08	258.58	165.75	0.00	0.00
B4-389	窗套基层板	$10m^2$	0.641	148.12	94.94	33.00	21.15	107.46	68.88	7.66	4.91
B4-390	窗套饰面板	$10m^2$	0.641	284.41	182.31	33.00	21.15	243.20	155.89	8.21	5.26
B4-390 换	窗贴脸线条	$10m^2$	0.440	202.88	89.27	29.10	12.80	165.57	72.85	8.21	3.61
	门窗工程小计				**10130.75**		**777.13**		**9301.47**		**52.15**
	油漆、余料、裱糊工程										
B5 105	装饰门油漆	$100m^2$	0.124	4193.66	520.01	1207.20	149.69	2986.46	370.32	0.00	0.00
B5-107	墙裙油漆	$100m^2$	0.110	2407.84	264.86	905.70	99.63	1502.14	165.24	0.00	0.00
B5-107	门窗套油漆	$100m^2$	0.221	2407.84	532.13	905.70	200.16	1502.14	331.97	0.00	0.00
B5-253	仿瓷涂料	$100m^2$	5.423	532.48	2887.64	285 00	1545.56	247.48	1342.08	0.00	0.00
	油漆、涂料、裱糊工程小计				**4204.65**		**1995.03**		**2209.61**		**0 00**
	装饰工程合计				44153.92		11740.45		31956.77		**456 70**
	门窗成品费										
	M-1 铝合金门	樘	1.00	200.00	200.00						
	M-2、M-3 成品木门	樘	6.00	280.00	1680.00						
	M-2、M 3 执手锁	把	6.00	150.00	900 00						
	成品门窗材料费合计				2780.00						

表 4-33　　　　(装饰)措施项目预算表

单位名称:××造价咨询有限公司办公楼装饰装修工程

定额序号	工程及费用名称	单位	数量	预(决)算价值		总价分析					
						人工费/元		材料费/元		机械费/元	
				单价	总价	单价	总价	单价	总价	单价	总价
	装饰脚手架										
A13-25	装饰外架(吊篮外架)	100m^2	2.895	754.79	2185.12	171.25	495.77	571.18	1653.57	12.36	35.78
A13-补 1	装饰里架	100m^2	4.553	101.05	460.08	48.5	220.82	49.46	225.19	3.09	14 07
A13-补 2	抹灰天棚满堂架	100m^2	1.218	549 99	669.89	202	246.04	335.63	408.80	12.36	15.05
	表饰脚手架小计				**3315.09**		**962.63**		**2287.55**		**64.91**

单元习题

一、单项选择题

1. 某工地水泥从两个地方采购，其采购量及有关费用如表 4 34 所示，则该工地水泥的材料单价为(　　)元/t。

表 4-34　　材料采购及有关费用表

采购处	采购量/t	原价/(元·t^{-1})	运杂费/(元·t^{-1})	运输损耗率/%	采购及保管费费率/%
1	300	240	20	0.5	0.3
2	200	250	15	0.4	

A. 244.0　　B. 262.0　　C. 264.1　　D. 271 6

2. 已知某施工机械耐用总台班为 4 000 台班 大修间隔台班为 800 台班，一次大修理费为 10 000 元，则该施工机械的台班大修理费为(　　)元/台班。

A. 12.5　　B. 15　　C. 10　　D. 7.5

3. 根据《建筑安装工程费用项目组成》(建标[2003]206 号)文件的规定，已知某材料供应价格为 50000 元，运杂费 5000 元，采购保管费率 1.5% 运输损耗率 2% 检验试验费 2500 元，则该材料的单价为(　　)万元。

A. 5.840　　B. 5.177　　C. 5.618　　D. 5.694

4. 在一项室内地面铺设工程中，铺设每平方米地面的时间定额是 1/60 工日，日工资标准是 30 元，每平方米地面消耗的材料费和机械使用费分别是 120 元和 5 元，则该项工程每平方米的直接工程费单价为(　　)元。

A. 120　　B. 125　　C. 不确定　　D. 125.5

5. 消耗量定额注解说明：定额乘以 1.1 的含义是(　　)。

A. 人工消耗量×1.1　　B. 机械消耗量×1.1

C. 材料消耗量×1.1　　D. 定额消耗量×1.1

6. 乘系数换算时：用人工乘以 1.05 说法正确的是(　　)。

A. 人工费不变　　B. 机械费变成原来的 1.05 倍

C. 定额基价增加 0.05×人工费　　D. 材料费增加 0.05 倍

7 税金以(　　)之和为计算基数乘以相应费率。

A. 直接费＋间接费＋利润＋动态调整费

B. 直接费＋措施费＋利润＋动态调整费

C. 直接费＋措施费＋规费＋动态调整费

D. 直接费＋间接费＋规费＋动态调整费

8. 企业管理费是指(　　)。

A. 建筑安装企业技术施工生产和经营管理所需费用

B. 建筑安装企业组织施工生产和经营管理所需费用

C. 建设单位管理下属员工所发生的费用

D. 为完成工程项目施工，发生于该工程施工过程中的项目费用

9. 劳动保险费属于(　　)。

A. 人工费　　B. 规费　　C. 措施费　　D. 企业管理费

10. 按照现行规定，建筑安装工程造价中的脚手架费应列入(　　)。

A. 直接费中的措施费　　B. 直接工程费中的材料费

C. 间接费中的规费　　　　D. 间接费中的工具用具使用费

11. 建筑安装工程直接费中的人工费是指(　　)。

A. 施工现场所有人员的工资性费用

B. 施工现场与建筑安装施工直接有关的人员的工资性费用

C. 直接从事建筑安装工程施工的生产工人开支的各项费用

D. 直接从事建筑安装工程施工的生产工人及机械操作人员的开支的各项费用

12. 当市场价与定额价不同时,其差价应按有关规定(　　)。

A. 计入直接费　　　　B. 计入动态调整

C. 不计入工程造价　　　　D. 材料费

13. 用单价法编制施工图预算的主要工作有:A. 套定额基价;B. 计算工程量;C. 做工料分析;D. 列出分部分项工程;E. 计算各项费用汇总造价;F. 准备工作;G. 复核整理。其编制步骤应为(　　)。

A. F—B—A—D—C—E—G　　　　B. F—D—B—A—C—E—G

C. F—A—B—D—C—E—G　　　　D. F—D—C—B—A—E—G

14. 已知某安装工程的直接工程费为120万元,其中人工费、材料费、机械费之比为2:3:5,措施费按直接工程费的10%计取,措施费中的人工费占20%,若以直接费为计费基础,已知间接费率为20%,利润率为5%,则利润为(　　)万元。

A. 6　　　　B. 6.6　　　　C. 7.92　　　　D. 1.32

15. 某分项工程工程直接费计算如下:人工费2000元,机械费800元。若以人工费为计算基础,间接费费率为40%,利润率为15%,综合税率为3.413%,该分项工程的合价为(　　)元(不包括措施费)。

A. 3968.26　　　　B. 4033.11　　　　C. 4281.3　　　　D. 5661.86

二、多项选择题

1. 消耗量定额的换算一般有(　　)。

A. 配合比的换算　　　　B. 厚度的换算

C. 乘系数的换算　　　　D. 运距的换算

2. 同种类砂浆配合比的换算特点(　　)。

A. 人工费不变　　　　B. 机械费不变

C. 材料费不变　　　　D. 砂浆消耗量不变

3. 消耗量定额注解说明:定额×1.2含义下列说法不完整的是(　　)。

A. 人工消耗量×1.2　　　　B. 机械消耗量×1.2

C. 材料消耗量×1.2　　　　D. 定额消耗量×1.2

4. 厚度换算时,一般下列(　　)均要换算。

A. 人工费　　　　B. 材料费　　　　C. 机械费　　　　D. 定额基价

5. 材料价差的调整方法有(　　)。

A. 随机价差调整　　　　B. 随时价差调整

C. 单项材料价差调整　　　　D. 综合系数材料价差调整

6. 直接费由(　　)组成。

A. 直接工程费　　　　B. 措施费　　　　C. 规费　　　　D. 企业管理费

7. 下列属于间接费的是(　　)。

A. 规费　　　　B. 技术措施费　　　　C. 营业税　　　　D. 企业管理费

8. 工程造价由(　　)组成。

A. 直接费　　　　B. 间接费　　　　C. 利润　　　　D. 税金

9. 社会保障费包括(　　)。

A. 养老保险费　B. 失业保险费　C. 医疗保险费　D. 意外伤害保险费

10. 下列提法正确的有(　　)。

A. 建筑工程一般以定额直接费为基础计算各项费用

B. 安装工程一般以定额人工费为基础计算各项费用

C. 装饰工程一般以定额直接费为基础计算各项费用

D. 材料价差不能作为计算间接费等费用的基础

11. 国家统一建筑安装工程费用划分口径的目的是(　　)。

A. 规范业主投资行为　B. 加强建设项目投资管理

C. 合理确定工程造价　D. 合理控制工程造价

12. 下列各项费用可以计入材料基价的是(　　)。

A. 材料供应价格　B. 运杂费

C. 运输损耗费　D. 采购及保管费

13. 间接费由(　　)组成。

A. 措施费　B. 规费　C. 企业管理费　D. 其他费用

14. 企业管理费包括(　　)。

A. 工人工资　B. 办公费　C. 差旅交通费　D. 劳动保险费

15. 税金包括(　　)。

A. 营业税　B. 城市维护建设税　C. 教育费附加　D. 交通费附加

16. 建筑安装工程中的规费包括(　　)。

A. 工程排污费　B. 工程定额测定费

C. 福利费　D. 危险作业意外伤害保险

17. 施工机械台班单价的组成费用包括(　　)。

A. 折旧费　B. 大修理费

C. 耗材费　D. 人工费与燃料动力费

18. 按照现行规定,生产工人的人工工日单价构成主要是(　　)。

A. 基本工资　B. 工资性津贴

C. 辅助工资　D. 劳动保护费和职工福利费

19. 分部分项工程直接工程费单价的内容包括(　　)。

A. 人工费　B. 间接费　C. 材料费

D. 措施费　E. 机械使用费

20. 生产工人人工日工资单价中所包含的内容是(　　)。

A. 基本工资　B. 职工医药费

C. 职工受气候影响停工的工资　D. 职工探亲期间工资

三、计算题

1. 某工地需 Φ 16 的螺纹钢 100t,某钢厂能供应 Φ 16 的螺纹钢 75t,每吨售价 2400 元,采用自行提货;某建材市场供货 25t,送到工地价 2 500 元/t,包含 40 元的运杂费和场外运输损耗费。试求这批钢材的原价。

2. 某地区 2～4cm 粒径的石子,重量为 1.6t/m^3,有三个来源地,其供货方比重,原价及采石厂到工地仓库的运距如表 4-35 所示。

表 4-35　三个来源地的供货比重、原价及采石厂到工地仓库的运距

来源地	供货比重	原价/(元·m^{-3})	运距/km
A	30%	220.00	10
B	40%	210.00	6
C	30%	230.00	12

从采石厂到工地仓库用汽车运输，每吨公里运价为 1.2 元。每吨装卸费为 4.00 元。途中运输损耗为 1.2%，采购及保管费率为 2.5%。试计算每立方米石子的单价。

3. 某工程采用 M10 混合砂浆(矿渣硅酸盐 325# 水泥)砌弧形砖基础试分析每 $10m^3$ 的弧形砖基础的工料机。

4. 单项材料价差调整，如表 4-36 所示。

表 4-36　材料价差调整表

序号	材料名称	单位	数量	现行材料单价(或指导价)/元	定额取定价/元	价差/元	调整金额/元
1	325＃矿渣硅酸盐水泥	t	50	250	240		
2	Φ16 的螺纹钢筋	t	300	2800	2630		
3	门扇锯材	m^3	450	1600	1420		
4	中(粗)砂	m^3	10	32	33		
5	生石灰	t	20	75	70		
合计							

5. 某外墙挂贴花岗岩工程 3 000m^2，定额测定资料如下：

人工消耗：基本用工 80 工日/100m^2，其他用工占总用工的 10%。

材料消耗：挂贴 300m^2 花岗岩需消耗水泥砂浆 166.50m^3，600mm×600mm 花岗岩板 306m^2，白水泥 450kg，铁件 1 046kg，工程用水 46m^3。

机械消耗：每挂贴 100m^2 花岗岩需 200L 砂浆搅拌机 0.93 台班，石料切割机 3.96 台班。

本地区人工工日单价 25 元/工日；花岗岩的预算价格 238 元/m^2，白水泥预算价格 0.48 元/kg，铁件预算价格 3.74 元/kg，工程用水预算价格 2.75 元/m^3，水泥砂浆预算价格 132.73 元/m^3，其他材料费 7.2 元/100m^2；200L 砂浆搅拌机台班单价 47.13 元/台班，石料切割机台班单价 20.57 元/台班。

问题：

(1) 确定该分项工程 100m^2 的补充定额单价；

(2) 计算该分项工程的定额直接工程费；

(3) 假定该工程所在地为某县城，工程承包采用专业承包，计算该工程的造价(花岗岩的发票价为 500 元/m^2，运杂费 50 元，运输损耗费 10 元，采保费为 8 元，其余材料不发生材差，组织措施费按费用定额计取，技术措施费为 30 000 元，规费计取按当地有关规定计取)。

单元 5

工程量清单文件编制

单元概述:工程量清单表示的是拟建工程的分部分项工程项目、措施项目、其他项目、规费项目和税金项目的名称和相应数量的明细清单。本单元主要介绍工程量清单的内容、编制方法、编制步骤及格式要求,最后通过一个典型的框架结构办公楼工程(结合单元3已计算出的工程量)编制出清单文件。

学习目标:

1. 掌握工程量清单项目的编码与特征描述。
2. 掌握建筑工程工程量清单的编制方法。

学习重点:

1. 工程量清单的组成内容。
2. 工程量清单的编制步骤与方法。
3. 工程量清单文件的编制格式。

教学建议:教学过程中可再配一个典型工程,采用示例法或任务驱动法教学,参考本书中所编制的清单文件,结合当地计价规范的实施细则等有关规定,编制出清单文件。重点放在项目编码、项目特征和工程量计算上。

关键词:工程量清单(bill of quantities);项目编码(item coding);清单文件格式(format of list files)

项目5.1 工程量清单文件的编制

5.1.1 工程量清单的概念和内容

工程量清单(bill of quantities)是建设工程实行工程量清单计价的专用名词,表示拟建工程的分部分项工程项目、措施项目、其他项目、规费项目和税金项目的名称和相应数量的明细清单。

工程量清单是工程量清单计价的基础,是作为编制最高投标限价、投标报价、计算工程量、支付工程款、调整合同价款、办理竣工结算以及工程索赔等的依据之一。工程量清单是根据统一的工程量计算规则和施工图纸及清单项目编制要求计算得出的,体现了招标人要求投标人完成的工程项目及相应的工程数量。

采用工程量清单方式招标,工程量清单必须作为招标文件的组成部分,其准确性和完整性由招标人负责。

工程量清单包括封皮、扉页、说明与清单表,如图5-1所示。

工程量清单的编制依据如下:

(1)《建设工程量清单计价规范》(GB 50500—2013)和《房屋建筑与装饰工程工程量计算规范》(GB 50854—2013);

(2)国家或省级、行业建设主管部门颁发的计价依据和办法;

(3)建设工程设计文件;

(4)与建设工程项目有关的标准、规范、技术资料;

(5)招标文件及其补充通知、答疑纪要;

(6)施工现场情况、工程特点及常规施工方案;

(7)其他相关资料。

工程量清单的组成内容
- 封面：由招标人按规定的内容填写、签字、盖章
  造价人员编制的工程量清单应有负责审核的造价工程师签字、盖章
- 总说明
  - 工程概况
  - 工程招标和分包范围
  - 工程量清单编制依据
  - 工程质量、材料、施工等的特殊要求
  - 其他需要说明的问题
- 分部分项工程和单价措施项目量清单与计价
  - 项目编码
  - 项目名称
  - 项目特征描述
  - 计量单位
  - 工程量
- 总价措施项目清单与计价表
- 其他项目清单与计价表
  - 暂列金额明细表
  - 材料暂估单价表
  - 专业工程暂估价表
  - 计日工表
  - 总承包服务费计价表
- 税金项目清单与计价表
- 工程量清单补充项目及其计算规则

图 5-1　工程量清单内容组成示意图

5.1.2　分部分项工程量清单的内容组成

1. 分部分项工程量清单的内容和格式

分部分项工程量清单包括项目编码、项目名称、项目特征描述、计量单位和工程量五方面的内容。

分部分项工程量清单应根据《房屋建筑与装饰工程工程量计算规范》(GB 50854—2013)(以下简称《计算规范》)附录规定的项目编码、项目名称、项目特征、计量单位和工程量计算规则进行编制，填写分部分项工程和单价措施项目清单与计价表。其格式如表 5-1 所示，只填表 5-1 中表头加粗部分。

表 5-1　　分部分项工程和单价措施项目清单与计价表

工程名称：　　　　标段：　　　　第　页共　页

序号	项目编码	项目名称	项目特征	计量单位	工程量	金额/元		
						综合单价	合价	其中暂估价

1) 项目编码

项目编码是分部分项工程量清单项目名称的数字标识。

项目编码设置五级编码,采用十二位阿拉伯数字表示,前九位按《计算规范》附录中的规定全国统一设置,编制工程量清单时不得擅自改动,分四级;后三位为第五级,为清单项目的顺序码,一般要求从 001 按顺序编制。由清单编制人员根据拟建工程的工程量清单项目名称设置,一般要求从 001 起按顺序编制,同一招标工程的项目编码不得有重码(图 5-2)。

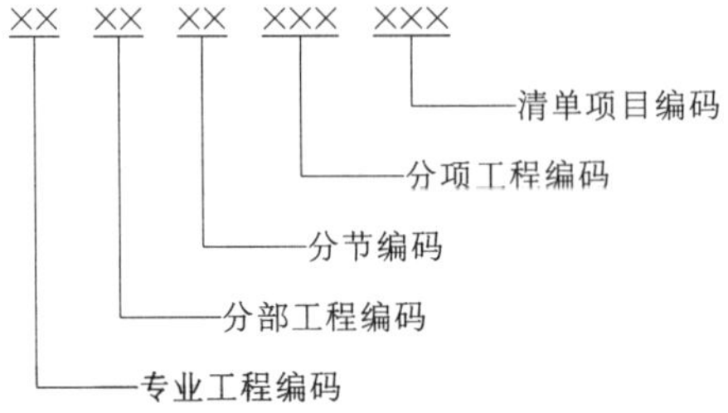

图 5-2 清单项目编码图

项目编码第一级(一、二位)表示专业工程分类顺序码,如表 5-2 所示;第二级(三、四位)表示专业工程顺序码,即《计算规范》附录中章的顺序码,如表 5-3 所示;第三级(五、六位)表示分部工程顺序码,即《计算规范》附录中节的顺序码,第四级(七、八、九位)表示分部工程项目名称顺序码;第五级(十、十一、十二位)表示清单项目名称顺序码。

前九位编码为统一编码,建设工程工程量清单计价规范已在各附录中做出了统一规定,编制工程量清单时不得擅自改动。例如:附录 D 砌筑工程中的 D. 1 砖砌体中"砖基础"项目编码为 010401001001,全国统一编码为 010401001。第一二位 01 表示专业工程为房屋建筑与装饰工程,第三四位 04 表示章节为附录 D 即第四章砌筑工程,第五六位 01 表示分部工程为 D. 1 砖砌体,第七八九位 001 表示分布工程项目码,即砖基础。

表 5-2 以建筑工程示例第一级编码的含义

第一级编码	适用工程
01	房屋建筑与装饰装修工程
02	仿古建筑工程
03	通用安装工程
04	市政工程
05	园林绿化工程
06	矿山工程
07	构筑物工程
08	城市轨道交通工程
09	爆破工程

表 5-3 以建筑工程示例第二级编码的含义

第二级编码	附录	专业工程实体项目
01	A. 1	土石方工程
02	A. 2	地基处理与边坡支护工程
03	A. 3	桩基工程
04	A. 4	砌筑工程
05	A. 5	混凝土与钢筋混凝土工程
06	A. 6	金属结构工程
07	A. 7	木结构工程
08	A. 8	门窗工程

编制工程量清单时,当出现附录中未包括的项目时,编制人应补充编码。补充项目的编码由《计价规范》附录中的顺序码与 B 和三位阿拉伯数字组成,并应从×B001 起按顺序编制。例如房屋建筑与装饰工程补充项从 01B001 开始编制。

2) 项目名称

项目名称应按《计算规范》附录中的项目名称,结合拟建工程的实际情况来确定。

3) 项目特征

项目特征应按《计算规范》附录中规定的项目特征,结合拟建工程的实际情况来描述。

4）计量单位

计量单位应按《计算规范》附录中规定的计量单位确定。有两个或两个以上计量单位的，应结合拟建工程项目的实际情况选择其中一个确定，同一工程项目的计量单位应一致。

5）工程量

工程量应按《计价规范》附录中规定的工程量计算规则计算确定。工程量的有效位数遵守下列规定：

(1) 以“t”为单位的，保留三位小数，第四位小数四舍五入；

(2) 以“m^3”“m^2”“m”“kg”为单位的，保留两位小数，第三位小数四舍五入；

(3) 以“个”“项”等为单位的，应取整数。

2. 分部分项工程量清单的编制步骤

1）确定清单项目

清单项目的确定，包括确定项目名称、确定施工过程及项目特征和确定项目编码三项工作。

下面结合图 3-5(单元 3 项目 3.1 中所配图)，以某工程基础平面及剖面图为例进行说明。水泥砂浆 M5，标准烧结煤矸石普通砖 MU10，垫层材料为素混凝土 C15，基础墙防潮为 1∶2 防水砂浆。

(1) 清单项目名称的确定。清单项目名称的确定应以《计算规范》附录中各附录项目的名称为主体，项目特征为辅助，并结合工程的实际情况，表述该清单项目名称。例如上例中的项目名称可命名为“砖基础”。

(2) 项目特征的描述。工程量清单的项目特征是确定一个清单项目综合单价不可缺少的重要依据，在编制工程量清单时，项目特征描述的内容应按《计算规范》附录中的规定，结合拟建工程的实际情况，进行准确和全面的描述。如果没进行描述或描述不清，会在施工合同履约过程中产生分歧，导致纠纷、索赔。

在进行项目特征的描述时，可掌握以下要点进行，如图 5-3 所示。

项目特征描述
- 必须描述的内容
  - ① 涉及正确计量的内容：如门窗洞口尺寸或樘外围尺寸
  - ② 涉及结构要求的内容：如混凝土强度等级是 C30 还是 C40 等
  - ③ 涉及材质要求的内容：如油漆品种是调和漆还是硝基清漆等
  - ④ 涉及安装方式的内容：如钢管的连接是螺纹还是焊接
- 可不描述的内容
  - ① 对计价没有实质影响的内容：如混凝土柱的断面大小、高度等
  - ② 应由投标人根据施工方案确定的内容
  - ③ 应由投标人根据当地材料和施工要求确定的：如混凝土石子种类及粒径等
  - ④ 应由施工措施解决的内容：如混凝土梁、板标高的特征
- 可不详细描述的内容
  - ① 无法准确描述的：如土壤类别，可描述为综合
  - ② 施工图纸、标准图集标注明确的·可描述为见某图集某页某图号或某节点大样等
  - ③ 其他：清单编制人在项目特征描述中应注明由投标人自定如土方工程中的取土运距、弃土运距等
- 规范规定多个计量单位的描述
  - ① 如“预制混凝土桩”计量单位有“m”或“根”两个计量单位，编制人可根据具体情况选择其中一个作为计量单位。当以“根”为计量单位时，单桩长度应描述为确定值；当以“m”为计量单位时，单桩长度可按范围值描述，并注明根数。
  - ② 如砌筑工程中的零星砌砖，其计量单位“m^3”“m^2”“m”个”四个，编清单项目时，应将零星砌砖的项目具体化，并按照选定的计量单位恰当地进行特征描述。
- 规范没有要求但又必须描述的内容
  - 如特种门、厂库房大门等项目，计价规范以“樘”为计量单位，没有规定门的大小，此时就必须描述“框外围尺寸”；同理“木门”“门油漆”“窗油漆”也如此。

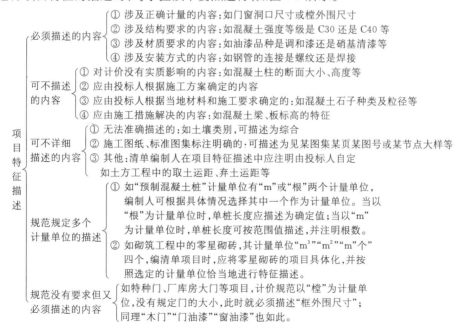

图 5-3　项目特征描述要点示意图

图 3-5 建筑工程中的砖基础的项目特征描述如表 5-4 所示。

(3) 项目编码的确定

每一个清单项目都要对应编制一个五级 12 位的项目编码。先找到按实际情况具体化的清单项目在附录中的对应附录项目的前 9 位编码,在其后面增加第五级编码。例如建筑工程中的砖基础的项目编码为 010401001001。

2) 计算清单项目工程量

计算清单项目工程量,应根据招标文件规定的承包范围和施工图设计文件,按照《计算规范》附录中规定的工程量计算规则和计量单位进行计算。

例如图 3-73 砌筑工程中的砖基础工程量为

$$
\begin{aligned}
砖基础 &= (L_{中}+L_{内})\times 砖基础断面面积 \\
&= (25.2+5.16)\times(0.24\times1.3+0.126\times0.0625\times3\times4) \\
&= 12.34\text{m}^3
\end{aligned}
$$

注意:该附录中工程量计算规则,是针对构成清单项目的主体分项工程制定的,计算的工程量也只是主体分项工程的工程量。

3) 分部分项工程量清单与计价表

填写实例如表 5-4 所示。

表 5-4　　分部分项工程量清单与计价表

工程名称:××工程　　　　第×页　共×页

序号	项目编码	项目名称	项目特征描述	计量单位	工程量	金额/元		
						综合单价	合价	其中:暂估价
1	010401001001	砖基础	(1) MU10 标准烧结煤矸石普通砖; (2) 墙下砌条形砖基础深 1.3m; (3) M5 水泥砂浆砌筑; (4) 1∶2 防水砂浆做基础墙身防潮	m^3	12.34			

【例 5-1】 编制混凝土项目的分部分项工程量清单。

某民用建筑无梁式满堂基础混凝土 C20,板底标高−1.80m,经招标人计算工程量为 182.61m^3,C15 无筋混凝土垫层厚 100mm,工程量为 39.22m^3,混凝土均采用泵送预拌混凝土。试编制该混凝土工程的分部分项工程量清单。

【解】 ① 查找分析依据,如表 5-5 所示(附录中表 E.1 现浇混凝土基础)。

表 5-5　　　　现浇混凝土基础(前 6 位编码:010501)

项目编码	项目名称	项目特征	计量单位	工程量计算规则	工程内容
010501001	垫层	① 混凝土种类 ② 混凝土强度等级	m^3	按设计图示尺寸以体积计算。不扣除伸入承台基础的桩头所占的体积	① 模板及支撑制作、安装、拆除、堆放、运输以及清理模内杂物、刷隔离剂等 ② 混凝土制作、运输浇筑、振捣、养护
010501002	带形基础				
010501003	独立基础				
010501004	满堂基础				
010501005	桩承台基础				

② 编制分部分项工程量清单与计价表,编制实例如表 5-6 所示。

表 5-6　　　　分部分项工程和单价措施项目清单与计价表

工程名称:××工程　　　　标段:　　　　第×页　共×页

序号	项目编码	项目名称	项目特征描述	计量单位	工程量	金额/元		
						综合单价	合价	其中:暂估价
1	010501003001	满堂基础	C20 泵送预拌混凝土	m^3	182.61			
2	010501006001	基础垫层	C15 泵送预拌混凝土	m^3	39.22			

5.1.3 措施项目清单

措施项目是指为完成工程项目施工,发生于该工程施工前和施工过程中技术、生活、安全等方面的非工程实体项目。措施项目清单的编制,应考虑多种因素,除工程本身的因素外,还涉及水文、气象、环境、安全等,并且施工企业的实际情况和拟建工程的具体情况等因素也要考虑。

专业工程的措施项目可按《计算规范》附录中规定的项目选择列项。若出现《计算规范》未列示的项目,可根据工程实际情况进行补充。

措施项目中列出了项目编码、项目名称,项目特征、计量单位和工程计算规则的项目,编制工程量清单时,应按照《计算规范》中分部分项工程的规定执行;措施项目中仅列出项目编码、项目名称,未列出项目特征,计量单位和工程量计算规则的项目,编制工程量清单时,应按《计算规范》附录 S 措施项目规定的项目编码和项目名称确定。

编制措施项目清单应该注意,措施项目的发生,涉及多种因素,而影响各个具体的单位工程措施项目的因素又是各异的。因此,清单编制者必须熟悉施工图设计文件,并根据经验和有关规范的规定拟定合理的施工方案,为投标人提供较全面的措施项目清单。

5.1.4 其他项目清单

其他项目清单按照下列内容列项:

(1) 暂列金额。招标人在工程量清单中暂定并包括在合同价款中的一笔款项。用于施工合同签订时尚未确定或者不可预见的所需材料、设备、服务的采购,施工中可能发生的工程变更、合同约定调整因素出现时的工程价款调整以及发生的索赔、现场签证确认等的费用。

(2) 暂估价。包括材料暂估单价、专业工程暂估价。招标人在工程量清单中提供的用于支付必然发生但暂时不能确定价格的材料的单价以及专业工程的金额。

(3) 计日工。在施工过程中,完成发包人提出的施工图纸以外的零星项目或工作,按合同约定的综合单价计价。

(4) 总承包服务费。总承包人为配合协调发包人进行的工程分包自行采购的设备、材料等进行管理、服务以及施工现场管理、竣工资料汇总整理等服务所需的费用。

5.1.5 税金项目清单的编制

税金项目清单即为增值税。

项目 5.2 工程量清单文件编制综合实训

5.2.1 实训任务:某二层框架结构办公楼建筑工程清单文件的编制

1. 工程项目概况的内容

工程项目概况包括:工程名称,工程的建筑规模(建筑面积、容积率,建筑层数和高度),工程的特征(基础结构形式、主体结构形式等)合同工期(招投标文件)、施工现场实际情况、交通运输情况、自然地理条件,环境保护情况等,工程立项批准文号及资金来源等。

2. 编制依据

(1) 设计施工图纸;

(2)《建设工程工程量清单计价规范》(GB 50500—2013)和《计算规范》;

(3) 建设单位所要求的工程质量达标是优质还是其他;

(4) 考虑到施工中可能发生的设计变更或清单编制失误,暂列金额 10 000 元;

(5)《建设工程工程量清单计价规范》(GB 50500—2013)。

3. 编制要求

结合单元 3 工程计量中所计算的工程量,按照《计算规范》的要求,编制土建工程和装饰装修工程工程量清单文件。

4. 建筑工程清单文件实例内容组成

(1) 封面。

(2) 扉页。

(3) 总说明。

(4) 分部分项工程和单价措施项目清单与计价表。

(5) 总价措施项目清单与计价表。

(6) 其他项目清单与计价表:

① 其他项目清单与计价汇总表;

② 暂列金额明细表;

③ 材料暂估表及调整表、材料暂估表明细表、专业工程暂估价及结算表、专业工程暂估价明细表;

④ 计日工表;

⑤ 总承包服务费计价表。

(7) 税金项目清单与计价表。

(8) 补充工程量清单项目及计算规则。

建筑工程工程量清单文件的具体内容如表 5-7—表 5-23 所示。

表 5-7　××造价咨询有限公司办公楼建筑工程工程量清单封面、扉页

B.1 招标工程量清单封面

×××造价咨询有限公司办公楼建筑工程

招 标 工 程 量 清 单

招　标　人：×××造价咨询有限公司
（单位盖章）

造价咨询人：×××
（单位盖章）

2019 年×月×日

封一1

C.1 招标工程量清单扉页

×××造价咨询有限公司办公楼建筑工程

招 标 工 程 量 清 单

招　标　人：×××造价咨询有限公司
（单位盖章）

造价咨询人：×××
（单位资质专用章）

法定代表人
或其授权人：×××
（签字或盖章）

法定代表人
或其授权人：×××
（签字或盖章）

编　制　人：×××
（造价人员签字盖专用章）

复　核　人：×××
（造价工程师签字盖专用章）

编制时间：×年×月×日

复核时间：×年×月×日

表 5-8　　　　　　　　　　**总　说　明**

工程名称:×××造价咨询有限公司办公楼建筑工程　　　　　　　　第 1 页共 1 页

1. 工程概况:某造价咨询有限公司办公楼,框架结构,地上两层,建筑面积:153.54m^2,檐高 7.55m。钢筋混凝土筏板基础。施工现场附近有公路,交通运输方便。地下水位在－2.00m 处,不需施工降水。自然地坪标高相当于设计标高－0.9m。外墙面为镶贴面层,室内楼地面主要铺贴面砖。内墙面主要是抹灰,装饰抹灰水泥均采用矿渣硅酸盐水泥 325 级。局部房间做木墙裙,天棚抹灰。 2. 招标范围:施工图所包含的全部土建工程和装饰装修工程。 3. 编制依据: (1) 所附造价咨询有限公司办公楼施工图纸; (2)《建设工程工程量清单计价规范》(GB 50500—2013); (3) 建设单位所要求的工程质量(优还是其他); (4) 暂列金额 10 000 元。 4. 其他需要说明的问题: (1) 工程质量应达到合格标准。 (2) 门窗是以成品为主。成品门窗的暂估价:M-1:200 元/樘;防火卷闸门:500 元/樘;M-2,M-3:280 元/樘;C-1,C-2:300 元/樘;MC-1:600 元/樘;执手锁:150 元/把。 5. 考虑到工程变更和不可预见费,土建工程暂列金额 10 000 元,装饰装修工程暂列金额 5 000 元。

表 5-9　　分部分项工程和单价措施项目清单与计价表

工程名称:××造价咨询有限公司办公楼土建工程　　第×页共×页

序号	项目编码	项目名称	项目特征描述	计量单位	工程量	金额/元		
						综合单价	合价	其中:暂估价
	一、	**A.1 土石方工程(0101)**						
1	010101001001	平整场地	三类土,土方就地挖、填、找平	m^2	75.40			
2	010101003001	挖基础土方	三类土,挖土深度 1.15m,基底钎探,探孔填细砂,槽底夯实,土方运输距离自定	m^3	101.84			
3	010103001001	土石方回填	基础回填,夯填,土方运输距离自定	m^3	53.94			
4	010103001002	土石方回填	室内回填,夯填,土方运输距离自定	m^3	11.75			
5	010103001003	室内 3∶7 灰土垫层	3∶7 灰土垫层,夯填,土方运输,距离自定	m^3	8.82			
	二、	**A.3 砌筑工程(0103)**						
6	010301001001	带形砖基础	M5 水泥砂浆砌条形基础 1∶2 水泥砂浆防潮层 MU10 标准黏土实心砖	m^3	14.75			
7	010302001001	实心砖墙 240mm 内墙	M5 混合砂浆砌实心墙;墙体厚度 240mm 内墙 MU10 标准黏土实心砖	m^3	17.88			
8	010302001002	实心砖墙 370mm 外墙	M5 混合砂浆砌实心墙 墙体厚度 370mm 外墙;MU10 标准黏土实心砖	m^3	51.36			
9	010302001003	实心砖墙女儿墙	M5 混合砂浆砌筑;MU10 标准黏土实心砖	m^3	4.65			

续表 第×页共×页

序号	项目编码	项目名称	项目特征描述	计量单位	工程量	金额/元		
						综合单价	合价	其中:暂估价
	三、	**A.4 混凝土及钢筋混凝土工程(0104)**						
10	010401003001	钢筋混凝土满堂基础 C30	现浇 C30 有梁式满堂基础,基础底标高－1.5m	m^3	29.75			
11	010401006001	基础垫层 C15	现浇 C15 垫层	m^3	8.86			
12	010402001001	钢筋混凝土矩形框架柱 C25	现浇 C25 框架柱	m^3	15.16	450.84	6834.73	
13	010402001002	框架柱 C30	现浇 C30 框架柱	m^3	2.12			
14	010402001003	钢筋混凝土矩形构造柱 C25	现浇 C25 构造柱	m^3	0.30			
15	010403001001	钢筋混凝土基础梁 C30	现浇 C30 基础梁	m^3	0.24			
16	010403002001	钢筋混凝土矩形框架梁 C25	现浇 C25 框架梁	m^3	13.50			
17	010405003001	钢筋混凝土楼板 C25	现浇 C25 楼板,100mm 厚	m^3	13.99			
18	010405006001	钢筋混凝土栏板 C25	现浇 C25 栏板	m^3	0.37			
19	010405007001	钢筋混凝土挑檐板 C25	现浇 C25 挑檐板	m^3	3.09			
20	010405008001	钢筋混凝土阳台板 C25	现浇 C25 阳台板	m^3	0.55			
21	010406001001	钢筋混凝土直形楼梯 C25	现浇 C25 直形楼梯	m^2	6.64			

续表　　　　第×页共×页

序号	项目编码	项目名称	项目特征描述	计量单位	工程量	金额/元		
						综合单价	合价	其中：暂估价
22	010407001001	钢筋混凝土其他构件 C25 女儿墙压顶	现浇 C25 女儿墙压顶	m	33.32			
23	010407001002	钢筋混凝土其他构件 C15 混凝土台阶	现浇 C15 混凝土台阶	m^2	4.77			
24	010410003001	预制钢筋混凝土过梁	预制 C20 过梁，构件制作、安装、接头灌缝	m^3	2.14			
25	010416001001	现浇混凝土钢筋圆钢ф 6	现浇混凝土钢筋圆钢ф 6	t	0.12			
26	010416001002	现浇混凝土钢筋圆钢ф 8	现浇混凝土钢筋圆钢ф 8	t	3.72			
27	010416001003	现浇混凝土钢筋圆钢ф 10	现浇混凝土圆钢ф 10	t	1.36			
28	010416001004	现浇混凝土螺纹钢 Φ 12	现浇混凝土螺纹钢 Φ 12	t	1.12			
29	010416001005	现浇混凝土 螺纹钢 Φ 14	现浇混凝土螺纹钢 Φ 14	t	0.92			
30	010416001006	现浇混凝土 螺纹钢 Φ 16	现浇混凝土螺纹钢 Φ 16	t	1.34			
31	010416001007	现浇混凝土 螺纹钢 Φ 18	现浇混凝土螺纹钢 Φ 18	t	1.78			
32	010416001008	现浇混凝土 螺纹钢 Φ 20	现浇混凝土螺纹钢 Φ 20	t	1.23			
33	010416001009	砌体加固钢筋	砌体加固钢筋	t	0.17			

续表 第×页共×页

序号	项目编码	项目名称	项目特征描述	计量单位	工程量	金额/元		
						综合单价	合价	其中：暂估价
34	010416001010	电渣压力焊接头	电渣压力焊接头制安	个	240			
35	010416001011	直螺纹钢筋接头	直螺纹钢筋接头制安	个	100			
36	010416002001	预制构件钢筋螺纹钢Φ 12	预制构件螺纹钢Φ 12	t	0.17			
37	010416002002	预制构件钢筋圆钢φ 6	预制构件圆钢φ 6	t	0.03			
38	010417002001	预埋铁件	预埋铁件	t	0.55			
	四、	**A.7 屋面及防水工程(0107)**						
39	010702001001	屋面卷材防水	SBS 改性沥青防水卷材，1∶2 水泥砂浆找平层	m^2	116.00			
40	010702004001	屋面排水管	UPVC 落水管和水斗 铸铁落水口	m	30			
	五、	**A.8 防腐、隔热、保温工程(0108)**						
41	010803001001	保温隔热屋面	1∶10 水泥珍珠岩保温层 100mm 厚 1∶1∶10 水泥石灰炉渣找坡 50mm 厚	m^2	66.94			
		合　　计						

表 5-10　　　　　　　　总价措施项目清单与计价表

工程名称:×造价咨询有限公司办公楼土建工程　　　　　　　　第 1 页共 1 页

序号	项　目　名　称
1	安全文明施工费
2	夜间施工费
3	二次搬运费
4	冬雨季施工
5	定位复测、工程点交、场地清理
6	生产工具用具使用费

注:1. 本表适用于以“项”计价的措施项目。

2. 根据建设部、财政部发布的《建筑安装工程费用组成》(建标〔2003〕206 号)的规定,“计算基础”可以是“直接费”“人工费”或“人工费＋机械费”。

表 5-11 措施项目清单与计价表(二)

工程名称:××造价咨询有限公司办公楼土建工程 第×页共×页

序号	项目编码	项目名称	项目特征描述	计量单位	工程量	金额/元	
						综合单价	合价
		一、混凝土与钢筋混凝土模板及支架					
1	AB001	现浇混凝土基础垫层钢模板及支架	100mm 厚	m^2	3.90		
2	AB002	现浇有梁式满堂基础钢模板	有梁式满堂基础,基底标高－1.5m	m^2	26.88		
3	AB003	现浇矩形柱钢模板	矩形柱,断面 400mm×500mm;400mm×400mm;500mm×500mm,支模高度3.6m以内	m^2	139.3		
4	AB004	柱支撑高度超过 3.6m 每增加 1m 钢支撑	柱支模高度 3.9m,超过部分为 0.3m	m^2	3.58		
5	AB005	现浇构造柱钢模板	构造柱,马牙槎	m^2	3.11		
6	AB006	现浇基础梁钢模板	矩形梁,断面 400mm×500mm;500mm×500mm	m^2	1.97		
7	AB007	现浇单梁连续梁钢模板	矩形梁,断面 240mm×500mm; 370mm ×500mm,支模高度3.6m以内	m^2	113.59		
8	AB008	梁支撑高度超过 3.6m 每增加 1m 钢支撑	矩形梁支模高度 3.9m,超过部分为 0.3m	m^2	53.73		
9	AB009	现浇平板钢模板	平板,支模高度 3.6m 以内	m^2	110.41		
10	AB010	板支撑高度超过 3.6m 每增加 1m 钢支撑	平板支模高度 3.9m,超过部分为 0.3m	m^2	51.89		
11	AB011	现浇直形楼梯木模板	平行双跑楼梯,楼梯间净宽 1.98m	m^2	6.64		

续表

第×页共×页

序号	项目编码	项目名称	项目特征描述	计量单位	工程量	金额/元	
						综合单价	合价
12	AB012	现浇阳台钢模板	悬挑阳台底板，支模高度3.6m以内	m^2	5.4		
13	AB013	阳台板支撑高度超过3.6m每增加1m钢支撑	悬挑阳台底板支模高度3.9m，超过部分为0.3m	m^2	5.47		
14	AB014	栏板，钢模板	阳台栏板	m^2	12.31		
15	AB015	挑檐天沟钢模板	挑檐天沟，挑出1200mm(600mm)	m^2	46.9		
16	AB016	压顶垫块木模板	压顶，断面300mm×60mm	m^2	6.34		
17	AB017	台阶木模板	台阶	m^2	4.77		
18	AB018	预制过梁，木模板	预制过梁，断面120mm×240mm；180mm×370mm；240mm×370mm	m^3	2.13		
19	AB019	散水，钢模板	散水厚80mm	m^2	2.94		
		二、脚手架工程					
20	AB020	外脚手架	双排钢管外，脚手架高度在15m以内	m^2	289.50		
21	AB021	里脚手架	砌筑钢管脚手架，3.6m以内	m^2	131.68		
22	AB022	满堂基础脚手架	满堂脚手架，钢管架，基底标高－1.5m	m^2	84.70		
23	AB023	安全防护	楼梯踏步边防护架	m	7.47		
		三、垂直运输					
24	AB024	垂直运输	采用卷扬机	m^2	153.54		

注：本表适用于以综合单价形式计价的措施项目。

表 5-12　　其他项目清单与计价汇总表

工程名称:××造价咨询有限公司办公楼土建工程　　第 1 页共 1 页

序号	项目名称	计量单位	金额/元	备注
1	暂列金额		10 000	明细详见暂列金额明细表
2	暂估价		—	
2.1	材料暂估价		—	
2.2	专业工程暂估价		—	
3	计日工		—	
4	总承包服务费		—	
合 计				

注:材料暂估单价进入清单项目综合单价,此处不汇总。

表 5-13　　暂列金额明细表

工程名称:××造价咨询有限公司办公楼土建工程　　第 1 页共 1 页

序号	项目名称	计量单位	暂定金额/元	备注
1	工程量清单中工程量偏差和设计变更	项	6 000	
2	政策性调整和材料价格风险	项	4 000	
3			—	
4			—	
5			—	
6			—	
合 计			10 000	—

表 5-14　　税金项目清单与计价表

工程名称:××造价咨询有限公司办公楼土建工程　　第 1 页共 1 页

序号	项目名称	计算基础	费率/%	金额/元
1	税金	分部分项工程费+措施项目费+其他项目费+规费		
合　　计				

注:根据建设部、财政部发布的《建筑安装工程费用组成》(建标〔2003〕206 号)的规定,“计费基础”可为“直接费”“人工费”或“人工费+机械费”。

表 5-15　　补充工程清单项目及计算规则

工程名称:××造价咨询有限公司办公楼土建工程　　第×页共×页

项目编码	项目名称	项目特征	计量单位	工程量计算规则	工程内容
	1. 混凝土与钢筋混凝土模板及支架				
AB001	现浇混凝土基础垫层钢模板	100mm 厚	m^2	按混凝土与模板接触面的面积,以 m^2 计算	钢模板安装、拆除,模板清理、刷隔离剂、整理堆放及场内外运输
AB002	现浇有梁式满堂基础钢模板	有梁式满堂基础,基底标高 −1.5m	m^2		
AB003	现浇矩形柱钢模板	矩形柱,断面 400mm × 500mm;400mm × 400mm;500mm × 500mm,支模高度 3.6m 以内	m^2		
AB004	柱支撑高度超过 3.6m 每增加 1m 钢支撑	柱支模高度 3.9m,超过部分为 0.3m	m^2	现浇钢筋混凝土柱、梁、板、墙的支模高度(即室外地坪至板底或板面至板底之间的高度)以 3.6m 以内为准,超过 3.6m 部分,另按超过部分计算增加支撑工程量	钢模板安装、拆除,模板清理、刷隔离剂、整理堆放及场内外运输
AB005	现浇构造柱钢模板	构造柱,马牙槎	m^2	构造柱外露面均应按图示外露部分计算模板面积。构造柱与墙接触面不计算模板面积	钢模板安装、拆除,模板清理、刷隔离剂、整理堆放及场内外运输等
AB006	现浇基础梁钢模板	矩形梁,断面 400mm × 500mm;500mm × 500mm	m^2	按混凝土与模板接触面的面积,以平方米计算	钢模板安装、拆除,模板清理、刷隔离剂、整理堆放及场内外运输
AB007	现浇单梁连续梁钢模板	矩形梁,断面 240mm × 500mm;370mm × 500mm,支模高度 3.6m 以内	m^2		

续表　　　　第×页共×页

项目编码	项目名称	项目特征	计量单位	工程量计算规则	工程内容
AB008	梁支撑高度超过 3.6m,每增加 1m 钢支撑	矩形梁支模高度 3.9m,超过部分为 0.3m	m^2	现浇钢筋混凝土柱、梁、板、墙的支模高度(即室外地坪至板底或板面至板底之间的高度)以 3.6m 以内为准,超过 3.6m 部分,另按超过部分计算增加支撑工程量	钢模板安装、拆除,模板清理、刷隔离剂、整理堆放及场内外运输
AB009	现浇平板钢模板	平板,支模高度 3.6m 以内	m^2	略	钢模板安装、拆除,模板清理、刷隔离剂、整理堆放及场内外运输
AB010	板支撑高度超过 3.6m 每增加 1m 钢支撑	平板支模高度 3.9m,超过部分为 0.3m	m^2	略	
AB011	现浇直形楼梯木模板	平行双跑楼梯,楼梯间净宽 1.98m	m^2	现浇钢筋混凝土楼梯,以图示露明面尺寸的水平投影面积计算,不扣除小于 500mm 楼梯井所占面积。楼梯的踏步、踏步板平台梁等侧面模板,不另计算	木模制作、安装、拆除,模板清理、刷隔离剂、整理堆放及场内外运输
AB012	现浇阳台钢模板	悬挑阳台底板,支模高度 3.6m 以内	m^2	按图示外挑部分尺寸的水平投影面积计算。挑出墙外的牛腿梁及板边模板不另计算	钢模板安装、拆除,模板清理、刷隔离剂、整理堆放及场内外运输

续表 第×页共×页

项目编码	项目名称	项目特征	计量单位	工程量计算规则	工程内容
AB013	阳台板支撑高度超过3.6m,每增加1m钢支撑	悬挑阳台底板支模高度3.9m,超过部分为0.3m	m^2	略	钢模板安装、拆除,模板清理、刷隔离剂、整理堆放及场内外运输
AB014	栏板,钢模板	阳台栏板	m^2	按混凝土与模板接触面的面积,以平方米计算	
AB015	挑檐天沟,钢模板	挑檐天沟,挑出1 200mm(600mm)	m^2		
AB016	压顶垫块,木模板	压顶,断面300mm×60mm	m^2		
AB017	台阶木模板	台阶	m^2	混凝土台阶不包括梯带,按图示台阶尺寸的水平投影面积计算,台阶端头两侧不另计算模板面积	木模制作、安装、拆除,模板清理、刷隔离剂、整理堆放及场内外运输
AB018	预制过梁木模板	预制过梁,断面120mm×240mm;180mm×370mm;240mm×370mm	m^3	按混凝土实体体积以立方米计算	木模制作、安装、拆除,模板清理、刷隔离剂、整理堆放及运输
AB019	散水 钢模板	散水厚80mm	m^2	按混凝土与模板接触面的面积,以平方米计算	钢模板安装、拆除,模板清理、刷隔离剂、整理堆放及场内外运输
	2. 脚手架工程				
AB020	双排钢管外脚手架 高度在15m以内	双排钢管外,脚手架高度在15m以内	m^2	外脚手架按外墙的外边线长度,乘以外墙砌筑高度以平方米计算,不扣除门、窗洞口、空圈洞口等所占的面积	平土、打垫层、铺垫木、安底座,场内外材料运输,上下翻板子、挡脚板、护身栏杆、扫地杆和拆除后材料的整理堆放

续表

第×页共×页

项目编码	项目名称	项目特征	计量单位	工程量计算规则	工程内容
AB021	砌筑钢管里架 3.6m 以内	砌筑钢管脚手架，3.6m 以内	m^2	按墙面垂直投影面积以平方米计算。均不扣除门、窗洞口、空圈洞口等所占的面积	场内外材料运输，送料，安装底座、搭设架子，防护栏杆，上下翻板子和拆除后材料的整理堆放
AB022	满堂基础脚手架钢管架基本层（单价×0.5）	满堂脚手架，钢管架，基底标高−1.5m	m^2	整体满堂钢筋混凝土基础，凡其宽度超过 3m 以上时，按其底板面积计算满堂脚手架	场内外材料运输，送料，安装底座、搭设架子，防护栏杆，上下翻板子和拆除后材料的整理堆放
AB023	安全防护楼梯踏步边防护架	楼梯踏步边防护架	m	按塔设长度以延长米计算	搭拆、拆防护架，挂安全网，刷红、白警戒色以及场内外材料运输等全部工作
	3. 垂直运输				
AB024	垂直运输	采用卷扬机	m^2	区分不同建筑物的结构类型及高度按建筑面积以平方米计算	工程在合理工期内完成全部工程项目所需的卷扬机

表 5-16　　分部分项工程量清单与计价表

工程名称:××造价咨询有限公司办公楼装饰装修工程　　第×页共×页

序号	项目编码	项目名称	项目特征描述	计量单位	工程量	金额/元		
						综合单价	合价	其中:暂估价
	一、	**B.1 楼地面工程(0201)**						
1	020101001001	水泥砂浆平台面层	20mm 厚 1∶2.5 水泥砂浆面层	m^2	1.47			
2	020101003001	混凝土散水	80mm 厚 C15 混凝土散水 沥青砂浆嵌缝	m^2	18.98			
3	020102002001	瓷砖地面	800mm×800mm×10mm 瓷砖面层 20mm 厚 1∶4 干硬性水泥砂浆黏结层 素水泥结合层一道 20mm 厚 1∶3 水泥砂浆找平 50mm 厚 C15 混凝土 150mm 厚 3∶7 灰土	m^2	58.77			
4	020102002002	瓷砖楼面	800mm×800mm×10mm 瓷砖面层 20mm 厚 1∶4 干硬性水泥砂浆黏结层 素水泥结合层一道 35mm 厚 C15 细石混凝土找平	m^2	57.19			
5	020105001001	水泥砂浆踢脚线	8mm 厚 1∶2.5 水泥砂浆面层 18mm 厚 1∶3 水泥砂浆打底	m^2	9.67			
6	020105001002	水泥砂浆楼梯踢脚线	8mm 厚 1∶2.5 水泥砂浆面层 18mm 厚 1∶3 水泥砂浆打底	m^2	1.09			
7	020106002001	块料楼梯面层	300mm×300mm×10mm 瓷质防滑地砖 20mm 厚 1∶3 水泥砂浆黏结层 素水泥结合层一道	m^2	6.64			
8	020107001001	楼梯不锈钢栏杆	不锈钢 栏杆	m	7.59			

续表

序号	项目编码	项目名称	项目特征描述	计量单位	工程量	金额/元		
						综合单价	合价	其中：暂估价
9	020108003001	水泥砂浆台阶面层	20mm 厚 1∶2.5 水泥砂浆面层 素土垫层	m^2	4.77			
10	020109004001	水泥砂浆零星项目　楼梯侧面	20mm 厚 1∶2 水泥砂浆面层	m^2	0.90			
	二、	**B.2 墙柱面工程(0202)**						
11	020201001001	水泥砂浆内墙面	5mm 厚 1∶2.5 水泥砂浆找平 9mm 厚 1∶3 水泥砂浆打底	m^2	376.23			
12	020201001002	女儿墙墙面抹灰	5mm 厚 1∶2.5 水泥砂浆找平 13mm 厚 1∶3 水泥砂浆打底	m^2	41.58			
13	020203001001	压顶零星项目一般抹灰	5mm 厚 1∶2.5 水泥砂浆找平 13mm 厚 1∶3 水泥砂浆打底	m^2	16.92			
14	020204003001	外墙面贴面砖	贴 194mm×94mm 釉面砖 6mm 厚 1∶2 水泥砂浆 12mm 厚 1∶3 水泥砂浆打底	m^2	258.36			
15	020206003001	挑檐立面贴砖	贴 194mm×94mm 釉面砖 6mm 厚 1∶2 水泥砂浆 12mm 厚 1∶3 水泥砂浆打底	m^2	12.66			
16	020207001001	装饰板墙面	柚木饰面板 12mm 木质基层板 木龙骨	m^2	12.12			
	三、	**B.3 天棚工程(0203)**						
17	020301001001	天棚抹灰	2mm 厚 1∶2.5 纸筋砂浆 12mm 厚 1∶0.3∶3 混合砂浆打底 刷素水泥浆一遍内掺 107 胶	m^2	144.60			

续表

序号	项目编码	项目名称	项目特征描述	计量单位	工程量	金额/元		
						综合单价	合价	其中：暂估价
18	020301001002	楼梯板底抹灰	2mm 厚 1∶2.5 纸筋砂浆 12mm 厚 1∶0.3∶3 混合砂浆打底 刷素水泥浆一遍内掺 107 胶	m^2	6.50			
	四、	**B.4 门窗工程(0204)**						
19	020401005001	装饰木门	成品装饰木门	m^2	12.42			
20	020402002001	金属推拉门	成品铝合金 90 系列双扇推拉门	m^2	6.48			
21	020402005001	防火卷帘门	成品防火卷闸门	m^2	7.92			
22	020403003001	塑钢推拉窗	成品塑钢推拉窗	m^2	28.08			
23	020406001001	塑钢门	成品塑钢门	m^2	2.43			
24	020406007001	塑钢窗	成品塑钢窗	m^2	2.70			
25	020406010001	特殊五金	执手锁	把/套	6.00			
26	020407001001	木门窗套	18mm 胶合板基层 柚木饰面板 贴脸为 80mm 宽木装饰线条	m^2	26.98			
27	020409003001	石材窗台板	大理石窗台板,1∶3 水泥砂浆粘贴大理石窗台板,宽 180mm	m	17.10			
	五、	**B.5 油漆、涂料、裱糊工程(0205)**						
28	020501001001	门油漆	刮腻子、磨砂纸、刷底漆一遍,刷聚氨酯清漆两遍	m^2	12.42			
29	020504002001	墙裙油漆	刮腻子、磨砂纸、刷底漆一遍,刷聚氨酯清漆两遍	m^2	12.12			
30	020504003001	门窗套油漆	刮腻子、磨砂纸、刷底漆一遍,刷聚氨酯清漆两遍	m^2	26.98			
31	020507001001	仿瓷涂料墙面	墙面抹灰面刮三遍仿瓷涂料	m^2	520.84			
32	020507001002	楼梯底仿瓷涂料	楼梯底抹灰面刮三遍仿瓷涂料	m^2	6.49			

表 5-17 **措施项目清单与计价表(一)**

工程名称:××造价咨询有限公司办公楼装饰装修工程 第 1 页共 1 页

序　号	项　　目　　名　　称
1	安全文明施工费
2	夜间施工费
3	二次搬运费
4	冬雨季施工
5	定位复测、工程点交、场地清理
6	生产工具用具使用费

注:1. 本表适用于以"项"计价的措施项目。

2. 根据建设部、财政部发布的《建筑安装工程费用组成》(建标〔2003〕206 号)的规定,"计费基础"可为"直接费""人工费"或"人工费+机械费"。

表 5-18 **措施项目清单与计价表(二)**

工程名称:××造价咨询有限公司办公楼装饰装修工程 第 1 页共 1 页

序号	项目编码	项目名称	项目特征描述	计量单位	工程量	金额/元	
						综合单价	合价
		脚手架工程					
1	BB001	装饰外架	吊篮脚手架	m^2	289.50		
2	BB002	装饰里架	装饰里脚手架	m^2	455.26		
3	BB003	抹灰天棚满堂架	满堂脚手架	m^2	121.84		

注:本表适用于以综合单价形式计价的措施项目。

表 5-19 **其他项目清单与计价汇总表**

工程名称:××造价咨询有限公司办公楼装饰装修工程 第 1 页共 1 页

序号	项目名称	计量单位	金额/元	备注
1	暂列金额		5000	明细详见暂列金额明细表
2	暂估价		—	
2.1	材料暂估价		—	明细详见材料暂估价明细表
2.2	专业工程暂估价		—	
3	计日工		—	
4	总承包服务费		—	
合　计				

注:材料暂估单价进入清单项目综合单价,此处不汇总。

表 5-20 **暂列金额明细表**

工程名称:××造价咨询有限公司办公楼装饰装修工程 第 1 页共 1 页

序号	项目名称	计量单位	暂定金额/元	备注
1	工程量清单中工程量偏差和设计变更	项	3000	
2	政策性调整和材料价格风险	项	2 000	
合　计			5 000	—

表 5-21 **材料暂估单价表**

工程名称:××造价咨询有限公司办公楼装饰装修工程 第 1 页共 1 页

序号	材料名称、规格、型号	计量单位	单价/元	备注
1	M-1:成品铝合金 90 系列双扇推拉门,带上亮	樘	200	
2	防火卷闸门	樘	500	
3	M-2,M-3 成品装饰木门扇	樘	280	
4	C-1,C-2 带亮成品塑钢推拉窗	樘	300	
5	MC-1:成品塑钢门连窗,窗为双扇推拉窗,门为带亮单扇门	樘	600	
6	执手锁	把	150	

注:1. 此表由招标人填写,并在备注栏说明暂估价的材料拟用在哪些清单项目上,投标人应将上述材料暂估单价计入工程量清单综合单价报价中。

2. 材料包括原材料、燃料、构配件以及按规定应计入建筑安装工程造价的设备。

表 5-22 **规费、税金项目清单与计价表**

工程名称:××造价咨询有限公司办公楼装饰装修工程 第 1 页共 1 页

序号	项目名称	计算基础	费率/%	金额/元
1	规费			
1.1	工程排污费	(分部分项工程费+措施项目费+其他项目费)中的直接费		
1.2	社会保障费			
(1)	养老保险费	(分部分项工程费+措施项目费+其他项目费)中的直接费		
(2)	失业保险费	(分部分项工程费+措施项目费+其他项目费)中的直接费		
(3)	医疗保险费	(分部分项工程费+措施项目费+其他项目费)中的直接费		
1.3	住房公积金	(分部分项工程费+措施项目费+其他项目费)中的直接费		

续表

序号	项目名称	计算基础	费率/%	金额/元
1.4	危险作业意外伤害保险	(分部分项工程费＋措施项目费＋其他项目费)中的直接费		
1.5	工程定额测定费	(分部分项工程费＋措施项目费＋其他项目费)中的直接费		
2	税金	分部分项工程费＋措施项目费＋其他项目费＋规费		
合　计				

注:根据建设部、财政部发布的《建筑安装工程费用组成》(建标〔2003〕206 号)的规定,“计费基础”可为“直接费”“人工费”或“人工费＋机械费”。

表 5-23　　补充工程量清单项目及计算规则

工程名称:××造价咨询有限公司办公楼装饰装修工程　　第 1 页共 1 页

项目编码	项目名称	项目特征	计量单位	工程量计算规则	工程内容
	脚手架工程				
BB001	装饰外架吊篮脚手架	吊篮脚手架	m^2	按外墙面垂直投影面积计算	绑垫杆、悬臂杆、压杆,安装组装吊篮,绑护身栏杆,铺板子,挂安全网,升降及拆除等全部操作过程
BB002	装饰里架	装饰里脚手架	m^2	按墙面垂直投影面积计算	场内外材料运输,送料,安装底座、搭设架子,防护栏杆,上下翻板子和拆除后材料的整理堆放
BB003	抹灰天棚满堂架	满堂脚手架	m^2	按搭设的水平投影面积计算	

单元习题

一、单项选择题

1. 工程量清单编码共有(　　)位。

A. 9　　B. 10

C. 11　　D. 12

2. 关于工程量清单编码说法正确的是(　　)。

A. 清单编码的前 11 位全国统一　　B. 清单编码的前 9 位全国统一

C. 清单编码的后 3 位全国统一　　D. 清单编码的后 3 位可自行编制

3. 工程量清单为投标者提供公开、公平、公正的竞争环境,由(　　)统一提供。

A. 工程标底审查机构　　B. 招标人

C. 工程咨询公司　　D. 招投标管理部门

4. 分部分项工程量清单为闭口清单,这是指(　　)。

A. 投标人若认为清单内容有遗漏可以自行补充

B. 投标人对清单内容的调整要通知招标方

C. 投标人可以根据实际情况将若干清单项目合并计价

D. 未经允许,投标人对清单内容不允许作任何更改变动

5. 对投标人报出的措施项目清单中没有列项且施工中又必须发生的项目,招标人(　　)。

A. 要给予投标人以补偿　　B. 应允许投标人进行补充

C. 可认为其包括在其他措施项目　　D. 可认为其包括在分部分项工程量清单的综合单价中

6. 在《建设工程工程量清单计价规范》中,其他项目清单一般包括(　　)。

A. 暂列金额、分包费、材料费、机械使用费

B. 暂列金额、暂估价、计日工、总承包服务费

C. 总承包管理费、材料购置费、预留金、风险费

D. 预留金、总承包费、分包费、材料购置费

7. 分部分项工程量清单的项目编码由12位组成,其中的(　　)位由清单编制人设置。

A. 八到十　　B. 九到十一

C. 九到十二　　D. 十到十二

8. 编制措施项目清单时,若出现《计价规范》中措施项目一览表未列的项目,编制人(　　)。

A. 不得对措施项目一览表进行补充　　B. 可以考虑将其并入其他措施项目中

C. 可以对措施项目一览表进行补充　　D. 可以认为其综合在分部分项工程清单中

9. 工程量清单的编制者应该是(　　)。

A. 投标人　　B. 招标人

C. 工程师　　D. 项目经理

10. 工程量清单是招标文件的组成部分,其组成不包括(　　)。

A. 分部分项工程量清单　　B. 直接工程费用清单

C. 其他项目清单　　D. 措施项目清单

11. 工程量清单表中项目编码的第四级为(　　)。

A. 分类码　　B. 分部工程项目名称顺序码

C. 节顺序码　　D. 分项工程项目名称顺序码

12. 某分部分项工程的清单编码为010302006004,则该分部分项目顺序编码为(　　)。

A. 01　　B. 02

C. 006　　D. 004

13. 在工程量清单包含的内容中,(　　)是工程量清单的核心。

A. 零星工作项目表　　B. 其他项目清单

C. 措施项目清单　　D. 分部分项工程量清单

14. 分部分项工程量清单中不包括(　　)。

A. 项目编码　　B. 计量单位

C. 工程数量　　D. 计算规则

15. 编制分部分项工程量清单时,在确定了项目名称、编码、计量单位和计算工程量的同时还应确定(　　)。

A. 填表须知　　B. 总说明

C. 综合的工程内容　　D. 措施项目清单内容

16. 招标文件中提出的某些必须通过一定的技术措施才能实现的要求应列入(　　)清单。

A. 分部分项工程　　B. 措施项目
C. 其他项目　　D. 零星项目

17. 设置措施项目清单时，确定材料二次搬运等项目主要参考(　　)。
A. 施工技术方案　　B. 施工规程
C. 施工组织设计　　D. 施工规范

18. 设置措施项目清单时，确定大型机械设备进出场及安拆等项目主要应参考(　　)。
A. 施工技术方案　　B. 施工规程
C. 施工组织设计　　D. 施工规范

19. 工程量清单中的(　　)是非工程实体项目。
A. 分部分项工程　　B. 措施项目
C. 暂估价　　D. 材料购置费

20. 在进行措施项目计价时，投标人(　　)。
A. 不得对措施项目清单做任何调整
B. 对措施项目清单的调整可以在中标之后进行
C. 可以根据施工组织设计采取的措施增加项目
D. 可以采用索赔的方式要求对新增措施项目予以补偿

二、多项选择题

1. 工程量清单作为招标文件的组成部分，它是(　　)。
A. 进行工程索赔的依据　　B. 编制招标控制价的基础
C. 投标报价的依据　　D. 支付工程进度款的依据
E. 办理竣工结算的依据

2. 按《建设工程工程量清单计价规范》规定，分部分项工程量清单应包括(　　)。
A. 项目编码　　B. 项目名称
C. 项目特征　　D. 计量单位
E. 工程量

3. 其他项目清单中可以包含的内容有(　　)。
A. 计日工　　B. 文明施工费
C. 总承包服务费　　D. 暂估价
E. 暂列金额

4. 关于工程量清单说法正确的是(　　)。
A. 工程量清单是招标文件的组成部分　　B. 工程量清单是投标文件的组成部分
C. 工程量清单是合同的组成部分　　D. 工程量清单由招标人提供
E. 工程量清单由投标人提供

5. 工程量清单是招标文件的组成部分，其组成包括(　　)。
A. 分部分项工程量清单　　B. 措施项目清单
C. 其他项目清单　　D. 规费项目清单
E. 税金项目清单

6. 编制工程量清单出现附录中未包括的项目，下列说法正确的是(　　)。
A. 编制人应做补充
B. 补充项目的编码由附录的顺序码与 B 和三位阿拉伯数字组成，并应从×B001 起顺序编制
C. 同一招标工程的项目不得重码

D. 编制人不得补充

E. 补充项目的编码由编制人自己编制

7. 为完成工程项目施工,发生于该工程施工前和施工过程中技术、生活、安全等方面的非工程实体项目为(　　)。

A. 分部分项工程项目　　B. 措施项目

C. 其他项目　　D. 规费项目

E. 税金项目

8. 对措施项目中可以计算工程量的项目清单,下列说法正确的是(　　)。

A. 宜采用分部分项工程量清单的方式编制

B. 列出项目编码、项目名称、项目特征、计量单位和工程量

C. 以"项"为计量单位

D. 与不能计算工程量的项目清单同样方法编制

E. 放到分部分项工程量清单中编制

9. 规费项目清单包含的内容有(　　)。

A. 工程定额测定费　　B. 住房公积金

C. 社会保障费包括养老保险费、失业保险费、医疗保险费

D. 危险作业意外伤害保险　　E. 工程排污费

10. 税金项目清单包括的内容有(　　)。

A. 营业税　　B. 城乡维护建设税

C. 教育费附加　　D. 印花税

E. 房产税

11. 编制分部分项工程量清单时应依据(　　)。

A. 建设工程工程量清单计价规范　　B. 建设项目可行性研究报告

C. 建设项目设计文件　　D. 拟建工程的实际情况

E. 施工企业的施工组织设计

12. 工程量清单采用《计价规范》规定的统一格式,其包含的内容有(　　)。

A. 总说明　　B. 分部分项工程量清单

C. 措施项目清单　　D. 其他项目清单

E. 附录

13. 分部分项工程量清单是工程量清单的核心内容,包括(　　)。

A. 项目编码　　B. 项目名称

C. 计量单位　　D. 计算规则

E. 工程数量

14. 编制措施项目清单时应依据(　　)。

A. 建设项目可行性研究报告　　B. 建设项目设计文件

C. 拟建工程的常规施工组织设计和施工方案　　D. 建设项目招标文件

E. 拟建工程的具体情况

15. 其他项目清单中可以包含的内容有(　　)。

A. 计日工　　B. 文明施工费

C. 总承包服务费　　D. 暂估价

E. 暂列金额

单元 6

工程量清单计价文件编制

单元概述: 编制出工程量清单文件其目的最终是为了计价。本单元主要介绍工程量清单计价的内容、工程量清单计价的编制步骤与方法,最后通过一个典型的框架结构办公楼工程(结合单元5综合实训中的清单文件)编制出建筑工程清单计价文件。

学习目标:

掌握工程量清单计价中组价内容的确定及综合单价的确定方法。

学习重点:

1. 工程量清单计价的活动内容。
2. 工程量清单计价的编制步骤。
3. 工程量清单项目与计价中的组价内容的确定。
4. 工程量清单项目综合单价的确定方法。
5. 工程量清单计价文件的格式。

教学建议: 让学生了解本地编制清单计价文件所涉及的计价依据及有关规定,然后结合当地消耗量定额,把教材中的综合实训项目清单计价文件编制出来。教学重点放在项目组价与综合单价的确定上。

关键词: 最高投标限价(maximum bid price limit);项目组价(composing of unit price);综合单价(comprehensive unit price)

项目6.1 清单计价文件的编制

6.1.1 工程量清单计价活动

1. 工程量清单计价活动的内容

《建设工程工程量清单计价规范》(GB 50500—2013)(以下简称《计价规范》)中所指的工程量清单计价活动内容包括:工程量清单、最高投标限价(maximum bid price limit)、投标报价的编制,工程合同价款的约定,竣工结算的办理以及施工过程中的工程计量、工程价款支付、索赔与现场签证、工程价款调整和工程计价争议处理等活动。

2. 工程造价组成

采用工程量清单计价,建设工程造价由分部分项工程费、措施项目费、其他项目费、规费和税金组成。计价过程采用综合单价法。综合单价是指完成一个规定计量单位的分部分项工程量清单或项目清单措施项目所需人工费、材料费、施工机械使用费、企业管理费、利润和动态调整,并考虑一定范围内的风险费用。

3. 最高投标限价

最高投标限价应由具有编制能力的招标人,或受其委托具有相应资质的工程造价咨询人编制。

最高投标限价应在招标时公布,不应上调或下浮,招标人应将最高投标限价及有关资料报送工程所在地工程造价管理机构备查。

最高投标限价的编制依据:

(1) 工程量清单计价规范;

(2) 国家或省级、行业建设主管部门颁发的计价定额和计价办法;

(3) 建设工程设计文件及相关资料;

(4) 招标文件中的工程量清单及有关要求；
(5) 与建设项目相关的标准、规范、技术资料；
(6) 工程造价管理机构发布的工程造价信息，工程造价信息没有发布的参照市场价；
(7) 其他的相关资料。

4. 投标报价

投标报价应由投标人或受其委托具有相应资质的工程造价咨询人编制。编制中除清单计价规范强制性规定外，投标报价由投标人自主确定，但不得低于成本。

投标报价的编制依据：
(1) 工程量清单计价规范；
(2) 国家或省级、行业建设主管部门颁发的计价办法；
(3) 企业定额，国家或省级、行业建设主管部门颁发的计价定额；
(4) 招标文件、工程量清单及其补充通知、答疑纪要；
(5) 建设工程设计文件及相关资料；
(6) 施工现场情况、工程特点及拟定的投标施工组织设计或施工方案；
(7) 与建设项目相关的标准、规范等技术资料；
(8)市场价格信息或工程造价管理机构发布的工程造价信息；
(9)其他的相关资料。

6.1.2　工程量清单计价方法与定额计价方法的区别

工程量清单计价方法与定额计价方法的区别，如表 6-1 所示。

表 6-1　　工程量清单计价方法与定额计价方法的区别

区别	定额计价方法	清单计价方法
定价阶段不同(最大差别)	体现了国家定价或国家指导价阶段	反映了市场定价阶段
工程量编制主体不同	工程量由招标人和投标人分别计算	工程量的来源包括两个方面： (1) 工程量清单的工程数量，由招标方(招标人或受其委托的中介机构)依据《计价规范》附录中规定的工程量规则、计量单位计算； (2) 组成清单项目综合单价的各个定额分项工程的工程量，由投标人根据报价使用的计价定额规定的计量单位和计算规则计算
计价单价的区别	定额计价使用的单价是工、料、机单价，是工程的基本构造要素单价，其费用项目包括完成一个计量单位的工程的基本构造要素需要的人工费、材料费和机械使用费。从构成的施工过程分析，一个定额分析工程只包括一个由定额限定的工作过程	清单计价使用单价是综合单价，根据《计价规范》的要求，清单计价使用综合单价： (1) 从构成的施工过程分析，一个清单项目是一个综合实体，这个“综合实体”可能包括一个或数个由定额限定的工作过程或综合工作过程； (2) 从费用构成分析，综合单价不仅是一个或数个定额意义上的分项工程(定额限定的工作过程或综合工作过程)工、料、机合计，而且，还包括相应的动态调整、企业管理费、利润并考虑施工期的风险因素费用，企业管理费和利润

续表

区别	定额计价方法	清单计价方法
计价定额不同	无论是设计单位还是施工单位编制的施工图预算,无论是最高投标限价的编制还是投标报价都使用同一定额——国家、省、专业部门指定的具有社会平均水平的预算定额(或消耗量定额)	(1) 最高投标限价的编制采用具有社会平均水平的消耗量定额; (2) 投标报价可以使用或参考使用消耗量定额,并且鼓励施工企业使用企业定额自主报价。因此,清单计价活动中,使用的定额具有多样性
生产要素的价格不同	其人工、材料、机械的价格都是定额取定价格。在计价过程中,市场价与定额取定价之差是通过造价管理部门发布的市场信息价格来调整的,因此,定额计价所用的生产要素价格是单一的,不反映施工企业实际管理水平	清单计价的建设工程使用的生产要素价格是多样化的。最高投标限价的编制使用定额取定价和造价管理部门发布的市场管理信息价,各投标报价单位使用的是能反映本企业实际管理能力的工、料、机价格,因此,清单计价所用的生产要素价格能反映投标企业的个性
价格形成机制不同	定额计价时期,施工单位获得工程有两种情况: (1) 通过指令性计划获得工程,通常先获得工程后计价,其工程价格是通过预算、结算的审批形成的。 (2) 投标获得工程,虽然通过了竞争,但由于都使用了同一水平的定额和生产要素价格,竞争并不充分。并且,这种竞争只是造价人员计算工程量、执行定额和人际关系的竞争,不是企业综合生产能力的竞争	清单计价是通过招标投标,在“合理低价中标”的市场环境中获得工程,中标价基本就是竣工结算价(或竣工结算价的主体部分),由于竞争中各投标人使用的定额和生产要素价格具有个性化,反映了企业实际情况,使真正具有生产能力优势的企业中标,体现客观、公正、公平竞争的原则
工程计价思想观念上的区别	定额计价时期,思想基本上还停留在计划经济阶段。认为商品的等价交换就必须使每一次具体的交换都使商品的价格与价值相符,不恰当地把具有社会平均水平的定额用于市场竞争	清单计价,并推行低价中标,则是承认了市场经济条件下“等价交换”必须通过“竞争的波动,从而通过价格的波动”在一定的经济时期实现的。因此,允许企业采用企业定额报价,以低于或高于产品的社会平均价值的价格参与竞争

6.1.3 工程量清单计价的编制

1. 清单计价法确定工程造价程序(表 6-2)

表 6-2　　单位工程造价确定程序

序号	费用项目	计算程序
①	分部分项工程费	∑ 分部分项清单项目工程量×相应清单项目综合单价
②	施工技术措施项目费	∑ 分项技术措施清单项目工程量×相应清单项目综合单价
③	施工组织措施项目费	∑ 计算基础×相应应费率
④	其他项目费	招标人部分的金额＋投标人部分的金额
⑤	税金(扣除不列入计税范围的工程设备费)	(①＋②＋③＋④)×税率
⑥	单位工程造价	①＋②＋③＋④＋⑤

2. 工程量清单计价的编制

(1) 分部分项工程量清单的计价

【例 6-1】 结合单元 3 项目 3.5 中图 3-73 所示砖基础清单项目进行计价。

【解】 (1) 确定清单项目的组价内容

分析工程量清单“项目名称”一栏内提供的施工过程，结合计价定额各子目的“工作内容”，确定与其相对应的定额子目。每一个清单项目所含施工过程对应的计价定额子目就是这个清单项目的组价内容。

分析时要注意清单项目包括的施工过程并不一定与计价定额的子目一一对应。以砖基础为例，清单项目包括的施工过程与计价定额的子目对应情况如表 6-3 所示。假设砖基础采用 M5 水泥砂浆砌筑，墙基防潮采用 1∶2 防水砂浆。

表 6-3　　清单项目包括的施工过程与计价定额的子目对应情况表

清单项目		计价定额子目(参照当地预算定额)
项目名称	施工过程	
砖基础	1. 砌砖，M5 水泥砂浆	建筑工程消耗量定额第四章 A4-1 砌筑砖基础项目
	2. 防水砂浆防潮层铺设	建筑工程消耗量定额第八章 A8-154 防潮层项目
	3. 砂浆制作、运输和其他材料的运输	A4-1 和 A8-154 子目中已包括了砂浆制作、运输和各种材料的场内运输。当投标人各种材料的场内运输与预算定额吻合时，可不调整定额；反之，应调整

(2) 计算清单项目组价内容的工程量

清单项目组价内容的工程量应按照计价定额规定的工程量计算规则和计量单位计算。

由于附录 D.1 砖基础规定的工程量计算规则与计价定额规定的工程量计算规则相同，可直接使用清单提供的工程量，对于构成砖基础清单项目的其他施工过程如防潮层，投标人需要按照计价定额规定的工程量计算规则重新计算，如表 6-4 所示。

表 6-4　　清单项目组价内容的工程量

<table>
<tr><td>清单项目工程量</td><td>对应消耗量定额项目的工程量</td></tr>
<tr><td rowspan="2">砖基础:12.34m^3</td><td>砖基础:12.34m^3</td></tr>
<tr><td>砖基防潮层:7.29m^2
防潮层工程量=($L_{中}$+$L_{内}$)×墙厚=(25.2+5.16)×0.24=7.29m^2</td></tr>
</table>

(3) 确定清单项目的综合单价,填写综合单价分析表、清单计价表。现招标方要编制最高投标限价,采用现行2018××省预算定额、费用定额计价;一般计税总承包,企业管理费为工料机的8.48%,利润为工料机的7.04%。材料价格以××省定额站发布的××市2019年9—10月建设工程材料指导价格确定,如表6-5所示,材料配合比如表6-6所示。试确定其综合单价。

表 6-5　　2019年9—10月××省××市建设工程材料价格信息(摘录)

序号	人工、材料名称	单位	指导价/元
1	综合工日	工日	125
2	矿渣硅酸盐水泥32.5级	t	358.89
3	中(粗)砂	m^3	184.45
4	工程用水	m^3	5.14
5	烧结煤矸石普通砖240mm×115mm×53mm	千块	513.96
6	防水粉	kg	2.91
7	灰浆搅拌机200L	台班	183.49
…			

表 6-6　　砂浆配合比(摘录)

<table>
<tr><td colspan="4">定额编号</td><td>P10008</td><td>P10009</td><td>P11019</td></tr>
<tr><td colspan="4" rowspan="3">项　　目</td><td colspan="3">水泥砂浆</td></tr>
<tr><td colspan="2">砂浆标号</td><td rowspan="2">1∶2</td></tr>
<tr><td>M7.5</td><td>M5</td></tr>
<tr><td colspan="4">预算价格/元</td><td>181.43</td><td>164.28</td><td>250.84</td></tr>
<tr><td colspan="2">名称</td><td>单位</td><td>单价/元</td><td colspan="3">数量</td></tr>
<tr><td rowspan="3">材料</td><td>矿渣硅酸盐水泥32.5级</td><td>t</td><td>280.36</td><td>0.263</td><td>0.202</td><td>0.539</td></tr>
<tr><td>中(粗)砂</td><td>m^3</td><td>93.56</td><td>1.14</td><td>1.14</td><td>1.05</td></tr>
<tr><td>工程用水</td><td>m^3</td><td>4.96</td><td>0.21</td><td>0.20</td><td>0.30</td></tr>
</table>

① 查找所需定额资料，如表 6-7、表 6-8 所示。

表 6-7　砌砖（摘录）

砖基础、砖墙

工作内容：1. 砖基础：调、运、铺砂浆，运砖、清理基槽坑、砌砖等。

2. 砖墙：调、运、铺砂浆，运砖、砌砖。

单位：$10m^3$

定额编号				A4-1
项　　目				砖基础
预算价格/元				3774.92
其中	人工费/元			1341.25
	材料费/元			2371.53
	机械费/元			62.14
名称		单位	单价/元	数量
人工	综合工日	工日	125.00	10.73
材料	烧结煤矸石普通砖 240mm×115mm×53mm	块	0.36	5185.50
	混合砂浆 M5(32.5 级水泥)	m^3	205.46	2.42
	工程用水	m^3	4.96	1.52
机械	灰浆搅拌机 200L	台班	177.53	0.35

表 6-8　刚性防水（摘录）

工作内容：清理基层，调制砂浆，抹水泥砂浆，表面压光、养护。

单位：$100m^2$

定额编号				A8-154
项　　目				防水砂浆(平面)
预算价格/元				1597.75
其中	人工费/元			858.75
	材料费/元			687.20
	机械费/元			51.48
名称		单位	单价/元	数量
人工	综合工日	工日	125.00	10.73
材料	水泥砂浆 1∶2	m^3	250.84	2.02
	防水粉	kg	2.91	55.55
	工程用水	m^3	4.96	3.80
机械	灰浆搅拌机 200L	台班	177.53	0.29

② 综合单价计算：每立方米砖基础：(A4-1 换)，综合单价确定如表 6-9 所示。

表 6-9　M5 水泥砂浆砖基础(水泥 32.5 级)项目综合单价的计算过程

费用	消耗量定额项目每立方米砖基础项目发生的费用	小计/元
人工费	1341.25÷10=134.125 元,人工综合工日为 10.73÷10=1.073 工日,定额取定价 125 元/工日,动态调整费为零元。	134.125
材料费	(2371.53−2.42×205.46+2.42×164.28)÷10=227.187 元,其中: (1) 烧结煤矸石普通砖:5185.50÷10=518.55 块,定额取定价 0.36 元/块;动态调整费:(513.96÷1000−0.36)×518.55=79.836 元。 (2) 水泥砂浆 M5(水泥 32.5 级):2.42÷10=0.242m^3,其中: ①矿渣硅酸盐水泥 32.5 级:0.202t/m^3×0.242m^3=0.048884m^3,定额取定价 280.36 元/m^3。动态调整费:(358.89−280.36)×0.048884=3.839 元。 ②中(粗)砂:1.14 m^3/m^3×0.242m^3=0.27588m^3,定额取定价 93.56 元/m^3;动态调整费:(184.45−93.56)×0.27588=25.075 元。 ③工程用水:0.20m^3/m^3×0.242m^3=0.0484m^3,定额取定价 4.96 元/m^3。 (3) 工程用水:1.52m^3÷10=0.152m^3,合计 0.0484m^3+0.152m^3=0.2004m^3,定额取定价 4.96 元/m^3。动态调整费:(5.14−4.96)×0.2004=0.036 元。 含动态调整费材料费:227.187+79.836+3.839+25.075+0.036=335.973 元	227.187(含动态调整费 335.973)
机械费	62.14÷10=6.214 元,灰浆搅拌机 200L:0.35÷10=0.035 台班,定额取定价 177.53 元/台班;动态调整费:(183.49−177.53)×0.035=0.209 元。含动态调整费机械费:6.214+0.209=6.423 元。	6.214(含动态调整费 6.423)
企业管理费	(134.125+227.187+6.214)×8.48%=31.166 元	31.166
利润	(134.125+227.187+6.214)×7.04%=25.874 元	25.874
动态调整费	79.836+3.839+25.075+0.036+0.209=108.995 元	108.995
综合单价=134.125+227.187+6.214+31.166+25.874+108.995=533.561 元		533.561

每立方米砖基础的防潮层一道:A8-154,经计算防潮层工程量为 7.29 m^2,含量=7.29÷12.34=0.59。综合单价确定如表 6-10 所示。

表 6-10　　防潮层项目综合单价的计算过程

费用	消耗量定额项目防潮层一道发生的费用	小计/元
人工费	858.75÷100×0.59=5.067 元，人工综合工日：6.87÷100×0.59=0.04 工日，定额取定价 125 元/工日。动态调整费为 0 元	5.067
材料费	687.20÷100×0.59=4.054 元。其中： (1) 水泥砂浆 1:2(32.5 级水泥)：2.02÷100×0.59=0.012m^3，其中： ①矿渣硅酸盐水泥 32.5 级：0.539t/ m^3 ×0.012m^3 =0.00647m^3，定额取定价 280.36 元/ m^3。动态调整费：(358.89－280.36)×0.00647=0.508 元。 ②中(粗)砂：1.05 m^3/m^3×0.012m^3=0.0126m^3，定额取定价 93.56 元/ m^3；动态调整费：(184.45－93.56)×0.0126=1.145 元。 ③工程用水：0.30 m^3/m^3×0.012m^3=0.0036m^3，定额取定价 4.96 元/ m^3。 (2) 防水粉：55.55kg÷100×0.59=0.328kg，定额取定价 2.91 元/kg。动态调整费：0 元。 (3) 工程用水：3.8÷100×0.59=0.02242m^3，合计 0.0036m^3＋0.02242m^3＝0.02602m^3，定额取定价 4.96 元/ m^3。动态调整费：(5.14－4.96)×0.02602＝0.0047元。 含动态调整费材料费：4.054＋0.508＋1.145＋0.0047＝5.718 元	4.054 (含动态调整费 5.718)
机械费	51.48÷100×0.59＝0.304 元。其中，灰浆搅拌机 200L：0.29÷100×0.59＝0.001711台班，定额取定价 177.53 元/台班；动态调整费：(183.49－177.53)×0.001711＝0.01 元。含动态调整费机械费：0.304＋0.01＝0.314 元	0.304 (含动态调整费 0.314)
企业管理费	(5.067＋4.054＋0.304)×8.48%＝0.799 元	0.799
利润	(5.067＋4.054＋0.304)×7.04%＝0.664 元	0.664
动态调整费	0.508＋1.145＋0.0047＋0.01＝1.668 元	1.668
综合单价＝5.067＋4.054＋0.304＋0.799＋0.664＋1.668＝12.556 元		12.556

③ 确定清单项目综合单价

根据上述计算结果填写工程量清单综合单价分析表 6-11 和分部分项工程量清单与计价表 6-12 所示。

表 6-11　　　　　　工程量清单综合单价分析表

工程名称:×××工程

<table>
<tr><td>项目编码</td><td colspan="3">010401001001</td><td colspan="2">项目名称</td><td colspan="3">砖基础</td><td colspan="2">计量单位</td><td colspan="3">m^3</td></tr>
<tr><td colspan="14">清单综合单价组成明细</td></tr>
<tr><td rowspan="2">定额编号</td><td rowspan="2">定额名称</td><td rowspan="2">定额单位</td><td rowspan="2">数量</td><td colspan="5">单　　价</td><td colspan="5">合　　价</td></tr>
<tr><td>人工费</td><td>材料费</td><td>机械费</td><td>管理费</td><td>利润</td><td>人工费</td><td>材料费</td><td>机械费</td><td>管理费</td><td>利润</td></tr>
<tr><td>A4-1 换</td><td>砖基础</td><td>m^3</td><td>1</td><td>134.125</td><td>335.973</td><td>6.423</td><td>31.166</td><td>25.874</td><td>134.125</td><td>335.973</td><td>6.423</td><td>31.166</td><td>25.874</td></tr>
<tr><td>A8-154</td><td>防潮层</td><td>m^2</td><td>0.59</td><td>8.588</td><td>9.692</td><td>0.532</td><td>1.354</td><td>1.125</td><td>5.067</td><td>5.718</td><td>0.314</td><td>0.799</td><td>0.664</td></tr>
<tr><td colspan="2">人工单价</td><td colspan="7">小计</td><td>139.192</td><td>341.691</td><td>6.737</td><td>31.965</td><td>26.538</td></tr>
<tr><td colspan="2">125 元/工日</td><td colspan="7">未计价材料费</td><td>—</td><td>—</td><td>—</td><td>—</td><td>—</td></tr>
<tr><td colspan="9">清单项目综合单价</td><td colspan="5">546.123</td></tr>
<tr><td colspan="2" rowspan="8">材料费明细</td><td colspan="5">主要材料名称、规格、型号</td><td>单位</td><td>数量</td><td>单价/元</td><td>合价/元</td><td>暂估单价/元</td><td colspan="2">暂估合价/元</td></tr>
<tr><td colspan="5">矿渣硅酸盐水泥 32.5 级</td><td>t</td><td>0.061</td><td>358.89</td><td>21.892</td><td></td><td colspan="2"></td></tr>
<tr><td colspan="5">中(粗)砂</td><td>m^3</td><td>0.288</td><td>184.45</td><td>53.122</td><td></td><td colspan="2"></td></tr>
<tr><td colspan="5">工程用水</td><td>m^3</td><td>0.226</td><td>5.14</td><td>1.162</td><td></td><td colspan="2"></td></tr>
<tr><td colspan="5">烧结煤矸石普通砖</td><td>块</td><td>518.55</td><td>0.514</td><td>266.514</td><td></td><td colspan="2"></td></tr>
<tr><td colspan="5">防水粉</td><td>kg</td><td>0.328</td><td>2.91</td><td>0.954</td><td></td><td colspan="2"></td></tr>
<tr><td colspan="7">其他材料费</td><td>—</td><td>—</td><td>—</td><td colspan="2"></td></tr>
<tr><td colspan="7">材料费小计</td><td>—</td><td>341.691</td><td>—</td><td colspan="2"></td></tr>
</table>

注:0.59=7.29÷12.34。

表 6-12　　分部分项工程量清单与计价表

工程名称：×××工程

序号	项目编码	项目名称	项目特征描述	计量单位	工程量	金额/元		
						综合单价	合价	其中：暂估价
1	010401001001	砖基础	(1) MU10 标准砖； (2) 墙下条形砖基； (3) M5 水泥砂浆砌筑； (4) 1∶2 水泥砂浆作基础墙身防潮	m^3	12.34	546.123	6 739.16	

(2) 措施项目清单的计价

措施项目清单计价应根据拟建工程的施工组织设计，可以计算工程量的项目宜采用分部分项工程量清单的方式采用综合单价计价；其余的措施项目可以"项"为单位的方式计价，应包括除规费、税金外的全部费用。且措施项目清单中的安全文明施工费应按照国家或省级、行业建设主管部门的规定计价，不得作为竞争性费用。投标人可根据工程实际情况结合施工组织设计，对招标人所列的措施项目进行增补。可以计算工程量的项目清单，其计价方式与前述分部分项工程量清单的计价方式相同。现以不能计算工程量的措施项目清单为例，说明其计价过程。

【例 6-2】 招标方编制某六层建筑的建筑工程部分最高投标限价，已知其分部分项工程工料机为 100000 元，根据施工组织设计确定该拟建工程只发生安全文明施工费、临时设施费、环境保护费、夜间施工增加费、冬雨季施工增加费、垂直运输及混凝土、钢筋混凝土模板及支架和脚手架项目。其中混凝土、钢筋混凝土模板及支架和脚手架项目、垂直运输为可以计算工程量的项目，计价方法同分部分项工程。其他措施项目采用山西省 2018 年费用定额计价（一般计税，总承包，安全文明施工费按照绿色文明工地标准二级计取）。

【解】 根据晋建标字〔2018〕295 号文件，一般计税，采用总承包，绿色文明二级标准，安全文明施工费费率 1.28%，临时设施费费率 1.15%，环境保护费费率 0.58%。其余组织措施费率详见 2018《山西省计价依据》费用定额。企业管理费费率 8.48%，利润率 7.04%。

① 安全文明施工费：100000×1.28%＝1280 元，

企业管理费：1280×8.48%＝108.54 元，

利润：1280×7.04%＝90.11 元，

合计：1280＋108.54＋90.11＝1478.65 元。

同样的方法可以计算出临时设施费、环境保护费、夜间施工增加费和冬雨季施工增加费。

② 填写总价措施项目清单计价表，如表 6-13 所示。

表 6-13　　　　　　　　　总价措施项目清单与计价表

工程名称:×××工程

序号	项目名称	计算基础	费率/%	金额/元
1	安全文明施工费	工料机费	1.28	1478.65
2	临时设施费	工料机费	1.15	1328.48
3	环境保护费	工料机费	0.58	670.02
4	夜间施工增加费	工料机费	0.14	161.73
5	冬雨季施工增加费	工料机费	0.51	589.15
合　计				4228.03

(3) 其他项目清单的计价。其他项目费应按下列规定报价：

① 暂列金额应按招标人在其他项目清单中列出的金额填写；

② 材料暂估价应按招标人在其他项目清单中列出的单价计入综合单价,专业工程暂估价应按招标人在其他项目清单中列出的金额填写；

③ 计日工应按招标人在其他项目清单中列出的项目和数量,自主确定综合单价并计算计日工费用；

④ 总承包服务费应按招标人在其他项目清单中列出的内容和提出的要求自主确定。

举例说明:某拟建工程,其中,打桩工程由招标人指定单独分包,分包配合费 6000 元,如表 6-14 所示。

表 6-14　　　　　　　　　其他项目清单计价表

工程名称:×××工程

序号	项目名称	计量单位	金额/元	备注
1	暂列金额		10000	
2	暂估价			
2.1	材料暂估价		—	
2.2	专业工程暂估价		—	
3	计日工		—	
4	总承包服务费		6000	
合　计			16000	

(4) 税金项目清单的计价。税金应按照国家或省级、行业建设主管部门的规定计价,不得作为竞争性费用。

项目 6.2　清单计价文件编制综合实训

6.2.1　实训练习:某二层框架结构办公楼建筑工程招标控制价文件编制

建筑工程招标控制价文件编制实例内容：

(1) 封面；

(2) 扉页；
(3) 总说明；
(4) 单项工程最高投标限价汇总表；
(5) 单位工程最高投标限价汇总表；
(6) 分部分项工程和单价措施项目清单与计价表；
(7) 工程量清单综合单价分析表；
(8) 总价措施项目清单与计价表；
(9) 其他项目清单与计价汇总表及其明细表；
(10) 税金项目清单与计价表。

清单计价文件编制综合实训的具体实例如表 6-15—表 6-25 所示。

表 6-15　　××造价咨询有限公司办公楼建筑 工程招标控制价封面

××造价咨询有限公司办公楼建筑工程

招 标 控 制 价

招标控制价(小写)：310 231.42 元

(大写)：叁拾壹万零仟贰佰叁拾壹圆肆角贰分

	工程造价
招标人：××造价咨询有限公司	咨 询 人：　×××
(单位盖章)	(单位资质专用章)
法定代表人	法定代表人
或其授权人：　×××	或其授权人：　×××
(签字或盖章)	(签字或盖章)
编制人：　×××	复 核 人：　×××
(造价人员签字盖专用章)	(造价工程师签字盖专用章)
编制时间：×年×月×日	复核时间：×年×月×日

表 6-16 **总 说 明**

工程名称:××造价咨询有限公司办公楼建筑工程 第 1 页共 1 页

一、工程概况:某造价咨询有限公司办公楼,框架结构,地上两层,建筑面积:153.54m^2,檐高 7.85m。

二、招标控制价范围:本次招标的办公楼施工图范围内的土建工程和装饰装修工程。

三、招标控制价编制依据:

(1)《建设工程工程量清单计价规范》(GB 50500—2008),以下简称《计价规范》;

(2) 2005 年山西省建筑工程消耗量定额、价目汇总表,装饰装修工程消耗量定额、价目汇总表,2005 年山西建设工程费用定额;

(3) 施工图及相关资料;

(4) 单元 4 中提供的工程量清单文件;

(5) 与建设项目相关的标准、规范和技术资料;

(6) 山西省太原市 2008 年 10 月建设工程材料价格信息;

(7) 其他有关资料。

四、需要说明的问题

(1) 混凝土模板按施工图计算接触面积,套用山西省《计价依据》建筑工程消耗量定额、价目汇总表计价。

(2) 脚手架工程项目按施工组织设计要求,套用山西省《计价依据》建筑工程消耗量定额、价目汇总表计价。

(3) 垂直运输项目按建筑物建筑面积计算,套用山西省《计价依据》建筑工程消耗量定额、价目汇总表计价。

(4) 工程量清单综合单价分析表。

《计价规范》要求每一分项工程清单项目都要按照工程量清单综合单价分析表进行填列,考虑篇幅,本计价文件中,土建与装饰均只列举了一项进行说明与分析,不再一一详列。

表 6-17 **单项工程招标控制价汇总表**

工程名称:××造价咨询有限公司办公楼建筑工程 第 1 页共 1 页

序号	单位工程名称	金额/元	其中		
			暂估价/元	安全文明施工费/元	规费/元
1	××造价咨询有限公司办公楼土建工程	229 904.58	0	5 053.10	13 919.64
2	××造价咨询有限公司办公楼装饰装修工程	80 326.84	6 880.0	1 395.36	5 036.24
合计		310 231.42	6 880.0	6 448.46	18 955.88

表 6-18　　单位工程招标控制价汇总表

工程名称：××造价咨询有限公司办公楼土建工程　　　　第 1 页共 1 页

序号	汇总内容	金额/元	其中：暂估价/元
1	分部分项工程	164 740.69	—
1.1	土石方工程	5 629.24	
1.2	砌筑工程	31 621.90	
1.3	混凝土及钢筋混凝土工程	119 547.49	
1.4	屋面防水工程	6 099.87	
1.5	屋面保温工程	1 842.19	
2	措施项目	33 663.02	
2.1	安全文明施工费	5 053.1	
2.2	夜间施工费	247.70	
2.3	二次搬运费	330.27	
2.4	冬雨季施工	1 321.07	
2.5	定位复测、工程点交、场地清理	198.16	
2.6	生产工具用具使用费	495.40	
2.7	混凝土、钢筋混凝土模板及支架	19 924.22	
2.8	脚手架工程	3 422.75	
2.9	垂直运输	2 670.05	
3	其他项目	10 000	
3.1	暂列金额	10 000	
3.2	专业工程暂估价	—	
3.3	计日工	—	
3.4	总承包服务费	—	
4	规费	13 919.64	
5	税金	7 581.23	
招标控制价合计＝1＋2＋3＋4＋5		229 904.58	

表 6-19　　分部分项工程量清单与计价表

工程名称:××造价咨询有限公司办公楼土建工程　　第×页共×页

序号	项目编码	项目名称	项目特征描述	计量单位	工程量	金额/元		
						综合单价	合价	其中:暂估价
一、		**A.1 土石方工程(0101)**					5 629.24	
1	010101001001	平整场地	三类土,土方就地挖、填、找平	m^2	75.40	2.61	457.79	
2	010101003001	挖基础土方	三类土,挖土深度1.15m,基底钎探,探孔填细砂,槽底夯实,土方运输距离自定	m^3	101.84	18.89	1 923.76	
3	010103001001	土石方回填基础回填	基础回填,夯填,土方运输距离自定	m^3	53.94	29.62	1 597.70	
4	010103001002	土石方回填室内回填	室内回填,夯填,土方运输距离自定	m^3	11.75	44.05	517.59	
5	010103001003	土石方回填室内3:7灰土垫层	3:7灰土垫层;夯填,土方运输距离自定	m^3	8.82	128.39	1 132.40	
二、		**A.3 砌筑工程(0103)**					31 621.90	
6	010301001001	砖基础	M5水泥砂浆砌条形基础 1:2水泥砂浆防潮层 MU10标准黏土实心砖	m^3	14.75	358.40	5 286.40	
7	010302001001	实心砖墙240mm内墙	M5混合砂浆砌实心墙; 墙体厚度240mm内墙 MU10标准黏土实心砖	m^3	17.88	352.17	6 296.80	
8	010302001002	实心砖墙370mm外墙	M5混合砂浆砌实心墙 墙体厚度370mm外墙; MU10标准黏土实心砖	m^3	51.36	357.77	18 375.07	
9	010302001003	实心砖墙女儿墙	M5混合砂浆砌筑; MU10标准黏土实心砖	m^3	4.65	357.77	1 663.63	

续表

第×页共×页

序号	项目编码	项目名称	项目特征描述	计量单位	工程量	金额/元		
						综合单价	合价	其中：暂估价
	三、	**A.4 混凝土及钢筋混凝土工程(0104)**					119 547.49	
10	010401003001	满堂基础 C30	现浇 C30 有梁式满堂基础，基础底标高－1.5m	m^3	29.75	450.93	13 415.17	
11	010401006001	基础垫层 C15	现浇 C15 垫层	m^3	8.86	367.07	3 252.24	
12	010402001001	矩形柱	现浇 C25 框架柱	m^3	15.16	450.84	6 834.73	
13	010402001002	矩形柱 构造柱 C25	现浇 C30 框架柱	m^3	0.30	464.37	139.31	
14	010402001003	矩形柱 C30 框架柱	现浇 C25 构造柱	m^3	2.12	473.18	1 003.14	
15	010403001001	基础梁 C30	现浇 C30 基础梁	m^3	0.24	448.49	107.64	
16	010403002001	矩形梁 框架梁 C25	现浇 C25 框架梁	m^3	13.50	431.48	5 824.98	
17	010405003001	楼板 C25	现浇 C25 楼板 100mm 厚	m^3	13.99	433.23	6 060.89	
18	010405006001	栏板 C25	现浇 C25 栏板	m^3	0.37	466.12	172.46	
19	010405007001	天沟、挑檐板 C25	现浇 C25 挑檐板	m^3	3.09	473.34	1 462.62	
20	010405008001	阳台板 C25	现浇 C25 阳台板	m^3	0.55	478.75	263.31	
21	010406001001	直形楼梯 C25	现浇 C25 直形楼梯	m^2	6.64	111.80	742.35	
22	010407001001	其他构件女儿墙压顶 C25	现浇 C25 女儿墙压顶	m	33.32	9.01	300.21	
23	010407001002	其他构件 C15 混凝土台阶	现浇 C15 混凝土台阶	m^2	4.77	64.28	306.62	

续表

第×页共×页

序号	项目编码	项目名称	项目特征描述	计量单位	工程量	金额/元		
						综合单价	合价	其中：暂估价
24	010410003001	过梁 C20 预制	预制 C20 过梁，构件制作、安装、接头灌缝	m^3	2.14	593.36	1269.79	
25	010416001001	现浇混凝土钢筋圆钢ϕ 6	现浇混凝土钢筋圆钢ϕ 6	t	0.12	6167.10	727.72	
26	010416001002	现浇混凝土钢筋圆钢ϕ 8	现浇混凝土钢筋圆钢ϕ 8	t	3.72	5789.97	21515.53	
27	010416001003	现浇混凝土钢筋圆钢ϕ 10	现浇混凝土圆钢ϕ 10	t	1.36	5575.51	7565.97	
28	010416001004	现浇混凝土钢筋螺纹钢Φ 12	现浇混凝土螺纹钢Φ 12	t	1.12	5985.24	6709.45	
29	010416001005	现浇混凝土钢筋螺纹钢Φ 14	现浇混凝土螺纹钢Φ 14	t	0.92	5887.29	5386.87	
30	010416001006	现浇混凝土钢筋螺纹钢Φ 16	现浇混凝土螺纹钢Φ 16	t	1.34	5734.03	7700.80	
31	010416001007	现浇混凝土钢筋螺纹钢Φ 18	现浇混凝土螺纹钢Φ 18	t	1.78	5706.31	10151.53	
32	010416001008	现浇混凝土钢筋螺纹钢Φ 20	现浇混凝土螺纹钢Φ 20	t	1.23	5672.55	6965.89	
33	010416001009	砌体加固钢筋	砌体加固钢筋	t	0.17	6033.55	1049.84	
34	010416001010	电渣压力焊接头	电渣压力焊接头	个	240.00	9.08	2179.20	
35	010416001011	直螺纹钢筋接头	直螺纹钢筋接头制安	个	100.00	31.77	3177.00	
36	010416002001	预制构件钢筋螺纹钢Φ 12	预制构件螺纹钢Φ 12	t	0.17	5948.64	987.47	

续表

第×页共×页

序号	项目编码	项目名称	项目特征描述	计量单位	工程量	金额/元		
						综合单价	合价	其中：暂估价
37	010416002002	预制构件钢筋圆钢ϕ 6	预制构件圆钢ϕ 6	t	0.03	6 115.37	201.81	
38	010417002001	预埋铁件	预埋铁件	t	0.55	7 405.85	4 073.22	
	四、	**A.7 屋面及防水工程(0107)**					6 099.87	
39	010702001001	屋面卷材防水	SBS 改性沥青防水卷材，1∶2 水泥砂浆找平层	m^2	116.00	43.06	4 995.57	
40	010702004001	屋面排水管	UPVC 落水管和水斗铸铁落水口	m	30.00	36.81	1 104.30	
	五、	**A.8 防腐、隔热、保温工程(0108)**					1 842.19	
41	010803001001	保温隔热屋面	1∶10 水泥珍珠岩保温层 100mm 厚 1∶1∶10 水泥石灰炉渣找坡 50mm 厚	m^2	66.94	27.52	1 842.19	
		合　　计					164 740.69	

表 6-20　　**工程量清单综合单价分析表**

工程名称：×造价咨询有限公司办公楼土建工程　　第 1 页共 1 页

项目编码	010301001001		项目名称		砖基础 M5 水泥砂浆			计量单位			m³	
清单综合单价组成明细												
定额编号	定额名称	定额单位	数量	单价					合价			
				人工费	材料费	机械费	管理费	利润	人工费	材料费	机械费	管理费	利润
A3-1 换	砖基础	m^3	1	42.23	250.35	2.74	26.57	25.75	42.23	250.35	2.74	26.57	25.75
A7-147	防潮层	m^2	1	3.33	5.56	0.23	0.82	0.80	3.33	5.56	0.23	0.82	0.80
人工单价		小计							45.56	255.91	2.97	27.39	26.55

续表

36 元/工日	未计价材料费			—			
清单项目综合单价				358.38			
材料费明细	主要材料名称、规格、型号	单位	数量	单价/元	合价/元	暂估单价/元	暂估合价/元
	水泥 32.5 级	t	0.55	360	19.8		
	水洗中(粗)砂	m^3	0.31	110	34.1		
	工程用水	m^3	0.3	5.6	1.68		
	机红砖	块	518.6	0.38	197.07		
	水泥 32.5 级	t	0.01	225	2.25		
	防水粉	kg	0.56	0.94	0.52		
	其他材料费			—	—	—	
	材料检验试验费				0.51		
	材料费小计			—	255.9	—	

注:1. 砖基础的工程量为 $30.6\times0.37\times1+14.3\times0.24\times1=14.75m^3$;防水砂浆防潮层的工程量为 $30.6\times0.37+14.3\times0.24=14.75m^2$;因砖基础的高度为 1m,所以两者工程量数字相同,砖基础的定额工程量取 1 m^3时,防水砂浆防潮层的工程量为 1 : 1=1,即每立方米的砖基础中含 $1m^2$ 的防水砂浆防潮层。

2. 材料费明细中各种材料数量来源如表 6-21 所示。

3. 新的清单规范要求每一分项工程都要按照此表分析其综合单价,本例只举砖基础一项进行说明,其余项目方法相同,考虑篇幅不再详列。

表 6-21　　材料数量计算表

主要材料名称、规格、型号	单位	数量	单价/元	合价/元
水泥 32.5 级	t	$0.229\times0.242=0.055$	360	19.8
水洗中(粗)砂	m^3	$1.18\times0.242+1.05\times0.02=0.31$	110	34.1
工程用水	m^3	$0.22\times0.242+0.202+0.038+0.3\times0.02=0.3$	5.6	1.68
机红砖	块	518.6	0.38	197.07
水泥 32.5 级	m^3	$0.539\times0.02=0.01$	225	2.25
防水粉	kg	0.56	0.94	0.52

表 6-22　　**措施项目清单与计价表(一)**

工程名称:××造价咨询有限公司办公楼土建工程　　第 1 页共 1 页

序号	项目名称	计算基础	费率/%	金额/元
1	安全文明施工费	直接工程费(并考虑企业管理费 9%和利润 8%)	3.06	5053.1
2	夜间施工费	直接工程费(并考虑企业管理费 9%和利润 8%)	0.15	247.70
3	二次搬运费	直接工程费(并考虑企业管理费 9%和利润 8%)	0.2	330.27
4	冬雨季施工	直接工程费(并考虑企业管理费 9%和利润 8%)	0.8	1 321.07
5	定位复测、工程点交、场地清理	直接工程费(并考虑企业管理费 9%和利润 8%)	0.12	198.16
6	生产工具用具使用费	直接工程费(并考虑企业管理费 9%和利润 8%)	0.3	495.40
合计				10 233.00

注:1. 本表适用于以“项”计价的措施项目。

2. 根据建设部、财政部发布的《建筑安装工程费用组成》(建标〔2003〕206 号)的规定,“计费基础”可为“直接费”“人工费”或“人工费+机械费”。

3. 企业管理费为组织措施直接费的 9%,利润为组织措施直接费和企业管理费之和的 8%。

表 6-23　　措施项目清单与计价表(二)

工程名称:××造价咨询有限公司办公楼装饰装修工程　　第 1 页共 1 页

序号	项目编码	项目名称	项目特征描述	计量单位	工程量	金额/元	
						综合单价	合价
		一、混凝土与钢筋混凝土模板及支架					19 924.22
1	AB001	现浇混凝土基础垫层钢模板及支架	100mm 厚基础垫层	m^2	26.88	29.48	793.00
2、3	AB002	现浇有梁式满堂基础钢模板	有梁式满堂基础,基底标高一1.5m	m^2	3.90	30.66	119.59
4	AB003	现浇矩形柱钢模板	矩形柱,断面 400mm×500mm,400mm×400mm,500mm×500mm,支模高度 3.6m 以内	m^2	139.02	38.03	5 297.95
5	AB004	柱支撑高度超过 3.6m 每增加 1m 钢支撑	柱支模高度 3.9m,超过部分为 0.3m	m^2	3.58	1.76	6.33
6	AB005	现浇构造柱钢模板	构造柱,马牙槎	m^2	3.11	44.37	137.56
7	AB006	现浇基础梁钢模板	矩形梁,断面 400mm×500mm;500mm×500mm	m^2	1.97	29.00	58.00
8	AB007	现浇单梁连续梁钢模板	矩形梁,断面 240mm×500mm;370mm×500mm,支模高度 3.6m 以内	m^2	113.59	38.90	4 418.69
9	AB008	梁支撑高度超过 3.6m 每增加 1m 钢支撑	矩形梁支模高度 3.9m,超过部分为 0.3m	m^2	53.73	3.43	184.01
10	AB009	现浇平板钢模板	平板,支模高度3.6m以内	m^2	110.41	30.96	3 418.04
11	AB010	板支撑高度超过 3.6m 每增加 1m 钢支撑	平板支模高度 3.9m,超过部分为 0.3m	m^2	51.89	4.23	219.73
12	AB011	现浇直形楼梯木模板	平行双跑楼梯,楼梯间净宽 1.98m	m^2	6.64	125.79	835.27
13	AB012	现浇阳台钢模板	悬挑阳台底板,支模高度 3.6m 以内	m^2	5.47	65.08	355.92

续表

第 1 页共 1 页

序号	项目编码	项目名称	项目特征描述	计量单位	工程量	金额/元	
						综合单价	合价
14	AB013	阳台板支撑高度超过3.6m每增加1m钢支撑	悬挑阳台底板支模高度3.9m,超过部分为0.3m	m^2	5.47	4.23	23.29
15	AB014	栏板,钢模板	阳台栏板	m^2	12.31	25.61	315.06
16	AB015	挑檐天沟,钢模板	挑檐天沟,挑出 1 200mm (600mm)	m^2	46.9	53.13	2 491.83
17	AB016	压顶垫块,木模板	压顶,断面 300mm×60mm	m^2	6.30	42.72	269.15
18	AB017	台阶木模板	台阶	m^2	4.77	25.61	122.15
19	AB018	预制过梁木模板	预制过梁,断面 120mm×240mm, 180mm × 370mm, 240mm×370mm	m^2	2.12	360.80	768.52
20	AB019	散水,钢模板	散水厚 80mm		2.94	30.66	90.15
		二、脚手架工程				3 422.75	3 422.75
21	AB020	外脚手架	双排钢管外,脚手架高度在 15m 以内	m^2	287.17	8.39	2 428.44
22	AB021	里脚手架	砌筑钢管脚手架,3.6m以内	m^2	116.77	3.99	525.35
23	AB022	满堂基础脚手架	满堂脚手架,钢管架,基底标高−1.5m	m^2	84.7	4.95	419.13
24	AB023	安全防护	楼梯踏步边防护架	m	7.27	6.64	49.82
		三、垂直运输				2 670.05	2 670.05
25	AB024	垂直运输	采用卷扬机	m^2	153.54	17.39	2 670.05
合　计							26 017.02

注:本表适用于以综合单价形式计价的措施项目。

表 6-24　　其他项目清单与计价汇总表

工程名称:××造价咨询有限公司办公楼土建工程　　第 1 页共 1 页

序号	项目名称	计量单位	金额/元	备注
1	暂列金额		10 000	明细详见暂列金额明细表
2	暂估价		—	
2.1	材料暂估价		—	
2.2	专业工程暂估价		—	
3	计日工		—	
4	总承包服务费		—	
合 计				

注:材料暂估单价进入清单项目综合单价,此处不汇总。

表 6-25　　暂列金额明细表

工程名称:××造价咨询有限公司办公楼土建工程　　第 1 页共 1 页

序号	项目名称	计量单位	暂定金额/元	备注
1	工程量清单中工程量偏差和设计变更	项	6 000	
2	政策性调整和材料价格风险	项	4 000	
合 计			10 000	—

表 6-26 **规费、税金项目清单与计价表**

工程名称:××造价咨询有限公司办公楼土建工程 第 1 页共 1 页

序号	项目名称	计算基础	费率/%	金额/元
1	规费			13 919.64
1.1	工程排污费	(分部分项工程费+措施项目费+其他项目费)中的直接费	0	0
1.2	社会保障费			
(1)	养老保险费	(分部分项工程费+措施项目费+其他项目费)中的直接费	5.2	8 426.33
(2)	失业保险费	(分部分项工程费+措施项目费+其他项目费)中的直接费	0.3	486.13
(3)	医疗保险费	(分部分项工程费+措施项目费+其他项目费)中的直接费	1.1	1 782.49
(4)	工伤保险费	(分部分项工程费+措施项目费+其他项目费)中的直接费	0.15	243.07
1.3	住房公积金	(分部分项工程费+措施项目费+其他项目费)中的直接费	1.5	2 430.67
1.4	危险作业意外伤害保险	(分部分项工程费+措施项目费+其他项目费)中的直接费	0.2	324.09
1.5	工程定额测定费	(分部分项工程费+措施项目费+其他项目费)中的直接费	0.14	226.86
2	税金	分部分项工程费+措施项目费+其他项目费+规费	3.41	7 581.23
合 计				21 500.87

注:根据建设部、财政部发布的《建筑安装工程费用组成》(建标〔2003〕206 号)的规定,“计费基础”可为“直接费”“人工费”或“人工费+机械费”。

表 6-27　　单位工程招标控制价汇总表

工程名称:××造价咨询有限公司办公楼土建工程　　第 1 页共 1 页

序号	汇总内容	金额/元	其中:暂估价/元
1	分部分项工程	59 011.68	—
1.1	楼地面工程	22 102.87	
1.2	墙柱面工程	17 300.59	
1.3	天棚工程	1 551.80	
1.4	门窗工程	13 283.76	6 880.0
1.5	油漆、涂料、裱糊工程	4 772.66	
2	措施项目	8 639.00	
2.1	安全文明施工费	1 395.26	
2.2	夜间施工费	99.67	
2.3	二次搬运费	170.02	
2.4	冬雨季施工	187.61	
2.5	定位复测、工程点交、场地清理	5.86	
2.6	生产工具用具使用费	363.50	
2.7	室内环境污染物检测费	316.59	
2.8	脚手架工程	5 830.00	
3	其他项目	50 00	
3.1	暂列金额	5 000	
3.2	专业工程暂估价	—	
3.3	计日工	—	
3.4	总承包服务费	—	
4	规费	5 036.24	
5	税金	2 639.92	
招标控制价合计=1+2+3+4+5		80 326.84	

表 6-28 **分部分项工程量清单计价表**

工程名称：××造价咨询有限公司办公楼装饰装修工程 第×页共×页

序号	项目编码	项目名称	项目特征描述	计量单位	工程量	金额/元		
						综合单价	合价	其中：暂估价
	一、	**B.1 楼地面工程(0201)**					22 102.87	
1	020101001001	水泥砂浆平台面层	20mm 厚 1∶2.5 水泥砂浆面层	m^2	1.47	12.80	18.82	
2	020101003001	混凝土散水	80mm 厚 C15 混凝土散水 沥青砂浆嵌缝	m^2	18.98	46.32	879.15	
3	020102002001	瓷砖地面	800mm×800mm×10mm 瓷砖面层 20mm 厚 1∶4 干硬性水泥砂浆黏结层素水泥结合层一道 20mm 厚 1∶3 水泥砂浆找平 50mm 厚 C15 混凝土 150mm 厚 3∶7 灰土	m^2	58.77	165.72	9 739.36	
4	020102002002	瓷砖楼面	800mm×800mm×10mm 瓷砖面层 20mm 厚 1∶4 干硬性水泥砂浆黏结层素水泥结合层一道 35mm 厚 C15 细石混凝土找平	m^2	57.19	137.76	7 878.49	
5	020105001001	水泥砂浆踢脚线	8mm 厚 1∶2.5 水泥砂浆面层 18mm 厚 1∶3 水泥砂浆打底	m^2	9.67	21.11	204.13	
6	020105001002	水泥砂浆楼梯踢脚线	8mm 厚 1∶2.5 水泥砂浆面层 18mm 厚 1∶3 水泥砂浆打底	m^2	1.09	21.11	23.01	
7	020106002001	块料楼梯面层	300mm×300mm×10mm 瓷质防滑地砖 20mm 厚 1∶3 水泥砂浆黏结层 素水泥结合层一道	m^2	6.64	51.78	343.82	
8	020107001001	楼梯不锈钢栏杆	不锈钢 栏杆	m	7.59	383.45	2 910.39	
9	020108003001	水泥砂浆台阶面层	20mm 厚 1∶2.5 水泥砂浆面层 素土垫层	m^2	4.77	18.23	86.96	

续表

第×页共×页

序号	项目编码	项目名称	项目特征描述	计量单位	工程量	金额/元		
						综合单价	合价	其中：暂估价
10	020109004001	水泥砂浆零星项目 楼梯侧面	20mm 厚 1∶2 水泥砂浆面层	m^2	0.90	20.82	18.74	
	二、	**B.2 墙柱面工程(0202)**					17 300.59	
11	020201001001	水泥砂浆内墙面	5mm 厚 1∶2.5 水泥砂浆找平 9mm 厚 1∶3 水泥砂浆打底	m^2	376.23	11.20	4 213.78	
12	020201001002	女儿墙墙面抹灰	5mm 厚 1∶2.5 水泥砂浆找平 13mm 厚 1∶3 水泥砂浆打底	m^2	41.58	12.65	525.99	
13	020203001001	压顶零星项目一般抹灰	5mm 厚 1∶2.5 水泥砂浆找平 13mm 厚 1∶3 水泥砂浆打底	m^2	16.92	14.46	244.66	
14	020204003001	外墙面贴面砖	贴 194mm×94mm 釉面砖 6mm 厚 1∶2 水泥砂浆 12mm 厚 1∶3 水泥砂浆打底	m^2	258.36	41.63	10 755.53	
15	020206003001	挑檐立面贴砖	贴 194mm×94mm 釉面砖 6mm 厚 1∶2 水泥砂浆 12mm 厚 1∶3 水泥砂浆打底	m^2	12.66	41.63	527.04	
16	020207001001	装饰板墙面	柚木饰面板 12mm 木质基层板 木龙骨	m^2	12.12	85.28	1 033.59	
	三、	**B.3 天棚工程(0203)**					1 551.80	
17	020301001001	天棚抹灰	2mm 厚 1∶2.5 纸筋灰 12mm 厚 1∶0.3∶3 混合砂浆打底 刷素水泥浆一遍内掺 107 胶	m^2	144.60	10.27	1 485.04	
18	020301001002	楼梯板底抹灰	2mm 厚 1∶2.5 纸筋灰 12mm 厚 1∶0.3∶3 混合砂浆打底 刷素水泥浆一遍内掺 107 胶	m^2	6.50	10.27	66.76	

续表

第×页共×页

序号	项目编码	项目名称	项目特征描述	计量单位	工程量	金额/元		
						综合单价	合价	其中:暂估价
	四、	**B.4 门窗工程(0204)**					13 283.76	6 680
19	020401005001	装饰木门	成品装饰木门	m^2	12.42	187.44	2 328.00	1 680
20	020402002001	金属推拉门	成品铝合金 90 系列双扇推拉门	m^2	6.48	102.01	661.02	200
21	020402005001	防火卷帘门	成品防火卷闸门	m^2	7.92	265.98	1 087.42	500
22	020403003001	塑钢推拉窗	成品塑钢推拉窗	m^2	28.08	365.86	4 488.03	3 000
23	020406001001	塑钢门	成品塑钢门	m^2	2.43	414.21	404.64	600
24	020406007001	塑钢窗	成品塑钢窗	m^2	2.70	370.88	445.10	
25	020406010001	特殊五金	执手锁	把/套	6.00	185.00	1 110.00	900
26	020407001001	木门窗套	18mm 胶合板基层 柚木饰面板 贴脸为 80mm 宽木装饰线条	m^2	26.98	80.25	2 165.15	
27	020409003001	石材窗台板	大理石窗台板,1∶3 水泥砂浆粘贴大理石窗台板宽 180mm	m	17.10	34.76	594.40	
	五、	**B.5 油漆、涂料、裱糊工程(0205)**					4 772.66	
28	020501001001	门油漆	刮腻子、磨砂纸、刷底漆一遍,刷氨聚酯清漆两遍	m^2	12.42	53.68	666.71	
29	020504002001	墙裙油漆	刮腻子、磨砂纸、刷底漆一遍,刷氨聚酯清漆两遍	m^2	12.12	0.00	0.00	
30	020504003001	门窗套油漆	刮腻子、磨砂纸、刷底漆一遍,刷氨聚酯清漆两遍	m^2	26.98	0.00	0.00	
31	020507001001	仿瓷涂料墙面	墙面抹灰面刮三遍仿瓷涂料	m^2	520.84	7.79	4 057.34	
32	020507001002	楼梯底仿瓷涂料	楼梯底抹灰面刮三遍仿瓷涂料	m^2	6.49	7.49	48.61	
	合　　计						59 011.68	

表 6-29　　工程量清单综合单价分析表

工程名称:××造价咨询有限公司办公楼装饰装修工程　　　　第 1 页共 1 页

项目编码	020207001001			项目名称		装饰板墙面			计量单位		m²		
清单综合单价组成明细													
定额编号	定额名称	定额单位	数量	单价/元					合价/元				
				人工费	材料费	机械费	管理费	利润	人工费	材料费	机械费	管理费	利润
B2-326	木龙骨断面 25mm×30mm	m²	1	5.71	11.26	0.00	1.19	1.18	5.71	11.26	0.00	1.19	1.18
B2-354	木质基层板安装板厚 12mm	m²	1	4.52	18.98	0.95	1.71	1.70	4.52	18.98	0.95	1.71	1.70
B2-425	柚木板饰面板安装	m²	1	6.45	26.08	1.00	2.35	2.33	6.45	26.08	1.00	2.35	2.33
人工单价		小计							16.68	56.32	1.95	5.25	5.21
43 元/工日		未计价材料费							—				
清单项目综合单价									85.51				

	主要材料名称、规格、型号	单位	数量	单价/元	合价/元	暂估单价/元	暂估合价/元
材料费明细	安装锯材	m³	0	1 690	0		
	木龙骨	m³	0.006 4	1 640	10.5		
	圆钉 50mm(2″)	kg	0.037 3	5	0.19		
	铁沉头木螺钉 40mm(1/2″)	个	3.99	0.03	0.12		
	白乳胶(聚酯酸乙烯乳液)	kg	0.336 8	4.61	1.55		
	防腐油	kg	0.030 9	2.82	0.09		
	胶合板 12mm	m²	1.05	16.4	17.22		
	气钉 25mm 2000 个/盒	盒	0.076 7	6.27	0.48		
	胶合饰面板泰柚	m²	1.1	20.02	22.02		
	万能胶	kg	0.411 9	9.46	3.9		
	螺钉 20mm 6000 个/盒	盒	0.011	10.05	0.11		
	材料检验试验费				0.10		
	材料费小计			—	56.32	—	

注:《计价规范》要求每一清单项目都要按照此表分析其综合单价,其余清单项目分析方法相同,不再详列。

表 6-30　**措施项目清单与计价表(一)**

工程名称：××造价咨询有限公司办公楼装饰装修工程　　第 1 页共 1 页

序号	项目名称	计算基础	费率/%	金额/元
1	安全文明施工费	直接工程费(并考虑企业管理费7%和利润6.5%)	2.38	1395.36
2	夜间施工费	直接工程费(并考虑企业管理费7%和利润6.5%)	0.17	99.67
3	二次搬运费	直接工程费(并考虑企业管理费9%和利润8%)	0.29	170.02
4	冬雨季施工	直接工程费(并考虑企业管理费7%和利润6.5%)	0.32	187.61
5	定位复测、工程点交、场地清理	直接工程费(并考虑企业管理费7%和利润6.5%)	0.01	5.86
6	生产工具用具使用费	直接工程费(并考虑企业管理费7%和利润6.5%)	0.62	363.50
7	室内环境污染物检测费	直接工程费(并考虑企业管理费7%和利润6.5%)	0.54	316.59
合计				2538.61

注：1. 本表适用于以“项”计价的措施项目。

2. 根据建设部、财政部发布的《建筑安装工程费用组成》(建标〔2003〕206 号)的规定，“计费基础”可为“直接费”“人工费”或“人工费＋机械费”。

3. 企业管理费为组织措施直接费的 7%，利润为组织措施直接费和企业管理费之和的 6.5%。

表 6-31　**措施项目清单与计价表(二)**

工程名称：××造价咨询有限公司办公楼装饰装修工程　　第 1 页共 1 页

序号	项目编码	项目名称	项目特征描述	计量单位	工程量	金额/元	
						综合单价	合价
		脚手架				5830.00	5830.00
1	BB001	装饰外架	吊篮脚手架	m^2	289.50	12.19	3530.41
2	BB002	装饰里架	装饰里脚手架	m^2	455.26	4.62	2105.32
3	BB003	抹灰天棚满堂架	满堂脚手架	m^2	121.84	1.60	194.27
合计							5830.00

注：本表适用于以综合单价形式计价的措施项目。

表 6-32　　其他项目清单与计价汇总表

工程名称:××造价咨询有限公司办公楼装饰装修工程　　第 1 页共 1 页

序号	项目名称	计量单位	金额/元	备注
1	暂列金额		5 000	明细详见暂列金额明细表 2
2	暂估价			
2.1	材料暂估价		—	明细详见材料暂估价明细表
2.2	专业工程暂估价		—	
3	计日工		—	
4	总承包服务费		—	
合 计				

注:材料暂估单价进入清单项目综合单价,此处不汇总。

表 6-33　　暂列金额明细表

工程名称:××造价咨询有限公司办公楼装饰装修工程　　第 1 页共 1 页

序号	项目名称	计量单位	暂定金额/元	备注
1	工程量清单中工程量偏差和设计变更	项	3 000	
2	政策性调整和材料价格风险	项	2 000	
合 计			5 000	—

表 6-34　　材料暂估单价表

工程名称:××造价咨询有限公司办公楼装饰装修工程　　第 1 页共 1 页

序号	材料名称、规格、型号	计量单位	单价/元	备注
1	M-1:成品铝合金 90 系列双扇推拉门,带上亮	樘	200	1
2	防火卷闸门	樘	500	1
3	M-2,M-3:成品装饰木门扇	樘	280	6
4	C-1,C-2 带亮成品塑钢推拉窗	樘	300	10
5	MC-1:成品塑钢门连窗,窗为双扇推拉窗,门为带亮单扇门	樘	600	1
6	执手锁	把	150	6

注:1. 此表由招标人填写,并在备注栏说明暂估价的材料拟用在哪些清单项目上,投标人应将上述材料暂估单价计入工程量清单综合单价报价中。

2. 材料包括原材料、燃料、构配件以及按规定应计入建筑安装工程造价的设备。

表 6-35　　　　　　　　规费、税金项目清单与计价表

工程名称:××造价咨询有限公司办公楼装饰装修工程　　　　　　　　第 1 页共 1 页

序号	项目名称	计算基础	费率/%	金额/元
1	规费			5 036.24
1.1	工程排污费	(分部分项工程费+措施项目费+其他项目费)中的直接费	0	0
1.2	社会保障费			
(1)	养老保险费	(分部分项工程费+措施项目费+其他项目费)中的直接费	5.2	3 048.71
(2)	失业保险费	(分部分项工程费+措施项目费+其他项目费)中的直接费	0.3	175.89
(3)	医疗保险费	(分部分项工程费+措施项目费+其他项目费)中的直接费	1.1	644.92
(4)	工伤保险费	(分部分项工程费+措施项目费+其他项目费)中的直接费	0.15	87.94
1.3	住房公积金	(分部分项工程费+措施项目费+其他项目费)中的直接费	1.5	879.44
1.4	危险作业意外伤害保险	(分部分项工程费+措施项目费+其他项目费)中的直接费	0.2	117.26
1.5	工程定额测定费	(分部分项工程费+措施项目费+其他项目费)中的直接费	0.14	82.08
2	税金	分部分项工程费+措施项目费+其他项目费+规费	3.41	2 639.92
合　计				7 676.16

注:根据建设部、财政部发布的《建筑安装工程费用组成》(建标〔2003〕206 号)的规定,“计费基础”可为“直接费”“人工费”或“人工费+机械费”。

单元习题

一、单项选择题

1. 在工程量清单计价模式下,单位工程汇总表不包括的项目是(　　)。

A. 税金　　　　B. 规费

C. 直接工程费合计　　　　D. 分部分项工程费合计

E. 措施项目费

2. 在工程量清单计价中,有一项费用是为完成该工程项目施工,发生于该工程施工前和施工过程中技术、生活与安全等方面的非工程实体项目所需的费用,这一费用称为(　　)。

A. 分部分项工程费　　B. 其他项目费

C. 单位工程费　　D. 措施项目费

E. 直接工程费合计

3. 下列关于工程量清单中的综合单价说法正确的是(　　)。

A. 综合单价包括直接费与间接费

B. 综合单价包括人、材、机及管理费和利润

C. 综合单价包括直接工程费、管理费和利润

D. 综合单价就是直接费、间接费、利润与税金之和

4. 为配合协调招标人进行的工程分包和材料采购所需的费用应列入(　　)。

A. 其他项目清单中暂列金额　　B. 其他项目清单中材料暂估价

C. 其他项目清单中的总承包服务费　　D. 其他项目清单中的专业工程暂估价

5. 投标人应填报工程量清单计价格式中列明的所有需要填报的单价和合价,如未填报则(　　)。

A. 招标人应要求投标人及时补充

B. 招标人可认为此项费用已包含在工程量的清单的其他单价和合价中

C. 投标人应该在开标之前补充

D. 投标人可以在中标后提出索赔

6. 工程量清单中,由于工程量偏差和设计变更所需的费用应列入(　　)。

A. 其他项目清单中暂列金额　　B. 其他项目清单中材料暂估价

C. 其他项目清单中的总承包服务费　　D. 其他项目清单中的专业工程暂估价

7. 按照《建设工程工程量清单计价规范》的规定,工程量清单采用(　　)单价计价。

A. 全费用　　B. 综合　　C. 直接费　　D. 人工

8. 工程量清单中的工程量乘以综合单价得到的是(　　)费用。

A. 建设项目　　B. 单项工程

C. 单位工程　　D. 分部分项工程

9. 措施项目清单为可调整清单,投标人在进行措施项目计价时(　　)。

A. 不得对措施项目清单做任何调整

B. 对措施项目清单的调整可以在中标之后进行

C. 可以根据工程实际情况和施工组织设计采取的措施补充项目

D. 可以采用索赔的方式要求对新增措施项目予以补偿

10. 在构成投标报价的各项费用中,应该在单位工程报价中予以单独列支的是(　　)。

A. 人工费　　B. 管理费　　C. 税金　　D. 利润

11. 按工程量清单计价方式,下列构成投标报价的各项费用中,应该在单位工程费汇总表中列项的是(　　)。

A. 直接工程费　　B. 管理费　　C. 利润　　D. 税金

12. 某分部分项工程,消耗人工费 300 万元,材料费 1 500 万元,机械台班费 2 000 万元,管理费率为 20%,利润率是 5%,不考虑风险费用,则根据工程量清单计价方法,该分部分项工程费为(　　)万元。

A. 4 560　　B. 4 788　　C. 5 745　　D. 3 800

13. 在工程量清单计价方法下,如因工程量清单漏项或由于设计变更引起新的工程量清单项目,则(　　)。

A. 其相应的综合单价由发包人确认后作为结算的依据
B. 其相应的综合单价由发包人提出,经发包人确认后作为结算的依据
C. 其相应的综合单价由承包人提出,经工程师确认后作为结算的依据
D. 其相应的综合单价由承包人提出,经发包人确认后作为结算的依据

14. 在工程量清单计价过程中,起核心作用的是(   )。
A. 工程量清单项目设置规则　　B. 综合单价构成
C. 统一的工程量计算规则　　D. 工程造价信息

15. 根据《建设工程工程量清单计价规范》的规定,在工程量清单计价中,措施项目综合单价已考虑了风险因素并包括(   )。
A. 人工费、材料费、机械费
B. 人工费、材料费、机械费、管理费和利润
C. 人工费、材料费、机械费、措施费和管理费
D. 人工费、材料费、机械费、管理费、利润和税金

二、多项选择题

1. 工程量清单计价的投标报价由(   )部分组成。
A. 分部分项工程费　　B. 措施项目费
C. 其他项目费用　　D. 规费
E. 税金

2. 下列关于其他项目清单计价的说法中,不正确的是(   )。
A. 暂列金额应按招标人在其他项目清单中列出的金额填写
B. 投标人可以随意改动其他项目清单中的暂列金额
C. 投标人不得随意更改招标人在其他项目清单中列出的专业工程暂估价
D. 计日工应按招标人在其他项目清单中列出的项目和数量,自主确定综合单价并计算计日工费用
E. 总承包服务费应按招标人在其他项目清单中列出的内容和提出的要求自主确定

3. 编制分部分项工程量清单时应依据(   )。
A. 建设工程工程量清单计价规范　　B. 建设项目可行性研究报告
C. 建设工程设计文件　　D. 建设工程招标文件
E. 施工现场情况、工程特点及常规施工方案

4. 在建设工程工程量清单的各个组成部分中,投标人不得随意更改或调整(   )。
A. 分部分项工程量清单　　B. 措施项目清单
C. 其他项目清单中的暂列金额　　D. 其他项目清单中的专业工程暂估价
E. 其他项目清单中招标人填写的计日工的项目和数量

5. 工程量清单计价格式的单位工程投标报价汇总表中应包括(   )。
A. 措施项目费合计　　B. 规费
C. 分部分项工程费合计　　D. 税金
E. 其他项目费合计

6. 分部分项工程项目的综合单价中包括(   )。
A. 机械费　　B. 管理费　　C. 利润　　D. 税金　　E. 风险费

7. 采用工程量清单报价,下列计算公式正确的是(   )。
A. 分部分项工程费 $= \sum$ 分部分项工程清单项目工程量×清单项目综合单价

B. 措施项目费$=\sum$措施项目工程量×措施项目综合单价

C. 单位工程报价=分部分项工程费+措施项目费+其他项目费+规费+税金

D. 单项工程报价$=\sum$单位工程报价

E. 建设项目总报价$=\sum$单项工程报价

8. 工程量清单计价应包括按招标文件规定,完成工程量清单所列项目的全部费用,一般包括(　　)。

A. 分部分项工程费　　B. 规费、税金

C. 业主临时设施费　　D. 措施项目费

E. 其他项目费

9. 定额计价方法与工程量清单计价方法的主要区别在于(　　)。

A. 计价依据不同　　B. 单价与报价的组成不同

C. 编制工程量的主体不同　　D. 工程计价思想观念上的区别

E. 价格形成机制不同

10. 下列关于工程量清单中的综合单价说法,不正确的是(　　)。

A. 综合单价包括直接费与间接费

B. 综合单价包括人工费、材料费、施工机械使用费和管理费与利润,并考虑一定范围内的风险费用

C. 综合单价包括人工费、材料费、施工机械使用费

D. 综合单价就是直接费、间接费、利润与税金之和

E. 综合单价包括人工费、材料费、施工机械使用费、管理费和利润

三、计算题

1. 某单层建筑物如图 6-1 所示,墙身为 M2.5 混合砂浆砌筑标准黏土砖,内外墙厚均为 370mm,混水砖墙。GZ 为 370mm×370mm 从基础到板顶,女儿墙处 GZ 为 240mm×240mm 到压顶顶,梁高为 500mm,门窗洞口上全部采用预制混凝土过梁。M 1 为 1 500mm×2 700mm, M-2 为 1 000mm×2 700mm, C-1 为 1 800mm×1 800mm。编制砖墙工程量清单,进行工程量清单报价。

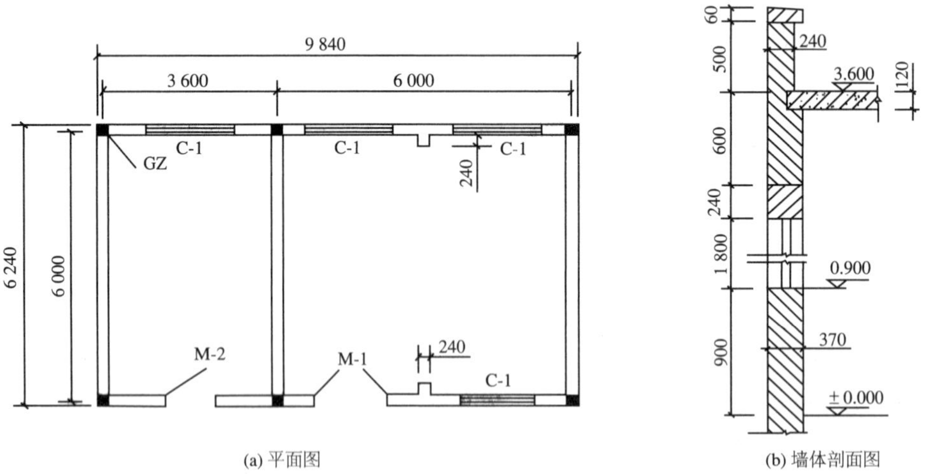

图 6-1　平面图与剖面图

2. 住宅楼一层住户平面如图 6-2 所示,地面做法如下:3∶7 灰土垫层 300mm 厚,60mm 厚 C15 细石混凝土找平层,细石混凝土现场搅拌,20mm 厚 1∶3 水泥砂浆面层,编制该地面工程量清单,进行工程量清单报价。

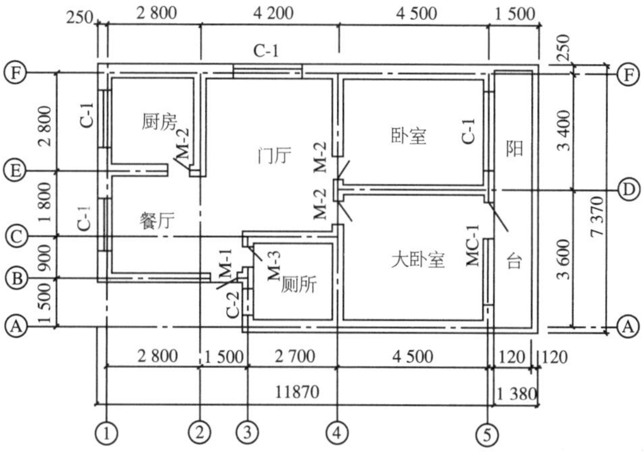

一层平面图

图 6-2　某建筑物平面图

3. 某单层建筑物的框架结构、尺寸如图 6-3 所示。墙身用 M7.5 混合砂浆砌筑加气混凝土砌块，规格为 585mm×240mm×240mm。女儿墙砌筑煤矸石空心砖，规格为 240mm×115mm×115mm，混凝土压顶断面 240mm×60mm，墙厚均为 240mm，钢筋混凝土板厚 120mm。框架柱断面 240mm×240mm 到女儿墙顶，框架梁断面 240mm×500mm。门窗洞口上均采用现浇钢筋混凝土过梁，断面 240mm×180mm。M-1：1 560mm×2 700mm；M-2：1 000mm×2 700mm；C-1：1 800mm×1 800mm；C-2：1 560mm×1 800mm。编制该工程混凝土工程和砌筑工程的工程量清单，进行工程量清单报价。

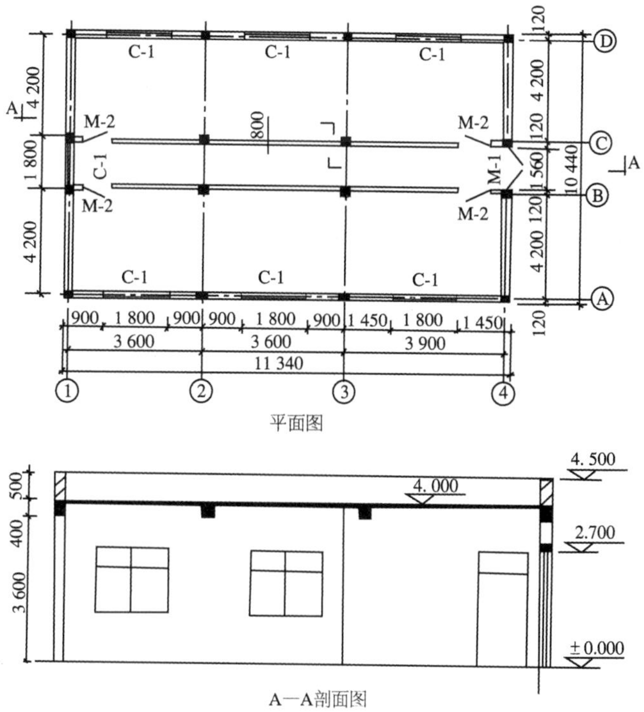

平面图

A—A剖面图

图 6-3　平面图与剖面图

单元 7
建设工程竣工结算与决算

单元概述:工程结算是施工企业(承包人)在工程实施中,依据已经完成的施工任务量和承包合同的有关约定,按照一定的程序向建设单位(发包人)收取工程价款的经济活动。工程结算是建设工程项目承包实施活动中非常重要的一项工作。

学习目标:

1. 了解建设工程结算的概念及分类。
2. 掌握建设工程竣工结算的编制与审查。
3. 了解建设工程竣工决算概念及与结算的关系。
4. 了解建设工程竣工决算的依据及编制内容。

学习重点:

1. 建设工程结算的概念及分类、竣工结算及其编制与审查。
2. 竣工决算概念及与结算的关系、依据及编制内容。

教学建议:通过本单元的学习,基本了解建设工程竣工结算与决算相关概念及其作用,结合地方标志性或有影响力的建筑启发同学,为建设工程的计量和计价做好一套完整的建设工程经济资料。

关键词:竣工决算(final accounting);工程价款(engineering cost);竣工结算(completion settlement)

项目7.1　建设工程价款结算

7.1.1　建设工程结算的分类

建筑产品与一般的产品不同,一般的产品是生产实施在前,交易在后,建筑产品则不同,交易在前,生产实施在后,并且建筑产品有自己的技术经济特点和组织管理与经营的特征,有不同的结算方式。综合各地的不同情况主要有如下几种结算方式。

1. 按月结算

发包与承包双方每月按工程完成的进度产值进行结算。具体做法有以下几种:①月初预支,月末结算;②月中预支,月末结算;③分旬预支,月末结算;④月内不预支,月末一次结算等。

2. 年终结算

年终结算,是指单位工程或单项工程在本年度内不能竣工交付使用,需转到下一年度继续施工的工程,为了正确反映施工企业当年的经营状况和基本建设投资完成情况,由施工方与建设方一起进行盘点,结清当年的工程价款(engineering cost)。

3. 分阶段结算

分阶段结算,是指工程当年开工,当年不能竣工的单位工程或单项工程,根据工程的不同性质和特点按照施工的形象进度划分不同阶段进行结算。

4. 竣工后一次结算

竣工结算(completion settlement)是施工企业完成承包施工任务后一次性进行结算。这种方式主要适用于工期较短或工程造价不大的工程,工期一般在一年内或工程造价在100万元以内的工程。

5. 结算双方约定其他结算方式

由发包方和承包方双方约定的一种结算方式,并写入合同中。

7.1.2　工程价款的结算

工程价款结算的款项包括预付款、预付款的扣回、进度款和保修金的保留和返还等。

1. 工程预付款

工程预付款,是指建设工程合同签订后,建设方按照签订的承包合同的约定,在工程开工以前预先支付给施工单位的工程款。该款项主要用于施工准备,用来购买所需材料、构件等,称预付备料款。《建设工程施工合同(示范文本)》中规定"实行工程预付款的,双方应当在专用条款内约定发包人向承包人预付工程款的时间和金额,开工后按约定的时间和比例逐次扣回。预付日期应至少比预定开工的日期提前7天。"

全国各地对工程预付款额度规定有所不同,一般根据工期、建筑质量、主要建筑材料和构配件费用占建安费的比例和材料储备期限来测算。

(1) 合同约定额度。双方根据工程特点和工期等因素约定比例。

(2) 公式计算。根据主要材料(含构件)占工程价款的比例,材料储备时间和施工工期等,通过下列计算式计算预付款。

$$\text{工程预付款数额}=\frac{\text{工程总价}\times\text{材料比重}(\%)}{\text{年度施工天数}}\times\text{材料储备定额天数}$$

$$\text{工程预付款比率}=\frac{\text{工程预付款数额}}{\text{工程总价}}\times 100\%$$

2. 预付款的扣回

发包人支付给承包人的工程预付款是属于预支,随工程的进度所拨付的工程款额度不断增加,工程所需的材料等逐渐减少,原预先支付的预付款应以抵扣的办法陆续回收。扣款的方法有:

(1) 由发承包双方通过洽商,用合同的方式确定,采用等比例或等额扣款的方式。当然也可针对工程的实际情况,如工期短、造价低等可不分期扣减;工期长、造价高可以少扣或者不扣。

(2) 当施工工程还需的主要材料和构件的款额相当于工程预付款数额时起扣,从每次中间结算价款中按材料和构件的比例抵扣工程款,至工程竣工前扣完。

确定预付款的起扣点是关键。确定起扣点的依据是未完工程所需主要材料及构件的金额等于预付款的数额。其公式为

$$T=P-\frac{M}{N}$$

式中 T——起扣点,万元;

P——工程总价(合同价),万元;

M——预付款数额,万元;

N——主要材料及构件所占的比重,%。

【例 7-1】 某工程的合同总价400万元,工程预付款为48万元,主要材料及构配件占的比重为60%,请问该工程预付款的起扣点是多少万元?

【解】 根据题所给条件,根据公式 $T=P-M/N$

$$T=400-48\div 60\%=320(\text{万元})$$

当工程施工完成320万元时,该工程预付款开始起扣。

3. 工程进度款的结算支付

建设工程进度款的结算分两种情况。

第一种情况:未达到工程预付款起扣点的工程进度款的结算

$$\text{应收取的进度结算款}=\sum\text{本期已完工程量}\times\text{综合单价}+\text{其他计取的费用}$$

第二种情况:达到工程预付款起扣点的工程进度款的结算

应收取的进度结算款＝$\sum$本期已完工程量×综合单价＋其他计取的费用－(本期累计工程款－起扣点宽额)×主要材料及构配件占的比例

【例 7-2】 某建设工程承包合同价为 1000 万元,双方约定工程预付款比例为 15%,主要材料及构配件占总造价的比重为 65%,每月完成的形象进度如表 7-1 所示,请计算结算款项。

表 7-1　　**例题所给条件列示**

施工完成时间	完成形象进度产值/万元	备　注
第 1 月	50	
第 2 月	140	
第 3 月	160	
第 4 月	200	
第 5 月	150	
第 6 月	150	
第 7 月	100	
第 8 月	50	

【解】 根据所给条件按以下步骤计算,单位万元。

(1) 工程预付款额度

$$M=1000\times15\%=150$$

(2) 工程预付款起扣点

$$T=P-M/N=1000-150\div65\%=769.23$$

(3) 第 1 个月结算款

完成产值 50,本月结算款共 50。

(4) 第 2 个月结算款

本月完成产值 140,累计完成产值＝140＋50＝190＜769.23

所以,本月实际结算 140。

(5) 第 3 个月结算款

本月完成产值 160,累计完成产值＝140＋50＋160＝350＜769.23

所以,本月实际结算 160。

(6) 第 4 个月结算款

本月完成产值 200,累计完成产值＝140＋50＋160＋200＝550＜769.23

所以,本月实际结算 200。

(7) 第 5 个月结算款

本月完成产值 150,累计完成产值＝140＋50＋160＋200＋150＝700＜769.23

所以,本月实际结算 150。

(8) 第 6 个月结算款

本月完成产值150，累计完成产值＝140＋50＋160＋200＋150＋150＝850＞769.23

超过起扣点769.23万元应扣减预付款项

$$(850-769.23)\times 65\%=52.50$$

本月实际结算150－52.50＝97.50

累计估算额＝50＋140＋160＋200＋150＋150＋97.5＝947.50

(9) 第7个月结算款

本月完成产值100，扣减款额：

$$100\times 65\%=65$$

所以，本月实际结算额为100－65＝35。

(10) 第8个月结算款

本月完成产值50

扣减款额：50×65％＝32.5

本月实际结算50－32.5＝17.50

本例未考虑工程保修金的保留(表7-2)。

表7-2　每月结扣款项明细

施工完成时间	完成形象进度产值/万元	累计完成产值/万元	实际结算款额/万元	累计结算额/万元
开工前			150	150
第1月	50	50	50	200
第2月	140	190	140	340
第3月	160	350	160	500
第4月	200	550	200	700
第5月	150	700	150	850
第6月	150	850	97.50	947.50
第7月	100	950	35	982.50
第8月	50	1000	17.50	1000

4. 建设工程竣工结算的编制

建设工程竣工结算是完成一个单位工程或单项工程竣工验收交付使用后，由施工单位将施工过程建造活动与原设计施工图变动或有增加或减少的部分，按工程造价的编制方法，逐项进行调整计算的经济文件。

(1) 编制竣工结算的原则

建设工程竣工结算是一项细致而严谨的工作，既要贯彻国家和地方的有关规定，又要客观地计算施工单位施工完成的工程价值，所以，在编制竣工结算时应遵循以下的编制原则。

① 编制竣工结算报告的项目，必须是具备结算条件的项目。指工程已办理竣工验收手续，验收的项目所包含的内容与工程实际的形象进度、工程实物量、工程质量等，必须与设计要求和施工验收规范相符。对未完成或工程质量不合格的，不能办理结算的，需要返工的，合格后才能结算。

② 认真贯彻国家和地方的有关规定，实事求是地确定工程造价，坚决制止不切实际巧立名目、弄虚作假、高估、强要、乱要的行为。

③ 严格按编制程序和方法计算，防止少算漏算、重算多算。

④ 严格依据合同及地方的信息价格等规定进行编制。

(2) 建设工程竣工结算的编制依据

竣工结算报告的编制依据必须齐全充分，其依据有以下几方面。

① 工程竣工报告和工程竣工验收同意交工意见书；

② 建设工程承包合同及补充协议；

③ 招标投标文件及施工预算书；

④ 施工图纸、设计变更及现场签证等施工现场一手资料；

⑤ 国家和地方的文件规定；

⑥ 其他现场记录和施工技术资料。

(3) 建设工程竣工结算的编制方法

根据工程变化规模大小和其变化复杂程度，工程竣工结算的编制(表 7-3)有两种方法：

① 如果工程施工变化不大，只有局部少量的修改变化，竣工结算一般采用原预算为基础增加或减少工程变更引起调整的费用。

② 如果设计变更大且复杂，导致工程量的变化比较大，此时的工程竣工结算应按规定的程序和方法重新进行编制。

表 7-3　　竣工结算表的形式

序号	工程名称	原预算价	实际调整价	结算价	调整原因	备注

5. 工程保修金

工程保修金又称尾留款，按约定工程项目总造价中一定比例预留的尾款作为建设工程质量保修费用，待项目保修期结束后全额拨付。现目前很多地区未留保修金，在工程竣工交付使用时就将工程款全部支付完毕，如遇有工程质量缺陷属施工单位的责任的施工单位无条件进行维修，此项内容纳入企业诚实信用和企业资质年鉴等手段强制施工单位自觉履行自己的义务。

6. 建设工程竣工结算的审查

建设工程竣工结算是施工单位完成施工任务后，与建设单位办理建设项目价款清算的经济活动，也是核算施工完成的工程价值，也能合理确定工程造价。结算是否合理准确，必须通过审查来衡量，通过结算审查，公正合理客观地确定工程造价，可以避免施工单位采用不正当手段巧取建设资金，保证工程投资资金的合理使用。

(1) 审查依据

建设工程竣工结算审查具有技术性和政策性，审查必须遵循国家和地方的规定进行。具体包括以下几项。

① 设计文件资料;

② 承包合同及补充协议;

③ 施工组织设计或施工方案;

④ 取费依据;

⑤ 施工验收资料等。

(2) 审查内容

审查内容的主要依据是《建设工程工程量清单计价规范》(GB 50500—2008)中的费用组成。

① 审查分部分项工程费。主要审查其工程计算是否准确,套用定额是否正确。该工作是整个审查工作重中的重点,工程量的准确与否是影响工程造价结算的关键,套用定额(或清单报价)直接关系结算价格的多少。该费用包含人工费、机械费、材料费、企业管理费和利润。

② 审查措施项目费用。

③ 审查其他项目费用。

④ 审查规费。

⑤ 审查税金。

(3) 审查的方法

① 全面审查,是对送审的竣工结算逐项进行审查的方法,其审查与编制预算相类似,该方法适用于工程规模小、结构简单、造价少、设计简单的工程。该方法具有全面、细致、准确等特点,但工作量大、耗费时间和人力。

② 分组计算审查法,是把竣工结算书中的项目分成若干组,利用同组的计算数据审查分部分项等工程的量和价,该方法审查速度快、工作量小。

③ 经验审查法(筛选审查),是根据已审查的类似工程经验,只审查容易出现错误的项目,或采用经验指数进行审查,该方法速度快,但准确性一般。

④ 重点抽查审查法,是抓住工程结算书中的重点进行审查,审查的重点一般是工程大、造价高的项目或各类补充及取费项目。该方法重点突出,节省审查时间。

⑤ 对比审查法,是指在工程条件相同的条件下,采用已经完成结算的工程与正审查的工程相比较进行审查。

项目 7.2 建设工程竣工决算

7.2.1 建设工程竣工决算的概念

建设工程竣工决算(final accounting),是建设工程投资经济效益的全面反映,是投资人核定资产价值和办理交付使用的依据。通过竣工决算可以全面正确反映建设工程的真实造价,考核投资控制的工作绩效,总结经验和教训,积累经济技术资料,提高将来建设工程的投资效益。

7.2.2 建设工程竣工结算与决算的关系

建设工程竣工结算和决算都是建设工程的经济指标文件,都有各自的用途,都是各方经验与教训的经济凭证,都是维护各自合法权益的依据。但二者也有本质的区别,具体见表 7-4。

表 7-4 工程竣工结算与决算的区别

项 目	工程竣工结算	工程竣工决算	备注
编制的单位	施工单位的造价部门	建设单位的财务部门	
编制的内容	施工完成的全部费用	建设工程的全部费用	
编制的性质	反映承包完成的产值	反映建设工程投资效益	
编制的作用	办理结算的凭证	办理新增资产的依据	

7.2.3 建设工程竣工决算的编制依据

(1) 经相关部门批准的可行性研究报告和投资估算;

(2) 经批准的初步设计和相应的概算;

(3) 经审查批准的施工图和施工预算;

(4) 招标文件、承包合同、工程结算书;

(5) 设计图纸会审纪要及交底、设计变更;

(6) 施工记录资料、签证资料、索赔资料;

(7) 竣工图和竣工验收资料;

(8) 有关建设和财务等制度规定。

7.2.4 建设工程竣工决算的编制内容

建设工程竣工决算是建设工程自筹建开始到竣工交付使用全过程各阶段发生的全部费用的实际开支,包括:建筑安装工程费、设备工器具购置费和其他费用等。建设工程竣工决算由如下内容组成:竣工财务决算报表、竣工财务决算说明书、竣工工程平面示意图和工程造价分析表。其中,竣工财务决报算和竣工财务决算说明书是竣工财务决算的内容,竣工财务决算是竣工决算的组成部分。

7.2.5 建设工程竣工决算的编制步骤

根据《基本建设财务管理若干规定》的要求,建设工程竣工决算的编制步骤如下:

(1) 收集、整理、分析原始资料;

(2) 核对各单位工程、单项工程的造价;

(3) 将审定的待摊销的各类投资分别计入相应的建设成本内;

(4) 编制竣工财务说明书及报表并对比分析;

(5) 整理成册并按规定上报、审批、存档。

建设工程竣工决算的编制方法属财经方面的内容,限于篇幅,本书不重点介绍。

单元习题

1. 什么是工程预付款?
2. 工程款结算有哪些分类?
3. 什么是工程预付价款扣回?
4. 工程结算的编制原则依据是什么?
5. 叙述工程结算的审查内容及方法。
6. 什么是竣工决算?
7. 竣工结算与决算的联系是什么?
8. 竣工决算的编制依据、内容及步骤分别是什么?

单元 8
建设工程造价电算化

单元概述:概括介绍建设工程造价电算化的概念、分类特点和运用,简述了工程量及计价软件安装及运用,了解工程造价的计量与计价软件的工作界面,了解算量和计价的操作程序或步骤。

学习目标:

1. 了解建设工程电算化的概念、分类及特点。
2. 了解建设工程计量电算化软件的概念、安装及操作步骤。
3. 了解建设工程计价电算化软件的概念、安装及操作步骤。
4. 了解建设工程计价电算化软件的工作界面。

学习重点:

1. 电算化的概念、分类及特点。
2. 电算化计量软件的安装与计量软件的应用。
3. 电算化计价软件安装及其应用。

教学建议:结合当地的实际情况,利用本书介绍的原理,以实例工程上机实际操作,熟悉电算化计价软件的实际运用。巩固电算化计量与计价软件相关的理论知识。

关键词:工作界面(working interface);计量电算化(computerized measurement);清单计价软件(list pricing software)

项目8.1 建设工程电算化概述

8.1.1 建设工程电算化的概念

建设工程电算化,是利用现代科学技术,将建设工程的计量和计价通过电子软件技术,按照预先编好的计算规则计算,从而减少了人工手算的工作,并提高了计算精度。

目前,国内有建设部与同济大学共同开发的“鲁班”算量计价软件、建筑科学研究院“广联达”算量计价软件、北京“鹏业”算量计价软件等,各地也陆续开发了适合当地的有关建设工程造价软件,如深圳“斯维尔”三维算量软件、四川“宏业”清单计价软件等。

8.1.2 电算化的种类

电算化的分类方式很多,根据使用对象和使用目的不同,可以进行不同的分类,目前常见的分类方式有以下两种。

1. 按照功能分类

(1) 计算工程量软件,专为计算工程量而开发的软件;

(2) 计价软件,专为利用工程量套用定额计算工程造价而开发的软件。

2. 按适用专业领域分类

(1) 建筑工程计价软件,适用于建设工程领域的计价软件;

(2) 水利工程计价软件,适用于水利工程领域的计价软件;

(3) 公路工程计价软件,适用于公路工程领域的计价软件;

(4) 矿山工程计价软件,适用于矿山工程领域的计价软件;

(5) 铁路工程计价软件,适用于铁路工程领域的计价软件。

8.1.3 电算化的特点

软件各有其特点,目前市场上各类计价算量的建设工程电算化软件的特点如下。

(1) 集成一体化。软件将工程的算量与计价、国家规范、地方信息、标准图集等内容编辑成各种数据库,形成一体,方便调取使用。

(2) 应用专业化。电算化软件属电子技术专业领域,又按建设工程等专业的专业要求编写程序,按各个专业类别进行计算,体现专业化。

(3) 系统智能化。智能识别各类定额数据,只需调取便可计算工程造价。

(4) 计算统一化。工程量的计算规则是全国统一的,计算工程造价各地在套定额等方面是一致的,软件均要体现其特征。

(5) 输出规范化。投标报价、竣工结算等使用的表格均是规范的,软件也满足了此要求。

项目 8.2 建设工程计量电算化

8.2.1 工程量电算化

在工程造价领域中,工程量的计算尤为重要,因为该工作比较复杂繁琐,工程图纸多,数据大,计算规则标准多,在招标或者投标中时间比较紧迫,如此众多的干扰因素用手工计算可能导致少算或漏算、多算或重算,引起不必要的争论与核对。实践表明,在有限的时间内,人工计算的精确度不及电算化。

建设工程计量电算化(computerized measurement),利用电脑虚拟施工、智能识别、计算规则套用等对施工图纸中的构配件、钢筋、混凝土、砖砌体、装饰装修等工程内置于计算机,使其自动计算出各种所需的工程量。人工计算的诸多困难利用电算化就可以迎刃而解。

8.2.2 工程量计算软件的基本配置及安装

市面上的各类软件对计算机的要求不完全相同,但是基本的要求是一致的,下面介绍一种软件运行的建议配置。

(1) 计算机的硬件配置

① 奔腾Ⅲ500 或以上类型计算机;

② 内存在 1G 或以上;

③ 硬盘可利用空间在 1G 以上,转速在 5 400rpm 以上;

④ 真彩显示卡在 64M 或以上;

⑤ 带滚动的三键鼠标。

(2) 建议软件配置要求

① Windows 2000/XP/2003 中文操作系统平台;

② AutoCAD 2004,2005,2006,2007,2008 中文版。

(3) 计量软件的安装

目前市面上的算量软件都采用智能化安装向导,根据系统提示按步骤安装即可,安装操作比较简单。在安装算量软件之前应先安装 AutoCAD 软件。

① 启动安装程序:应关闭所有应用程序,将“算量软件”安装盘插入光驱中,系统将自动弹出界面,根据提示逐步进行安装。

② 接受许可证协议:在自动弹出的许可证协议对话框时,点击【我接受】即可,进入下一步。

③ 选择安装版本:目前市面上的算量软件有网络版、单机版,还有演示版,根据授权方式提示操作。

④ 选择安装位置：选好软件版本后，单击下一步按钮弹出对话框，指定安装算量程序的路径。

⑤ 安装程序：在确定好安装路径后，点击【安装】按钮开始安装程序。

⑥ 程序安装完，所有的程序后将显示【完成】，点击该按钮，算量软件就安装完毕。

8.2.3　计量软件的工作界面

使用算量软件，首先需要把程序安装到计算机，并安装好适当版本的 AutoCAD 软件，当启动算量软件后，电脑屏幕上就弹出如图 8-1 所示的工作界面(working interface)。

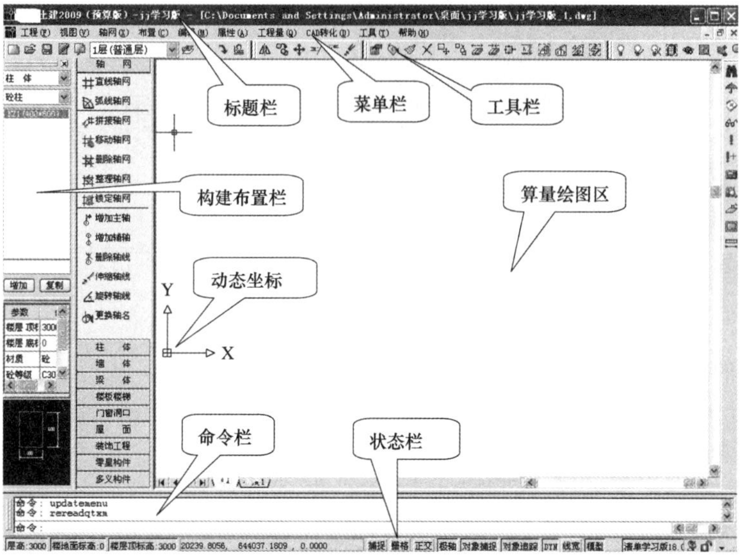

(a) 菜单对话框

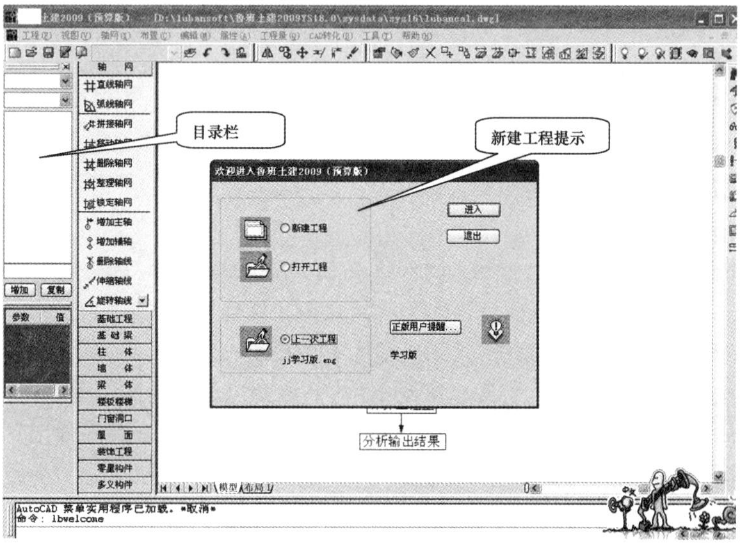

(b) 新建工程提示对话框

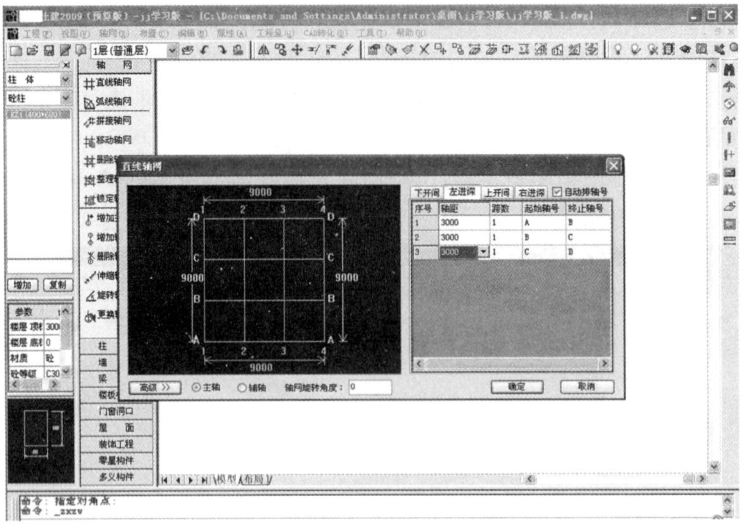

(c) 轴线网对话框

图 8-1 电算化工作界面示意图

8.2.4 计量软件的算量操作程序

各个版本的计量软件的操作程序不尽相同,以下介绍的是上海某计量软件的操作程序:

(1) 新建工程新项目。

(2) 工程设置:设置计算规则、工程特征、模式和依据、层次等。

(3) 定义编号:定义各构配件的编号及相关信息。

(4) 建立工程模型:通过电子图文档导入电子图文档进行构件识别。

(5) 布置钢筋:直接在构件图形上录入数据。

(6) 核查:图形检查、核对调整构件工程量。

(7) 分析统计:分析统计构件和钢筋工程量。

(8) 报表输出打印。

项目 8.3 建设工程计价电算化

8.3.1 计价软件的安装

目前所用的计价软件主要是清单计价软件(list pricing software),建设工程计价软件可以在 Windows 系统运行,本书仅介绍清单计价软件的相关知识。软件安装的程序如下:

(1) 计算机进入 Windows 操作系统(关闭其他所有应用程序)。

(2) 将“计价软件”安装光盘插入计算机驱动器中,系统会自动启动安装程序。

(3) 启动安装后,系统会提示用户正在准备安装,安装准备完成后系统将弹出对话框,用户根据软件实际配置的加密狗类型进行选择。

(4) 许可协议:用户必须接受协议才可安装,【同意】或【是】按钮点击即可。

(5) 选择安装路径:可以直接在弹出的对话框目录文件夹项目中修改。

(6) 选择安装类型:一般系统都提供有“典型”和“自定义”两类,建议用户选择“典型”安装。

(7) 正式安装:在选择完类型后,就可以正式安装计价软件。进入安装状态,安装完毕后将自动弹出结束对话框，单击【结束】或【完毕】即可。

经过上述的操作后，便可以利用计价软件的程序轻松方便地利用工程量清单计算建设工程造价。

8.3.2　计价软件的工作界面

工作界面如图 8-2 所示。

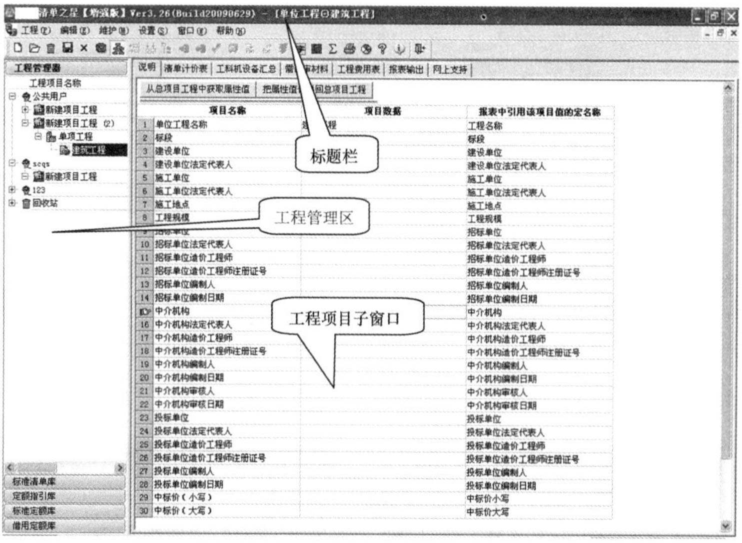

(a) 建筑工程标题栏对话框

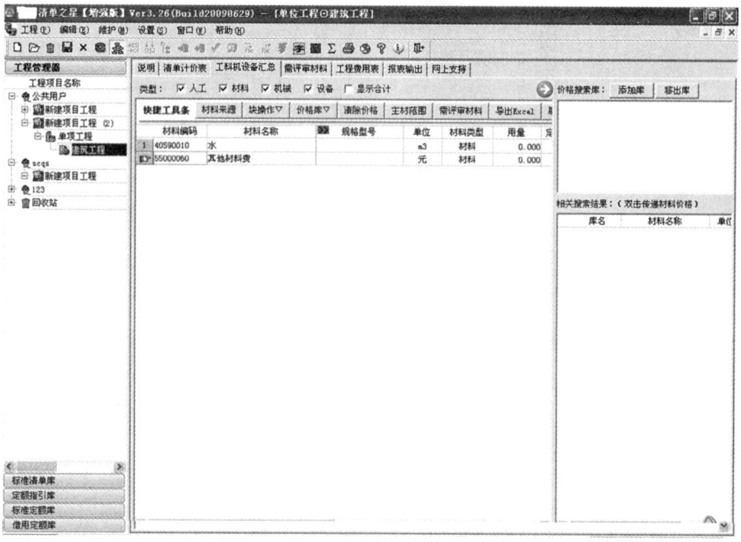

(b) 建筑工程材料对话框

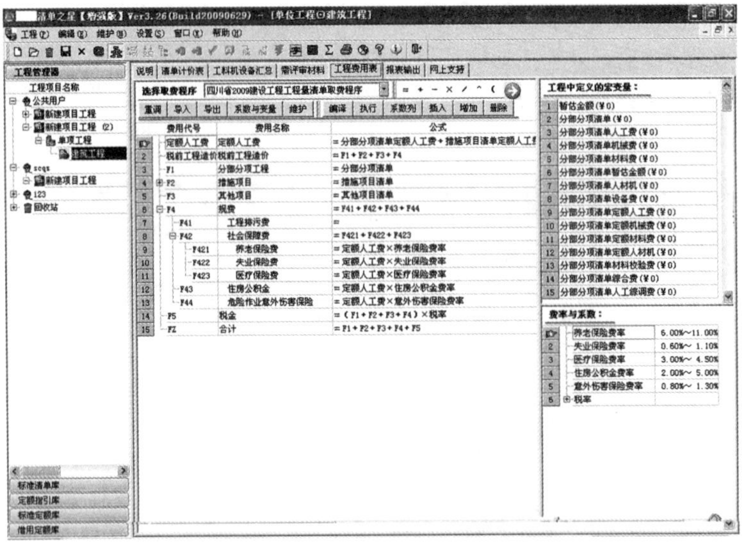

(c) 建筑工程取费对话框

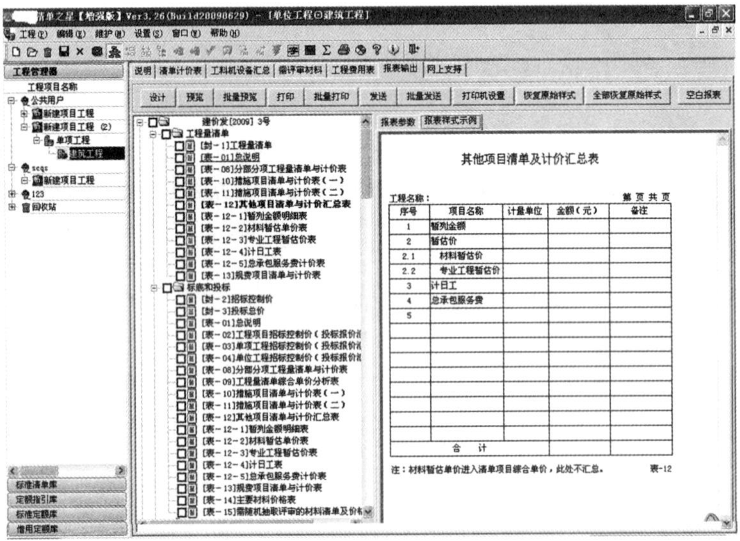

(d) 建筑工程报表样式对话框

图 8-2 建筑工程清单计价对话框示意图

8.3.3 程序操作步骤

(1) 首先应建立工程。

(2) 工程设置(包括工程名称、建设单位、建设地点、工程规模、结构形式,等等)。

(3) 工程量清单说明。

(4) 单项工程建立。

(5) 选择定额(如上海、山西、四川、山东、北京等地的定额)。

(6) 对应工程定额置入工程量,根据定额已有的单价自动生成分部分项综合单价。

(7) 根据工程实际进行单价调整。

(8) 检查核对工程量及几个。

(9) 分析统计工程总价。

(10) 生成工程量清单计价表并打印输出。

限于篇幅等,工程算量与计价的电算化工程实例不再举例。

单元习题

1. 建设工程电算化的含义是什么?
2. 建设工程电算化的种类及特点?
3. 工程量计算软件安装的基本配置?
4. 算量软件的一般操作步骤?
5. 计价软件的安装程序?
6. 计价电算化的操作步骤?

参考文献

[1] 山西省工程建设标准定额站. 全国建设工程造价员从业资格考试山西省培训教材[M]. 太原: 山西科学技术出版社,2015.

[2] 山西省工程建设标准定额站. 2018 山西省建设工程计价依据[M]. 太原:山西科学技术出版社,2018.

[3] 中华人民共和国住房和城乡建设部. 建设工程工程量清单计价规范:GB 50500—2013[S]. 北京:中国计划出版社,2013.

[4] 中华人民共和国住房和城乡建设部. 房屋建筑与装饰工程工程量计算规范:GB 50854—2013[S]. 北京:中国计划出版社,2013.

[5] 中华人民共和国住房和城乡建设部. 16G101 系列:混凝土结构施工图平面整体表示方法制图规则和构造详图[M]. 北京:中国计划出版社,2016.

[6] 李志国. 建设工程计量与计价实务(土木建筑工程)[M]. 北京:中国建材工业出版社,2019.

[7] 金威利,梁艳珍. 注册造价员应试辅导及案例分析(土建部分)[M]. 太原:山西科学技术出版社,2012.

[8] 闫玉红,冯占红. 钢筋翻样与算量[M]. 北京:中国建筑工业出版社,2016.

[9] 中国建设工程造价管理协会. 图释建筑工程建筑面积计算规范[M]. 北京:中国计划出版社,2013.

[10] 中国建设工程造价管理协会. 图释建筑工程建筑面积计算规范[M]. 北京:中国计划出版社,2013.

[11] 建设工程工程量清单计价规范编制组. 建设工程工程量清单计价规范辅导[M]. 北京:中国计划出版社,2013.

[12] 全国造价工程师执业资格考试培训教材编审委员会. 建设工程造价管理基础知识[M]. 北京:中国计划出版社,2019.

[13] 戎贤. 建筑工程计价与计量问答实录[M]. 北京:机械工业出版社,2008.

[14] 袁建新,迟晓明. 建筑工程预算[M]. 2 版. 北京:中国建筑工业出版社,2004.

[15] 张国栋. 图解建筑工程工程量清单计算手册[M]. 2 版. 北京:机械工业出版社,2006.

[16] 张翠红. 看图学建筑工程预算[M]. 北京:中国电力出版社,2008.

[17] 中国建设工程造价管理协会. 图释建筑工程建筑面积计算规范[M]. 北京:中国计划出版社,2007.

[18] 马楠. 建筑工程计量与计价[M]. 北京:科学出版社,2007.

[19] 建设部标准定额研究所. 中华人民共和国国家标准《建设工程工程量清单计价规范》宣贯辅导教材[M]. 北京:中国计划出版社,2008.

[20] 俞国凤,吕茫茫. 建筑工程概预算与工程量清单[M]. 上海:同济大学出版社,2007.